21 世纪全国高职高专农林园艺类规划教材

U0246408

植物与植物生理
（第二版）

主　编　杜广平　黑龙江农业经济职业学院
　　　　赵　岩　黑龙江职业学院

副主编　朱学文　黑龙江职业学院
　　　　何晓亮　黑龙江职业学院

参　编　（以姓氏笔画为序）
　　　　王　崴　黑龙江职业学院
　　　　邢立伟　黑龙江农业经济职业学院
　　　　吕艳杰　吉林农业科技学院
　　　　吴丽娜　黑龙江职业学院
　　　　周彦珍　保定职业技术学院
　　　　夏秀华　黑龙江职业学院
　　　　柴梦颖　河南农业职业学院
　　　　常会宁　辽宁农业职业技术学院

北京大学出版社
PEKING UNIVERSITY PRESS

内 容 简 介

　　植物与植物生理是从事农林行业各岗位工作必备的理论知识。本书以被子植物为重点，全面介绍了植物的形态类型与构造、植物生理、植物系统与分类、植物与植物生理实训等内容。全书共分 4 个模块 14 章，理论内容主要包括：植物细胞学基础、种子与幼苗的形成、植物的营养器官、植物的生殖器官、植物的水分生理、植物的矿质与氮素营养、植物的光合作用、植物的呼吸作用、植物的营养生长、植物的生殖生理、植物的抗逆生理、植物界的基本类群及被子植物分类。

　　本书紧紧围绕高职教育技能型人才培养目标编写，紧密结合植物生产的实际，注重深入浅出，强调应用性，突出实践性，是一本较为理想的高职高专教材。本书可供高职高专农林类或相近专业学生使用，亦可作为农林工作者的参考书或职业培训教材。

图书在版编目（CIP）数据

　　植物与植物生理／杜广平，赵岩主编. — 2 版. —北京：北京大学出版社， 2012.6
　　（21 世纪全国高职高专农林园艺类规划教材）
　　ISBN 978 - 7 - 301 - 20721 - 5

　　Ⅰ.①植…　Ⅱ.①杜…②赵…　Ⅲ.①植物学—高等职业教育—教材②植物生理学—高等职业教育—教材　Ⅳ.①Q94

　　中国版本图书馆 CIP 数据核字（2012）第 111879 号

书　　　　名	植物与植物生理（第二版）
著作责任者	杜广平　赵　岩　主编
策 划 编 辑	傅　莉
责 任 编 辑	傅　莉
标 准 书 号	ISBN 978 - 7 - 301 - 20721 - 5/S · 0022
出 版 发 行	北京大学出版社
地　　　　址	北京市海淀区成府路 205 号　100871
网　　　　址	http://www.pup.cn　　新浪微博：@北京大学出版社
电 子 信 箱	zyjy@pup.cn
电　　　　话	邮购部 62752015　发行部 62750672　编辑部 62765126
印 刷 者	北京鑫海金澳胶印有限公司
经 销 者	新华书店
	787 毫米×1092 毫米　16 开本　23 印张　547 千字
	2007 年 8 月第 1 版
	2012 年 6 月第 2 版　2020 年 9 月第 4 次印刷　总第 5 次印刷
定　　　　价	48.00 元

第二版前言

《植物与植物生理》自2007年出版以来，受到了各方面的认可和好评，大家对教材的建设献计献策，提出了许多合理化建议。

为适应高等职业教育改革和发展的需要，本版《植物与植物生理》教材的修订工作以教高〔2006〕16号等文件为指导，继承和发扬本教材第一版的编写特点和优点，及时反映新时期教学内容和课程改革的成果，采纳了一线教师和热心读者反馈的意见，力求符合当前高职教育人才培养模式的要求。

本版教材在第一版教材的基础上，增加了相关内容，在每章中都设置了知识目标和能力目标。每章后都有学习小结，采用树状分枝形式，文字简洁，一目了然，便于学生进行知识巩固和掌握重点。同时，本版教材提供了丰富精彩的课件，可供教师参考使用。

本教材由杜广平、赵岩担任主编。参加本书编写的老师和具体分工如下：邢立伟编写绪论；赵岩编写第1章和第3章；朱学文编写第2章、第5章和第14章；吴丽娜编写第4章；王崴编写第12章；常会宁编写第6章的1、2节；吕艳杰编写第6章的第3、4节；夏秀华编写第7章和第10章的1、2节；周彦珍编写第8章；何晓亮编写第9章和第11章；柴梦颖编写第10章的3、4节；杜广平编写第13章。

由于编者水平有限，加之时间仓促，难免存在错误和不妥之处，敬请同行和读者提出宝贵意见。

编　者

2012年1月

第一版前言

本书是根据教育部《国家精品课程建设工作实施办法》（教高厅〔2003〕3号）和教育部办公厅关于《国家精品课程建设工作实施办法》补充规定的通知（教高厅〔2004〕13号）精神，结合近几年我国高职高专植物与生理精品课建设实践编写的教材。

在教材编写过程中，在力求阐明植物与植物生理基本知识和基本理论的前提下，注重我国职业教育的特点，围绕专业人才培养目标，防止与专业综合能力相脱节，力争深入浅出，强调应用性、突出实践性、有利于教学可操作性。在有限的篇幅中，适当地增加信息量，对植物学近代的发展和新成就加以反映，冀望高职高专植物学精品课教材既不是本科教材的翻版或压缩饼干，又不是流于形式的样品。

本书按照农业生产的季节性和植物各器官生长发育的顺序性和渐近性分为四个模块，共14章，包括植物细胞学基础、种子与幼苗的形成、植物的营养器官、植物的生殖器官、植物的水分生理、植物的矿质与氮素营养、光合作用、呼吸作用、植物的营养生长、植物生殖生理、逆境生理、植物界的基本类群、被子植物分类及实训。为了培养学生的实践操作能力，模块4编排了24个项目的实训作为本课程的实践教学内容，培养学生实践操作能力。

本书由杜广平主编，编写分工是：张春凤编写第1章、第11章，杜广平编写第3章、第4章、第13章、第14章植物实验实训部分技能等，朱学文编写第2章、第5章，吕艳杰编写第6章，寇凤仙编写第7章，周彦珍编写第8章，何晓亮编写第9章，柴梦颖编写第10章，程维国编写第12章。

由于编者水平有限，加之时间仓促，难免存在缺点和不足之处，敬请同人和读者批评指正。

编　者
2007年3月

目　　录

绪　　论 ……………………………………………………………………… 1
　　复习思考题 …………………………………………………………………… 5

模块1　植物体的形态类型与构造 ……………………………………… 7
第1章　植物细胞学基础 …………………………………………………… 8
　1.1　植物细胞的结构 …………………………………………………………… 8
　1.2　细胞原生质的组成与性质 ……………………………………………… 17
　1.3　植物细胞的繁殖 ………………………………………………………… 20
　1.4　植物的组织 ……………………………………………………………… 24
　1.5　复习思考题 ……………………………………………………………… 34
第2章　种子与幼苗的形成 ……………………………………………… 36
　2.1　种子的形态与结构 ……………………………………………………… 36
　2.2　种子萌发与幼苗的建成 ………………………………………………… 41
　2.3　复习思考题 ……………………………………………………………… 46
第3章　植物的营养器官 ………………………………………………… 47
　3.1　根 ………………………………………………………………………… 47
　3.2　茎 ………………………………………………………………………… 60
　3.3　叶 ………………………………………………………………………… 75
　3.4　营养器官的变态 ………………………………………………………… 87
　3.5　复习思考题 ……………………………………………………………… 97
第4章　植物的生殖器官 ………………………………………………… 99
　4.1　花的形态结构 …………………………………………………………… 99
　4.2　花序 ……………………………………………………………………… 107
　4.3　花药、花粉粒的发育与雄性细胞的形成 …………………………… 109
　4.4　胚珠、胚囊的发育与雌性细胞的形成 ……………………………… 113
　4.5　植物的开花、传粉与受精作用 ……………………………………… 117
　4.6　种子与果实的形成与构造 …………………………………………… 122
　4.7　复习思考题 ……………………………………………………………… 134

模块2　植物生理 …………………………………………………………… 137
第5章　植物的水分生理 ………………………………………………… 138
　5.1　水在植物生命活动中的重要性 ……………………………………… 138
　5.2　植物细胞对水分的吸收 ……………………………………………… 140
　5.3　根系对水分的吸收 …………………………………………………… 145
　5.4　植物的蒸腾作用 ……………………………………………………… 148
　5.5　合理灌溉的生理基础 ………………………………………………… 155

5.6　复习思考题 ··· 157

第6章　植物的矿质与氮素营养 ··· 159

6.1　植物的必需元素 ··· 159

6.2　根系对矿质元素的吸收与运输 ··· 166

6.3　植物体内氮、磷、硫的同化 ··· 172

6.4　施肥的生理基础 ··· 174

6.5　复习思考题 ·· 177

第7章　植物的光合作用 ··· 178

7.1　光合作用的意义与指标 ·· 178

7.2　叶绿体和光合色素 ··· 180

7.3　光合作用的机理 ·· 184

7.4　影响光合作用的外界因素 ·· 196

7.5　同化产物的运输与分配 ·· 199

7.6　复习思考题 ·· 203

第8章　植物的呼吸作用 ··· 204

8.1　呼吸作用的生理意义及指标 ··· 204

8.2　呼吸作用的机理 ·· 207

8.3　影响呼吸作用的因素 ··· 214

8.4　复习思考题 ·· 218

第9章　植物的营养生长 ··· 219

9.1　植物生长物质 ··· 219

9.2　植物生长的基本特性 ··· 229

9.3　影响植物生长的环境因素 ·· 234

9.4　复习思考题 ·· 236

第10章　植物的生殖生理 ··· 237

10.1　外界条件对植物成花的影响 ·· 237

10.2　花芽分化 ··· 246

10.3　植物的成熟与衰老 ·· 249

10.4　复习思考题 ·· 257

第11章　植物的抗逆生理 ··· 258

11.1　植物的抗寒性与抗热性 ·· 259

11.2　植物的抗旱性和抗涝性 ·· 263

11.3　植物的抗盐性 ·· 266

11.4　植物的抗病性 ·· 268

11.5　环境污染对植物的影响 ·· 270

11.6　复习思考题 ·· 276

模块3　植物系统与分类 ·· 277

第12章　植物界的基本类群 ·· 278

12.1　低等植物 ··· 279

12.2　高等植物 ··· 286

12.3　植物界的发生与演化 ……………………………………………………… 292

12.4　复习思考题 ………………………………………………………………… 296

第 13 章　被子植物分类 ………………………………………………………… 298

13.1　植物分类基础知识 ………………………………………………………… 298

13.2　被子植物分类 ……………………………………………………………… 302

13.3　复习思考题 ………………………………………………………………… 314

模块 4　植物与植物生理实训 ………………………………………………… 315

第 14 章　实训 …………………………………………………………………… 316

实训 1　光学显微镜的构造及使用规范 ……………………………………… 316

实训 2　简易装片的制作及观察植物细胞结构 ……………………………… 319

实训 3　徒手切片技术及观察质体和淀粉粒 ………………………………… 321

实训 4　压片的制作及观察细胞有丝分裂 …………………………………… 322

实训 5　观察植物组织 ………………………………………………………… 324

实训 6　观察种子的形态和构造 ……………………………………………… 325

实训 7　种子生活力的快速测定技术 ………………………………………… 326

实训 8　观察芽的结构与识别芽的类型 ……………………………………… 328

实训 9　观察植物营养器官解剖结构 ………………………………………… 330

实训 10　观察与识别器官变态的类型 ……………………………………… 333

实训 11　观察花药、花粉粒 …………………………………………………… 334

实训 12　观察果实的结构与识别果实类型 ………………………………… 335

实训 13　植物细胞的质壁分离及死活鉴定技术 …………………………… 337

实训 14　植物组织水势测定技术 …………………………………………… 338

实训 15　快速称重法测定植物蒸腾强度技术 ……………………………… 340

实训 16　植物溶液培养技术及缺素症的观察 ……………………………… 341

实训 17　叶绿体色素提取分离技术及光学活性的观察 …………………… 342

实训 18　叶绿素的定量测定技术 …………………………………………… 344

实训 19　大田作物光合速率测定技术（改良半叶法） ……………………… 345

实训 20　小篮子法测定植物呼吸速率技术 ………………………………… 347

实训 21　植物激素对生长发育的调控技术 ………………………………… 350

实训 22　植物抗寒性鉴定（电导仪法） ……………………………………… 351

实训 23　植物检索表的编制与蜡叶标本的采集与制作技术 ……………… 353

实训 24　植物识别技术 ……………………………………………………… 355

参考文献 …………………………………………………………………………… 357

绪　　论

　　植物是生物界中的重要成员，是人类最宝贵的物质财富。至今为止，自然界中的生物已经经历了近 35 亿年漫长的发展和演化过程，形成了现今种类繁多、形态各异、庞大而又复杂的生物类群。据统计，地球上现存的生物已知的就有两百多万种。早在 18 世纪，瑞典生物学家林奈（Carolus Linnaeus，1707—1778）就把生物分为植物和动物两界。以后又出现了三界系统（植物界、动物界、原生生物界）、四界系统（植物界、动物界、原生生物界—真菌界、原核生物界）、五界系统（植物界、动物界、真菌界、原生生物界和原核生物界）。到了 20 世纪 70 年代，我国学者又把类病毒和病毒另立为非胞生物界，建立了六界系统。在不同的生物分界系统中，植物界的范围大小各不相同，这对于了解和认识植物界具有一定的局限性，因此，本书仍采用两界系统。根据两界系统，现在已知的植物种类约有五十多万种，它们在自然界中分布极其广泛，从南北极到赤道，从高山到平原，从海洋、江河湖泊到陆地，到处都生长繁衍着不同种类的植物，这些植物构成了复杂并与人类息息相关的植物界。

一、我国的植物资源及利用

　　我国地处北半球，幅员辽阔，南从北纬 3°58′的曾母暗沙岛，北至北纬 53°32′的黑龙江江心，东从黑龙江与乌苏里江的汇流处，西至帕米尔高原，地跨热带、亚热带、温带和寒温带。在这样复杂而多样的自然条件下，形成了我国独具特点的八大植被区域，蕴藏着丰富的植物资源。我国仅种子植物就有 3 万种以上，占世界高等植物的 1/10。在我国台湾省静浦以南到西藏南部亚东附近的热带季雨林、雨林区域，具有珍贵的木材紫檀（*Pterocarpus indicus*）、香椿属类（*Toona spp.*）、铁力木（*Mesua ferrea*）、胭脂木（*Wrightia spp.*）。北起秦岭、淮河，南至北回归线附近，东界为东南海岸和台湾岛屿，西界沿西藏高原东坡至云南西疆界线上的亚热带常绿阔叶林区域，包括 16 个省（自治区），占全国总面积的 1/4。该区植物资源极其丰富，包括我国地质史上遗留下来的子遗植物和珍贵树种，如水杉（*Metascquoia glyptostroboides*）、银杏（*Ginkgo biloba*）、银杉（*Cathaya argyropylla*）、珙桐（*Davidia involucrata*）、鹅掌楸（*Liriodendron chinense*）、金钱松（*Pseudolarix kaempferi*）等。暖温带落叶阔叶林区域分布在燕山山地与秦岭之间，植被类型为落叶阔叶林，主要树种是壳斗科的各种落叶栎类（*Quercus spp.*）及桦（*Betula spp.*）、槭（*Acer spp.*）、椴（*Tilia spp.*）、楝（*Melia azedarach*）、泡桐（*Paulownia fortunei*）等，针叶树有油松（*Pinus tabulaeformis*）、赤松（*p. densiflora Sieb. Et Zucc*）、华山松（*P. armandii*）等，该区域是我国重要的农业地区。温带针阔叶混交林区域包括东北平原以东、以北的广大地区，植被类型为红松（*Pinus koraiensis*）为主的针阔叶混交林，其中草本植物中的人参（*Panax jinseng*）、东北细辛〔*Asarum heterotropoides Fr. Schmidt var mandshuricum*（*maxim.*）*Kitagawa*〕、天麻（*Gastrodia elata*）是名贵的中药材。黑龙江省穆棱林业局区域内大面积自然分布的东北红豆杉林，已被国家批准为"东北红豆杉省级自然保护区"。东北红豆杉（*Taxus cuspidate*）别名紫杉、赤柏松，是国家一级珍稀濒危植物，被称为"活化石"。东北红豆杉的果实为红色，根、叶、树皮均有药用价值，在抑制癌细胞生长和治疗糖尿病等方面具有良好的功效。寒温带针叶林区域位于黑龙江省最北部的牙克石以北，黑河附近以西的大兴安岭北部及其支脉伊勒呼里山一带，植被类型为以兴安落叶松（*Larix gmelinii*）所组成的落叶针叶林或由兴安落叶松与白桦（*Betula platyphylla*）、樟子松（*Pinus sylvestris var. mongolics Litvin*）组成的混交林。林中生长的越桔（*Vaccinium vitis-idaea*）别名红豆、牙疙瘩，笃斯越桔（*V. uliginosum*）别名笃斯，是中外闻名的浆果植物。温带荒漠区域位于我国的西北部，包括新疆的准噶尔盆地与塔里木盆地，青海省的柴达木盆地，甘肃与宁夏北部以及内蒙古的鄂尔多斯台地的西端。青藏高原植被区域位于我国的西南部，包括西藏绝大部分地区，青海南半部、四川西部以及云南、甘肃和新疆的部分地区。青藏高原是我国重要的畜牧业基地之一，植被类型主要有高寒灌丛、高寒草甸、高寒草原、高寒荒漠等，天然牧草和中药材资源十分丰富，其中产量较大的中药材有贝母、党参、冬虫夏草、大黄、羌活、独活、黄芪、木通、五味子等。

我国在植物资源利用方面取得了世界瞩目的成就。例如，在天然色素的提取与利用方面，已完成 32 科 41 种植物的提取工艺研究；完成了豆科、杜鹃花科、芸香科、木兰科等 70 余科 218 种植物天然香料的提取工艺研究。在引种驯化方面，中国科学院西双版纳热带植物园与澳大利亚合作，将檀香成功引种到我国的云南省，解决了我国檀香原料进口问题。檀香为名贵、珍稀植物，属于檀香科（*Santalaceae*）檀香属（*Santalum*）。该属现有 15 个种和 13 个变种，主要分布于从印度、印度尼西亚至澳大利亚及太平洋的一些群岛。东方人对檀香木有一种传统和意识上的情有独钟，加之与佛教的关联，使檀香带有神秘的色彩。在印度，檀香木被称为"圣树（*Royal tree*）"。檀香树全身是宝，素有"黄金树"之称，是世界公认的高级香料植物，提取的檀香油是高级香水与香料产业中独树一帜的原料。利用檀香还能生产出许多高附加值的产品，如人们喜爱的檀香香皂、檀香扇、檀香木工艺品；用檀香木制成的各种宗教用品更是佛教活动中的上乘佳品。在观赏植物栽培方面，先进的水生诱变技术不仅可以让人们观赏到植物多姿的地上部分，也可欣赏美丽飘逸的根系。在农业方面，中国以占世界不到 7% 的耕地，养活了占世界 22% 的人口，创造了世界公认的奇迹。我国杂交水稻的研究与应用处于世界领先水平。我国的农业正在向集约持续农业迈进，并取得了可喜的成果。

二、植物在自然界和国民经济中的作用

1. 绿色植物的光合作用可合成有机物，贮藏能量，维持大气中氧气与二氧化碳的动态平衡

据统计，绿色植物的光合作用每年大约同化 2×10^{11} t 碳素，如以葡萄糖计算，相当于四五千亿吨有机物质。这些有机物质不仅满足植物本身生长发育的需要，而且也是包括人类在内自然界所有生物所需食物的来源。

绿色植物通过光合作用能够将光能转变为化学能，并贮藏在所形成的有机物中。这些化学能除供给植物体本身需要外，也是包括人类在内的全部异养生物所需能量的来源。

光合作用释放氧气，这对于生物界具有极其重要的意义。大约在 40 亿年以前，地球表面的大气并不含有氧气，直到绿色植物的出现，才使大气中开始出现了分子状态的氧，并使大气中氧气的含量逐渐由少到多，发展到现在大气中 1/5 的含氧量。同时，绿色植物

光合作用释放氧气的过程，是维持大气中氧气与二氧化碳的浓度基本稳定的唯一因素。绿色植物为自然界生物的演化发展提供了必要的大气环境。

2. **非绿色植物的矿化作用促进自然界的物质循环**

矿化作用是指复杂的有机物经过非绿色植物（菌类）的作用，被分解为简单的无机物（矿物质）的过程。绿色植物进行光合作用固然极其重要，但若只有有机物的合成而没有有机物的分解，则自然界最终将会由于原料的缺乏而成为死的世界。事实上，自然界的物质总是处在不断地运动中：一方面，从无机物合成了有机物；另一方面，又从有机物分解为无机物。有机物的合成主要是靠绿色植物的光合作用来完成，而有机物的分解，除了靠生物的呼吸作用外，更主要的是靠非绿色植物的矿化作用。通过绿色植物的光合作用和非绿色植物的矿化作用，即进行合成、分解的过程，使自然界物质循环往复、永无止境。

3. **防治污染，保护生物赖依生存的环境**

植物对环境的保护作用，主要反映在它对大气、水域、土壤的净化作用。

植物对大气的净化主要体现在两方面。一是通过叶片吸收大气中的毒物，减少大气中的毒物含量。如植物对二氧化硫有较强的吸收能力，所以在二氧化硫污染区内，植物含硫量比正常叶片含量高 $5\sim10$ 倍。植物吸收二氧化硫后，便形成毒性小得多的亚硫酸及亚硫酸盐。只要大气中二氧化硫的浓度不超过一定限度，则植物叶片就不会受害，并能不断对二氧化硫进行吸收。二是植物叶片能降低和吸附粉粒。如茂密的树林能降低风速，使空气中的大粒尘埃降落。特别是某些植物的叶面粗糙多毛，有的分泌黏液和油脂，更能吸附大量飘尘。蒙上尘埃的植物，一经雨水冲洗，又能迅速恢复吸附的能力。

植物对水域的净化主要表现在对有毒物质进行分解转化和富集两个方面。在有毒物低浓度的情况下，水生植物能吸收某些有毒物质，并在体内将有毒物质分解和转化为无毒成分。如植物从水中吸收有毒物质丁酚，并在体内形成酚糖苷一类无毒物质而参加细胞的正常代谢过程。水生植物吸收和富集的有毒物质，一般可高于水中毒物浓度的几十倍、几百倍甚至几千倍。但利用植物富集能力来净化水域时，必须注意食物链的延伸对人类的影响。

植物对土壤的净化主要表现在对土壤中污染物质的吸收。如植物对化学农药、除草剂、工业废水、废渣中的有毒物质等都能进行吸收，从而减少土壤中污染物质的数量。

4. **涵养水源，防止水土流失**

植物对水土的保持作用以森林最为突出。森林的存在，使雨水可以通过树冠缓缓下流，经地面的枯枝落叶渗入土中，减少雨水在地表的流失和对表土的冲刷。江河上游有茂密的森林，就能涵蓄水源，使清水常流，削减洪峰流量，保护坡地，防止水土流失。此外，森林枝叶的蒸腾作用，使其上空的水汽增多，容易凝结成雨，减免干旱。除森林外，灌木林和草地也具有良好的保持水土作用。在陡坡、沙地、土层瘠薄等很难形成森林的地段，恢复和发展灌木林和草地就能很好地防止水土流失。因此，只有植树造林扩大森林的覆盖率、保护植物资源、科学地利用植物资源，才能实现资源的永久利用。

5. **植物是发展国民经济的重要资源**

人类在生产生活中所需的粮、棉、油、菜、果等都直接来源于植物，肉类、毛皮、蚕丝、橡胶、造纸等也多依赖于植物提供原料，就是世界上为人类提供主要能源的煤炭、石油、天然气也是数千万年前被埋藏在地层中的古代动植物在无氧的条件下转化而成的化石燃料。因此，农业生产是保证国民经济高效持续发展的基础。

三、植物科学的研究内容、分科与发展趋势

植物科学是研究植物和植物界的生活、发展规律的生物科学，主要研究植物的形态结构和发育规律，生长发育的基本特性，类群进化与分类，以及植物生长、分布与环境的相互关系等内容。随着生产和科学的发展，植物科学已形成许多分支学科，现简要介绍如下。

（1）植物分类学：研究植物间的亲缘关系、植物类群与分类。依不同的植物类群又派生出细菌学、真菌学、藻类学、地衣学、苔藓学、蕨类学和种子植物学等。

（2）植物形态学：研究植物的形态结构在个体发育和系统发育中的建成过程和形成规律。广义的概念还包括研究植物组织和器官的显微结构及其形成规律的植物解剖学，研究高等植物胚胎形成和发育规律的植物胚胎学，以及研究植物细胞的形态结构、代谢功能、遗传变异等内容的植物细胞学。

（3）植物生理学：研究植物生命活动及其规律性的学科，包括植物体内的物质和能量代谢、植物的生长发育、植物对环境条件的反应等内容。有的已进一步形成专门学科，如植物代谢生理学、植物发育生理学等。

（4）植物遗传学：研究植物的遗传和变异规律以及人工选择的理论和实践的学科。已发展出植物细胞遗传学和分子遗传学。

（5）植物生态学：研究植物与其周围环境相互关系的学科。随着科学的发展，派生出植物个体生态学、植物群落学和生态系统等学科。

最近三十多年，植物科学的各个领域不断与相邻学科渗透，一些传统学科间的界限正在淡化；尤其是有关分子生物学的新概念和新技术的引入，致使边缘学科和新的综合性研究领层出不穷，如植物细胞分类学、植物化学分类学、植物生理解剖学、植物细胞生物学、植物生殖生物学、空间植物学等。根据第13、14届国际植物学会议对植物科学内容的归纳分组，将植物科学主要分为分子植物学、代谢植物学、发育植物学、遗传植物学、结构植物学、系统及进化植物学、群落植物学、环境植物学、应用植物学等。可以预料，通过学科的渗透交叉和创新提高，植物科学将在更高层次上和更广范围内探索植物生命的奥秘和发生发展的规律。

四、植物科学与农林生产的关系

植物科学的发展过程始终与农林生产实践相联系，植物科学研究的重大突破，往往都会引起农林生产技术的重大革新。19世纪植物矿质营养理论确立，奠定了施肥的理论基础，导致化肥的应用和化肥工业的蓬勃兴起，使作物的产量成倍增加，并且开创了无土栽培技术的先河。20世纪植物光合生产率的理论研究成果，促进了粮食生产技术矮化密植措施的发展以及与之相关联的品种改良、作物保护等一系列措施的革新，使粮食产量大幅度增加，被誉为"绿色革命"。植物激素的发现和研究成果，在防止器官脱落、调节作物生长，促进果实成熟、提高产量等方面均起着较大的作用，使人为调控作物的生长发育成为现实。由植物激素的研究引申出来的化学除草剂代替了几千年来的人工除草，实现了作物集约化栽培。植物组织培养的研究为作物育种、种质资源的保存提供了创新的方法，为植物脱毒技术提供了更为有效的途径。1973年遗传工程的诞生，带动了整个自然科学的发展，为人类开发应用生物技术开创了一个新纪元。正在实施的我国超级杂交水稻基因组计

划研究工作取得了显著的成就，科学家们已发现一些和稻米品质、光合作用等超高产因素相关的基因位点，为成功培育超级杂交水稻奠定了理论基础。

随着科学技术的迅猛发展，学科间的相互渗透，植物科学的研究将进入一个新的阶段，将会产生新的理论和新的研究成果。计算机、遥感技术、数学模型的研究与应用，将使植物科学在更大规模上控制植物的生长发育，实现农林生产的计算机自动化和工业化，为农林生产做出更大的贡献。

五、学习本课程的方法

学习植物科学的方法主要有观察、比较和实验。

（1）观察。观察是学习植物科学的基本方法。通过认真细致的观察，可以了解植物的形态结构和生活习性。观察需要熟练地应用一些设备和技术，如放大镜、显微镜、徒手切片技术、切片染色技术、生物绘图技术等。在观察时，应该运用植物形态学术语对观察结果进行描述记录。

（2）比较。比较是学好植物科学的重要方法。只有通过比较，才能了解各种植物之间在形态结构上的异同，便于记忆的掌握。因此，学习中应该对不同植物的整体或部分进行系统的比较，鉴别它们的异同，并分析不同和相同原因，从而得出规律性的结论。

（3）实验。实验是学好植物科学的重要手段。人类借助于各种实验设备，对植物的生长、发育、代谢、生殖等过程，在人工控制的条件下进行试验研究。这是一种动态的方法，能够比较深入地探讨生命活动的内部联系。运用实验法进行学习时，应该有明确的实验目的，进行正确的实验设计，准备必要的实验设备，并应懂得实验方法和步骤。只有如此，才能得出正确的实验结果，巩固所学的知识，掌握必要的专业技能和综合能力。

复习思考题

1. 我国的地理位置及植被类型与分布，各类型植被的主要代表植物。
2. 我国有哪些珍贵的植物资源及分布？
3. 植物在自然界及国民经济中有何重要作用？
4. 植物科学研究的目的和任务是什么？
5. 说明植物科学对农林生产的促进作用。
6. 学习本课程应采用什么方法？如何才能提高自己的实践动手能力？

模块 1
植物体的形态类型与构造

　　植物体的形态类型与构造是识别植物、学习和掌握植物生长发育规津的基础。在自然界中种类繁多、形态各异的植物（除病毒外）都是由细胞构成，细胞是组成植物体结构与功能的基本单位。细胞在生长分化过程中形成组织，各类组织有规津地组合在一起，共同执行特定的功能，这便形成了器官。植物的器官包括根、茎、叶、花、果实、种子等，其中根、茎、叶是植物的营养器官，花、果实、种子为生殖器官。各器官之间有机联系在一起，形成完整的植物体。

第1章 植物细胞学基础

 知识目标
- ◆ 知道植物细胞的形状、大小、基本结构和植物细胞的繁殖。
- ◆ 知道组织的形成与类型等。
- ◆ 理解原生质的胶体性质，以及影响酶促反应的因素。
- ◆ 掌握植物各器官的形态构造与功能。
- ◆ 了解细胞的化学组成、酶的作用机制。

 能力目标
- ◆ 会操作使用显微镜，能进行简易装片的制作、徒手切片、生物绘图。
- ◆ 能认识和识别细胞的结构、各种质体、细胞后含物及各种组织的特征及分布。
- ◆ 能观察并掌握细胞有丝分裂和减数分裂的各期主要特征。
- ◆ 具备分析、判断和调节植物生长发育状况的基本能力。

1.1 植物细胞的结构

1.1.1 植物细胞的发现与细胞学说的建立

细胞是生物有机体形态结构和生理功能的基本单位。生物有机体除了病毒和类病毒外，都是由细胞构成。最简单的生物有机体仅由一个细胞构成，各种生命活动都在一个细胞内进行。复杂的生物有机体可由几个到亿万个形态和功能各异的细胞组成，如海带、蘑菇等低等植物以及所有的高等植物。多细胞生物体中的所有细胞，在结构和功能上密切联系，分工协作，共同完成有机体的各种生命活动。因此，植物的一切生命活动都发生在细胞中。

由于细胞一般很小，要用显微镜才能观察，因此，细胞的发现与显微镜的发明分不开。1665 年，英国学者虎克用自制的显微镜观察软木的薄片，发现软木有许多排列紧密的蜂窝状小室，他把这些小室称为"细胞"。实际上，虎克所观察到的不过是植物死细胞的空腔，空腔周围是细胞壁。细胞的发现使人们对植物和动物的显微结构发生兴趣，开始广泛利用显微镜观察各种动、植物材料。对这些材料结构的描述和研究，使得对细胞的认识也就随之发展了。以后，人们逐渐观察到细胞内有比细胞壁更重要的生活内容物，也就是细胞质、细胞核及核仁等结构。此后，经过许多学者研究，对细胞逐渐有了更多了解。到19 世纪，人们认识到细胞中更重要的生活内容物，并认识到在植物细胞中细胞核有重要的调节作用。在不断认识细胞的基础上，德国植物学家施莱登和动物学家施旺发表了细胞学说，指出植物体和动物体都是由细胞构成，所有细胞都是由细胞分裂或融合而来；卵和精子都是细胞。因此，细胞是一切动植物体的基本结构单位。

对细胞学的创立，恩格斯给予细胞的发现以高度的评价，认为这是 19 世纪科学的三大发现之一。细胞学说的重要性在于它从细胞水平提供了有机界的统一，证明了植物和动物都是从它的繁殖和分化中发育起来。因此，只有通过细胞学说的创立才能明确提出：细胞既是生物有机体结构和生命活动的单位，又是生物个体发育与系统发育的基础。20 世纪初，细胞的主要结构在光学显微镜下都已被发现，但人们对各部分的功能和各功能之间的联系还了解不多。到了 20 世纪 40 年代电子显微镜发明后，由于人们提高了显微镜的分辨率，并将之用于生物学的研究，从而极大地推动了细胞学的进展，揭示了细胞的超微结构，使细胞学的研究从显微水平发展到了超微水平。

近年来，伴随着电子显微技术、同位素示踪、超速离心等生物化学技术在细胞学研究上的作用，使细胞的研究从超微结构发展到分子水平，并从分子水平深入地认识细胞的生命活动及其调控，而在细胞水平与分子水平上的研究又不断地推动植物科学的发展。

1.1.2　植物细胞的基本结构

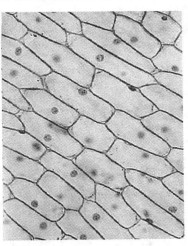

植物细胞虽然形状多样，大小不一，但一般都有相同的结构，由原生质体和细胞壁两部分组成（如图 1-1 所示）。细胞壁包在原生质体外面，是植物特有的结构；原生质体是细胞内原生质分化而来的具有生命活动的各种结构的总称。随着细胞的生命活动，细胞内产生各种后含物。

1. 原生质体

（1）细胞质。细胞质充满在细胞核与细胞壁之间，在结构上可分为细胞膜、胞基质和细胞器三部分。

① 细胞膜。细胞膜是细胞最外层紧靠细胞壁的一层薄膜，又称为质膜。在电子显微镜下细胞膜呈现明显的三层结构：两侧呈两个暗带，中间夹有一个明带。暗带的主要成分为蛋白质，明带的主要成分是磷脂。这种由

图 1-1　洋葱表皮细胞的显微结构

三层结构组成为一个单位的膜，称为单位膜。关于单位膜的结构，目前多数认可的是流体镶嵌型理论（如图 1-2 所示）。

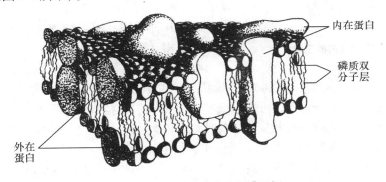

图 1-2　液体镶嵌型的生物膜图解

（引自 xmithH．，1977）

细胞膜具有多种生理功能。首先它起着屏障的作用，维持稳定的细胞内环境；其次因为细胞膜具有“选择透性”，因此它能控制细胞内外的物质交换。这种特性表现为不同的物质透过能力不同，某些物质能很快透过，某些物质透过较慢，而另一些物质则不能透过。而且随着细胞生理状态的不同，物质的这种透过能力可以发生相应的变化。细胞膜的选择透性使

细胞能从周围环境不断取得所需的水分、盐类和其他必需的物质，并阻止有害物质的进入；同时，细胞也能把代谢的废物排泄出去，而又不使内部有用的成分任意流失，从而使细胞具有一个适宜而相对稳定的内环境。此外，细胞膜还有其他重要的生理功能，如物质的运输、接受，传递外界的信号，抵御病菌的感染及参与细胞间的相互识别等。

②胞基质（基质）。胞基质是细胞核与细胞器生活的场所，由半透明的原生质胶体组成，是未分化的原生质。在活细胞中，细胞质不断地缓慢流动，通过细胞质的循环流动促进营养物质的运输和气体交换，促进细胞的生长和创伤的恢复。

③细胞器。细胞器是存在于胞基质中的具有一定形态结构和生理功能的亚单位。在植物细胞中存在有多种细胞器，根据构造特点可将其分为三种类型：双层单位膜结构的细胞器，包括质体和线粒体；单层单位膜结构的细胞器，包括内质网、高尔基体、液泡、溶酶体、微体；非膜结构的细胞器，包括核糖体、微管、微丝、中间丝。

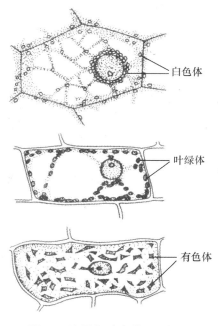

图1-3　不同细胞内的三种质体

● 质体。质体是植物细胞所特有的细胞器，它与碳水化合物的合成与贮藏有密切关系。质体可分为叶绿体、有色体和白色体三种类型（如图1-3所示）。

叶绿体：存在于植物的所有绿色部分的细胞中，在成熟的叶肉细胞中最多，主要含有叶绿素和类胡萝卜素。由于叶绿素的含量高于类胡萝卜素，故叶绿体呈绿色。叶绿体的主要功能是吸收太阳光能，进行光合作用。

有色体：含有胡萝卜素和叶黄素，并由于二者的比例不同而呈现红黄之间的各种颜色。有色体存在于植物的花瓣、果实的细胞中或其他部分。

白色体：不含色素，呈无色颗粒状，存在于植物体各部分的贮藏细胞中。白色体的功能是累积贮藏营养物质，其中积累淀粉的白色体叫造粉体，积累蛋白质的白色体叫造蛋白体，积累脂类的白色体叫造油体。

以上几种质体，随着细胞的发育和环境条件的变化可以相互转化。

● 线粒体。生活的植物细胞都含有线粒体。在光学显微镜下，线粒体通常呈颗粒状、线状。其大小不一，直径一般为 $0.5 \sim 1.0 \, \mu m$，长径 $1 \sim 2 \, \mu m$。在电子显微镜下，可看到线粒体是由双层膜构成：外膜光滑无折叠；内膜向内折叠，形成许多管状或隔板状突起，称为嵴。在嵴与双层膜之间充满了基质，基质中含有许多与呼吸作用有关的酶、脂类、蛋白质、核糖体等。

线粒体的主要功能是细胞进行呼吸作用的场所。细胞内的糖、脂肪和氨基酸的最终氧化是在线粒体内进行，释放的能量供细胞生命活动的需要。因此，线粒体被称为细胞能量"动力站"（如图1-4所示）。

● 内质网。内质网存在于细胞中，是由单层膜构成的网状管道系统。管道的各种形状延伸和扩展成为各类管、泡囊或池，形成相互沟通的网状系统。内质网有两种类型：一种是在膜的外表附着许多核糖体，称为粗糙型内质网；另一种在膜的外表面则没有核糖体附着，称为光滑型内质网。细胞中两种类型内质网的比例及它们的总量，随着细胞的种类、发育时期、细胞的功能及外界条件的不同而异（如图 1-5 所示）。

内质网是一个细胞内的蛋白质、脂类和多糖的合成、贮藏及运输系统。粗糙型内质网能合成和转运蛋白质，光滑型内质网能合成和转运脂类和多糖。

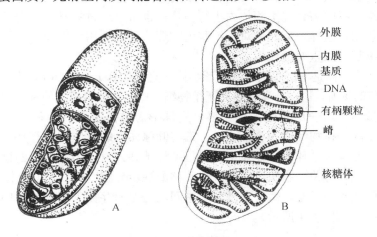

图 1-4　线粒体

A. 植物细胞线粒体（管状嵴）；B. 线粒体纵剖面

（引自 Gorden, E. and Bernstenin, J., 1970）

● 核糖体（核糖核蛋白体）。生活细胞中都含有核糖体。核糖体主要由核酸和蛋白质组成，核糖体分布在粗糙型内质网上或分散在细胞质中。核糖体是合成蛋白质的主要场所，所以，蛋白质合成旺盛的细胞，尤其在快速增殖的细胞中，往往含有更多的核糖体颗粒。

● 高尔基体。高尔基体由一系列扁平的囊和小泡组成。扁平囊由单层膜围成，直径约 0.5～1 μm，中央似盘底，边缘或多或少出现穿孔，当穿孔扩大时，囊的边缘便显得像网状的结构。在网状部分的外侧，局部区域膨大形成小泡，小泡从高尔基体囊上分离出去（如图 1-6 所示）。

高尔基体的主要功能是参与细胞壁形成，合成纤维、半纤维素构成壁的多糖类物质，以及能分泌黏液。如根冠细胞中的高尔基体能分泌黏液。

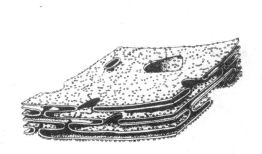

图 1-5　粗糙内质网立体结构模式图

（引自 Wolfe, s. L., 1983）

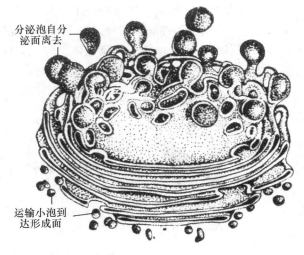

图 1-6　高尔基体模式图

● 溶酶体。溶酶体是由单层膜围成的泡状结构，泡内主要含有各种不同的水解酶，如酸性磷的酶、核糖核酸的酶、蛋白酶等。它们可以分解所有的生物大分子。

溶酶体的功能是液化作用，它可以通过膜的内陷，把进入细胞的病毒、细菌及细胞内原生质的其他组份吞噬掉，在溶酶体内进行消化；也可以通过本身膜的分解，把酶释放到细胞质中而起作用。这样，溶酶体对于细胞内贮藏物质的利用，以及消除细胞代谢中不必要的结构和异物都有很重要的作用。

● 圆球体。圆球体是一层膜围成的球形小体，直径约 $0.1\sim1.0\ \mu m$。它是一种贮藏细胞器，是积累脂肪的场所。圆球体普遍存在于植物细胞中，如油料植物的种子中就有圆球体。

● 微体。微体是由一层膜包围的小体，呈球形。微体主要有两种：一是过氧化物酶体，有的存在于高等植物叶的光合细胞中，常与叶绿体、线粒体相伴存在，执行光呼吸的功能；另一种为乙醛酸循环体，存在于油料植物种子和大麦、小麦种子的糊粉层及玉米的盾片中，与脂肪代谢有关，脂肪经它所含的几种酶逐步分解，最后转变成糖类。

● 微管、微丝和中间丝。微管、微丝和中间丝是普遍存在于细胞基质中的网架，又称为细胞骨架系统（如图1-7所示）。

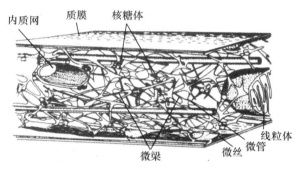

图1-7　细胞骨架模式图

（引自 K. R. poter, 1976）

微管：普遍存在于植物细胞中。它是非膜结构，由两种不同的球状蛋白（α 微管蛋白、β 微管蛋白）组成。微管在细胞中具有多方面的功能。微管的主要功能是在细胞中起支架作用，使细胞维持一定的形状；微管又是细胞分裂时形成的纺锤丝的组成部分，对染色体的位移起作用；微管还与染色体、鞭毛、纤毛的运动有关；此外，植物细胞中的微管参与细胞壁的形成和发育（如图1-8所示）。

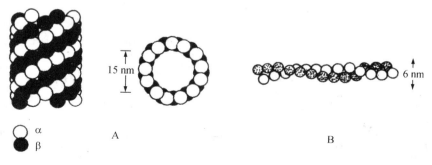

图1-8　微管与微丝的分子结构模型

A. 微管：左为整体观（部分），右为横剖面，示13条原丝，下为 α（白）和 β（黑）微管蛋白；B. 微丝

微丝：是动植物细胞中的细丝状结构，直径只有 4～6 nm，主要由两种球形肌动蛋白聚合成的细丝彼此缠绕成双螺旋丝。微丝在细胞中纵横交织呈网状，常连接在微管和细胞器之间，致使细胞内的细胞核与细胞器有序地排列和运动。

中间丝：又称居间纤维或中间纤维，普遍存在于动物细胞中，在一些植物细胞如玉米、烟草中也发现其存在。中间丝的直径为 10 nm 左右，电子显微镜下似细长管状的结构。目前对中间丝的功能认识尚不充分，有人认为中间丝能加固细胞骨架，与微管、微丝一起维持细胞形态和参与胞内运输，并可固定细胞核，在细胞分裂时可能对纺锤体与染色体有空间定向与支架作用。

● 液泡。液泡是植物的显著特征之一。在幼小植物的细胞中有多个分散小液泡。随着细胞的生长，这些小液泡逐渐彼此合并发展成一个大液泡，占据细胞中央很大空间，将细胞质和细胞核挤成一薄层而紧贴细胞壁，使细胞质与环境有较大的接触面，有利于物质交换和细胞的代谢活动。

液泡的外面有一层膜，叫液泡膜。液泡中的水溶液称为细胞液，其中含有多种有机物和无机物，有的是代谢贮藏物，如糖、有机物、蛋白质、生物碱、丹宁、色素等，可使细胞具有酸、甜、苦、涩等味道。如甜菜块根液泡中含糖量高，烟草的液泡中含有烟碱，咖啡中含有咖啡碱。花青素的颜色随着细胞液的酸碱性不同而有变化：酸性时呈红色，碱性呈蓝色，中性呈紫色。有些细胞液泡中含有一些晶体，如草酸钙结晶，这种液泡成为存储细胞代谢废物的场所，能减轻草酸钙对细胞的毒害。

液泡的生理功能主要是贮藏作用，但因含有许多水解酶，也具有消化作用。在一定条件下，水解酶能分解液泡中的贮藏物质，重新参与各种代谢活动。

（2）细胞核。大多数植物细胞中都有细胞核，除了细菌和蓝藻外。一般一个细胞只有一个核，但某些真菌和藻类的细胞含有两个或多个核。细胞核的形状和位置随细胞的生长和分化而变化。在幼期细胞中，细胞核位于细胞的中央，近球形。随着细胞的生长，由于液泡增大和合并形成中央大液泡，细胞核被挤向靠近细胞壁，形状变成扁圆形。细胞核的主要功能是储存和传递遗传信息，同时对细胞的生理活动也起着重要的作用。细胞核的结构可分为核膜、核仁、核质三部分（如图 1-9 所示）。

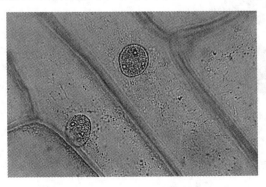

图 1-9　显微镜高倍镜下细胞核的结构

（洋葱表皮细胞）

① 核膜。核膜为双层膜，包被在细胞核的外围。有时膜上附着有核糖体。在一定的部位，外膜可以向外延伸到细胞质中央，与内质网相连；内膜光滑。两层膜在一定间隔愈合形成小孔，称为核孔。核孔是控制细胞核与细胞质之间物质交换的通道。核孔的大小常

发生变化，随着植物的生理状况不同，核孔可以"开"或"闭"。

② 核仁。大多数细胞的核内有一个或几个核仁。核仁是核内合成和贮藏核糖核蛋白体的场所。核仁的大小随细胞生理状态而变化。代谢旺盛的细胞，往往核仁较大；代谢缓慢的细胞，则核仁较小。

③ 核质。核仁以外、核膜内的部分称为核质，由核液和染色质组成。

● 核液。细胞核内没有明显结构的基质，染色质和核仁悬浮在其中，核液中含有蛋白质、RNA（包括 mRNA 和 tRNA）和多种酶，这些酶保证了 DNA 的复制和 RNA 的转录。

● 染色质。通常情况下，染色质以极细的细丝分散在核液中，到细胞分裂时通过螺旋化作用形成较大的具有特定形态、结构的染色体。染色质的主要成分是脱氧核糖核酸（DNA）和核糖核酸（RNA）。

2. 细胞后含物

细胞后含物是细胞原生质体在生命活动过程中所产生的各种代谢产物的总称，包括贮藏营养物质、生理活性物质、植物次生物质和代谢废物等，如淀粉、蛋白质、脂肪、丹宁、晶体、生物碱等。以下是几种重要的后含物。

（1）淀粉。在植物细胞中，淀粉是最普遍的贮藏物质。植物光合作用的产物以蔗糖等形式运入贮藏组织后在造粉体中合成淀粉，形成淀粉粒。造粉体积累淀粉时，是从一个起点开始形成淀粉粒的核心（称为脐），围绕脐从内向外层积累，形成许多同心层次轮纹（如图 1-10 所示）。脐可位于中央或偏于一侧，轮纹被认为是由于两种不同结构的淀粉（直链淀粉和支链淀粉）交替积累而成。淀粉粒的形态、大小和结构可以作为鉴别植物种类的依据之一。

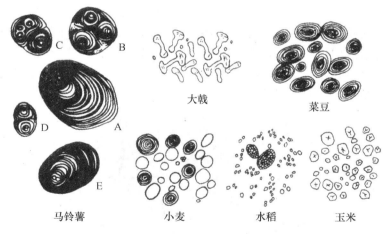

大戟　　　菜豆

马铃薯　　　小麦　　　水稻　　　玉米

图 1-10　不同类型的淀粉粒
A. 单粒；B，C，D. 复粒；E. 单复粒

（2）蛋白质。植物的贮藏蛋白质是结晶或无定形的固体，不表现出明显的生理活性。贮藏蛋白常以糊粉粒形式分布在细胞质内，它是贮藏了无定形蛋白质的小液泡在籽粒成熟过程中脱水而成的。禾本科植物的胚乳最外一层或几层细胞中含有大量的糊粉粒，称为糊粉层（如图 1-11 所示）。蓖麻细胞内的糊粉粒，在无定形蛋白质中包含有蛋白质的拟晶体和非蛋白质的球状体。

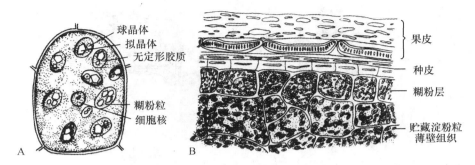

图 1-11　糊粉粒与糊粉层

A. 蓖麻胚乳细胞中的糊粉粒；B. 小麦籽粒横剖面的一部分，示糊粉粒

（引自植物学，徐汉卿，1996）

（3）脂肪。在植物细胞中，脂肪和油常以固体状态或小油滴存在于一些油料植物的种子或果实中，是含能量最高、体积最小的贮藏物质（如图 1-12 所示）。

（4）晶体。在植物的液泡中，常存在各种形状的晶体，常见的有草酸钙晶体。草酸是代谢产物，对细胞有害，晶体的形成降低了草酸的毒害作用（如图 1-13 所示）。

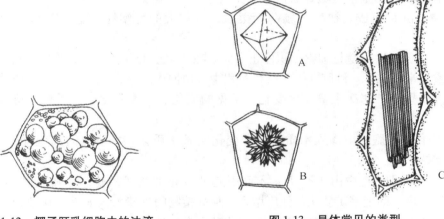

图 1-12　椰子胚乳细胞中的油滴

图 1-13　晶体常见的类型

A. 棱状晶体；B. 晶簇；C. 针晶

3. 细胞壁

细胞壁是植物特有的结构。它由原生质体分泌的物质所构成，具有保护原生质体和维持细胞形态功能的作用。

细胞壁的结构可分三层：胞间层、初生壁和次生壁（如图 1-14 所示）。

（1）胞间层（中层）。胞间层是细胞分裂时最初在相邻细胞之间形成的一层薄膜，是相邻两个细胞间所共有的部分。它的主要成分是果胶质，能使相邻的细胞黏结在一起，并能缓冲细胞间的挤压。果实成熟时产生果胶酶将果胶质分解，细胞彼此分开，使果实变软，果肉细胞彼此分离就是这个原因。

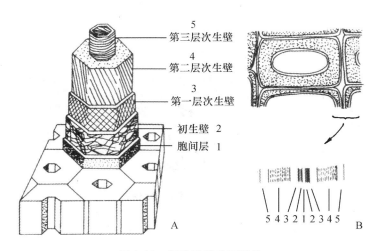

图 1-14　细胞壁的分层结构

A. 几个厚壁细胞立体图，中间一个的细胞壁被部分去除，以显示各层，各个壁层上的线条示微纤丝的
排列方式；B. 上为细胞横剖面，下为两个相邻细胞间部分壁，示各个壁层

（引自植物学，徐汉卿，1996）

（2）初生壁。初生壁是随着细胞的生长，由原生质体分泌的纤维素、半纤维素和果胶质在胞间层上沉积而成。初生壁较薄而柔软，有较大的可塑性，能随着细胞的生长而延展。

（3）次生壁。次生壁是细胞体积停止增大后在初生壁上继续积累的壁层。它的主要成分是纤维素和半纤维素。细胞在生长分化过程中，由原生质体合成一些不同性质的化学物质结合到细胞壁内，使次生壁发生变化。常见的变化有：木质化、矿质化、角质化、栓质化。

① 木质化。细胞壁中渗入木质的一种变化叫做木质化。木质化的细胞壁硬度增大，加强机械支持作用。

② 矿质化。细胞壁中由于矿质渗入而引起的变化称为矿质化。矿质指钾、镁、钙、硅的不溶化合物。细胞壁矿质化后强度增大，加强植物的支持力。如禾本科植物、莎草科植物的茎，叶表面细胞的细胞壁沉积着二氢化硅而发生硅质化。

③ 角质化。细胞壁中渗入角质（脂类化合物）而引成的变化称为角质化。细胞壁角质化后，透水性降低，可减少水分的散失，还可防止病菌侵入植物体。

④ 栓质化。木栓质渗入细胞壁引起的变化称为栓质化。木栓质也是脂类化合物。细胞壁栓质化后不透气、不透水，细胞很快死亡，只剩下细胞壁，更增强了对内部细胞的保护作用。老的根和茎外面就是由栓质化的细胞所构成的木栓层。

次生壁是不均匀的，有的地方不增厚，形成了许多凹陷的区域，称为纹孔。相邻两个细胞上的纹孔常相对存在，称为纹孔对。它们之间有胞间层和薄的初生壁，称为纹孔膜。纹孔是细胞间水分和物质交换的通道。

相邻的细胞之间，细胞质以许多细丝穿过纹孔而相互连接，这种细胞质细丝称为胞间连丝（如图 1-15、图 1-16 所示）。胞间连丝是引导物质和信息的桥梁，它将植物体所有活细胞联系起来，形成一个统一的整体。

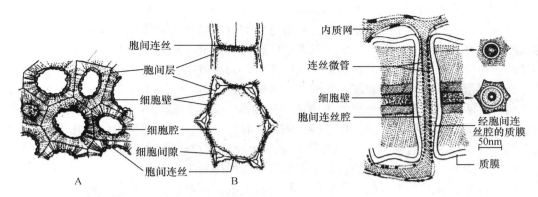

图 1-15　几种类型的细胞群横剖面（示胞间连丝的分布）
A. 柿胚乳细胞；B. 烟草茎中的薄壁细胞

图 1-16　胞间连丝的超微结构
（左为纵剖面，右为横剖面）
（引自植物学，徐汉卿，1996）

1.2　细胞原生质的组成与性质

1.2.1　原生质的概念

细胞内具有生命活动的物质称为原生质。它是细胞结构和生命活动的物质基础。原生质的化学组成极其复杂，且处于不同种类以及不同发育时期的细胞原生质的化学组成也不相同。但是，所有的原生质却有着相同的基本组成成分。

1.2.2　原生质的化学组成

原生质的化学组成十分复杂。分析表明，原生质所含有的主要化学元素是碳、氢、氧、氮四种，约占全重的90%；其次有硫、磷、钙、锌、氯、镁、铁等元素，以及微量元素硅、锰、铜、钼、钒等。组成原生质的物可分为有机物和无机物两类。

1. 无机物

原生质中含量最多的无机物是水，一般占细胞全重的60%～90%。干种子细胞含水量较低，约10%～14%。原生质中的水以结合水和游离水两种方式存在。

结合水是由水与构成原生质的很多物质的分子或离子结合而成，参与细胞的构成，成为原生质的结构物质。游离水是细胞中矿物质离子和各种分子的溶剂，以及原生质胶粒的分散介质，也是细胞中许多代谢反应的场所。游离水参与细胞的代谢过程。

水分的多少影响原生质的胶体状态。水分多时，原生质是呈溶解状态，代谢活动旺盛；水分少时，原生质呈凝胶状态，代谢活动缓慢。同时，水的比热大，能吸收大量热能，使原生质的温度不致过高。这对维持原生质的生命活动起着重要作用。

2. 有机物

组成原生质的有机物有蛋白质、核酸、脂类、糖类以及微量的生理活性物质等。

（1）蛋白质。蛋白质是构成原生质的一大类极其重要的高分子有机化合物，其分子量约为6000～6000000单位或更大。蛋白质在原生质中的含量仅次于水，约占干重的60%。蛋白质不仅是原生质的结构物质，而且还以酶等形式存在，催化生化反应，调节新陈代谢。

构成蛋白质的基本单位是氨基酸。目前已知的氨基酸有二十多种。一个蛋白质分子的氨基酸数目有几十个至上万个。由于氨基酸的种类、数量、排列顺序的不同，可形成多种多样的蛋白质。例如，同脂类物质结合成脂蛋白，同核酸结合成核蛋白，同某些金属离子结合成色素蛋白。这就充分表现出蛋白质的多样性。

所有生活细胞内有一类重要的蛋白质，称为酶。酶是细胞内生化反应的有机催化剂。在大多数情况下，一种酶只能催化一种反应，具有专一性。由于细胞内约有几千种酶，它们合理地分布在细胞的各部位，使各种复杂的生化反应能够同时在细胞内有条不紊地进行。原生质的不同部分或结构的特定功能与其所含的酶种类有关。

（2）核酸。核酸是重要的遗传物质。构成核酸的基本单位是核苷酸。每个核苷酸由一个磷酸、一个戊糖和一个碱基组成。碱基有嘌呤碱和嘧啶碱两类，常见的有五种：腺嘌呤（A）、鸟嘌呤（G）、胞嘧啶（C）、尿嘧啶（U）、胸腺嘧啶（T）。核酸是由许多核苷酸经过脱水聚合而形成的高分子有机化合物。根据所含戊糖的不同，核酸可分为核糖核酸（RNA）和脱氧核糖核酸（DNA）。

RNA 主要存在于细胞质中，所含的五碳糖是核糖，所含的碱基种类为 A、G、C、U 四种，以单链形式存在，主要功能是合成蛋白质。

DNA 主要存在于细胞核内，所含的五碳糖是核糖，所含的碱基种类为 A、G、C、T 四种，以双链形式存在（如图 1-17 所示），是构成染色体的遗传物质。

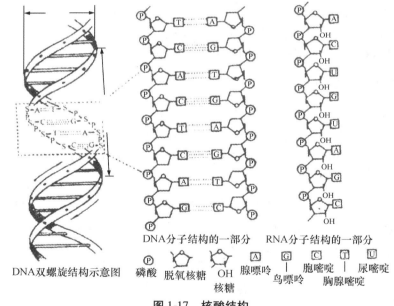

DNA分子结构的一部分　　RNA分子结构的一部分

DNA双螺旋结构示意图

Ⓟ磷酸　脱氧核糖　OH核糖　Ⓐ腺嘌呤　Ⓖ鸟嘌呤　Ⓒ胞嘧啶　Ⓣ胸腺嘧啶　Ⓤ尿嘧啶

图 1-17　核酸结构

（3）脂类。凡是经水解后产生脂肪的物质均属于脂类。它们主要由甘油和脂肪酸构成长链分子，但分子链比蛋白质和核酸短得多。脂类的共同特点是难溶于水。脂类在原生质中可作为结构物质。例如，磷脂和蛋白质结合，参与构成细胞质表面的质膜和细胞内部的各种膜、角质、木栓质和蜡质，参与细胞壁的构成。脂肪是一种体积小而能量高的储藏物质，存在于种子和少数果实中。

（4）糖类。糖类参与构成原生质和细胞壁，是光合作用的同化产物。在细胞中，糖能被分解氧化释放出能量，是生命活动的主要能源。糖也是合成其他有机物的原料。

糖类又可分为单糖、双糖和多糖三类。

单糖是简单的糖，水解时不产生更小的糖单位。细胞内最重要的单糖是五碳糖和六碳糖，前者如核糖和脱氧核糖，它们是组成核酸的成分之一；后者如葡萄糖，它是细胞内能量的主要来源。

双糖是由两个单糖分子脱去一分子水聚合而成。植物细胞中最重要的双糖是蔗糖和麦芽糖。蔗糖是重要的双糖，它是植物体内碳水化合物运输的重要形式。

多糖是由许多单糖分子脱去相应数目的水分子聚合成的高分子糖类。植物细胞中最重要的多糖有纤维素、果胶质、淀粉等。维生素和果胶质是细胞壁的重要结构分子，淀粉是植物细胞最常见的贮藏营养物质。

1.2.3　原生质的性质

1. 胶体性质

原生质是具有一定弹性和黏度的、半透明的、不均一的亲水胶体，其比重略大于水。原生质中的蛋白、核酸和多糖等生物大分子呈颗粒状态，均匀地分散在原生质的水溶液中。原生质的水溶液是介质，而大分子颗粒均匀地分散在其中，称为分散质。均匀分布在介质中的分散质和介质就构成胶体。由于胶体中的颗粒具有极强的亲水性，所以又称为亲水胶体。原生质大分子胶粒表面带有电荷，水分子又具有极性，因而离胶粒越近的水分子，与胶粒结合就越紧越强，越远则越弱。被胶粒牢牢吸附着而不易自由移动的水称为束缚水；离胶粒较远，则吸附力较小。易离开胶粒而能自由移动的水称为自由水。束缚水和自由水之间没有明显界线。原生质胶体的存在状态与水分的多少密切相关。水分多时，原生质近于液态，称为溶胶，其生命活动旺盛；水分少时，胶粒连接网状，水溶液分散在胶粒网中，原生质近于固态，称凝胶，其生命活动缓慢；有时，原生质呈介于二者之间的状态。原生质胶粒不仅具有电荷，而且具有巨大的表面积，可以吸附许多酶和其他生活的重要物质，从而给细胞进行物质交换及各种生化反应提供了有利条件。因此，原生质的胶体性质对整个生命活动具有极其重要的意义。

2. 液晶性质

液晶态是物质介于固态与液态之间的一种状态，它既有固体结构的有序性，又有液体的流动性；在光学性质上像晶体，在力学性质上又像液体。从微观来看，液晶态是某些特定分子在溶剂中有序排列而成的聚集态，并需具备以下三项条件：

（1）分子链必须是没有刚性的物质，在溶液中往往呈棒状；

（2）分子链上必须没有苯环和能形成氢键的极性基因；

（3）分子中具有不对称碳原子。

在植物体中，有不少物质的分子都符合以上条件。

原生质中的微球体系统（核仁、染色体与核糖体）同样具有液晶结构性。DNA 与 RNA 分子都有液晶性质。例如，DNA 具有双螺旋结构，在溶液中是棒状刚强分子，当它的浓度超过 1%，就开始形成液晶态；浓度达 3%以上，DNA 在微区中排列已相当有规则；浓度达 30%，DNA 分子就排列成非常整齐的液晶结构。

其他的生物分子，如叶绿素、类胡萝卜素与多糖，也都具有液晶性质。因此，有些分子参与的细胞器中进一步增添了液晶的特色。

原生质是构成生活细胞的生活物质，它的基本性质是具有生命现象，不断进行新陈代谢。在生命的活动过程中，原生质必须从环境中吸收水分、空气和营养物质，经过一系列复杂的生理、生化作用，使之成为原生质自身的物质，这个过程称为同化作用。与此同时，原生质内的某些物质，不断地分解成简单的物质，并且释放能量，供生命活动的需要，这个过程称为异化作用。同化作用和异化作用二者既相互联系，又相互制约。原生质同化作用和异化作用的矛盾统一过程构成了新陈代谢，这就是生命的基本特征。

1.3　植物细胞的繁殖

植物的生长主要是由于植物体内细胞的繁殖、体积增大以及分化的结果。细胞数目的增加是通过分裂方式进行。具有分裂能力的细胞在分裂前必须经历一个准备时期，这一时期称为间期。在分裂间期要进行包括遗传物质的复制在内的一系列复杂的代谢变化，然后进入分裂期。连续分裂的细胞从第一次分裂结束到第二次分裂完成所经历的整个过程称为细胞周期，它包括细胞间期和分裂期。

植物细胞周期经历的时间一般在十几至几十个小时之间，细胞内 DNA 含量和生长条件都会影响细胞周期的长短。细胞周期中以 S 期最长，M 期最短（如图 1-18 所示）。

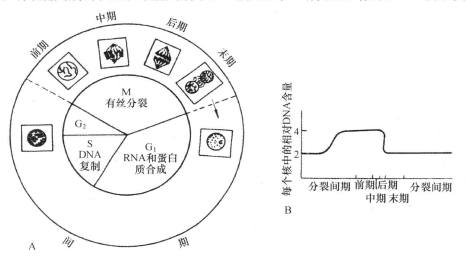

图 1-18　（A）细胞周期图解　（B）蚕豆根尖细胞核内 DNA 含量的变化
（B 图引自植物学：形态、解剖部分，高信曾，1987）

1.3.1　无丝分裂（直接分裂）

无丝分裂过程比较简单，核内不出现染色体，不发生像有丝分裂过程中出现的一系列复杂的变化。无丝分裂时，细胞核直接分裂，核先伸长，然后中部收缩，缢断为两个新核；最后在两核中间产生新壁，形成两个新子细胞。

无丝分裂比较简单，速度快，消耗能量少。无丝分裂常见于低等植物，在高等植物中也常出现，如愈伤组织的形成、居间分生组织的活动、不定根的形成及胚乳的形成等过程。

1.3.2　有丝分裂

在细胞分裂中，细胞核中出现染色体与纺锤丝则称为有丝分裂。这是一种最普遍而常见的分裂方式。根据细胞核发生的可见变化可将有丝分裂分为间期、前期、中期、后期、末期（如图 1-19、图 1-20 所示）。

（1）间期。间期是细胞的分裂准备时期。细胞在形态上无明显变化，但核内发生一系列变化，主要是 DNA 的复制、能量的积累、RNA 和蛋白质的合成，为细胞分裂进行物质上的准备。同时，细胞内也积累大量的能量，以提供分裂活动需要。间期又可分为：G_1 期、S 期和 G_2 期三个时期。

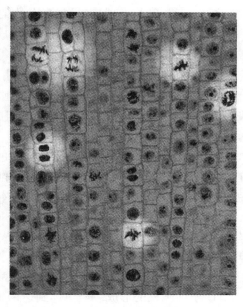

图 1-19　洋葱根尖细胞有丝分裂

① G_1 期：又称复制前期或 DNA 合成前期，是 S 期合成 DNA 的准备阶段。G_1 期进行 RNA 蛋白质的合成，包括与 DNA 合成有关的酶类和磷脂等的合成。如果 G_1 期受阻（如将蛋白合成抑制剂注入），则不能进入 S 期。进入 G_1 期的细胞，一般有三种前途：一是继续进入以下各期而最终产生两个子细胞，如分生组织细胞；二是暂不分裂而执行其他功能，直至植物体有补充新细胞的需要时，才离开 G_1 期继续加入细胞周期的运行轨道，如植物体中的薄壁细胞；三是终生处于 G_1 期而退出了细胞周期，不再进行分裂，这类细胞将沿着生长、分化、衰老、死亡的轨道运行，大多数成熟组织的细胞属于这一类型。

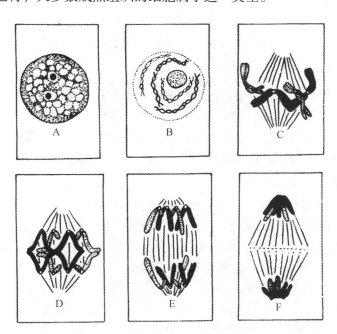

图 1-20　有丝分裂图解

A. 分裂间期；B. 前期；C. 中期；D，E. 后期；F. 末期（赤道处的虚线表示成膜体）

② S 期：又称复制期或 DNA 合成期，是细胞增殖的关键时期。通常只要 DNA 合成一开始，增殖活动就会继续下去，直到完成一个细胞周期为止。此时 DNA 和组蛋白的量加倍。至 S 期终了时，已具备最初形态的染色体。

③ G₂ 期：又名复制后期或 DNA 合成后期。G₂ 期相对较短，主要是合成纺锤丝的组成材料和 RNA，以及贮备染色体移动所需能量。在此期末两条染色单体已形成，各含一个完全相同的 DNA 分子，为分裂的临界期。

（2）前期。处于前期的细胞，其细胞核内的染色质细丝螺旋状卷曲并逐渐缩短变粗形成染色体，每条染色体是由两条染色单体组成，它们只在着丝点处相连；核仁、核膜消失，同时纺锤丝开始出现。

（3）中期。处于中期的细胞，其染色体排列在中央的平面上，这个平面称为赤道板。在前期出现的纺锤丝伸向中央与染色体的着丝点相连形成纺锤体。这个时期的染色体已缩短变粗到比较固定的形状，是观察染色体形态和数目的最好时期。

（4）后期。处于后期的细胞，其每一条染色体的两条染色单体从着丝点分开，由纺锤丝牵引分别移向两极。每条染色单体就成为一条新的染色体。这样，在细胞的两极各有一套与母细胞形态、数目相同的染色体。

（5）末期。有丝分裂的末期又分为两个阶段。

① 子细胞核的形成。染色体到达两极后，又逐渐解螺旋为染色质，这时纺锤丝也逐渐消失，核膜、核仁重新出现，形成两个子细胞核。

② 新细胞壁的建成与胞质分裂。两个子细胞核建成的同时，在母细胞赤道板处逐渐出现新的质膜和细胞壁，将母细胞的细胞质一分为二，这个过程称为胞质分裂。通过胞质分裂使一个母细胞形成两个子细胞。

经过有丝分裂，一个母细胞产生两个子细胞，使每个子细胞具有和母细胞相同数量和类型的染色体。因此，每一个子细胞都有着和母细胞相同的遗传性，从而保持了细胞遗传的稳定性。

1.3.3　减数分裂

减数分裂是植物有性生殖中进行的一种细胞分裂方式。减数分裂发生于大小孢子的时候，即花粉粒和胚囊母细胞产生胚囊的时候。减数分裂包括两次连续分裂，但染色体只复制一次，因此，一个母细胞经减数分裂后形成四个子细胞，每个子细胞的染色体数目为母细胞的一半，减数分裂由此得名（如图 1-21 所示）。

1. 第一次分裂（分裂Ⅰ）

（1）前期Ⅰ：经历时间长，变化复杂，根据变化特点可分为五个时期。

① 细线期：细胞核内出现细长、线状的染色体。

② 偶线期：细胞核中的同源染色体（一条来自父本，一条来自母本，其形状、大小相似的染色体）逐渐两两配对，这种现象称为联会。

③ 粗线期：染色体缩短变粗。同时可以看到每对同源染色体含有 4 条染色单体，但着丝点处不分离。同源染色体之间发生了染色体片段的交换，也就是片段交换后，染色体有了遗传物质的变化，含有同源染色体中另一染色体上的一部分遗传基因。因此，交换后使基因重新组合，对生物的遗传和变异具有重要意义。

④ 双线期：染色体继续缩短变粗，配对的同源染色体之间开始分离，但染色体单体发生交换处仍是联合。因此，染色体就形成 X、V、O、8 等形状。

⑤ 终变期：染色体进一步缩短变粗，核膜、核仁消失，开始出现纺锤丝。

（2）中期Ⅰ：成对的染色体排列在赤道板上，纺锤体形成。

（3）后期Ⅰ：由于纺锤丝的牵引，每对同源染色体各自分开，并向两极移动。在每极中，染色体数目只有原来母细胞的染色体数目的一半。

（4）末期Ⅰ：染色体螺旋解体，核膜、核仁重新出现，形成子细胞，每个子细胞内的染色体数目只有母细胞的一半；在赤道板上形成细胞壁。

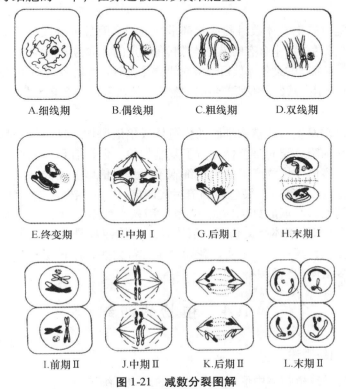

A.细线期　　　　B.偶线期　　　　C.粗线期　　　　D.双线期

E.终变期　　　　F.中期Ⅰ　　　　G.后期Ⅰ　　　　H.末期Ⅰ

I.前期Ⅱ　　　　J.中期Ⅱ　　　　K.后期Ⅱ　　　　L.末期Ⅱ

图 1-21　减数分裂图解

2. 第二次分裂（分裂Ⅱ）

第二次分裂一般与第一次分裂的末期紧接。这次分裂与前一次分裂的不同之处在于：分离前核不进行 DNA 复制和染色体加倍。第二次分裂也分四个时期（前期Ⅱ、中期Ⅱ、后期Ⅱ、末期Ⅱ）。在后期Ⅱ，染色体的着丝点分裂，每个染色体的两条染色单体分开，并向两极移动。因此，染色体数目不再减半。于是，一个母细胞经过两次连续分裂形成了四个子细胞。开始这四个子细胞仍连在一起，叫四分体，以后这个四分体分离成四个单独的子细胞，每个子细胞的染色体数目为母细胞的一半。

减数分裂属于有丝分裂的范畴，但又和有丝分裂有明显的不同。减数分裂的特点可以归纳为以下三点。

（1）减数分裂只发生在植物有性生殖过程中特定的细胞，即花粉母细胞和胚囊母细胞。

（2）减数分裂过程中，细胞分裂两次，染色体仅复制一次，因此子细胞染色体数目只有母细胞的一半。

（3）在分裂过程中，同源染色体发生联会，非姊妹染色单体发生交叉、互换现象。

减数分裂在植物系统发育中具有重要意义。首先，由于花粉母细胞减数分裂形成的单倍四分体进一步发育形成雄配子（精子），胚囊母细胞减数分裂后产生的四分体进一步发育形成雌配子（卵细胞），通过精卵融合，又形成二倍染色体的合子，从而使各种植物染色体数目保持不变，使其遗传上具有相对的稳定性。其次，由于减数分裂中出现了同源染色体片断的交叉互换，因而极大地丰富了植物后代的变异性，促进了物种的进化。

1.3.4 染色体数目与多倍体

1. 染色体数目

每种植物细胞里的染色体数目和形状都是一定的，而且可分成一定的组，称为基本染色体组。每个基本染色体组中含有的染色体数目是固定的，称为该种植物的基本染色体数目组数，常用 X 表示。体细胞的染色体数目通常成偶数并成对。可用 $2n$ 表示体细胞的染色体数目，属于二倍体；用 n 表示由减数分裂所产生的细胞染色体数目，属于单倍体。

2. 多倍体

在自然界中，常发现有些植物细胞的染色体成倍地增加，这些植物称为多倍体。形成多倍体的原因，是细胞分裂时染色体进行了复制加倍，但没有形成两个子细胞，从而导致了染色体的加倍。多倍体植物产生的生殖细胞不再是单倍体。例如：某一植物细胞内含有两个基本染色体区（二倍体），染色体加倍后成四倍体。二倍体和四倍体杂交就成三倍体，三倍体是不孕。例如，西瓜的染色体是 22 条，用秋水仙素处理后，可以得到四倍体（44 条染色体），二倍体和四倍体杂交获得三倍体，三倍体西瓜是无籽。多倍体植物常具有较强的生活力和适应性，其种子、果实、花粉粒也常常大些，产量也较高。目前，可用人工诱导的方法培育多倍体的新品种。

1.4 植物的组织

1.4.1 植物组织概述

植物细胞分化导致植物体中形成多种类型的细胞，细胞分化导致了组织的形成。人们把形态结构相似、功能相同的一种或数种类型细胞组成的细胞群称为组织。组织中仅有一种细胞类型的称为简单组织，组织中有多种细胞类型的称为复合组织。

根据组织的发育程度、生理功能和形态结构的不同，通常将植物组织分为分生组织和成熟组织两大类。分生组织具有分生新细胞的特性，是产生和分化其他各种组织的基础。成熟组织是由分生组织分裂、衍生的细胞，经过生长、分化，渐失分生性能而形成。分化程度较浅的成熟组织，具有一定的分裂潜能，在适当条件下，可以恢复分裂，转化为分生组织。

1.4.2 植物组织的类型

1. 分生组织

分生组织是具有细胞分裂能力的细胞群，它是分化产生其他各种组织的基础。由于分生组织的存在，种子植物的个体总保持生长的能力或潜能。分生组织细胞的特征是：细胞小而等径，具有薄壁，细胞核相对较大，细胞质浓厚，液泡不明显，原生质浓厚。按照不同的方式，可将分生组织分为不同的种类。

（1）按分生组织的不同分布部位分类。

按照分生组织在植物体中分布的部位不同，可将之分为顶端分生组织、侧生分生组织和居间分生组织三种类型（如图 1-22 所示）。

① 顶端分生组织：位于植物的根尖、茎端及侧枝顶端。它们的分裂活动，可以使根、茎不断伸长，并在茎上形成侧枝和叶，使植物体扩大营养面积。茎的顶端分生组织还可以形成生殖器官。

② 侧生分生组织：分布在根和茎的周围，包括形成层和木栓形成层。形成层的活动使根和茎不断增粗。木栓形成层的活动使长粗的根、茎表面或受伤的器官表面形成新的保护组织。

③ 居间分生组织：是在植物发育过程中，在已分化的成熟组织间夹着的一些未完全分化的分生组织。居间分生组织属于初生分生组织。在单子叶植物的茎和叶中都分布有居间分生组织，如玉米、小麦的叶鞘和节间，葱、蒜叶的基部等。居间分生组织持续分裂活动的时间较短，分裂一段时间后转变为成熟组织。

（2）按分生组织的来源和性质分类。

根据分生组织的来源和性质，可将之分

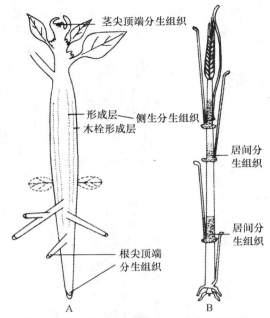

图 1-22　分生组织在植物体内的分布示意图
A. 顶端分生组织和侧生分生组织的分布；B. 居间分生组织的分布

（引自植物学，徐汉卿，1996）

为原生分生组织、初生分生组织和次生分生组织三种类型。

① 原生分生组织：由胚细胞保留下来，一般具有持久而强烈的分裂能力，位于根尖、茎尖较前的部位。

② 初生分生组织：由原生分生组织的细胞分裂衍生而来。这些细胞在形态上已出现了最初的分化，但细胞仍具有很强的分裂能力，是发育形成初生成熟组织的主要分生组织。因此，初生分生组织是一种边分裂边分化的组织，并逐渐向成熟组织过渡。

③ 次生分生组织：是由已经分化的成熟细胞，经过生理和形态上的变化，脱离了原来的分化状态，重新恢复分裂能力的组织。

2. 成熟组织

成熟组织的细胞失去了分裂能力，发生了分化，成为各种成熟组织，也称永久组织。

成熟组织按其功能可分为基本组织、保护组织、机械组织、输导组织和分泌组织等五类。

（1）基本组织。基本组织又称薄壁组织，它在植物体内分布最广，数量最多，是进行各类代谢活动的主要组织。基本组织的特点是：细胞壁薄，细胞排列疏松，有明显的细胞间隙，液泡较大，细胞核被挤向靠近细胞壁。这些细胞一般分化程度较低，具有很强的分生潜能，在一定的条件下可转变为分生组织。这对于创伤的愈合、扦插、嫁接的成活和进行组织离体培养等有实际意义（如图 1-23 所示）。根据生理功能不同，又可将基本组织分为下列五类。

① 同化组织：细胞内含有大量的叶绿体，能进行光合作用，合成有机物。同化组织主要存在于叶肉、嫩茎和发育中的果实和种子中。

② 吸收组织：具有从外界吸收水分和营养物质的生理功能。例如根尖的表皮向外突出，形成根毛，具有吸收水分和溶于水中的无机盐的功能。

③ 贮藏组织：具有贮藏营养物质的功能。贮藏组织主要存在于果实、种子、块根、块茎以及根茎的皮层和髓中，贮藏物主要是淀粉、糖类、蛋白质和脂类。

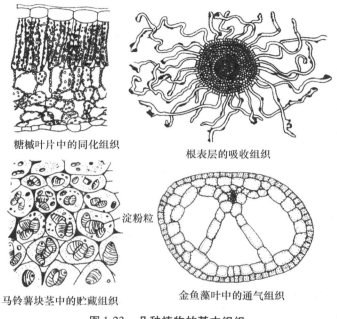

糖槭叶片中的同化组织

根表层的吸收组织

淀粉粒

马铃薯块茎中的贮藏组织

金鱼藻叶中的通气组织

图 1-23　几种植物的基本组织

（引自植物学，徐汉卿，1996）

④ 通气组织：水生与湿生植物体内的细胞间隙发达，形成气道或气腔，在体内形成了一个发达的通气系统，使生于水下的根等器官能得到氧气，称为通气组织。

⑤ 传递细胞：是一类特化的薄壁细胞，这种细胞最显著的特征是具有内突生长的细胞壁和发达的胞间连丝，具有适应短途运输物质的生理功能。传递组织普通存在于叶片的叶脉末梢、茎节及导管或筛管周围（如图 1-24 所示）。

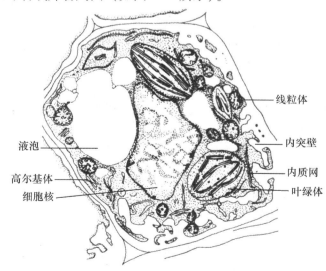

线粒体

液泡

内突壁

内质网

高尔基体

细胞核

叶绿体

图 1-24　菜豆茎初生木质部中的一个传递细胞

（引自植物学，徐汉卿，1996）

（2）保护组织。保护组织分布于植物体表面，由一层或数层细胞构成，起保护作用。保护组织可以减少植物失水，防止病原微生物的侵入，防止机械损伤，控制植物与外界的气体交换。保护组织可分为表皮和周皮。

① 表皮：位于植物的叶、幼嫩的根和茎及花、果表面，起保护作用。表皮为一层细胞。细胞扁平，排列紧密，除分布气孔外，无细胞间隙。表皮是生活细胞，含有较大的液泡，细胞内不含叶绿体（如图 1-25 所示）。细胞外壁常角质化，形成角质层，有的植物的表皮还形成蜡被。表皮上还有普遍存在的表皮毛或腺毛，它们的形状类型甚多（如图 1-26 所示）。

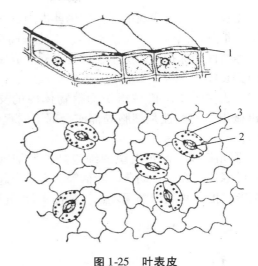

图 1-25　叶表皮

1. 角质层；2. 气孔；3. 保卫细胞

（引自植物学，杨悦，1997）

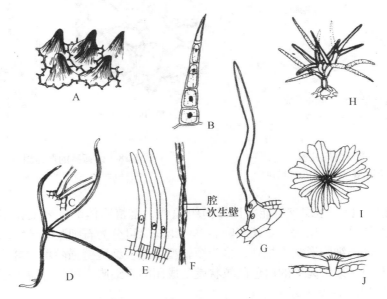

图 1-26　表皮毛状体

A. 三色堇花瓣上的乳头状行；B. 南瓜的多细胞表皮毛；C，D. 棉属叶上的簇生毛；E，F. 棉属种子上的表皮行（E. 幼期；F. 成熟期）；G. 大豆叶上的表皮毛；H. 熏衣草属中上的分枝毛；I，J. 橄榄的盾状毛（I. 顶面观；J. 侧面观）

（引自植物学，徐汉卿，1996）

叶表皮上的气孔是由两个保卫细胞组成。保卫细胞有叶绿体。禾本科植物保卫细胞旁侧还有一对副卫细胞（如图 1-27 所示）。保卫细胞调节气孔开闭，可以调节植物水分蒸腾和气体交换。

② 周皮：周皮存在于次生增粗的器官外表。裸子植物、双子叶植物的根、茎等器官

在加粗生长开始后，表皮的保护作用就由周皮的木栓层组织所代替。木栓层细胞之间无细胞间隙，细胞成熟时，原生质解体，细胞壁高度木栓化，生成具有不透水、绝缘、隔热、耐腐蚀等特性的保护组织。木栓层是木栓形成层向外分裂的几层细胞分化而成，木栓形成层向内分裂成栓内层。木栓层、木栓形成层、栓内层合称周皮。

（3）机械组织。机械组织为植物体内的支持组织，具有抗压、抗张和抗曲挠的性能。机械组织的特性是细胞局部或全部不同程度的加厚。机械组织可分为厚角组织和厚壁组织。

① 厚角组织：厚角组织的细胞是长形细胞，细胞壁只在角隅部位增厚，是活细胞，常含有叶绿体，存在于幼茎、叶柄等器官中，起支持作用。例如，南瓜、芹菜的叶柄中以及薄荷茎中的厚角组织都很发达（如图1-28所示）。

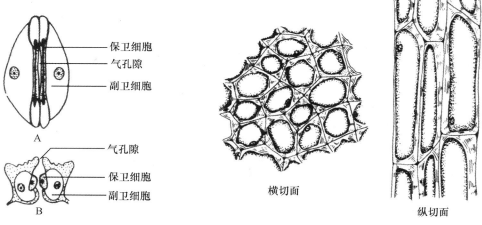

图1-27　水稻的气孔器

A. 顶面观；B. 侧面观（气孔器中部横切）

图1-28　薄荷茎的厚角组织

（引自植物学，徐汉卿，1996）

② 厚壁组织：厚壁组织支持能力比厚角组织强，是植物体的主要支持组织。厚壁组织的细胞壁全面加厚，木质化，是死细胞。厚壁组织又可分为石细胞和纤维两类。

● 石细胞：这类细胞形状不规则，多为短轴型细胞，细胞壁强烈增厚并木质化。石细胞分布很广，例如，梨果肉中的白色硬粒状就是成团的石细胞，各种坚果种子和硬壳中主要都是石细胞（如图1-29所示）。

● 纤维：纤维细胞是两端尖细成棱状的细长细胞，木质化程度很不一致。木质纤维细胞壁木质化，坚硬有力，支持力很强；韧皮纤维细胞壁木质化或只轻度木质化，韧性强。纤维通常在植物体内互相重叠排列，紧密地结合成束，故称为纤维束（如图1-30所示），可进一步增加组织的强度。

（4）输导组织。输导组织是植物体内长距离输导水分和有机物的组织，其中输导水分和无机盐的结构为导管和管胞，输导有机物的结构主要有筛管和伴胞。这些结构在整个植物体的各器官内形成一个输导系统。

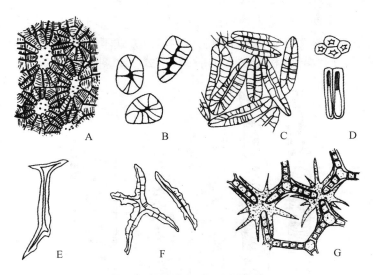

图 1-29 厚壁组织——石细胞

A. 桃内果皮石细胞；B. 梨果肉石细胞；C. 椰子内果皮石细胞；D. 菜豆种皮石细胞；E. 茶叶片中的细胞；F. 山茶属叶柄中的石细胞；G. 萍蓬草属叶柄中的星状石细胞

（引自植物学，徐汉卿，1996）

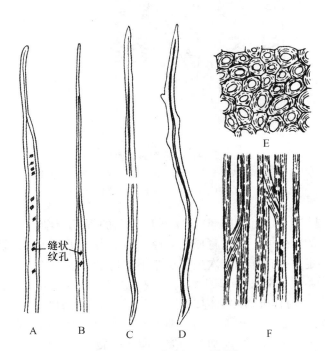

缝状纹孔

图 1-30 厚壁组织——纤维

A. 苹果木纤维；B. 白栎木纤维；C. 黑柳韧皮纤维；D. 苹果韧皮纤维；E，F. 向日葵韧纤维（横切面、纵切面）

（引自植物学，徐汉卿，1996）

① 导管：导管普遍存在于种子植物的木质部中，由许多细胞壁木质化的死细胞的端壁连接而成。导管分子两端的初生壁被溶解，形成穿孔。多个导管分子末端的原孔相连，组成了一条长的管道，称为导管。由于细胞壁的增厚方式不同，导管通常呈环纹导管、螺纹导管、梯纹导管、网纹导管和孔纹导管等多种形式（如图 1-31 所示）。

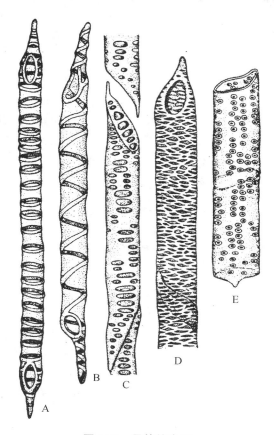

图 1-31　导管的类型
A. 环纹导管；B. 螺纹导管；C. 梯纹导管；D. 网纹导管；E. 孔纹导管
（仿 Greulach and Adams 修改）

② 管胞：管胞是一个两端斜尖、壁较厚不具穿孔的管状死细胞。管胞的细胞壁在发育中形成厚的木质化的次生壁，在发育成熟时原生质消失。所以，除运输水分与无机盐的功能外，管胞还有一定的支持作用。次生壁加厚不均匀也形成了环纹管胞、螺纹管胞、梯纹管胞、孔纹管胞等类型（如图 1-32 所示）。

③ 筛管：筛管是运输有机物的结构，是由多个活的管状细胞上下连接而成的。组成筛管的细胞称为筛管分子。上下相邻的两个细胞的端壁特化为筛板，在它的上下端壁上分化出许多较大的孔，称为筛孔。穿过筛孔的原生质丝比胞间连丝粗大，称为联络索。联络索沟通了相邻的筛管分子，能有效地输送有机物（如图 1-33 所示）。

④ 伴胞：伴胞是细小的薄壁细胞，有细胞核和浓厚的细胞质。伴胞与筛管是从分生组织的同一母细胞分裂而来，因此，筛管和伴胞在功能上密切相关，共同完成有机物的运输。

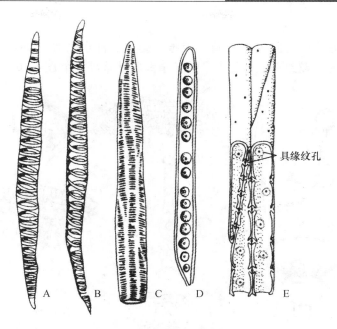

图 1-32　管胞的类型

A. 环纹管胞；B. 螺纹管胞；C. 梯纹管胞（鳞毛蕨属，*Dryopteris*）；D. 孔纹管胞；E. 4 个毗邻孔纹管胞的一部分，其中 3 个管胞纵切，示纹孔的分布与管胞间的连接方式

（A，B，D，E 引自 Greulach and Adams，C 引自 Fahn）

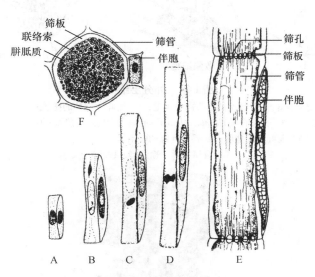

图 1-33　筛管与伴胞

A. 筛管母细胞进行不均等纵裂，产生未发育的筛管分子（左）和伴胞（右）；B，C. 细胞增大后，筛管分子的细胞核逐渐解体；D. 筛管分子端壁形成筛孔，细胞质减少为薄层；E，F. 成熟筛管和伴胞（E. 纵切面；F. 横切面）

（引自植物学，徐汉卿，1996）

（5）分泌组织。某些植物在新陈代谢过程中会产生挥发油、蜜汁、黏液、盐类、乳汁、树脂、生物碱等物质。这些产物存在细胞内、胞间隙中，或通过一定的细胞组成的结构排出体外，这种现象称为分泌现象。植物体中能够产生、贮藏、输导分泌物质的细胞或细胞组合称为分泌组织或分泌结构。根据分泌物是否排出体外，分泌结构可分为外分泌结构和内分

泌结构两大类。

常见的外分泌结构有腺毛、腺鳞、蜜腺、盐腺、排水器等（如图 1-34、图 1-35 所示），内分泌结构有分泌细胞、分泌腔、分泌道和乳汁管等（如图 1-36 所示）。

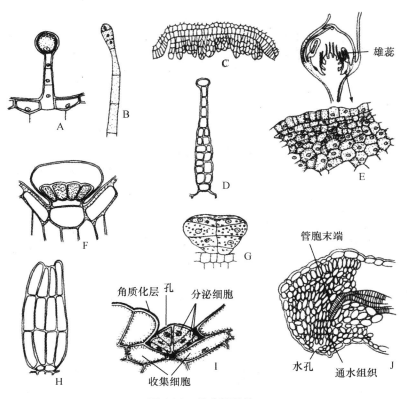

图 1-34　外分泌结构

A. 天竺葵属茎上的腺毛；B. 烟草具多细胞头部的腺毛；C. 棉叶主脉处的蜜腺；D. 荷亚松麻属花萼的蜜腺毛；E. 草莓的花蜜腺；F. 百里香（*Thymus vulgaris*）叶表皮上的球状腺鳞；G. 薄荷属的腺鳞；H. 大酸模的黏液分泌毛；I. 怪柳属叶上的盐腺；J. 番茄叶缘的吐水器

（引自植物学，徐汉卿，1996）

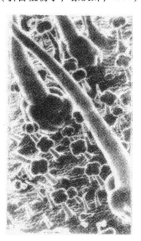

图 1-35　番茄叶上的腺毛和表皮毛的扫描电镜图

（引自 Jensen and Salisbury）

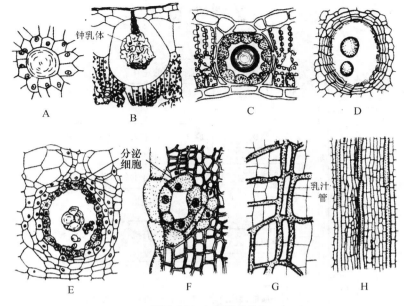

图 1-36　内分泌结构

A. 鹅掌楸芽鳞中的分泌细胞；B. 三叶橡胶叶中的含钟乳体异细胞；C. 金丝桃叶中的裂生分泌腔；D. 柑橘属果皮中的溶生分泌腔；E. 漆树的漆法道；F. 松树的树脂道；G. 蒲公英的乳法管；H. 大蒜叶中的有节乳法管

（引自植物学，徐汉卿，1996）

分泌物的作用很多。有的能引诱昆虫，有利于花粉传播；有的对某些病菌及其他生物起抑制或杀死的作用，有利于自身保护。

1.4.3　复合组织——维管束系统

植物体内多种组织按一定的方式与规律结合，就构成了复合组织。这些复合组织在植物体内常呈束状分布，所以又称为维管束。维管束贯穿于植物体各器官中，组成一个复杂、具有输导和支持作用的维管束系统。

1. 维管束的结构

维管束由木质部、韧皮部和形成层三部分组成。

木质部：由导管、管胞、木质纤维和薄壁细胞组成。

韧皮部：由筛管、韧皮纤维和薄壁细胞组成。

形成层：位于木质部和韧皮部之间，是一层具有分裂能力的细胞。

2. 维管束的分类

维管束可分为有限维管束和无限维管束两类。

有限维管束：单子叶植物的维管束，只有木质部和韧皮部，没有形成层，不能分裂产生次生构造。

无限维管束：双子叶植物的维管束具有形成层，能产生次生构造，使维管束增粗。

植物体由以上的各种组织，组成了高等植物的根、茎、叶、花和果实，这些器官相互构成了一个完整的整体。

学习小结

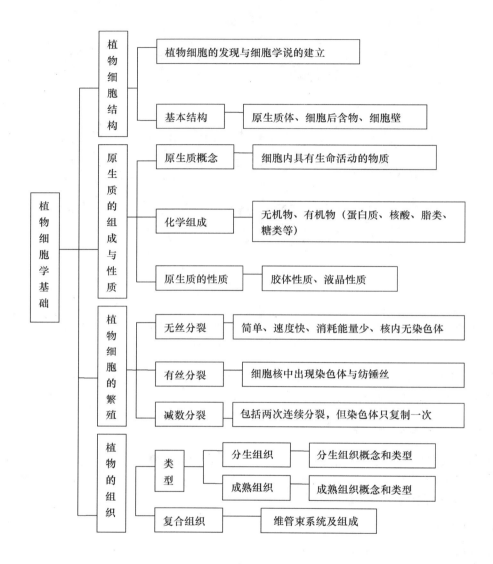

1.5 复习思考题

1. 什么是细胞？试绘细胞亚显微结构图，并注明各部分。
2. 原生质、细胞质和原生质体三者有什么区别？
3. 简要说明原生质体各部分的主要结构特点和功能？
4. 细胞壁可分为哪几层？其主要成分和特点各是什么？
5. 初生壁和次生壁有什么区别？
6. 花、果实的颜色及果实的味道主要和细胞结构中的哪些物质有关？

7. 液泡是怎么形成的？它有哪些重要的生理功能？

8. 细胞分裂的方式有几种？简述有丝分裂各时期的特点。

9. 有丝分裂和减数分裂有哪些主要区别？它们有什么意义？

10. 什么叫组织？列表说明植物各种组织的结构、功能和分布。

11. 名词解释：

细胞器，减数分裂，组织，分生组织，成熟组织，同源染色体，无限维管束，有限维管束，维管束

第2章 种子与幼苗的形成

 知识目标

◆ 知道植物种子的形态类型和种子的一般构造。

◆ 知道种子萌发与幼苗形成过程中对环境的要求以及幼苗的类型。

◆ 理解种子转化为幼苗过程形态结构的变化规律。

◆ 掌握植物种子的基本结构。

 能力目标

◆ 能正确识别种子类型。

◆ 具备认识和判断种子生活力和进行种子繁殖的能力。

◆ 具备指导播种和管理的基本能力。

种子在植物学上属于繁殖器官，它和植物繁殖后代有着密切联系。植物界的所有种类并不都是以种子进行繁殖的，只有在植物界系统发育地位最高、形态结构最为复杂的一个类群——种子植物，才能产生种子。种子植物名称的由来，也正反映了这一特点。种子又是种子植物在完成开花、传粉和受精等一系列有性生殖过程后产生的，是有性生殖的产物，所以和花的结构密切相关。

种子植物的生活是依赖于根、茎、叶三种营养器官的生理作用来维持的。从植物的个体发育而言，早在种子离开母体植株的时候，新生一代一般就已孕育在种子里面。新一代的植物体已经完成了形态上的初步分化，成为植物的雏体。以后，随着种子在适宜条件下的萌发，种子里的雏体——胚，经过一系列的生长、发育过程，成长为新的植株。新一代植物体的根、茎、叶就是从种子的胚长大后成长起来的。所以，种子是孕育植物雏体的场所。在不良的环境下，种子停留在休眠阶段，由外面的种皮或包围种子的果实所保护。

2.1 种子的形态与结构

自然界种子的种类繁多，具有相似或相异的形态特征。种子的形态构造是鉴别各类种子和品种的重要依据，同时和清选、分级及安全贮藏有密切关系。同一科属的农作物种子，不但在形态上近似，在化学成分和生理特性方面也往往有共同之处。因此，种子在形态学上的分类，可以表明农作物种子各个类型的共同特点，对种子的鉴定和利用具有一定的参考价值。

从遗传学的角度来看，种子在形态构造上所表现的植物遗传特性最为稳定。不同植物之间的种子有明显的区别，即使同一植物不同品种之间也存在着某些细微的差异。这些差异在进行农作物的品种鉴定时值得注意。因此，要深入了解植物的形态特征，不仅要仔细观察其外表性状和内部构造，还须进一步应用显微技术，对种子各部分的细胞组织进行精细的研究，找出十分微小的差别，以作为鉴定种或品种的判断依据。

2.1.1　种子的形态

目前地球上分布的种子植物约有 25.5 万种，其中绝大部分是被子植物，裸子植物仅有 700 余种。各种植物的种子在形态构造上千差万别，首先可就其外表性状从以下三方面进行观察比较。

（1）外形。种子的外形以球形（豌豆）、椭圆形（大豆）、肾脏形（菜豆）、牙齿形（玉米）、纺锤形（大麦）、扁椭圆形（蓖麻）、扁卵形（瓜类）等较为常见。其他比较稀少的有三棱形（荞麦）、螺旋形（黄花苜蓿的荚果）、盾形（葱）、钱币形（榆树）。此外还有细小如鱼卵（苋菜）、带坚刺如菱角（菠菜）、细小如尘埃（兰花）以及其他种种奇异形状。种子的外形一般可用肉眼观察，但有些细小的种子则需借助于放大镜或显微镜等仪器，才能观察清楚。

（2）色泽。种子由于含有各种不同的色素，往往呈现各种不同的颜色及斑纹，有的鲜明，有的黯淡，有的富有光泽。在实践上可根据不同的色泽来鉴别作物的种和品种。例如大多数玉米品种的子实呈橙黄色，有的品种则呈鲜黄色、浅黄色、玉白色乃至乳白色。大豆亦因品种不同而呈现多种多样的颜色，如浅黄、淡绿、紫红、深褐以及黑色等。小麦品种根据外表颜色可分红皮和白皮两大类型，每种类型又有深浅明暗的差别。种子所含色素存在于不同的部位。如紫稻的花青素、荞麦的黑褐色存在于果皮内，而红米稻的红褐色、高粱的棕褐色则存在于种皮内；又如大麦的青紫色存在于糊粉层内，而玉米的黄色则存在于胚乳内；也有某些色素存在于子叶内，如青仁大豆的淡绿色等。

（3）大小。种子的大小常用籽粒的平均长、宽、厚或千粒重来表示。种子的长、宽、厚在清选上有特殊重要意义，但在农业生产上，则往往用其千粒重（或百粒重）作为衡量种子品质的主要指标之一。不同植物的种子，大小相差悬殊。就农作物而言，大粒蚕豆的千粒重可达 2 500 g 以上，而烟草种子的千粒重仅 0.06～0.08 g。同一种作物因品种不同，种子大小的变异幅度也相当大，如小粒玉米的千粒重约 50 g，而大粒品种的千粒重可达 1 000 g 以上。但主要农作物的种子千粒重大多数在 20～50 g 之间，表 2-1 列举了部分作物种子的千粒重，以供参考比较。

表 2-1　部分禾谷类种子、蔬菜类种子的千粒重

作物种类	千粒重/g	蔬菜种类	千粒重/g	蔬菜种类	千粒重/g
水稻	15～43	洋葱	3～4	黄瓜	16～30
玉米	240～360	大葱	2.5～3.6	萝卜	10～16
小麦	15～88	番茄	2.5～4	西葫芦	130～200
大麦	20～55	茄子	3.5～7	南瓜	140～350

2.1.2　种子的基本结构

农作物种子形形色色，形态性状非常多样化，但从植物形态角度进行观察和研究，则绝大多数种子的构造基本上具有共同之点，即每颗种子都由种皮、胚和胚乳三个主要部分所组成。少数种类的种子还具有外胚乳结构（如图 2-1 所示）。

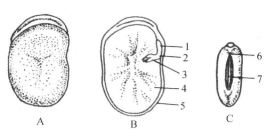

图2-1 蚕豆的种子

A. 种子外形的侧面观；B. 切去一半子叶显示内部结构；C. 种子外形的顶面观；
1. 胚根；2. 胚轴；3. 胚芽；4. 子叶；5. 种皮；6. 种孔；7. 种脐

1. 胚

胚是构成种子的最主要部分，是新生植物的雏体。胚由胚根、胚芽、胚轴和子叶四部份组成。胚根和胚芽的体积很小，胚根一般呈圆锥形，胚芽常呈现雏叶的形态。胚轴介于胚根和胚芽之间，同时又与子叶相连，一般极短，不甚明显。种子萌发时，胚根突破种皮发育成植物的根，胚芽发育成植物地上部分的茎和叶。胚芽与胚根之间的部分称为胚轴，一般由子叶着生点到第一片真叶的一段称为上胚轴，子叶着生点到胚根的一段称为下胚轴，通常也称胚轴。

子叶是植物体最早的叶，在不同植物的种子里变化较大。不同植物种子的子叶在数目上、生理功能上不完全相同。根据种子内子叶的数目，可把植物分为双子叶植物和单子叶植物两大类。种子中具有两片子叶的植物称为双子叶植物，如豆类、瓜类、油菜等；种子中具有一片子叶的植物称为单子叶植物，如水稻、小麦、玉米、洋葱等。

2. 胚乳

胚乳是种子中贮藏养料的部分。有的成熟种子不具有胚乳，这类种子在生长发育时，胚乳的养料被胚吸收，转入子叶中贮存，所以成熟的种子里胚乳不再存在，或仅残存于干燥的薄层。有胚乳的种子，其胚乳含量因植物种类的不同而异。如蓖麻、水稻等种子的胚乳肥厚，占有种子的大部分体积；豆科植物（如田菁种子）的胚乳成为一薄层，包围在胚的外面。种子植物中的兰科、川苔草科、菱科等植物，种子在形成时不产生胚乳。

种子中贮藏的养料随植物种类而异，主要是糖类、脂肪和蛋白质，以及少量无机盐和维生素。糖类包括淀粉、糖和半纤维素等几种，其中淀粉最为常见。不同种子的淀粉含量不同，有的较多，成为主要贮藏物质，如小麦、大麦、水稻、玉米、荞麦等种子的淀粉含量往往可达70%左右，这类植物的种子又称为淀粉类种子。种子中贮藏的可溶性糖分大多是蔗糖，这类种子成熟时含有甜味，如甜玉米种子。脂肪是有些植物种子中的主要贮藏物质，如花生、芝麻、蓖麻、向日葵、油菜、胡桃等，这类植物的种子又称为脂肪类种子。豌豆、大豆种子贮藏的营养物质主要是蛋白质，又称为蛋白质类种子。

3. 种皮

种皮是种子外面的保护层，具有保护种子不受外力机械损伤和防止病虫害入侵的作用。种皮常由几层细胞组成，但其性质和厚度随植物种类而异。有些植物的种子成熟后一直包在果实内，由坚韧的果皮起着保护种子的作用，这类种子的种皮比较薄弱，成薄膜状或纸状，如落花生的种子。有些植物的果实成熟后即行开裂，种子散出，裸露于外，这类种子一般具坚厚的种皮，如蚕豆、大豆。有些植物的种子，种皮与外围的果皮紧密结合，成为共同的保护层，如小麦、水稻。

成熟种子的种皮上，常可看到一些由胚珠发育成种子时残留下来的痕迹。如在蚕豆种子较宽一端的种皮上，可以看到一条黑色的眉状条纹，称为种脐，是种子脱离果实时留下的痕迹，也就是和珠柄相脱离的地方；在种脐的一端有一个不易察见的小孔，称种孔，是原来胚珠时期珠孔留下的痕迹，种子吸水后如在种脐处稍加挤压，即可发现有水滴从这一小孔溢出。又如蓖麻种子一端有一块由外种皮延伸而成的海绵状隆起物，称种阜；种脐、种孔为种阜所覆盖，只有剥去种阜才能见到；在沿种子腹面的中央部位，还有一条稍微隆起的纵向痕迹，几乎与种子等长，称为种脊，是维管束集中分布的地方。

2.1.3　种子的主要类型

根据以上所述，在成熟种子中，有的具有胚乳结构，有的胚乳却不存在，因此，就种子在成熟时是否具有胚乳，可将种子分为两种类型：一种是有胚乳的，称为有胚乳种子；另一种是没有胚乳的，称为无胚乳种子。

1. 有胚乳种子

有胚乳种子由种皮、胚和胚乳三部分组成。双子叶植物中的蓖麻、烟草、茄等植物的种子，以及单子叶植物中的水稻、小麦、玉米、洋葱、高粱等植物的种子，都属于这一类型。

（1）蓖麻种子的结构。蓖麻的种子呈椭圆形，稍侧扁，种皮坚硬光滑，具斑纹。种子一端有隆起的种阜，腹面中央有一长形隆起的种脊（如图 2-2 所示）。剥去坚硬的种皮就是白色胚乳，里面含有大量油脂。种子的胚呈薄片状，被包在胚乳的中央，胚由胚芽、胚根、胚轴和子叶组成。子叶两片，大而薄，有明显脉纹。两片子叶的基部与短短的胚轴相连，胚轴的下方是胚根，上方是胚芽，胚芽夹在两片子叶的中间。番茄种子也属于这种类型（如图 2-3 所示）。

（2）小麦种子的结构。小麦籽粒的外围保护层并不单纯是种皮，而是果实部分的果皮和种子本身的种皮共同组成的复合层，二者互相愈合，不易分离。因此，小麦的籽粒是果实，在果实的分类上，称为颖果。从籽粒的纵切面上可以看到胚和胚乳的相对位置，胚乳占有籽粒的大部分体积，而胚则处于籽粒基部的一侧，仅占小部分位置。胚乳由两部分细胞组成：一部分细胞组成糊粉层，只是一层细胞，包围在胚乳外周，与种皮紧贴；另一部分是含淀粉的胚乳细胞。糊粉层细胞含蛋白质、脂肪等有机养料，所以营养价值较高。小麦种子中胚的结构比蓖麻的复杂。胚芽和胚根由极短的胚轴上下连接，胚芽位于胚轴的上方，由顶端的生长点和周围数片幼叶组成，幼叶外被胚芽鞘包围。胚根在胚轴下方，由顶端的生长点、根冠和包在外面的胚根鞘所组成。胚轴的一侧与一片盾状的子叶相连，所以子叶也称为盾片。盾片的另一侧紧靠胚乳，所以盾片夹在胚乳和胚轴之间。在盾片中可以看到以后发展为维管束的原始细胞。盾片在与胚乳相接近的一面有一层排列整齐的细胞，称为上皮细胞或柱形细胞。当种子萌发时，上皮细胞分泌酶到胚乳中去，把胚乳内贮藏的物质加以分解，然后由上皮细胞吸收，并转运到胚的生长部位。在胚轴的另一侧与盾片相对处，还有一片薄膜状突起，称为外胚叶，过去被看作是未得到充分发育的另一片子叶，目前则认为是胚器官一部分的裂片（如图 2-4 所示），是胚根鞘的延伸部分。其他禾本科植物的种子，如水稻、大麦、玉米（如图 2-5 所示）等，也有类似结构。

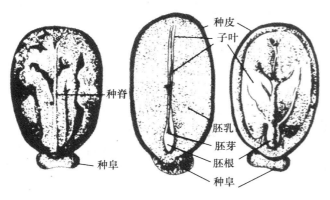

图 2-2　蓖麻种子的结构

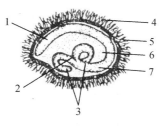

图 2-3　番茄种子的结构

1. 胚根；2. 胚芽；3. 子叶；4. 表皮毛

5. 种皮；6. 胚乳；7. 胚轴

（引自植物学，杨悦，1997）

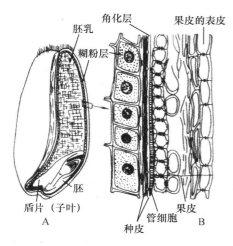

图 2-4　小麦籽实（果实）的结构

A. 纵切面；B. 果皮、种皮、糊粉层放大

（引自 Esar）

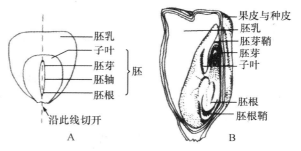

图 2-5　玉米种子结构

A. 外形；B. 纵切面

（引自植物学，徐汉卿，1996）

2. 无胚乳种子

无胚乳种子由种皮和胚两部分组成，缺乏胚乳。双子叶植物（如大豆、落花生、蚕豆、油菜、瓜类）的种子和单子叶植物的慈姑、泽泻等的种子，都属于这一类型。下面以蚕豆和慈姑的种子为例，说明双子叶植物和单子叶植物无胚乳种子的结构。

（1）蚕豆种子的结构。蚕豆的种皮为绿色，干燥时坚硬，浸水后转为柔软革质。种脐黑色，眉条状，位于种子宽阔的一端，种脊短，不甚明显。剥去种皮，可以见到两片肥厚、扁平、相对叠合的白色肉质子叶，占有种子的全部体积。在宽阔一端的子叶叠合处一侧，有一个锥形的小结构，与两片子叶相连，这是胚根。分开叠合的子叶，可以见到与胚根相连的另一个结构夹在两片子叶之间，状如几片幼叶，这是胚芽。胚根与胚芽之间同样有粗短的胚轴连接，两片子叶也就直接连在胚轴上（参见图 2-1）。

（2）慈姑种子的结构。慈姑的种子很小，包在侧扁的三角形瘦果内，每一果实仅含一粒种子。种子由种皮和胚两部分组成。种皮极薄，仅一层细胞。胚弯曲，胚根的顶端与子叶端紧相靠拢，子叶长柱形，一片着生在胚轴上，它的基部包被着胚芽。胚芽有一个生长点和已形成的初生叶。胚根和下胚轴连在一起，组成胚的一段短轴（如图 2-6 所示）。

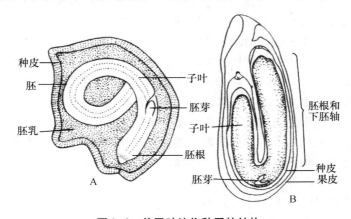

图 2-6　单子叶植物种子的结构

A. 洋葱有胚乳种子纵切面；B. 慈姑果实纵切面，示内部的无胚乳种子结构

（引自植物学，徐汉卿，1996）

根据以上的讲解，可以把种子的基本结构概括如图 2-7 所示。

种子的基本结构｛
　种皮：包被在种子外围，是种子的保护层。禾本科植物籽粒的种皮和果实的果皮紧密愈合不能分开。
　胚｛
　　胚芽：由生长点和幼叶（也有幼叶缺少的）组成，禾本科植物种子的胚芽被胚芽鞘包围。
　　胚轴：连接胚芽和胚根的短轴，也和子叶相连。
　　胚根：由生长点、根冠组成，禾本科种子的胚根外有胚根鞘包围。
　　子叶：一片、两片或多片，禾本科植物种子的子叶称盾片。
　胚乳：种子贮藏营养物质的组织。有胚乳种子的胚乳发达；无胚乳种子的胚乳养料早期为胚吸收，养料转入子叶中贮藏。有些植物种子还具有外胚乳结构。

图 2-7　种子的基本结构

2.2　种子萌发与幼苗的建成

种子是有生命的。胚体充分成熟的种子，在合适的条件下，通过一系列同化和异化作用，就开始萌发，长成幼苗。种子的生命也是有一定期限的，每种植物种子生命的长短取决于该种植物本身的遗传特性，同时也与休眠阶段种子的贮藏条件有关。在生产实践中，为了提高产量，必须了解种子萌发的条件和过程，以及幼苗的形态特征。下面分别就这几方面的内容加以叙述。

2.2.1　种子萌发的条件

成熟、干燥的种子，在没有取得一定外界条件时，是处在休眠状态下的，这时，种子里的胚几乎完全停止生长。一旦休眠的种子解除了休眠，并获得合适的环境条件时，处在休眠状态下的胚就转入活动状态，开始生长，这一过程称为种子萌发。种子萌发所不可缺少的外界条件是：充足的水分、适宜的温度和足够的氧气。

1. 种子萌发必须有充足的水分

干燥的种子含水量少，一般仅占种子总重量的 5%～10%。在这样的条件下，很多重要的生命活动是无法进行的，所以种子萌发的首要条件是吸收充分的水分。只有种子吸收了足够的水分以后，才能使生命活跃起来。

水在种子萌发过程中所起的作用是多方面的。首先，种子浸水后，坚硬的种皮吸水软化，可以使更多的氧透过种皮进入种子内部，加强细胞呼吸和新陈代谢作用的进行，同时使二氧化碳透过种皮排出种子之外。其次，种子内贮藏的有机养料，在干燥的状态下是无法被细胞利用的，细胞里的酶物质不能在干燥的条件下起作用。只有在细胞吸水后，各种酶才能开始活动，把贮藏的养料进行分解，成为溶解状态向胚运送，供胚利用。此外，胚和胚乳吸水后，增大体积，柔软的种皮在胚和胚乳的压迫下，易于破裂，为胚根、胚芽突破种皮，向外生长创造条件。

不同种子，萌发时的吸水量是不同的，这决定于种子内贮藏养料的性质。一般种子需要的吸水量超过种子干重的 30% 左右，有的甚至更多。例如水稻的籽粒吸水量为 40%，小麦为 56%，油菜为 48%，大豆为 120%，豌豆为 186%，蚕豆为 150% 等。这表明含蛋白质多的种子，萌发时吸水量较大。这与蛋白质的强烈亲水性质有关，蛋白质需要吸附较多的水分子，才能被水饱和。含脂肪多的种子吸水量较少，因为脂肪是疏水性的。含淀粉的吸水量一般不大。另外，种子也能吸收大气中的水分。如果大气中的湿度相当高，或达饱和点时，成熟的种子也能在植株上或空气中萌发，这在各类作物中有时可以见到。

2. 种子萌发要有适宜的温度

种子萌发时，种子内的一系列物质变化，包括胚乳或子叶内有机养料的分解，以及由有机和无机物质同化为生命的原生质，都是在各种酶的催化作用下进行的。而酶的作用需要在一定温度下才能进行，所以温度也就成了种子萌发的必要条件之一。

一般来说，一定范围内温度的提高，可以加速酶的活动。如果温度降低，酶的作用也就减弱，低于最低限度时，酶的活动几乎完全停止。但酶本身又是蛋白质类物质，过高的温度会破坏酶的作用，失去催化能力。所以，种子萌发对温度的要求表现为三个基点，即最低温度、最高温度和最适温度。最低温度和最高温度是两个极限，低于最低温度或高于最高温度，都能使种子失去萌发力，只有最适温度才是种子萌发的最理想的温度条件。表2-2 列举了几种常见作物种子萌发的温度范围。

表 2-2　几种常见作物种子萌发的温度范围

植物种类	最低温度/℃	最适温度/℃	最高温度/℃
小麦、大麦	0～4	25	32
玉米	5～10	35	44
水稻	10	30	43
大豆	8～10	24～29	35～40

不同植物种子萌发时对温度条件的不同要求，是这类植物生长在某一地区长期适应的结果，是由这一植物的遗传性所决定的。了解种子萌发的最适温度以后，可以结合植物体的生长和发育特性，选择适当季节播种，过早或过迟都会对种子的萌发产生影响，使植株不能正常生长。

3. 种子萌发要有足够的氧气

种子萌发时，除水分、温度外，还要有足够的空气。这是因为种子在萌发时，种子各部分细胞的代谢作用加快进行，贮存在胚乳或子叶内的有机养料在酶的催化作用下很快地分解，运送到胚；而胚细胞利用这部分养料加以氧化分解，以取得能量，维持生命活动的进行。此外，胚还把一部分养料经过同化作用，组成新细胞的原生质。所有这些活动都是需要能量的，而能量的来源只能通过呼吸作用产生。所以种子的萌发，氧气就成为必要的条件之一。特别是在萌发初期，种子的呼吸作用十分旺盛，需氧量更大。作物播种前的松土，就是为种子的萌发提供呼吸所需要的氧气，所以十分重要。旱地作物如高粱、落花生等种子，如果完全浸于水中或埋在坚实的土中，以致正常的呼吸不能进行，胚就不能生长。水稻籽粒长期浸泡水中，同样不能萌发，或不能正常生长。所以播种前的浸种、催芽，需要加强人工管理，以控制和调节氧的供应，使萌发正常进行。

2.2.2　种子萌发的过程

种子萌发涉及一系列的生理生化和形态上的变化，并受到周围环境条件的影响。根据一般规律，种子萌发过程可以分为三个阶段。

1. 吸胀阶段

吸胀是种子萌发的起始阶段。一般成熟种子在贮藏阶段的水分在8%～14%的范围内，各部分组织比较坚实紧密，细胞内含物呈干燥的凝胶状态。当种子与水分直接接触或在湿度较高的空气中时，则很快吸水而膨胀（少数种子例外），直到细胞内部的水分达到一定的饱和程度，细胞壁呈紧张状态，种子外部的保护组织趋向软化，吸胀才逐渐停止。

种子吸胀作用并非活细胞的一种生理现象，而是胶体吸水体积膨大的物理作用。由于种子的化学组成主要是亲水胶体，当种子生活力丧失以后，这些胶体的性质不会相应发生显著变化，所以不论是活种子或是死种子均能吸胀。在某些情况下，活种子也会因种皮不透水而不能吸水膨胀。

种子吸胀能力的强弱，主要决定于种子的化学成分。高蛋白种子的吸胀能力远比高淀粉含量的种子为强。如豆类作物种子的吸水量大致接近或超过种子本身的干重，而淀粉种子吸水一般约占种子干重的1/2。至于油料种子则主要决定于含油量的多少，在其他化学成分相似时，油分愈多，吸水力愈弱。有些植物种子的外表有一薄层胶质，能使种子吸取大量水分，以供给内部生理的需要，亚麻种子就是一例。种子吸胀时，由于所有细胞体积增大，对种皮产生很大的膨压，故可能致使种皮破裂。种子吸水达到一定量时吸胀的体积与气干状态的体积之比，称为吸胀率。一般淀粉种子的吸胀率是130%～140%，而豆类种子的吸胀率达200%左右。

2. 萌动阶段

萌动是种子萌发的第二阶段。种子在最初吸胀的基础上，吸水一般要停滞数小时或数天。吸水虽然暂时停滞，但种子内部的代谢开始加强，转入一个新的生理状态。这一时期，在生物大分子、细胞器活化和修复基础上，种胚细胞恢复生长。当种胚细胞体积扩大伸展到一定程度，胚根尖端就突破种皮外伸，这一现象称为种子萌动，生产上俗称露白。

3. 发芽阶段

种子萌动以后，种胚细胞开始或加速分裂和分化，生长速度显著加快，当胚根、胚芽伸出种皮并发育到一定程度，就称为发芽。

处于这一时期的种子，种胚的新陈代谢作用极为旺盛，呼吸强度达最高限度，会产生大量的能量和代谢产物。此时如果氧气供应不足，则易引起缺氧呼吸，放出乙醇等有害物质，使种胚窒息麻痹以致中毒死亡。农作物种子如催芽不当，或播后受到不良条件的影响，常会发生这种情况。例如大豆等大粒种子，在播种后由于土质黏重、密度过大或覆土过深、雨后表土板结，种子萌动会因氧供应不足，呼吸受阻，生长停滞而使幼苗无力顶出土面，以致发生烂种和缺苗断垄等现象。

种子发芽过程中所放出的能量是较多的，其中一部分热量散失到周围土壤中，另一部分则成为幼苗顶土和幼根入土的动力。健壮的农作物种子出苗快而整齐，瘦弱的种子营养物质少，发芽时可利用的能量不足，即使播种深度适应，亦常常无力顶出而死亡；有时虽能出土，但因活力很弱，经不起恶劣条件的侵袭，同样容易引起死苗。

2.2.3 幼苗的类型

不同植物种类的种子在萌发时，由于胚体各部分，特别是胚轴部分的生长速度不同，故成长的幼苗在形态上也不一样。常见的植物幼苗可分为两种类型，一种是子叶出土的幼苗，另一种是子叶留土的幼苗。

子叶出土幼苗和子叶留土幼苗的最大区别，在于这两部分胚轴在种子萌发时的生长速度不相一致。

1. 子叶出土的幼苗

双子叶植物无胚乳种子中（如大豆、油菜和各种瓜类）的幼苗，以及双子叶植物有胚乳种子中（如蓖麻）的幼苗，都属于这一类型。这类植物的种子在萌发时，胚根先突出种皮，伸入土中，形成主根；然后下胚轴加速伸长，将子叶和胚芽一起推出土面（如图2-8所示），所以幼苗的子叶是出土的。大豆等种子的肥厚子叶，继续把贮存的养料运往根、茎、叶等部分，直到营养消耗完毕，子叶干瘪脱落。

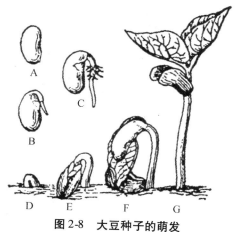

图2-8 大豆种子的萌发

A. 大豆种子；B. 种皮破裂，胚根伸出；C. 胚根向下生长，长出根毛；D. 种子在土中萌发，胚轴突出土面；E. 胚轴伸直延长，牵引子叶脱开种皮而出；F. 子叶出土；G. 二片真叶张开，幼苗长成

（引自植物及植物生理，杜广平，2005）

单子叶植物洋葱也属于子叶出土幼苗。种子萌发时，子叶下部和中部伸长，使根尖和胚轴推出种皮之外。以后子叶很快伸长，露出种皮之外，呈弯曲的弓形。这时，子叶先端

仍被包在胚乳内吸收养料。以后的进一步生长，使弯曲的子叶逐渐伸直，并将子叶先端推出种皮外面。待胚乳的养料被吸收用尽，干瘪的胚乳也就从子叶先端脱落下来；同时，子叶在出土以后，逐渐转变为绿色，进行光合作用。此后，第一片真叶从子叶鞘的裂缝中伸出，并在主根周围长出不定根（如图 2-9 所示），所以洋葱的幼苗仍属出土萌发类型。

2. 子叶留土的幼苗

双子叶植物无胚乳种子中（如蚕豆、豌豆、荔枝、柑橘）和有胚乳种子中（如橡胶树），及单子叶植物种子中（如小麦、玉米、水稻等）的幼苗，都属于这一类型。这些植物种子萌发的特点是下胚轴不伸长，上胚轴伸长，所以子叶或胚乳并不随胚芽伸出土面，而是留在土中，直到养料耗尽死去。如蚕豆种子萌发时，胚根先穿出种皮，向下生长，成为根系的主轴；由于上胚轴的伸长，胚芽不久就被推出土面，而下胚轴的伸长不大，所以子叶不被顶出土面，而始终埋在土里（如图 2-10 所示）。

了解幼苗的类型，对农、林、园艺有指导意义，因为萌发类型与种子的播种深度有密切关系。一般情况下，子叶出土幼苗的种子播种宜浅，有利于胚轴将子叶和胚芽顶出土面；子叶留土幼苗的种子，播种可以稍深。虽然如此，但不同作物种子在萌发时，顶土的力量不全一样；同时，种子的大小对顶土力量的强弱也有差别。如果是顶土力量强的种子，即使是出土萌发，稍为播深也无妨碍；而顶土力量弱的，就必须考虑浅播。所以，实际生产中还必须根据种子的具体情况，来决定播种的实际深度。

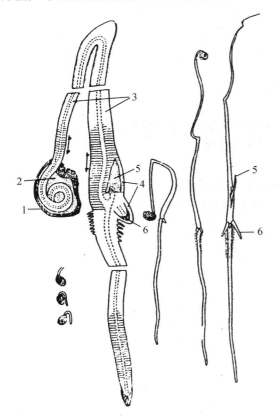

图 2-9　洋葱种子的萌发和幼苗的形成图

1. 种皮；2. 胚乳；3. 子叶；4. 子叶鞘；5. 第 1 片真叶；6. 不定根

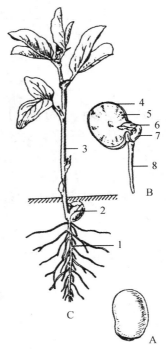

图 2-10　蚕豆种子的留土萌发

A. 种子外形；B. 种子萌发初期，示胚根伸长，形成幼苗主根，上胚轴有所伸长，胚芽的幼苗明示可见；C. 长成的幼苗；1. 主根；2. 残留土中的种皮和子叶；3. 幼苗的茎轴系统；4. 种皮；5. 子叶；6. 胚芽；7. 上胚轴；8. 胚根

（引自植物及植物生理，杜广平，2005）

学习小结

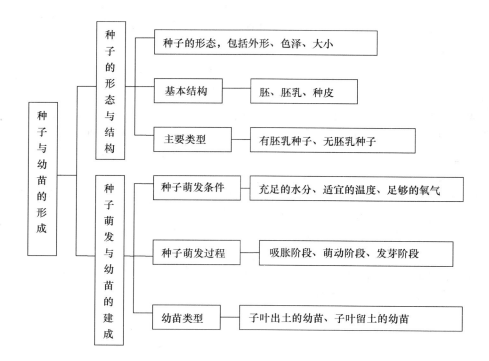

2.3　复习思考题

1. 植物的种子在结构上包括哪几个重要的组成部分？不同植物种子在结构上又有哪些相异的地方？为什么说种子内的胚是新一代植物的雏体？

2. 外部条件对种子的萌发起到怎样的作用？

3. 简述种子萌发过程中贮存营养物质被分解利用的方式。

4. 种子萌发到形成幼苗的变化过程如何？留土萌发种子和出土萌发种子在萌发过程中的主要区别是什么？

第3章 植物的营养器官

 知识目标

◆ 了解高等植物根、茎、叶的一般生理功能、形态类型及内部解剖构造。
◆ 知道生活环境对植物器官形态结构的影响。
◆ 理解单子叶植物与双子叶植物、被子植物与裸子植物在形态结构等方面的差异，以及营养器官之间的区别与联系。
◆ 掌握植物营养器官的形成以及生长过程中形态结构的变化规律。

能力目标

◆ 能正确描述营养器官形态特征与类型。
◆ 能观察并识别正常器官与变态器官、变态器官与器官病变的能力。
◆ 具备运用根、茎、叶营养器官的基本知识指导生产实践的基本能力。

在高等植物体（除苔藓植物外）中，由多种组织组成、具有显著形态特征和特定功能、易于区分的部分，称为器官。植物的器官可分为营养器官和生殖器官。营养器官包括根、茎和叶三部分，它们共同担负着植物体的营养功能，包括水分和无机盐的吸收、有机物质的合成、物质的运输与分配等，为植物生殖器官的分化形成提供物质基础。

3.1 根

根是植物在长期适应陆地生活过程中形成的地下营养器官。在高等植物中，根从蕨类植物起才开始出现，至种子植物已演化成为重要的营养器官之一，并存在着主根、侧根和不定根三种类型，由这些类型的根组成了植物体庞大的根系。

3.1.1 根的功能

1. 支持与固着作用

被子植物具有庞大的根系，其分布范围和入土深度与地上部分相应，以支持高大、分枝繁多的茎叶系统，并把它牢牢地固着在陆生环境中，以利于它们进行各自所承担的生理功能。

2. 吸收、输导与贮藏作用

根是植物重要的吸收器官，能够不断地从土壤中吸收水和无机盐，并通过输导作用，满足地上部分生长、发育的需要。如生产1 kg的稻谷需要800 kg的水，1 kg小麦需要300～400 kg水，这些水绝大部分是靠根系从土壤中吸收。此外，根还能吸收土壤溶液中离子状态的矿质元素以及少量含碳有机物、可溶性氨基酸和有机磷等有机物，以及溶于水中的CO_2和O_2。根又可接受地上部分所合成的有机物，以供根的生长和各种生理活动所需，或者将有机物贮藏在根部的薄壁组织内。

3．合成作用

根能合成多种有机物，如氨基酸、植物碱（如尼古丁）及激素等物质；当病菌等异物入侵植株时，根也和其他器官一样，能合成被称为"植物保卫素"的一类物质，起一定的防御作用。

4．分泌作用

根能分泌近百种物质，包括糖类、氨基酸、有机酸、固醇、生物素和维生素等生长物质以及核苷酸、酶等。这些分泌物有的可以减少根在生长过程中与土壤的摩擦力；有的使根形成促进吸收的表面；有的对他种生物是生长刺激物或毒素，如寄生植物列当，其种子要在寄主根的分泌物刺激下才能萌发，而苦苣菜属、顶羽菊属一些杂草的根能释放生长抑制物，使周围的植物死亡，这就是"异株克生"现象；有的可抗病害，如抗根腐病的棉花根分泌物中有抑制该病菌生长的水氰酸，不抗病的品种则无。根的分泌物还能促进土壤中部分微生物的生长，它们在根际和根表面形成一个特殊的微生物区系，这些微生物对植株的代谢、吸收、抗病性等方面起作用。

3.1.2 根的形态

1．根的类型

根据根的发生部位的不同，可分为主根、侧根和不定根。由种子的胚根发育形成的根称为主根，主根上产生的各级分枝都称为侧根。由于主根和侧根发生于植物体固定的部位（主根来源于胚根，侧根来源于主根或上一级侧根），所以又称为定根。不定根是指由茎、叶、老根或胚轴上产生的根。生产中常利用植物产生不定根的特性，利用扦插、压条等方法进行营养繁殖。

2．根系的种类

一株植物地下部分所有根的总体，称为根系。根系分为直根系和须根系两种类型（如图3-1所示）。主根发达粗壮，与侧根有明显区别的根系称为直根系。大部分双子叶植物和裸子植物的根系属于此类型，如大豆、向日葵、蒲公英、棉花、油菜等。主根不发达或早期停止生长，由茎的基部生出许多粗细相似的不定根，主要由不定根群组成的根系称为须根系。如禾本科的稻、麦以及鳞茎植物葱、韭、蒜、百合等单子叶植物的根系就属于须根系。

3．根系在土壤中的生长与分布

根系在土壤中的分布状况和发展程度对植物地上部分的生长发育极为重要。植物地上部分必需的水分和矿质养料几乎完全依赖根系供给，枝叶的发展和根系的发展常常保持一定的平衡。一般植物根系和土壤接触的总面积，通

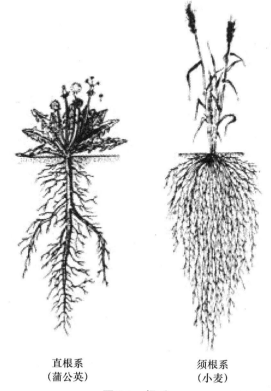

直根系　　　　　　　须根系
（蒲公英）　　　　　（小麦）

图 3-1　根系

（引自植物与植物生理，陈忠辉，2001）

常超过茎叶面积的 5～15 倍。果树根系在土壤中的扩展范围，一般都超过树冠范围的 2～5 倍。

依据根系在土壤中的分布深度，又可分为深根系和浅根系两类。深根系主根发达，向下垂直生长，深入土层可达 3～5 m，甚至 10 m 以上，如大豆、蓖麻、马尾松等。浅根系主根不发达，侧根或不定根向四面扩张，并占有较大面积，根系主要分布在土壤的表层，如小麦、水稻等（如图 3-2 所示）。

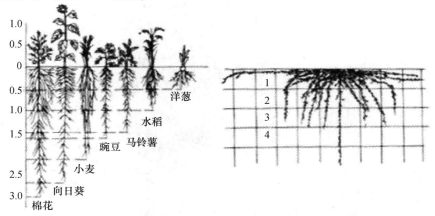

图 3-2 几种作物的根系在土壤中分布的深度与广度（单位：m）
（引自植物学，徐汉卿，1996）

根系在土壤中的分布，除因植物种类不同外，还受环境条件的影响。同一作物的根系，生长在地下水较低、通气良好、土质肥沃的土壤中，根系就发达，分布较深；反之，根系就不发达，分布较浅。此外，人为的影响也能改变根的深度。如植物苗期的灌溉、苗木的移栽、压条和扦插易形成浅根系，种子繁殖、深层施肥则易形成深根系。因此，农林工作中，都应掌握各种植物根系的特性，并为根系的发育创造良好的环境，促使根系健全发育，为地上部分的繁茂和稳产高产打下良好基础。

3.1.3 根的构造

1. 根尖及其分区

根尖是指从根的顶端到着生根毛的部分。不论是主根、侧根还是不定根，都具有根尖。根尖是根生理活性活跃的部分，根的伸长生长、分枝和吸收作用主要是靠根尖来完成的。因此，根尖的损伤会影响到根的继续生长和吸收作用的进行。根尖从顶端起，可依次分为根冠、分生区、伸长区和成熟区四个部分。各区的生理功能不同，其细胞形态、结构都有相应不同（如图 3-3 所示）。

（1）根冠。根冠位于根尖的最前端，像帽子一样套在分生区外面，保护其内幼嫩的分生组织不至于暴露在土壤中。根冠由许多薄壁细胞组成，外层细胞排列疏松，常分泌黏液，使根冠表面光滑，以减轻根向土壤中生长时的摩擦和阻力。随着根系的生长，根冠外层的薄壁细胞与土壤颗粒摩擦而不断脱落死亡。但由于分生区的细胞不断地分裂产生的新细胞，其中一部分补充到根冠，因而使根冠始终保持一定的形状和厚度。根冠可以感受重力，参与控制根的向地性反应。根冠对重力感觉的地方是在中央部分的细胞，其中含有较多的淀粉粒，能起到平衡石的作用。在自然情况下，根垂直向下生长，平衡石向下沉积在细胞下部；水平放置后，根冠中平衡石受重力影响改变了在细胞中的位置，向下沉积，这种刺激引起了生长的变化，根尖细胞的一侧生长较快，使根尖发生了弯曲，从而保证了根正常的向地性生长。

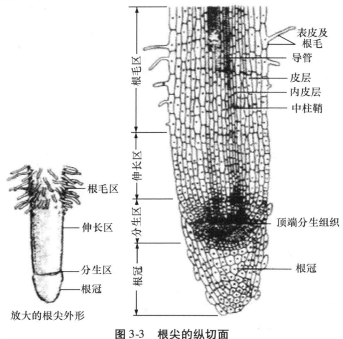

图 3-3　根尖的纵切面

（引自植物与植物生理，陈忠辉，2001）

（2）分生区。分生区位于根冠内侧，全长 1～2 mm，是分裂产生新细胞的主要地方，称生长点。分生区的细胞特点是细胞体积小，排列整齐，细胞间隙不明显，细胞壁薄，细胞核大，细胞质浓，具有较强的分裂能力，有少量的小液泡。分生区连续分裂，不断增生新的细胞。这些新细胞一部分补充到根冠，以补充根冠中损伤脱落的细胞；大部分细胞进入根后方的伸长区。

（3）伸长区。伸长区位于分生区的上方，细胞多已停止分裂，突出的特点是细胞显著伸长，呈圆筒形，细胞质成一薄层，紧贴细胞壁，液泡明显，体积增大并开始分化；细胞伸长的幅度可为原有细胞的数十倍。由于伸长区细胞的迅速伸长，使得根尖不断向土壤深处延伸。因此，伸长区是根向土壤深处生长的动力。

（4）成熟区。成熟区位于伸长区上方，该区的各部分细胞停止伸长，分化出各种成熟组织。成熟区突出的特点是表皮密生根毛，因此又称根毛区。根毛由部分表皮细胞外壁突出而成，呈管状，不分枝，长度为 1～10 mm，其数目因植物的种类而异。根毛的细胞壁薄软而胶黏，有可塑性，易与土粒紧密接触，因此能有效地进行吸收作用（如图3-4所示）。

根毛的生长速度较快，但寿命很短，一般生活 10～20 d 即死亡。然而随着幼根的向前生长，伸长区的上部又产生新根毛，所以根毛区的位置不断向土层深处推移，使根毛能与新土层接触，大大提高了根的吸收效率。生产实践中，对植物进行移栽时，纤细的根毛和幼根难免受损，因而吸收水分能力大大下降。因此，移栽后，必须充分灌溉和修剪枝叶，以减少植株体内水分的散失，提高植株的移植成活率。

2. 双子叶植物根的构造

（1）初生生长与初生构造。

由根尖的分生区，即顶端分生组织，经过细胞的分裂、生长和分化而形成根的成熟结构，这种生长过程，称为初生生长。在初生生长过程中所产生的各种成熟组织，都属于初生组织，它们共同组成的根的结构，就称为根的初生结构。因此，在根尖的成熟区作一横切面，就能看到根的初生结构从外至内可区分为表皮、皮层、维管柱三个明显的部分（如图 3-5 所示）。

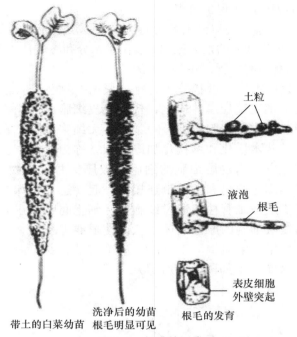

图 3-4　根毛的形成

（引自植物与植物生理，陈忠辉，2001）

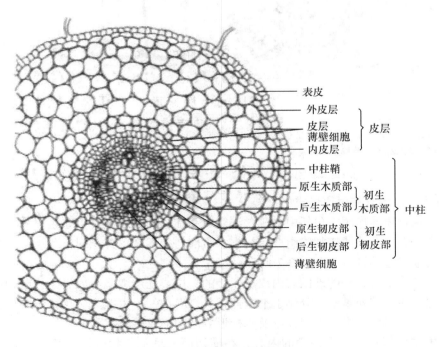

图 3-5　棉花根初生结构横切面

（引自植物学，徐汉卿，1996）

① 表皮。表皮是根的最外一层细胞，由原表皮发育而来，细胞呈长方柱形，其长轴与根的纵轴平行，在横切面上呈近方形。表皮细胞的细胞壁薄，由纤维素和果胶质构成，水和溶质可以自由通过，许多表皮细胞的外壁向外突出伸长，形成根毛，扩大了根的吸收面积。所以，根毛区的表皮属于保护组织。

② 皮层。表皮以内、维管柱以外的部分称为皮层。皮层来源于基本分生组织，由多层薄壁细胞组成，占幼根横切面的很大比例。皮层是水分和溶质从根毛到维管柱的输导途径，也是幼根贮藏营养物质的场所，并有一定的通气作用。

皮层的最外一至数层细胞，形状较小，排列紧密，称为外皮层。当根毛死亡、表皮细胞破坏后，外皮层细胞壁加厚并栓化，代替表皮细胞起保护作用。皮层最内一层特化的细胞为内皮层。内皮层细胞排列整齐紧密，无细胞间隙，在各细胞的径向壁和上下横壁的局部具有带状木质化和木栓化加厚区域，称为凯氏带。电子显微镜观察表明，在紧贴凯氏带的地方，内皮层细胞的细胞膜较厚，并且牢固地附着于凯氏带上，甚至发生质壁分离时，细胞膜仍和凯氏带连接在一起。这种特殊结构与根的吸收有重要的意义，它阻断了皮层与维管柱间通过细胞壁、细胞间隙的运输途径，使进入维管柱的溶质只能通过内皮层细胞的原生质体，从而使根能进行选择性吸收；同时，这一特殊结构可防止维管柱里的溶质倒流至皮层，以维持维管组织内的流体静压力，使水和溶质源源不断地进入导管（如图 3-6 所示）。

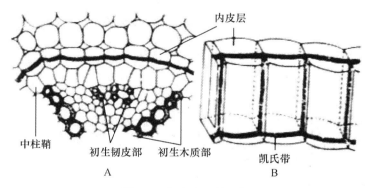

图 3-6　根内皮层的结构

A. 根的部分横切面，示内皮层的位置，内皮层的壁上可见凯氏带；B. 三个内皮层细胞的立体图解，示凯氏带在细胞壁上的位置

（引自植物与植物生理，陈忠辉，2001）

③ 维管柱。维管柱由原形成层发展而来，是位于根中央的柱状结构。它主要由维管组织组成，执行输导作用，包括中柱鞘、维管束和髓三部分。维管束是由初生木质部、初生韧皮部和二者之间的薄壁细胞组成，初生木质部与初生韧皮部相间排列呈辐射形，这种维管束称为辐射型维管束（如图 3-7 所示）。

● 中柱鞘：由维管柱的外围与内皮层紧接的一层或几层细胞组成。中柱鞘的细胞体积较大，细胞壁薄，排列紧密，分化水平较低，具有潜在的分生能力，在特定的生长阶段和适当的条件下能形成侧根、不定芽以及木栓形成层和形成层的一部分。

● 初生木质部：位于中柱鞘的内方，在横切面上呈星芒状或辐射状，辐射状的尖端称为辐射角。双子叶植物初生木质部辐射角的数目通常为 2～7 束，分别称为二原型、三原型、四原型……如萝卜、油菜为 2 束，叫二原型；豌豆、柳树是 3 束，为三原型；棉花和向日葵是 4～5 束；蚕豆是 4～6 束。此外，初生木质部束数也常常发生变化，同种植物的不同品种或同株植物的不同根上，可出现不同束数的木质部，如茶树品种不同，就有 5 束、6 束、8 束甚至 12 束之分。一般认为主根中的原生木质部束数较多，其形成侧根的能力较强。初生木质部组成比较简单，主要是导管和管胞，有的还含有木纤维和木薄壁细胞。

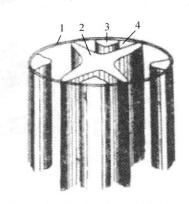

图 3-7　根的维管柱初生结构立体图解
1. 中柱鞘；2. 初生木质部；3. 初生韧皮部；
4. 薄壁细胞
（引自植物与植物生理，陈忠辉，2001）

根的初生木质部是向心分化成熟的。辐射角的尖端是最早分化成熟的，故它的口径较小，壁较厚，为环纹导管、螺纹导管，这部分木质部称为原生木质部；接近中心部分的木质部，分化成熟较迟，导管口径较大，多为梯纹、网纹和孔纹导管，这部分木质部称为后生木质部。根中的初生木质部这种由外向内逐渐分化成熟的发育方式，称为外始式。这是根初生木质部在发育上的特点。

● 初生韧皮部：位于两个木质部辐射角之间，与初生木质部呈相间排列。因此，初生韧皮部的束数与初生木质部的束数相同。它分化成熟的发育方式也是外始式。初生韧皮部由筛管、伴胞和韧皮薄壁组织组成，有时存在韧皮纤维，如锦葵科、豆科等。

此外，在初生韧皮部和初生木质部之间有一至多层薄壁细胞。在双子叶植物根中，这部分细胞可以进一步转化为维管形成层的一部分，由此产生次生结构。

● 髓：少数双子叶植物根的中央为薄壁细胞，称为髓，如蚕豆、落花生等。但大多数双子叶植物根的中央部分常为后生木质部而无髓。

（2）次生生长与次生构造。

大多数双子叶植物和裸子植物的根，在完成初生生长后，由于次生分生组织——维管层和木栓形成层的产生和分裂活动，因此使根不断地增粗，这种过程叫增粗生长，也称次生生长。由次生生长产生的次生维管组织和周皮共同组成的结构，称次生结构。

① 维管形成层的发生及其活动。

● 维管形成层的发生和波浪状形成层环的形成。根部维管形成层产生于幼根的初生韧皮部的内方，即由两个初生木质部脊之间的薄壁组织开始。当次生生长开始时，这部分细胞开始进行分裂活动，形成维管形成层的一部分。最初的维管形成层是片段的。这些片段形成层的数目与根的原数有关，即几原型的根就有几条形成层的片段。以后随着细胞的分裂，各段维管形成层逐渐向其两端扩展，并向外推移，直达中柱鞘细胞。此时，与初生木质部辐射角相对的中柱鞘细胞也恢复分裂能力，将片断的形成层连接成完整的、连续的、呈波浪状的维管形成层环包围着初生木质部（如图 3-8 所示）。

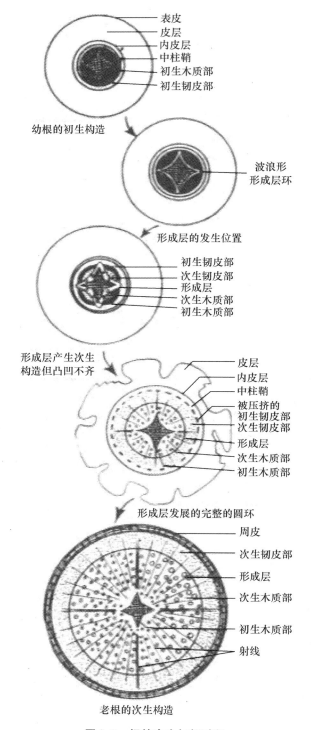

图 3-8 根的次生加粗过程

（引自植物与植物生理，陈忠辉，2001）

● 维管形成层的活动及圆环状形成层环的形成。维管形成层发生后，主要进行平周分裂。由于形成层发生的时间及分裂速度不同，通常位于初生韧皮部内侧的维管形成层最早发生，最先分裂，分裂速度快，产生的次生维管组织较多；而在初生木质部辐射角处的形成层活动较慢，所以形成的次生维管组织较少。这样，初生韧皮部内侧的维管形成层被新形成的次生组织推向外方，最后使波浪形的维管形成层环变成圆环状的维管形成层环。圆环状维管形成层环形成后，形成层各部分的分裂活动趋于一致，向内向外添加次生组织，并把初生韧皮部推向外方。维管形成层环的活动，主要是进行平周分裂，向内分裂产生的细胞，分化出新的木质部，加在初生木质部的外方，叫次生木质部；向外分裂产生的细胞，分化出新的韧皮部，加在初生韧皮部的内方，称次生韧皮部。次生木质部和次生韧皮部合称次生维管组织，这是次生结构的主要部分。另外，在次生木质部和次生韧皮部内，还有一些径向排列的薄壁细胞群，统称维管射线，其中贯穿于次生木质部中的射线称为木射线，贯穿于次生韧皮部中的射线称为韧皮射线。维管射线是次生结构中新产生的组织，具有横向运输水分和养料的功能。

根在增粗过程中，形成层的分裂活动以及所产生的次生组织主要有两方面的特点。一是在次生维管组织内，次生木质部居内，次生韧皮部居外，为相对排列。这与初生维管组织中初生木质部与初生韧皮部二者相间排列是完全不同的。二是在维管形成层不断进行平周分裂过程中，向内产生的次生木质部比向外产生的韧皮部多，并随着根的不断增粗，维管形成层的位置也不断地向外推移，所以形成层除进行平周分裂使根的直径加大外，也进行少量的垂周分裂和侵入生长，使维管形成层本身的周径不断增大，以适应根的增粗。

② 木栓形成层的发生及活动。

维管形成层的活动使根内增加了大量的次生组织，而使维管柱外围的皮层及表皮被撑破。在皮层破坏之前，中柱鞘细胞恢复分裂能力，形成木栓形成层。木栓形成层进行平周分裂，向外分裂产生木栓层，向内分裂产生栓内层，三者共同组成周皮。木栓层由数层木栓细胞组成，细胞扁平，排列紧密而整齐，无细胞间隙，细胞壁栓化，不透气，不透水，最后原生质体死亡，成为死细胞。木栓层以外的皮层和表皮因得不到水分和养料而死亡脱落，于是周皮代替表皮对老根起很好的保护作用，这是根增粗生长后形成的次生保护组织。

多年生木本植物的根，维管形成层随季节进行周期性活动使根不断增粗。而木栓形成层的活动通常有限，常活动一个时期后便失去再分裂的能力而本身栓化为木栓细胞。随着根的不断增粗，木栓形成层可由内侧的薄壁细胞恢复分裂重新产生。因此，木栓形成层发生位置可逐年向根的内方推移，最终可深入到次生韧皮部，由次生韧皮部的薄壁组织发生，继续形成新的木栓形成层。

由于两种形成层（次生分生组织）的活动，形成了根的次生结构，自外而内依次为周皮（木栓层、木栓形成层、栓内层）、成束的初生韧皮部（常被挤毁）、次生韧皮部（含径向的韧皮射线）、形成层、次生木质部（含木射线）。辐射状的初生木质部则仍保留在根的中央，成为识别老根的重要特征（如图 3-9 所示）。

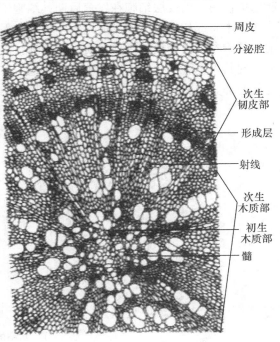

图 3-9　棉花根次生构造横切面
（引自植物与植物生理，陈忠辉，2001）

3. 禾本科植物根的结构特点

禾本科植物属于单子叶植物，其基本结构与双子叶植物一样，亦分为表皮、皮层、维管柱三部分（如图 3-10 所示）。但禾本科植物在下列几方面有所不同。

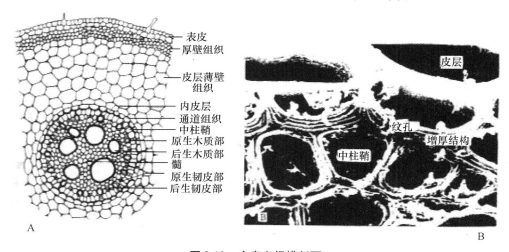

图 3-10　小麦老根横剖面

A. 示黑麦草内皮层细胞；B. 示内皮层细胞五面加厚的壁及其中的纹孔

（引自植物学，徐汉卿，1996）

（1）在植物一生中只具初生结构，一般不再进行次生的增粗生长，即不形成次生分生组织和进行次生生长。

（2）外皮层在根发育后期常形成木栓化的厚壁组织，在表皮和根毛枯萎后，替代表皮起保护作用。内皮层细胞在发育后期其细胞壁常呈五面壁加厚，在横切面上呈马蹄形，但与初生木质部相对处的内皮层细胞不增厚，保持薄壁状态，称为通道细胞。一般认为通道细胞是禾本科植物根的内外物质运输的唯一途径。但大麦根中无通道细胞，在电子显微镜下发现其内皮层栓化壁上有许多胞间连丝，多认为是物质运输的通道。水稻根在生长后期皮层的部分细胞解体形成通气组织（如图 3-11 所示）。

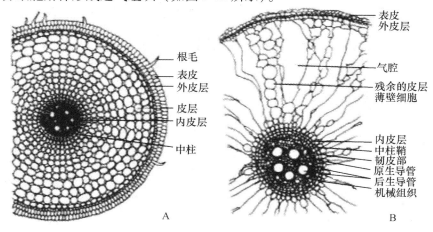

图 3-11　水稻的幼根和老根

A. 幼根；B. 老根

（引自植物学，徐汉卿，1996）

（3）中柱鞘在根发育后期常部分（如玉米）或全部（如水稻）木化。维管柱为多原型，初生木质部束数多为 7 束以上。中央有发达的髓，由薄壁细胞组成，有的种类如水稻等发育后期可转化为木化的厚壁组织，以增强支持作用。

3.1.4　侧根的形成

侧根起源于根毛区内中柱鞘的一定部位。侧根在维管柱鞘上产生的位置，常随植物种类而不同。在二原型根中，侧根发生于初生木质部和初生韧皮部之间或正对着初生木质部的中柱鞘细胞。在前一种情况下，侧根行数为原生木质部辐射角的倍数，如胡萝卜为二原型，侧根有 4 行；在后一种情况下，侧根只有 2 行，如萝卜。在三原型或四原型根中，侧根多发生于正对初生木质部的中柱鞘细胞，在这种情况下，初生木质部辐射角有几个，则常产生几行侧根。在多原型根中，侧根常产生于正对着原生韧皮部的中柱鞘细胞（如图 3-12 所示）。

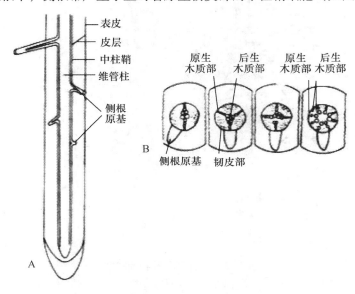

图 3-12　根尖纵剖面

A. 示根的初生结构横剖面简图；B. 示侧根原基发生部位

（引自植物学，徐汉卿，1996）

当侧根开始发生时，中柱鞘的某些细胞开始分裂，最初为几次平周分裂，使细胞层数增加，并向外突起，以后再进行包括平周分裂和垂周分裂在内的各个方向的分裂，这就使原有的突起继续生长，形成侧根的根原基，这是侧根最早的分化阶段。以后侧根原基的分裂、生长，逐渐分化出生长点和根冠。最后，生长点的细胞继续分裂、增大和分化，逐渐深入皮层。此时，根尖细胞能分泌含酶的物质，将部分皮层和表皮细胞溶解，因而能够穿破表皮，顺利地伸入土壤之中形成侧根。

由于侧根起源于中柱鞘，因而发生部位接近维管组织，当侧根维管组织分化后，就会很快地和母根的维管组织连接起来。侧根的发生，在根毛区就已开始，但突破表皮，露出母根外，却在根毛区以后的部分。这样，就使侧根的产生不会破坏根毛而影响吸收功能。

3.1.5　根瘤与菌根

有些土壤微生物能侵入某些植物的根部，与之建立互助互利的并存关系，这种关系称为共生。被侵染的植物称为宿主，其被侵染的部位常形成特殊结构。根瘤和菌根便是高等植物的根部所形成的这类共生结构。

1. 根瘤

根瘤是由固氮细菌或放线菌侵染宿主根部细胞而形成的瘤状共生结构。自然界中有数百种植物能形成根瘤，其中与生产关系最密切的是豆科植物的根瘤（如图3-13所示）。豆科植物的根瘤是由一种称为根瘤菌的细菌入侵后形成的。它与宿主的共生关系表现在：宿主供应根瘤菌所需的碳水化合物、矿物盐类和水分，根瘤菌则将宿主不能直接利用的分子氮在其固有的固氮酶的作用下，形成宿主可吸收利用的含氮化合物，这种作用称为固氮作用。氮是植物必需的大量元素，由于氮是生命物质蛋白质的组成成分，所以又被称为"生命元素"。

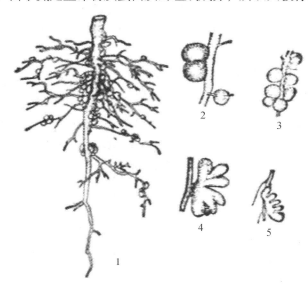

图3-13 几种豆科植物的根瘤

1. 具有根瘤的大豆根系；2. 大豆的根瘤；3. 蚕豆的根瘤；4. 豌豆的根瘤；5. 紫云英的根瘤

（引自植物与植物生理，陈忠辉，2001）

虽然空气中的含氮量达78%左右，但植物不能直接吸收利用，只有通过人工合成或生物固氮作用才能被植物利用。有人估计，全世界年产氮肥0.5亿吨左右，而通过生物固氮的氮素可达1.5亿吨；而且生物固氮不但量大，又不产生污染，并可节能，由此可见生物固氮具有良好的应用前景。现已发现自然界有一百多种非豆科植物也可形成能固氮的根瘤或叶瘤，可利用于固沙改土。此外，通过遗传工程的手段使谷类作物和牧草具备固氮能力，已成为世界性的研究项目。

豆科植物的根瘤的形成过程如图3-14所示。豆科植物苗期根部的分泌物吸引了在其附近的根瘤菌，使其聚集在根毛附近大量繁殖。随后，根瘤菌产生的分泌物使根毛卷曲、膨胀，并使部分细胞壁溶解，根瘤菌即从细胞壁被溶解处侵入根毛，在根毛中滋生成管状的侵入线。其余的根瘤菌便沿侵入线进入根部皮层并在该处繁殖，皮层细胞受此刺激也迅速分裂，致使根部形成局部突起，即为根瘤。根瘤菌居于根瘤中央的薄壁组织内，逐渐破坏其细胞核与细胞质，本身变为拟菌体；同时该区域周围分化出与根部维管组织相连的输导组织。拟菌体通过输导组织从皮层吸收营养和水，进行固氮作用。

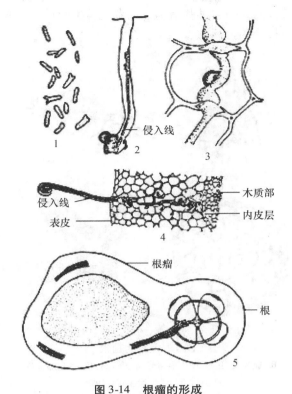

图 3-14　根瘤的形成

1. 根瘤菌；2. 根瘤菌入侵根毛；3. 根瘤菌穿过皮层细胞；

4. 根横切面的一部分，示根瘤菌进入根内；5. 蚕豆根通过根瘤的切面

（引自植物与植物生理，陈忠辉，2001）

2. 菌根

菌根是高等植物根部与某些真菌形成的共生体，可分为外生菌根、内生菌根和内外生菌根三种。

（1）外生菌根：与根共生的真菌菌丝大部分长在幼根外表，形成菌丝鞘，少数侵入表皮和皮层的细胞间隙。菌根一般较粗，顶端分为两叉，根毛稀少或无。只有少数植物如杜鹃花科、松科、桦木科等植物形成这类菌根（如图 3-15 所示）。

（2）内生菌根：真菌侵入根的皮层细胞内，并在其中形成一些泡囊和树枝状菌丝体，故又名泡囊-丛枝菌根或 VA 菌根。大多数菌根属此种类型，如禾本科、银杏等植物的菌根（如图 3-16 所示）。

（3）内外生菌根：内外生菌根是指共生的真菌既能形成菌丝鞘，又能侵入宿主根细胞内的一类菌根，如草莓。菌根中的菌丝从寄主组织中获取营养，对寄主具有有利的方面：一是可提高根的吸收能力；二是能分泌水解酶促进根际有机物分解以便于根吸收；三是产生如维生素 B 类的生长活跃物质，增加根部分裂素的合成，促进宿主的根部发育；四是对于一些药用植物能提高药用成分；五是提高苗木移栽、扦插成活率等。另外，兰科菌根还是兰科植物种子萌发的必要条件。

有些具有菌根的树种，如松、栎等，如果缺乏菌根，就会生长不良。所以在荒山造林或播种时，常预先在土壤内接种所需要的真菌，或事先让种子感染真菌，以使这些植物菌

根发达，保证树木生长良好。但在某些情况下二者也发生矛盾，如真菌过旺生长会使根的营养消耗过多，树木生长受到抑制。

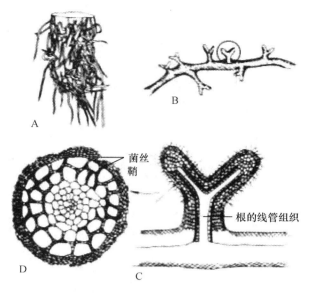

图 3-15　外生菌根

A. 栎树的外生菌根外形；B. 成为菌根的一些侧根端部成分叉状；C. 为 B 部分放大；D. 外生菌根的横剖面

（引自植物学，徐汉卿，1996）

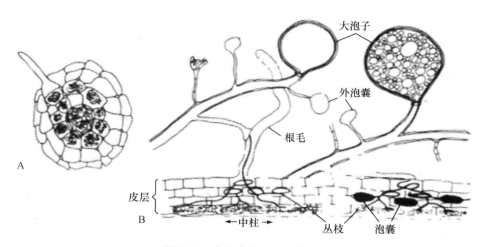

图 3-16　内生菌根（VA 菌根）

A. 小麦根横剖面，示内生真菌；B. 泡囊-丛枝状的真菌在宿主根中的分布

（引自植物学，徐汉卿，1996）

3.2　茎

茎是植物联系根、叶以及输导水分、无机盐和有机养料的轴状结构。除少数生于地下外，茎一般是植物体生长在地上的营养器官之一。

3.2.1　茎的功能

（1）支持作用。茎是地上部分的主轴，它支持着叶、芽、花、果，并使它们形成合理的空间布局，有利于叶的光合作用以及花的传粉、果实或种子的传播。

（2）输导作用。根部吸收的水、矿物质，以及在根中合成或贮藏的有机物通过茎运往地上各部分；同时，叶的光合产物也要通过茎输送到植株各部分。

（3）贮藏与繁殖作用。茎有贮藏功能，尤其是多年生植物，其贮藏物成为休眠芽于春季萌动的营养来源；有些植物的茎还具有繁殖功能，如马铃薯的块茎、杨的枝条等。

3.2.2　茎的形态

1.枝条及形态特征

着生叶和芽的茎称为枝条。枝条是以茎为主轴，其上生有多种侧生器官——叶、芽、侧枝、花或果。此外，枝条还有如下形态特征。

（1）节和节间。茎上着生叶的部位为节，节与节之间的部位为节间。一般植物的节不明显，只在叶片着生处略有突起，而禾本科植物的节比较显著，如甘蔗、玉米和竹的节形成环状结构。

节间的长短因植物和植株的不同部位、生长阶段或生长条件而异。如水稻、小麦、萝卜、油菜等在幼苗期各个节间很短；多个节密集植株基部，使其上着生的叶呈丛生状或莲座状。进入生殖生长时期后，上部的几个节间才伸长，如禾本科植物的拔节和萝卜、油菜的抽薹。

（2）长枝和短枝。银杏、苹果、梨等的植株上有两种节间长短不一的枝——长枝和短枝（如图 3-17 所示）。节间较长的枝称为长枝；节间极短，各节紧密相接的枝条，称为短枝。如银杏的长枝上生有许多短枝，叶簇生在短枝上。又如苹果、梨的长枝上多着生叶芽，又称为营养枝；短枝上多着生混合芽，又称为结果枝。因此，在果树修剪中可根据长枝与短枝的数量及发育状况来调节树体的营养生长和生殖生长，达到优质高产的目的。

（3）皮孔。皮孔是遍布于老茎节间表面的许多稍稍隆起的微小疤痕状结构，是茎与外界进行气体交换的通道。皮孔的形状常因植物种类而不同，在果树栽培中是鉴别果树种类的依据之一。

（4）叶痕、叶迹、枝痕、芽鳞痕。这是侧生器官脱落后留下的各种痕迹。叶痕是多年生木本植物的叶脱落后在茎上留下的痕迹；在叶痕中有茎通往叶的维管束断面，称为叶迹；枝痕是花枝或小的营养枝脱落留下的痕迹；芽鳞痕是鳞芽展开生长时，芽鳞脱落后留下的痕迹（如图 3-18 所示）。

根据上述枝的一些形态特征，可作枝龄和芽的活动状况的推断。如图 3-18 所示的枝，它是由主茎截下的一个完整的分枝，是由主茎的一个腋芽所进行的伸长生长所形成的。第 1 年它的活动形成"前年枝"，进入休眠季节前，随气温的逐渐降低，它的生长速度逐渐放慢，形成的节间愈来愈短，顶部靠近生长锥的几个幼叶也因此渐渐聚拢，最后，外方又发育出几片芽鳞将它们紧紧包住成为休眠芽。翌年春季该芽再次成为活动芽，活动开始时芽鳞脱落，在茎上留下第一群芽鳞痕，继而生长形成第二段枝"去年枝"，秋末冬初又形成休眠芽。第 3 年这个芽再次活动，留下第二群芽鳞痕和第三段枝，即"当年枝"。所以，根据这段胡桃枝上两群芽鳞痕和以其分界而成的三段茎，可推断这段枝条已生长了 3 年，或者说这段枝条的最下方的一段已生长了 3 年，依次向上为生长 2 年和 1 年的茎段。对于枝与芽特征的识别在农、林、园艺的整枝、修剪技术中具有重要的指导意义。

图 3-17　长枝和短枝

A. 银杏的长枝；B. 银杏的短枝；C. 苹果的长枝；

D. 苹果的短枝

（引自植物与植物生理，陈忠辉，2001）

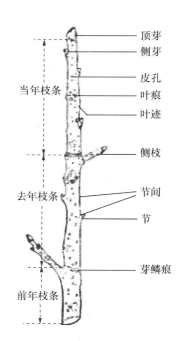

图 3-18　胡桃冬枝的外形

（引自植物与植物生理，陈忠辉，2001）

2. 茎的生长习性

不同植物的茎在长期进化过程中，有各自的生长习性，以适应各自的环境条件。按照茎的生长习性，又可将之可分为直立茎、缠绕茎、攀援茎、平卧茎、匍匐茎五种（如图 3-19 所示）。

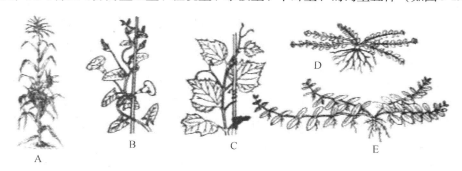

图 3-19　茎的生长习性

A. 直立茎；B. 缠绕茎；C. 攀援茎；D. 平卧茎；E. 匍匐茎

（引自植物学，郑湘如，2001）

（1）直立茎。茎内机械组织发达，茎本身能够直立生长，这种茎称为直立茎，如杨、蓖麻、向日葵等。

（2）缠绕茎。茎幼时机械组织不发达而柔软，不能直立生长，但能够缠绕于其他物体上向上生长，这种茎称为缠绕茎。缠绕茎的缠绕方向，可分为右旋或左旋。按顺时针方向缠绕为右旋缠绕茎；按逆时针方向缠绕称为左旋缠绕茎，如牵牛花、菟丝子、菜豆等。

（3）攀援茎。茎幼时较柔软，不能直立生长，以特有的结构攀援在其他物体上向上生长，这种茎称为攀援茎。如黄瓜、葡萄、丝瓜的茎以卷须攀援，常春藤、络石、薜荔以气生根攀援，白藤、猪殃殃的茎以钩刺攀援，爬山虎（地锦）的茎以吸盘攀援，旱金莲的茎以叶柄攀援等。具有缠绕茎和攀援茎的植物，统称为藤本植物。藤本植物又可分为木质藤本（葡萄、猕猴桃等）和草质藤本（菜豆、瓜类）两种类型。

（4）平卧茎。茎平卧地上生长，枝间不再生根，这种茎称为平卧茎，如酢浆草。平卧茎在节处不产生不定根，而匍匐茎则在节上产生不定根，这是两者的主要区别。

（5）匍匐茎。茎细长柔弱，只能沿地面蔓延生长，这种茎称为匍匐茎，如草莓、甘薯等。匍匐茎一般节间较长，节上能产生不定根，芽会生长成新的植株，栽培甘薯和草莓就是利用这一习性进行营养繁殖。

3．茎的分枝

分枝是茎生长时普遍存在的现象，植物通过分枝来增加地上部分与周围环境的接触面积，形成庞大的树冠。园林树木通过分枝及人工定向的修剪，可形成造型别致的园林景观。每种植物都有一定的分枝方式，这种特性既取决于遗传性，同时又受环境的影响。种子植物常见的分枝方式有单轴分枝、合轴分枝和假二叉分枝三种类型（如图 3-20 所示）。

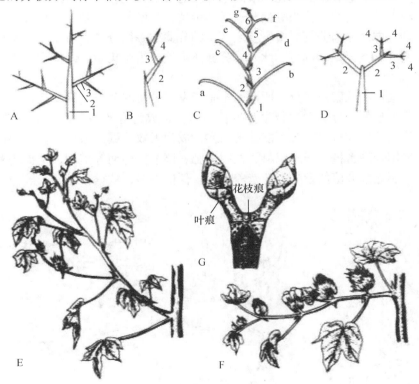

图 3-20　种子植物的分枝方式

A—D. 分支方式图解；A. 单轴分支；B，C. 合轴分枝；D. 假二叉分枝；E. 棉花单轴分枝方式
的营养枝节；F. 棉花合轴分枝方式的果枝；G. 七叶树的假二叉分枝

（引自植物学，徐汉卿，1996）

（1）单轴分枝。单轴分枝具有明显的顶端优势。植物自幼苗开始，主茎顶芽的生长势始终占优势，形成一个直立而粗壮的主干，主干上的侧芽形成分枝，各级分枝生长势依级数递

减，这种分枝方式称单轴分枝。如松、椴、杨等属于这种分枝类型，因主干粗大、挺直，是有经济价值的木材；一些草本植物如黄麻，也是单轴分枝，因而能长出长而直的经济纤维。

（2）合轴分枝。合轴分枝没有明显的顶端优势。主茎上的顶芽只活动很短的一段时间后便停止生长或形成花、花序而不再形成茎段，这时由靠近顶芽的一个腋芽代替顶芽向上生长，生长一段时间后依次被下方的一个腋芽所取代，这种分枝方式称合轴分枝。这种分枝类型一方面使主茎与侧枝呈曲折形状，而且节间很短，使树冠呈展开状态，有利于通风透光；另一方面能够形成较多的花芽，有利于繁殖，因此合轴分枝是进化的分枝方式。合轴分枝在作物中普遍存在，如马铃薯、番茄、柑橘、苹果及棉花的果枝等；茶树在幼年时为单轴分枝，成年时出现合轴分枝。

（3）假二叉分枝。具有对生叶的植物，当顶芽停止生长或分化形成花、花序后，由其下方的一对腋芽同时发育成一对侧枝。这对侧枝的顶芽、腋芽的生长活动又如前，这种分枝方式称假二叉分枝，如紫丁香等。

4. 禾本科植物的分蘖

分蘖是禾本科植物特有的分枝方式。与其他植物比较，这类植物具有长节间的地上茎很少分枝，分枝是由地表附近的几个节间不伸长的节上产生，并同时发生不定根群。近地表的这些节和未伸长的节间称为分蘖节。禾本科植物分蘖节上由腋芽产生分枝，同时形成不定根群的分枝方式称为分蘖。由主茎上产生的分蘖称一级分蘖，由一级分蘖上产生的分蘖称二级分蘖（如图3-21所示）。此外，分蘖还可细分为密集型、疏蘖型、根茎型三种类型（如图3-22所示）。

分蘖有高蘖位和低蘖位之分。所谓蘖位是指发生分蘖的节位。蘖位高低与分蘖的成穗密切相关，蘖位越低，分蘖发生越早，生长期越长，成为有效分蘖的可能性越大；反之，高蘖位的分蘖生长期较短，一般不能抽穗结实，成为无效分蘖。根据分蘖成穗的规律，作物生产上常采用合理密植、巧施肥料、控制水肥、调节播种期等措施，来促进有效分蘖的生长发育，抑制无效分蘖的发生，使营养集中，保证穗多、粒重，提高产量。

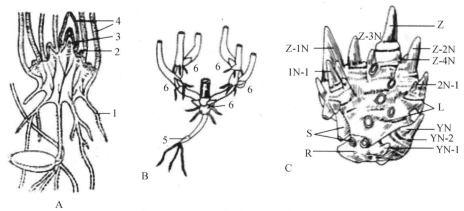

图3-21　禾本科作物的分蘖

A. 小麦分蘖节纵切面：1. 不定根；2. 分蘖芽；3. 生长点；4. 叶；

B. 分蘖图解：5. 具初生根的谷粒；6. 生有蘖根的分蘖节；

C. 有8个分蘖节的幼苗，示剥去叶的分蘖节：Z. 主茎；Z-1N，Z-2N……一级分蘖；1N-1，1N-2……二级分蘖；2N-1，2N-2……三级分蘖；L. 叶痕；S. 不定根；R. 根茎；YN. 胚芽鞘分蘖；YN-1，YN-2. 二级胚芽鞘分蘖

（引自植物学，徐汉卿，1996）

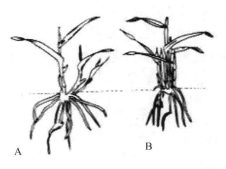
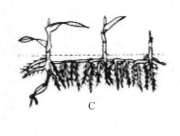

图 3-22　禾本科植物分蘖类型图解
A. 疏蘖型；B. 密蘖；C. 根茎型
（仿 B. P. 威廉士）

3.2.3　茎的构造

1. 茎的伸长生长与初生构造

（1）茎尖分区及结构。

茎的尖端称为茎尖。茎尖自上而下可分为分生区、伸长区和成熟区三部分（如图 3-23 所示）。

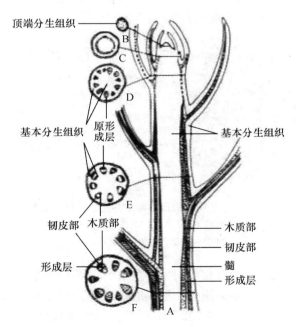

图 3-23　茎尖各区的大致结构
A. 茎尖（全图）；B. 分生区；C—D. 伸长区；E—F. 成熟区
（引自植物学，徐汉卿，1996）

① 分生区。分生区位于茎尖前端，由原分生组织和初生分生组织组成。原分生组织呈半球形结构——即芽中的生长锥，这部分细胞没有任何分化，是一群具有强烈而持久分裂能力的细胞群。目前，对生长锥的结构和分化动态存在原套-原体学说或细胞组织分区学说。

　　原套-原体学说将生长锥分为原套和原体两部分（如图 3-24 所示）。原套是生长锥表面一至数层排列较规则的细胞，通常只进行垂周分裂（细胞分裂面——新产生的子细胞壁垂直于所在器官或结构的表面），扩大生长锥的表面；原体是原套内的一团不规则排列的细胞，可进行各个方向的分裂而扩大其体积。二者的分裂是互相协调的。

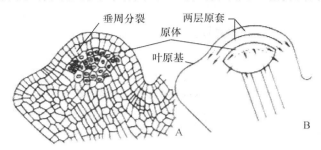

图 3-24　豌豆属茎端纵剖面（示原套-原体学说）

A. 细胞图；B. 图解

（引自植物学，徐汉卿，1996）

　　细胞组织分区学说认为生长锥可按细胞特征和组织分化动态分为顶端原始细胞区和中央母细胞区两部分。顶端原始细胞区分化出周围分生组织区，中央母细胞区形成肋状分生组织区。有些植物在肋状分生组织区和周围分生组织区的上方还有整体如浅盘状细胞所组成的形成层状过渡区（如图 3-25 所示）。

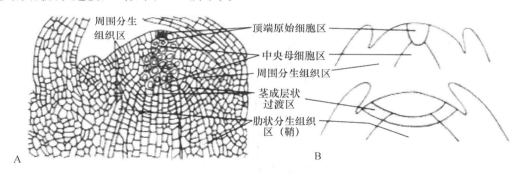

图 3-25　茎端纵切面（示细胞组织分区学说）

A. 细胞图（仿 Esau）；B. 简图（仿 Clowes）

（引自植物学，徐汉卿，1996）

　　原分生组织向下形成初步有分化的初生分生组织，即由原套的表面细胞分化的原表皮层，由周围分生组织和肋状分生组织分化形成的基本分生组织和原形成层。

　　② 伸长区。茎伸长区的细胞学特征基本同根，但该区长度常包含几个节与节间，远较根的长。伸长区的长度可随环境改变，两年生和多年生植物在进入休眠期时，伸长区逐渐变为成熟区而短至难以辨认。

　　③ 成熟区。茎的成熟区与根相同，此处各种成熟组织已分化完成，成为茎的初生结构。

　　（2）茎的伸长生长。

　　茎的伸长生长方式比较复杂，可分为顶端生长和居间生长。

　　① 顶端生长。茎的顶端生长是指茎尖中进行的初生生长。通过顶端生长可不断增加

茎的节数和叶数，同时使茎逐渐地延长。根据细胞组织分区学说，可用图 3-26 概括顶端生长的进行过程和生长结果。

分生区		伸长区	成熟区
原分生组织		初生分生组织	初生结构
顶端原始细胞区—周围分生组织区 →		原表皮 —————————→	表皮
		基本分生组织（部分）——→	皮层
中央母细胞区—髓/肋状分生组织区 →		原形成层 ——————————→	维管柱、束中形成层
		基本分生组织（部分）——→	髓

图 3-26　顶端生长的过程和生长结果

　　② 居间生长。茎的居间生长是指遗留在节间的居间分生组织所进行的初生生长。禾本科、石竹科、蓼科、石蒜科植物在进行顶端生长时，开始所形成的茎的节间不伸长，而是在节间遗留下居间分生组织，待植株生长发育到一定阶段，这些居间分生组织才进行伸长生长，并逐渐全部分化为初生结构，使茎的节间迅速伸长。例如，小麦、水稻等禾本科植物的拔节就是居间生长的结果。有些植物在茎以外的部位，如韭菜的叶基、花生的子房柄，也存在这种类型的生长方式。

　　（3）茎的初生构造。

　　① 双子叶植物茎的初生构造。茎通过初生伸长生长所形成的构造称为初生构造。与根相同，茎的初生构造也是由表皮、皮层和维管柱三大部分组成，但二者因功能与所处环境的差异，在构造上存在很大的差异（如图 3-27、图 3-28 所示）。

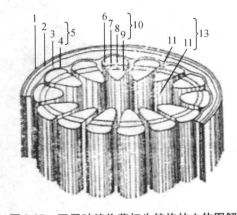

图 3-27　双子叶植物茎初生结构的立体图解
1. 表皮；2. 厚角组织；3. 含叶绿体的薄壁组织；4. 无色的薄壁组织；5. 皮层；6. 韧皮纤维；7. 初生韧皮部；8. 形成层；9. 初生木质部；10. 维管束；11. 髓射线；12. 髓；13. 维管柱
（引自植物与植物生理，陈忠辉，2001）

　　● 表皮。表皮是幼茎最外面的一层细胞，为典型的初生保护组织。在横切面上表皮细胞为长方形，排列紧密，没有细胞间隙；细胞外壁较厚，形成角质层；有的植物还具有蜡质（如蓖麻），能控制蒸腾作用并增强表皮的坚固性。在表皮上存在有气孔器、表皮毛、腺毛等附属结构，表皮毛和腺毛能增强表皮的保护功能。

　　● 皮层。位于表皮的内方，整体远较根的薄，主要由薄壁组织所组成。细胞排列疏松，有明显的细胞间隙。靠近表皮的几层细胞常分化为厚角组织。薄壁组织和厚角组织细胞中常含有叶绿体，故使幼茎呈绿色。有些植物茎的皮层中还分布有分泌腔（棉花、向日葵）、乳汁管（甘薯）或其他分泌结构；有的含有异型细胞，如晶细胞、单宁细胞（桃、花生），木本植物则常有石细胞群。

　　茎的内皮层分化不明显，皮层与维管柱没有明显的界限，只有一些植物的地下茎或水生植物的茎存在内皮层。少数植物（如蚕豆），茎的内皮层细胞富含淀粉粒，故称为淀粉鞘。

　　● 维管柱。皮层以内的中央柱状部分称为维管柱。双子叶植物茎的维管柱包括维管束、髓和髓射线三部分。

维管束：茎的维管束是由初生木质部与初生韧皮部共同组成的分离的束状结构。茎内各维管束作单环状排列。多数植物的维管束属于外韧维管束类型，即初生韧皮部（由筛管、伴胞、韧皮纤维和韧皮薄壁细胞组成）在外方，初生木质部（由导管、管胞木纤维和木薄壁细胞组成）在内方，在木质部与韧皮部之间普遍有由原形成层保留下来的束内形成层。这种侧生分生组织能继续产生维管组织，因而这种维管束又称无限维管束或外韧无限维管束。甘薯、马铃薯、南瓜等植物的维管束，外侧和内侧都是韧皮部，中间是木质部，中外侧的韧皮部和木质部之间有形成层，这种维管束称双韧维管束。

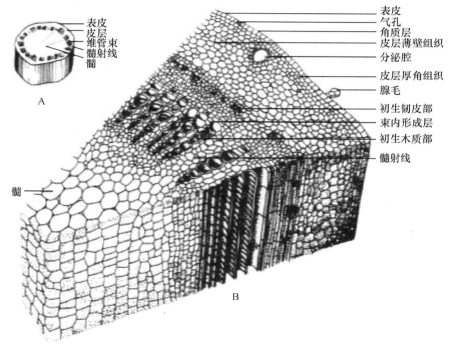

图 3-28　棉花茎立体结构图

A. 简图；B. 部分结构图

（引自植物学，徐汉卿，1996）

髓：位于维管柱中央的薄壁组织称为髓，具有贮藏养料的作用。有的植物髓中含有如石细胞、晶细胞、单宁细胞等异型细胞；有的植物的髓在生长过程中被破坏形成髓腔，如南瓜；或形成髓腔时还留有片状的髓组织，如胡桃、枫杨属植物。

髓射线：是位于各维管束之间的薄壁组织，内连髓部，外接皮层，在横切面上呈放射状。髓射线具有横向运输养料的作用，同时也是茎内贮藏营养物质的组织。

② 禾本科植物茎的初生构造。禾本科植物茎的初生构造在横切面上大体可分为表皮、基本组织和维管束三部分（如图 3-29 所示）。与双子叶植物茎的初生构造比较，禾本科植物茎的维管束数目多，并散生在基本组织中，所以没有皮层和维管柱之分；维管束内无形成层，属有限维管束，因此禾本科植物不能进行次生加粗生长，终生只有初生构造，没有次生构造。

● 表皮。表皮是一层生活细胞，排列整齐，由长细胞、短细胞和气孔器有规律地交替排列而成。长细胞是角质化细胞，为表皮的基本组成成分；短细胞排列在长细胞之间，包括具栓化壁的栓化细胞和有硅化细胞壁，细胞腔内有硅质胶体的硅细胞。

● 基本组织。表皮以内为基本组织，主要由薄壁细胞组成。在靠近表皮外常有几层厚壁组织，彼此相连成一环，呈波浪形分布，具有支持作用。在厚壁组织以内为薄壁组织，充满各维管束之间。水稻、小麦、竹等茎的中央薄壁组织解体形成髓腔，水稻茎的维管束之间还有裂生通气道。禾本科植物幼茎时，在近表面的部分薄壁细胞中含有叶绿体，茎呈绿色，能进行光合作用。

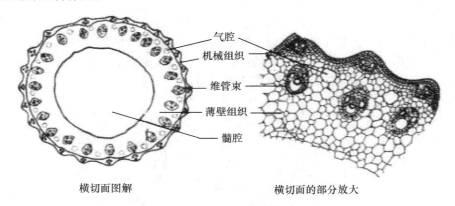

横切面图解　　　　　　　　横切面的部分放大

图 3-29　水稻茎横切面
（引自植物与植物生理，陈忠辉，2001）

● 维管束。维管束散生于基本组织中，整体亦呈网状。在具髓腔的茎（如小麦、水稻）中，维管束大体分为内、外两环。外环的维管束较小，大部分分布在表皮内侧的机械组织中；内环的维管束较大，为薄壁组织包围。茎为实心结构的茎（如玉米），维管束散生于整个茎的基本组织中，由外向内维管束直径逐渐增大，各束间的距离则愈来愈远。禾本科植物茎中的维管束外围均有由厚壁组织组成的维管束鞘包围。初生木质部在横切面上呈"V"形，其基部为原生木质部，包括一个或两个环纹导管、螺纹导管和少量木薄壁细胞。在生长过程中这些导管常遭破坏，四周的薄壁细胞互相分离，形成气腔；"V"形的两臂处各有一个属于后生木质部的大型孔纹导管，之间或为木薄壁细胞，或有数个管胞。初生韧皮部在初生木质部外方。发育后期原生韧皮部常被挤毁，后生韧皮部由筛管和伴胞组成（如图 3-30 所示）。

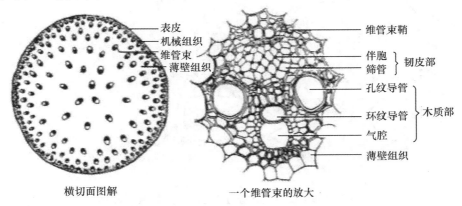

横切面图解　　　　　　　　一个维管束的放大

图 3-30　玉米茎横切面
（引自植物与植物生理，陈忠辉，2001）

2. 茎的加粗生长与次生构造

（1）双子叶植物茎的加粗生长与次生构造。

与根相同，茎的加粗也是由形成层和木栓形成层进行次生生长的结果。但在这两种次生分生组织的发生和所形成的次生结构的某些特征方面，茎与根存在不同之处。

① 形成层的发生、组成与活动。

● 维管形成层的发生。茎的初生构造形成后，在维管束中保留有束内形成层。随着束内形成层活动的影响，使相邻维管束束内形成层之间的髓射线细胞恢复分裂能力，形成束间形成层。束间形成层的产生，将片断的束内形成层连接成完整的圆筒状形成层，在横切面上呈圆环状（如图 3-31 所示），称为维管形成层，简称形成层。

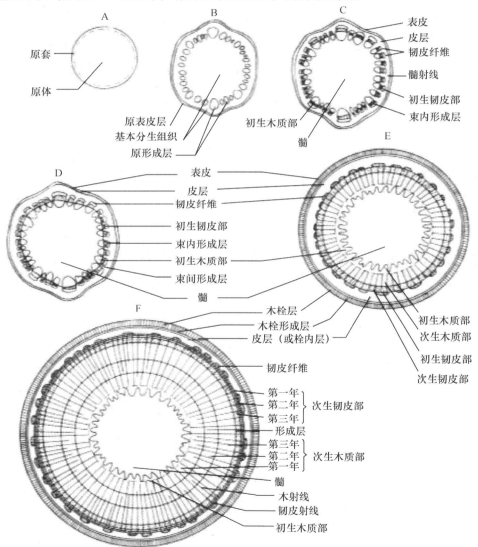

图 3-31　多年生双子叶植物茎的初生与次生生长图解

A. 茎生长锥原分生组织部分的横切面；B. 生长锥下方初生分生组织的部分；C. 初生结构；D. 形成层环的形成；E，F. 次生生长和次生结构

（引自植物学，徐汉卿，1996）

● 形成层的组成。茎的形成层是由纺锤状原始细胞和射线原始细胞组成（如图 3-32 所示）。纺锤状原始细胞是形成层中长度超过宽度数十至数百倍的两端尖锐细胞，形状像纺锤形，其切向面宽于径向面，细胞的长轴与茎的长轴相平行。射线原始细胞为形成层中近等径的原始细胞。根的形成层同样由这两种原始细胞组成。

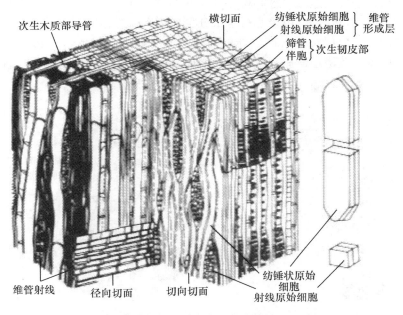

图 3-32　苹果枝干茎立体结构（示维管形成层及其活动产物）

（引自植物学，徐汉卿，1996）

● 形成层的活动。维管形成层产生后，通过细胞分裂、生长和分化而进行次生生长，形成次生维管组织，其生长的方式和产物与根基本相同。纺锤状原始细胞向内分裂形成次生木质部（导管、管胞、木纤维、木薄壁细胞），向外分裂形成次生韧皮部（筛管、伴胞、韧皮纤维、韧皮薄壁细胞）。射线原始细胞向内形成木射线，向外形成韧皮射线，两种射线合称维管射线，维管射线与髓射线具有相同的功能（横向运输与贮藏养料的功能）。位于髓射线部位的射线原始细胞向内、向外都产生薄壁细胞，从而使髓射线不断延长。在次生生长过程中，由于次生木质部的不断增加，形成层随之向外推移，通过本身细胞的径向分裂扩大周径而保持形成层的连续性。

● 年轮的形成及心材、边材。多年生木本植物形成层活动所产生的次生木质部就是木材，在形成过程中可出现年轮、心材、边材等特征（如图 3-33 所示）。

在多年生木本植物茎的次生木质部中，可以见到许多同心圆环，这就是年轮（又称生长轮）。年轮的产生是形成层活动随季节变化的结果。在四季气候变化明显的温带，春季温度逐渐升高，形成层解除休眠恢复分裂能力，这个时期水分充足，形成层活动旺盛，细胞分裂快，生长也快，形成的次生木质部中导管和管胞大而多，管壁较薄，木材质地较疏松，颜色较浅，称为早材或春材；夏末秋初，气温逐渐降低，形成层活动逐渐减弱，直至停止，产生的木材导管和管胞少而小，细胞壁较厚，木材的质密色深，称为晚材或秋材。同一年的早材和晚材之间的转变是逐渐的，没有明显的界限，但经过冬季休眠，前一年的晚材和第二年的早材之间形成了明显的界限，叫年轮界线。同一年内产生的早材和晚材就构成了一个生长轮。没有季节性变化的热带地区，树木没有年轮的产生；而温带和寒带的树木，通常一年只形成一个年轮。因此，根据年轮的数目可推断出树木的年龄。很多树木，随着年轮的增多，茎干不断增粗，靠近形成层部分的木材颜色浅，质地柔软，具有输导功能，这部分木材称边材；木材的中心部分，常被树胶、树脂及色素等物质所填充，因而颜色较深，质地坚硬，这部分称心材（如图3-34所示）。心材已经失去输导能力，但对植物体具有较强的支持作用。由于心材含水分少，不易腐烂，所以材质较好。心材与边材不是固定不变的，形成层每年可产生新的边材，同时靠近心材的部分边材继续转变为心材，因此边材的量比较稳定，而心材则逐年增加。边材与心材的比例及明显程度，各种树木不同。

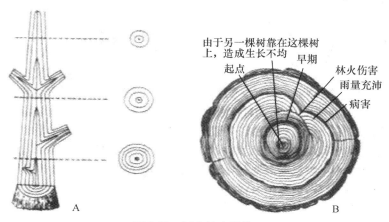

图 3-33　树木的生长轮

A：只5年树龄茎干的纵、横剖面图，示不同高度生长轮数目的变化——茎部是最早出现形成区进行次生生长处，因而其生长轮数代表了树龄，形成层的出现依次向顶先后形成，因而生长轮数依次减少；
B：树干的的横剖面，示生态条件对生长轮生长状况的影响

（引自植物学，徐汉卿，1996）

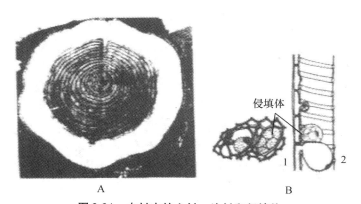

图 3-34　木材中的心材、边材和侵填体

A：具25年树龄的红杉茎干横剖面，示心材（中央色深处）及其外围的边材；
B：洋槐心材中的侵填体；1. 横剖面；2. 纵剖面

（引自植物学，郑湘如，2001）

　　② 木栓形成层的产生与活动。茎在次生生长过程中，除形成层活动产生次生维管组织外，还形成木栓形成层，产生周皮和树皮等次生保护结构代替表皮起保护作用，以

适应茎的不断增粗。茎中木栓形成层的来源较根复杂，最初的起源处因植物而异，有的起源于表皮（苹果、李等）；多数起源于皮层，可以在近表皮处皮层细胞（桃、马铃薯等），或皮层厚角组织（花生、大豆等），或皮层深处（棉花等）；茶则由初生韧皮部中的韧皮薄壁细胞产生。木栓形成层产生后主要进行平周分裂，向外分裂产生的细胞经生长分化形成木栓层，向内产生的细胞发育成栓内层。木栓层层数多，其细胞形状与木栓形成层类似，细胞排列紧密，成熟时为死细胞，壁栓质化，不透水、不透气；栓内层层数少，多为 1～3 层薄壁细胞，有些植物甚至没有栓内层。木栓层、木栓形成层和栓内层三者合称周皮。

　　木栓层形成后，由于木栓层不透水、不透气，所以木栓层以外的组织因水分和营养物质的隔绝而死亡并逐渐脱落。在表皮上原来气孔的位置，由于木栓形成层向外分裂产生大量疏松的薄壁细胞，并向外突出形成裂口，称皮孔。皮孔是老茎进行气体交换的通道（如图 3-35 所示）。

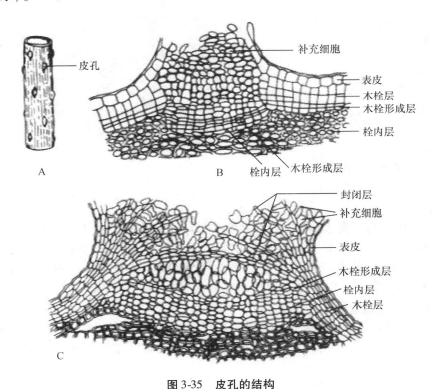

图 3-35　皮孔的结构

A. 一段茎，示皮孔的外形与分布；B. 皮孔剖面，示结构；C. 李属植物茎的外周横剖面，示封闭层

（引自植物学，徐汉卿，1996）

　　木栓形成层的活动期有限，一般只有一个生长季，第二年由其里面的薄壁细胞再转变成木栓形成层，形成新的周皮，这样多次积累，就构成了树干外面的树皮。植物学上将历年产生的周皮和夹于其间的各种死亡组织合称树皮或硬树皮。生产上习惯把形成层以外的部分称为树皮，而植物学上称为软树皮。

　　③ 双子叶植物茎的次生构造。双子叶植物由于形成层和木栓形成层的产生与活动，在茎内形成大量的次生组织，形成次生结构。茎的次生构造自外向内依次为：周皮（木栓

层、木栓形成层、栓内层）、皮层（有或无）、初生韧皮部（有或脱落）、次生韧皮部、形成层、次生木质部、维管射线和髓射线、髓（如图3-36、图3-37所示）。

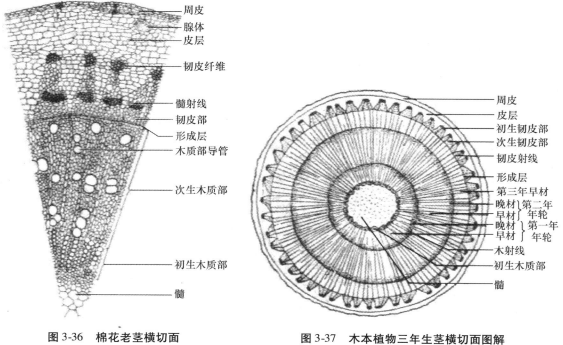

图3-36　棉花老茎横切面

（引自植物与植物生理，陈忠辉，2001）

图3-37　木本植物三年生茎横切面图解

（引自植物与植物生理，陈忠辉，2001）

在双子叶植物茎的次生结构中，次生韧皮部的组成成分与初生韧皮部基本相同，但后者没有韧皮射线。在横切面上次生韧皮部的量比次生木质部少得多，这是因为：第一，形成层向外产生次生韧皮部的量要比向内产生次生木质部少；第二，筛管的输导作用只能维持1～2年，以后随着内侧次生木质部逐渐向外扩张的过程而逐渐被挤毁，并被新产生的次生韧皮部所代替；第三，在多年生木本植物中，次生韧皮部又是木栓形成层发生的场所，此处周皮一旦形成，其外方的韧皮部就因水分、养料被隔绝而死亡，成为硬树皮的一部分。由此说明，次生韧皮部随着形成层的连续活动，是在不断更新着。

（2）单子叶植物茎的加粗。

大多数单子叶植物茎的维管束是有限维管束，不能进行次生生长。但少数单子叶植物存在以下特殊的加粗过程。

① 初生增厚生长。玉米、高粱、甘蔗、香蕉等单子叶植物具有较粗的茎，这是由于初生增厚分生组织活动的结果。初生增厚分生组织整体呈套筒状（如图3-38所示），位于叶原基和幼叶着生区域的内侧，顶端紧靠原分生组织。初生增厚分生组织的快速分裂衍生出大量薄壁细胞（其中穿插着原形成层），使离顶端分生组织不远处的茎就达到几乎与成熟区相近的粗度。由于该分生组织是原分生组织衍生的分生组织，所以属初生分生组织，这种加粗生长属初生生长，特称为初生增厚生长，形成的结构属初生构造。

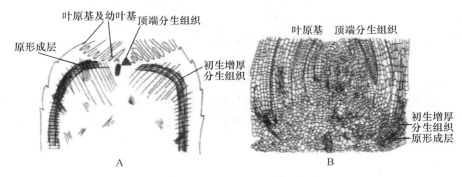

图 3-38 玉米茎端纵切面（示初生增厚分生组织）

A. 图解；B 细胞图

（引自植物学，徐汉卿，1996）

② 异常的次生生长。单子叶植物中的一些植物如龙血树、朱蕉、丝兰等也产生形成层，使茎不断增粗，但其形成层的起源和活动情况与双子叶植物有所不同。如龙血树的形成层是从初生维管束外方的薄壁组织中产生的，向内产生次生的周木维管束（次生木质部包围次生韧皮部）和薄壁组织，向外仅产生少量的薄壁组织（如图 3-39 所示）。

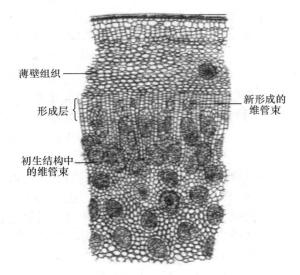

图 3-39 龙血树茎横剖面示异常的次生生长

（引自植物学，徐汉卿，1996）

3.3 叶

3.3.1 叶的功能

（1）进行光合作用，制造有机物。叶是绿色植物进行光合作用的主要器官。通过光合作用，植物合成本身生长发育所需的葡萄糖，并以此作原料合成淀粉、脂肪、蛋白质、纤维素等。对人和动物而言，光合作用的产物是食物直接或间接的来源，该过程释放的氧又是生物生存的必要条件之一。在农业生产中，各种农产品无一不是光合作用的直接或间接的产物。因此叶的发育和总叶面积的大小，对植物的生长发育、作物的稳产高产都有极重要的影响。

（2）进行蒸腾作用，协调各种生理活动。叶也是蒸腾作用的主要器官。蒸腾作用是根系吸水的动力之一，并能促进植物体内无机盐的运输，还可降低叶表温度，使叶免受过量日光的灼伤。因此，蒸腾作用可以协调植物体内各种生理活动，但过于旺盛的蒸腾对植物不利。

（3）具有一定的吸收和分泌能力。

此外，有些植物的叶还具有特殊的功能，如落地生根、秋海棠等植物的叶具有繁殖能力；洋葱、百合的鳞叶肥厚，具有贮藏养料的作用；猪笼草、茅膏菜的叶具有捕捉与消化昆虫的作用。

3.3.2　叶的形态

1. 叶的组成

植物典型的叶是由叶片、叶柄和托叶三部分组成（如图3-40所示）。具有叶片、叶柄和托叶三部分的叶，叫完全叶，如桃、梨、月季等。缺少其中一部分或两部分的叶为不完全叶，如丁香、茶等缺少托叶；荠菜、莴苣等缺少叶柄和托叶，又称为无柄叶。不完全叶中只有个别种类缺少叶片，如我国台湾的相思树，除幼苗时期外，全树的叶都不具叶片，但它的叶柄扩展成扁平状，能够进行光合作用，称为叶状柄。叶片通常为绿色，宽大而扁平，是叶的重要组成部分，叶的功能主要是由叶片来完成。叶柄是叶片与茎的连接部分，是二者之间的物质交流通道。叶柄支持着叶片，并通过自身的长短和扭曲使叶片处于光合作用有利的位置。托叶是叶柄基部两侧所生的小型的叶状物，通常成对着生，形态因植物种类而异。

禾本科植物叶的组成与典型叶比较，存在显著的差异。禾本科植物的叶由叶片和叶鞘两部分组成（如图3-41所示），有些植物还存在叶舌、叶耳。叶片为带形；叶鞘包裹茎，具有保护和加强茎的支持作用；叶舌是叶片与叶鞘交界处内侧的膜状突起物；叶耳是叶舌两旁、叶片基部边缘伸出的两片耳状的小突起。叶舌和叶耳的有无、形状、大小和色泽等特征，是鉴别禾本科植物的依据，如水稻与稗草在幼苗期很难辨别，但水稻的叶有叶耳、叶舌，而稗草的叶没有叶耳、叶舌。

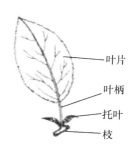

图 3-40　典型叶的组成
（引自植物与植物生理，陈忠辉，2001）

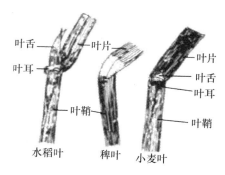

图 3-41　禾本科植物的叶
（引自植物与植物生理，陈忠辉，2001）

2. 叶片的形态

叶片的形态在很大程度上是受植物遗传特性所决定的，所以叶片是识别植物的主要依据之一。叶片的形态包括叶形、叶尖、叶基、叶缘、叶裂、叶脉等。

（1）叶形。叶形是指叶片的形状。叶片的形状通常是根据叶片的长度和宽度的比值及最宽处的位置来确定（如图 3-42 所示），也可以根据叶的几何形状来决定。如图 3-43 所示为常见叶片的各种类型。如松针形叶细长，尖端尖锐；麦、稻、玉米、韭菜等为线形叶，叶片狭长，全部的宽度约略相等，两侧叶缘近平行；银杏的叶为扇形；桃、柳的叶是披针形；唐菖蒲、射干的叶为剑形；莲的叶为圆形等。

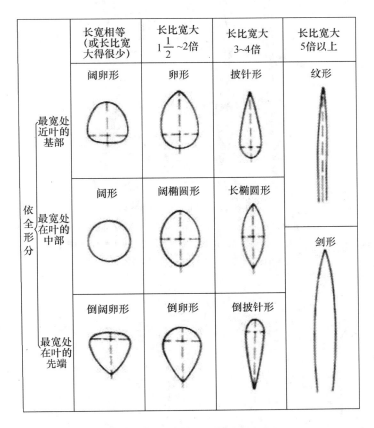

图 3-42　叶片整体形状确定依据

（引自植物学，徐汉卿，1996）

叶尖、叶基也因植物种类不同而呈现各种不同的类型（如图 3-44、图 3-45 所示）。

（2）叶缘。叶片的边缘叫叶缘，其形状因植物种类而异。叶缘主要类型有全缘、锯齿、重锯齿、牙齿、钝齿、波状等（如图 3-46 所示）。如果叶缘凹凸很深，则称为叶裂。叶裂可分为掌状、羽状两种类型，每种类型又可分为浅裂、深裂、全裂（如图 3-47 所示）。

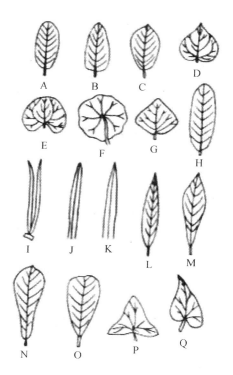

图 3-43　常见的叶片形状

A. 椭圆形；B. 卵形；C. 倒卵形；D. 心形；E. 肾形；F. 圆形（盾形）；G. 菱形；H. 长椭圆形；
I. 针形；J. 线形；K. 剑形；L. 披针形；M. 倒披针形；N. 匙形楔形；O. 扁形；P. 三角形；Q. 斜形
（引自植物与植物生理，陈忠辉，2001）

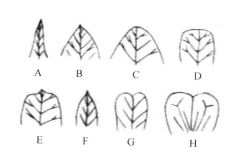

图 3-44　叶尖的类型

A. 渐尖；B. 急尖；C. 钝形；D. 截形；E. 具
短尖；F. 具骤尖；G. 微缺形；H. 倒心形
（引自植物与植物生理，陈忠辉，2001）

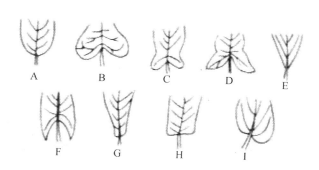

图 3-45　叶基的类型

A. 钝形；B. 心形；C. 耳形；D. 戟形；E. 渐尖；F. 箭形；
G. 匙形；H. 截形；I. 偏斜形

（引自植物与植物生理，陈忠辉，2001）

① 浅裂：也称半裂，缺刻很浅，最深达到叶片的 1/2，如梧桐叶。
② 深裂：缺刻超越 1/2，缺刻较深，如荠菜的叶。
③ 全裂：也称全缺，缺刻极深，可深达中脉或叶片基部，如茑萝、草白蔹的叶。

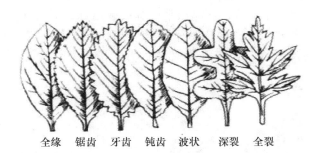

图 3-46　叶缘的基本类型

（引自植物学，徐汉卿，1996）

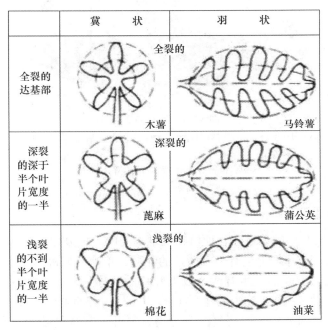

图 3-47　叶裂的类型

（引自植物学　徐汉卿 1996.5）

（3）叶脉。叶脉是贯穿在叶肉内的维管束和其他有关组织组成的，是叶内的输导和支持结构。叶脉通过叶柄与茎内的维管组织相连。叶脉在叶片上呈现出各种有规律的脉纹分布，称为脉序。脉序主要有平行脉和网状脉两种类型（如图 3-48 所示）。

① 网状脉。叶片上有一条或数条主脉，由主脉分出较细的侧脉，再由侧脉分出更细的小脉，各小脉交错连接成网状，这种叶脉称为网状脉。网状脉是多数双子叶植物的脉序，又分为羽状网脉和掌状网脉。其中具一条明显的主脉，两侧分出许多侧脉，侧脉间又多次分出细脉的，称为羽状网脉，如女贞、桃、李等大多数双子叶植物的叶；其中由叶基分出多条主脉，主脉间又一再分枝，形成细脉的，称为掌状网脉，如蓖麻、向日葵、棉花等。

② 平行脉。平行脉指各叶脉平行排列，多见于单子叶植物。其中，各脉由基部平行，直达叶尖的，称为直出平行脉或直出脉，如水稻、小麦；中央主脉显著，侧脉垂直

于主脉，彼此平行，直达叶缘的，称侧出平行脉或侧出脉，如香蕉、芭蕉、美人蕉；各叶脉自基部以辐射状态分出的，称辐射平行脉或射出脉，如蒲葵、棕榈；各脉自基部平行出发，但彼此逐渐远离，稍作弧状，最后集中在叶尖汇合的，称为弧状平行脉或称弧形脉，如车前。

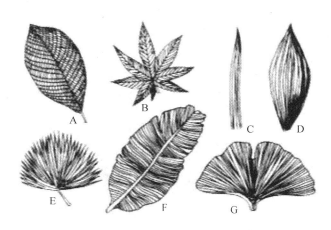

图 3-48　叶脉的类型

A，B. 网状脉（A. 羽状网脉，B. 掌状网脉）；C—F. 平行脉（C. 直出脉，D. 弧形脉，E. 射出脉，F. 侧出脉）；G. 叉状脉

（引自植物与植物生理，陈忠辉，2001）

3. 单叶与复叶

一个叶柄上所生叶片的数目，各种植物也是不同的，可分为单叶和复叶两类。

（1）单叶。在一个叶柄上生有一个叶片的叶称为单叶，如桃、玉米、棉花。

（2）复叶。在一个叶柄上生有两个以上叶片的叶称为复叶，如月季、槐等。复叶的叶柄称总叶柄（叶轴），总叶柄上着生的叶称为小叶，小叶的叶柄，称为小叶柄。根据小叶在总叶柄上的排列方式，可将复叶分为羽状复叶、掌状复叶、三出复叶、单身复叶等四种类型（如图 3-49 所示）。

① 羽状复叶。小叶着生在总叶柄的两侧，呈羽毛状，称为羽状复叶。根据羽状复叶中小叶的数目，可分为：奇数羽状复叶，如月季、刺槐、紫云英等；偶数羽状复叶，如花生、蚕豆等。根据羽状复叶总叶柄分枝的次数，又可分为一回羽状复叶（月季）、二回羽状复叶（合欢）和三回羽状复叶（楝树）。

② 掌状复叶。掌状复叶是指小叶都生在叶轴的顶端，排列如掌状，如牡荆、七叶树等。

③ 三出复叶。总叶柄上着生三枚小叶，称为三出复叶。如果三个小叶柄是等长的，称为掌状三出复叶（草莓）；如果顶端小叶较长，则称为羽状三出复叶（大豆）。

④ 单身复叶。复叶中也有一个叶轴只具一个叶片的，称为单身复叶，如橙、香橼的叶。单身复叶可能是由三出复叶退化而来，叶轴具叶节，表明原先是三小叶同生在叶节处，后来两小叶退化消失，仅存先端的一个小叶所成。

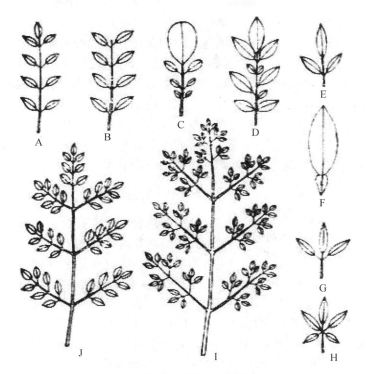

图 3-49　复叶的类型

A. 奇数羽状复叶；B. 偶数羽状复叶；C. 大头羽状复叶；D. 参差羽状复叶；E. 三出羽状复叶；F. 单身复叶；G. 三出掌状复叶；H. 掌状复叶；I. 三回羽状复叶；J. 二回羽状复叶

（引自植物与植物生理，陈忠辉，2001）

4. 叶序和叶的镶嵌

（1）叶序。叶在茎上的排列方式，称为叶序。叶序有四种基本类型，即互生、对生、轮生和簇生（如图3-50所示）。互生叶序是每节上只生1叶，交互而生，称为互生，如向日葵、桃、杨等。对生叶序是每节上生2叶，相对排列，如丁香、薄荷、女贞、石竹等。对生叶序中，一节上的2叶，与上下相邻一节的2叶交叉成十字形排列，称为交互对生。轮生叶序是每节上生3叶或3叶以上，作辐射排列，如夹竹桃、百合、梓等。有枝的节间短缩密接，叶在短枝上成簇生出，称为簇生叶序，如银杏、枸杞、落叶松等。

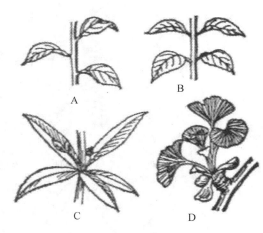

图 3-50　叶序

A. 互生叶序；B. 对生叶序；C. 轮生叶序；D. 簇生叶序

（引自植物与植物生理，陈忠辉，2001）

（2）叶镶嵌。叶在茎上的排列，不论是哪一种叶序，相邻两节的叶总是不相重叠而呈镶嵌状态，这种同一枝上的叶以镶嵌状态的排列方式而不重叠的现象，称为叶镶嵌（如图3-51所示）。爬山虎、常春藤、木香花的叶片，均匀地展布在墙壁或竹篱上，是垂直绿化的极好材料，就是由于叶镶嵌的结果。叶

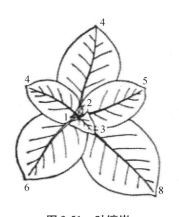

图 3-51　叶镶嵌

幼小植株的俯视图，图中数字显示叶的顺序

（引自植物与植物生理，陈忠辉，2001）

镶嵌的形成，主要是由于叶柄的长短、扭曲和叶片的各种排列角度，形成叶片互不遮蔽。因此，从植株的顶面看去，叶镶嵌的现象格外清楚。在节间极短而有较多的叶簇生在茎上的种类中，由顶面下看叶镶嵌现象特别明显，如烟草、车前、蒲公英、塌棵菜等。叶镶嵌使茎上的叶片不相遮蔽，有利于光合作用的进行。此外，叶的均匀排列，也使茎上各侧的负载量得到平衡。

3.3.3　叶片的发育

叶的各部分，在芽开放以前早已形成，它以各种方式折叠在芽内，并随着芽的开放，由幼叶逐渐生长为成熟叶。叶究竟是怎样发生的呢？这就涉及茎尖的生长点。叶的发生开始得很早，当芽形成时，在茎的顶端分生组织的一定部位上，产生许多侧生的突起，这些突起就是叶分化的最早期，因而称为叶原基（如图 3-52 所示）。叶原基的产生是生长点一定部位上的表层细胞（原套）或表层下的一层或几层细胞（原体）分裂增生所形成的。叶原基形成后，最初是顶端生长，使叶原基迅速延长；接着是边缘生长，它形成叶的整个雏形，分化出叶片、叶柄和托叶几个部分。除早期外，叶以后的伸长就靠居间生长。

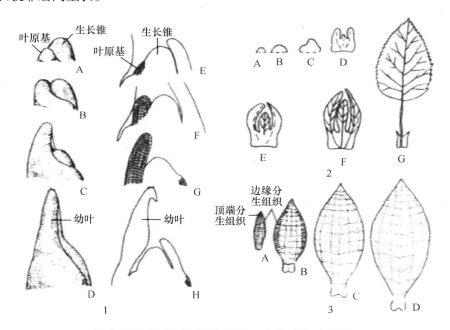

图 3-52　叶原基的出现至幼叶、成熟叶的形成过程

1. 水稻叶：左侧为外形，右侧为相应发育阶段的纵剖面图；

2. 双子叶植物（完全叶）；A，B. 叶原基的形成；C— F. 托叶原基与幼叶的形成（A—F 在芽内）；G. 成熟的完全叶；

3. 烟草叶（不完全叶）；A，B. 在芽内的顶端生长与边缘生长；C，D. 幼叶从芽内伸展而进行居间生长，方格是添加的标记，标记随叶片的居间生长不断扩展，而仍基本维持方形，可见这种居间生长是近似平均的生长

（A 引自星川清亲；D 引自 Esau，1977）

一般说来，叶的生长期是有限的，这和根、茎（特别是裸子植物和被子植物中的双子叶植物）具有形成层的无限生长不同。叶在短期内生长达一定大小后，生长即停止。但有些单子叶植物的叶的基部保留着居间分生组织，可以有较长期的居间生长。

3.3.4　叶片的构造

1. 双子叶植物叶片的构造

双子叶植物的叶片有上、下面的区别，上面（即腹面或近轴面）深绿色，下面（即背面或远轴面）淡绿色。这种叶是由于叶片在枝上的着生取横向的位置，近乎和枝的长轴垂直或与地面平行，叶片的两面受光的情况不同，因而两面的内部结构也不同，即组成叶肉的组织有较大的分化。双子叶植物叶片在横切面上可分为表皮、叶肉和叶脉三部分（如图3-53 所示）。

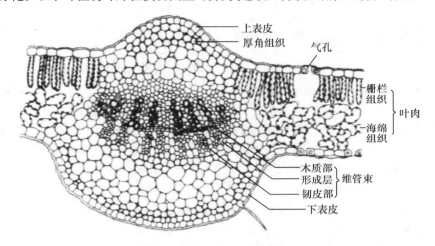

图 3-53　双子叶植物叶片横切面
（引自植物与植物生理　陈忠辉 2001.8）

（1）表皮。表皮覆盖于叶片的上、下表面。在叶片上面（腹面）的表皮称上表皮，叶片下面（背面）的表皮称下表皮。表皮通常由一层生活细胞构成，包括表皮细胞、气孔器、表皮毛、异形胞等。

表皮细胞是表皮的基本组成。细胞通常呈扁平不规则形状，侧壁（垂周壁）为波浪形，相邻表皮细胞的侧壁彼此凹凸镶嵌，排列紧密，没有细胞间隙。在横切面上，表皮细胞的形状比较规则，排列整齐，呈长方形，外壁较厚，常具角质层，有的还具有蜡质。角质层具有保护作用，可以控制水分蒸腾，增强表皮的机械性能，防止病菌侵入。上表皮的角质较下表皮发达，发达程度因植物种类和发育年龄而异，幼嫩叶常不如成熟叶发达。表皮细胞一般不含叶绿体，但有些植物含有花青素，使叶片呈红、紫等颜色。

气孔器是由保卫细胞、气孔、孔下室或连同副卫细胞组成，是调节水分蒸腾和进行气体交换的结构（如图3-54 所示）。在叶的表皮上分布了许多气孔器，气孔器的类型、数目与分布因植物种类不同而有差异，如马铃薯、向日葵、棉花等植物叶的上、下表皮都有气孔，而下表皮一般较多。但也有些植物，气孔却只限于下表皮，如苹果、旱金莲；或只限于上表皮，如睡莲、莲；还有些植物的气孔仅限于下表皮的局部区域，如夹竹桃的气孔仅在凹陷的气孔窝内。但多数双子叶植物气孔多分布于下表皮，这与叶片的功能及下表皮的

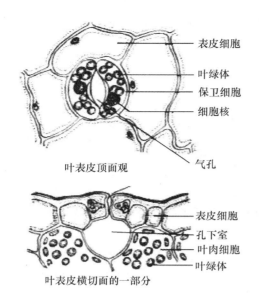

叶表皮顶面观

表皮细胞
叶绿体
保卫细胞
细胞核
气孔

表皮细胞
孔下室
叶肉细胞
叶绿体

叶表皮横切面的一部分

图 3-54 双子叶植物叶的下表皮的一部分（示气孔）
（引自植物与植物生理，陈忠辉，2001）

空间位置紧密相关。气孔分布密度比茎表皮多，大多数植物每平方毫米的下表皮在 100～300 个左右。双子叶植物的气孔是由两个肾形的保卫细胞从邻近细胞吸水膨胀而围合成的小孔。保卫细胞内含叶绿体，这与气孔的张开关闭有关。当保卫细胞从邻近细胞吸水而膨胀时，气孔就张开；当保卫细胞失水而收缩时，气孔就关闭。

叶的表皮上着生有数量不等、单一或多种类型的表皮毛，不同植物表皮毛的种类和分布状况也不相同。表皮毛的主要功能是减少水分的蒸腾，加强表皮的保护作用。此外，有的植物还有晶细胞（异形胞），有的在叶缘具有排水器。

（2）叶肉。上、下表皮之间的同化组织称为叶肉，其细胞内富含叶绿体，是叶进行光合作用的主要场所。双子叶植物的叶肉一般分化为栅栏组织和海绵组织（参见图3-53）。

① 栅栏组织：由一层或几层长柱形细胞所组成，紧接上表皮，其长轴垂直于叶片表面，排列整齐而紧密如栅栏状，故称为栅栏组织。细胞内含叶绿体较多，故叶片的上表面绿色较深。栅栏组织的功能主要是进行光合作用。

② 海绵组织：靠近下表皮，细胞形状不规则，排列疏松，细胞间隙大。细胞内含叶绿体较少，故叶片背面颜色一般较浅。海绵组织的主要机能是进行气体交换，同时也能进行光合作用。大多数双叶子植物的叶片有上、下面的区别，上面（腹面或近轴面）深绿色，下面（背面或远轴面）淡绿色，这样的叶为异面叶。单子叶植物叶片在茎上基本呈直立状态，两面受光情况差异不大，叶肉组织中没有明显的栅栏组织和海绵组织的分化，叶片上、下两面的颜色深浅基本上相同，这种叶称为等面叶，如小麦、水稻等禾本科植物。

（3）叶脉。叶脉也就是叶内的维管束，它的内部结构因叶脉的大小而不同。粗大的主脉通常在叶背隆起，维管束外围有机械组织分布，所以叶脉不仅有输导作用，而且具有支持叶片的作用。维管束由木质部、韧皮部和形成层三部分组成。木质部在上方，由导管、管胞、薄壁细胞和厚壁细胞组成。韧皮部在下方，由筛管、伴胞、薄壁细胞组成。形成层在木质部和韧皮部之间，其活动期短而微弱，因而产生的次生组织不多。叶脉愈分愈细，其结构也愈简单：先是机械组织和形成层逐渐减少直至消失，其次是木质部和韧皮部也逐渐简化至消失，最后韧皮部只剩下短而狭的筛管分子和增大的伴胞，木质部只有一两个管胞而终断在叶肉组织中。

叶脉的输导组织与叶柄的输导组织相连，叶柄的输导组织又与茎、根的输导组织相连，从而在植物体内形成一个完整的输导系统。

以上所讲的表皮、叶肉和叶脉等三种基本结构，在叶片中是普遍存在的，但是由于叶肉组织分化和发达的程度，栅栏组织的有无、层数和分布情况，海绵组织的有无和排列的疏松程度，气孔的类型和分布，以及表皮毛的有无和类型，都使叶片的结构在不同植物和不同生境中，有相应的变化。

从上述的叶片结构还可以看出，叶肉是叶的主要结构，是叶的生理功能主要进行的场所。表皮包被在外，起保护作用，使叶肉得以顺利地进行工作。叶脉分布于内，一方面源源不绝地供应叶肉组织所需的水分和盐类，同时运输光合的产物；另一方面又支撑着叶面，使叶片舒展在大气中，承受光照。三种基本结构的合理组合和有机联系，也就保证叶片生理功能的顺利进行。这也表明叶片的形态、结构是完全适应它的生理功能的。

2. 禾本科植物叶片的结构

单子叶植物的叶，就外形而言，有多种多样，如线形（稻、麦）、管形（葱）、剑形（鸢尾）、卵形（玉簪）、披针形（鸭跖草）等。叶脉多数为平行脉，少数为网状脉（薯蓣、菝葜等）。现以禾本科植物的叶为例，就单子叶植物叶片的内部结构加以说明。禾本科植物的叶片也分为表皮、叶肉和叶脉三部分。

（1）表皮。禾本科植物叶片的表皮也具有上表皮和下表皮之分，但与双子叶植物比较，其上、下表皮除具有角质层、蜡质外，各细胞还发生高度硅化，水稻还形成硅质乳突，因而使叶片较坚硬（如图 3-55 所示）。

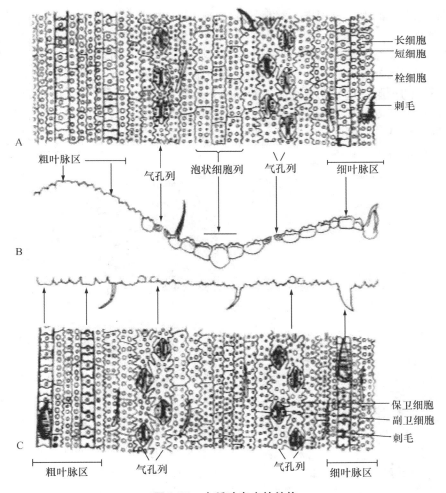

图 3-55　水稻叶表皮的结构

A. 叶上表皮顶面观；B. 叶片横切面示意图，示上、下表皮；C. 下表皮顶面观

（引自星川清亲）

　　表皮细胞的形状比较规则，排列成行，常包括长、短两种类型的细胞。长细胞作长方柱形，长径与叶的纵长轴方向一致；横切面近乎方形，细胞壁不仅角质化，并且充满硅质，这是禾本科植物叶的特征。短细胞又分为硅质细胞和栓质细胞两种。硅质细胞常为单个的硅质体所充满，禾本科植物的叶往往质地坚硬，易戳破手指，就是由于含有硅质；栓质细胞是一种细胞壁栓质化的细胞，常含有机物质。在表皮上，往往是一个长细胞和两个短细胞（即一个硅质细胞和一个栓质细胞）交互排列，有时也可见多个短细胞聚集在一起。长细胞与短细胞的形状、数目和相对位置，因植物种类而不同。在上表皮的不少地方，还有一些特殊的大型含水细胞，有较大的液泡，无叶绿素，或有少量的叶绿素，径向细胞壁薄，外壁较厚，称为泡状细胞。泡状细胞通常位于两个维管束之间的部位，在叶上排列成若干纵列，列数因植物种类而不同。在横切面上，泡状细胞的排列略呈扇形。过去一般认为泡状细胞和叶片的伸展卷缩有关，即水分不足时，泡状细胞失水较快，细胞外壁向内收缩，引起整个叶片向上卷缩成筒，以减少蒸腾；水分充足时，泡状细胞膨胀，叶片伸展。因此，泡状细胞也称为运动细胞，如玉米、水稻等植物上表现得非常明显（如图 3-56 所示）。

　　禾本科植物叶的上、下表皮上都有气孔，成纵行排列，与一般植物不同。保卫细胞呈哑铃形，中部狭窄，具厚壁，两端膨大，成球状，具薄壁（如图 3-57 所示）。气孔的开阔是两端球状部分胀缩变化的结果。当两端球状部分膨胀时，气孔开放；反之，收缩时气孔关闭。保卫细胞的外侧各有一个副卫细胞。副卫细胞和一般表皮细胞形状不同，有时甚至是内含物不同的细胞。这些副卫细胞骤看起来，仿佛是气孔的一部分，但实际上，它们都是由气孔侧面的表皮细胞所衍生。气孔的分布和叶脉相平行。气孔的数目和分布因植物种类而异。同一植株的不同叶上，或同一叶上的不同部分，气孔的数目也有差别。上、下表皮上，气孔的数目近乎相等。

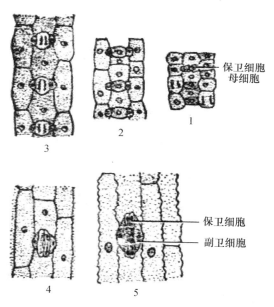

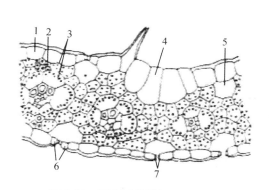

图 3-56　玉米叶片横切面一部分

1. 表皮；2. 机械组织；3. 维管束鞘；4. 泡状
细胞；5. 胞间隙；6. 副卫细胞；7. 保卫细胞
（引自植物与植物生理，陈忠辉，2001）

图 3-57　玉米叶片气孔器发育过程（1～5）
（引自植物与植物生理，陈忠辉，2001）

（2）叶肉。禾本科植物的叶肉没有栅栏组织和海绵组织的分化，为等面叶。叶肉细胞排列紧密，胞间隙小，但每个细胞的形状不规则，其细胞壁向内皱褶，形成了具有"峰、谷、腰、环"的结构（如图 3-58 所示）。这种结构有利于更多的叶绿体排列在细胞的边缘，易于吸收二氧化碳和接受光照，进行光合作用。当相邻叶肉细胞的"峰"、"谷"相对时，可使细胞间隙加大，便于气体交换。

（3）叶脉。叶脉由木质部、韧皮部和管束鞘组成。木质部在上，韧皮部在下，维管束内无形成层。在维管束外面有维管束鞘包围，维管束鞘有两种类型：一类是由单层薄壁细胞组成，如玉米、高粱、甘蔗等，其细胞壁稍有增厚，细胞较大，排列整齐，含有较大的叶绿体，而且在维管束周围紧密排列着一圈叶肉细胞，这种结构在光合碳同化过程中具有重要作用；另一类是由两层细胞组成，如小麦、水稻等，其外层细胞壁薄，细胞较大，含有叶绿体，内层细胞壁厚，细胞较小，不含叶绿体。

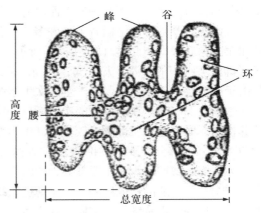

图 3-58　小麦叶肉细胞
（引自植物与植物生理，陈忠辉，2001）

禾本科植物叶脉的上、下方通常都有成片的厚壁组织把叶肉隔开，而与表皮相接。水稻的中脉向叶片背面突出，结构比较复杂，它是由多个维管束与一定的薄壁组织组成。维管束大小相间而生，中央部分有大而分隔的气腔，与茎、根的通气组织相通。光合作用所释放的氧，可以由这些通气组织输送到根部，供给根部细胞呼吸的需要。

3.4　营养器官的变态

前面关于营养器官的生长和所形成的结构与生理功能，为绝大多数植物所具有，属正常结构。但有些植物的营养器官在长期历史发展过程中，由于功能的改变，引起了形态、结构的变化，这种变化已经成为该植物的特征特性，并能遗传给下一代，植物器官的这种变化称为变态，该器官称变态器官。器官的这种变态与器官病理上的变化存在根本的区别，前者是健康有益的变化，是植物主动适应环境的结果，能正常的遗传；而后者是有害的变化，是在有害生物或不良环境下植物被动产生的伤害，不能遗传。因此，不能把变态理解为不正常的病变。营养器官变态的类型很多，主要存在以下类型。

3.4.1　根的变态

根的变态有贮藏根、气生根和寄生根三种主要类型。

1. 贮藏根

贮藏根是适应于储藏大量营养物质的变态根，它存贮养料，肥厚多汁，形状多样，常见于两年生或多年生的草本双子叶植物。贮藏根是越冬植物的一种适应，所贮藏的养料可供来年生长发育时的需要，使根上能抽出枝来，并开花结果。根据来源，贮藏根可分为肉质直根和块根两大类。

（1）肉质直根。肉质直根主要由主根发育而成。一株上仅有一个肉质直根，并包括下胚轴和节间极短的茎。由下胚轴发育而成的部分无侧根，平时所说的根颈，即指这一部分，而根头，即指茎基部分，上面着生了许多叶。肥大的主根构成肉质直根的主体。萝卜、胡萝卜和甜菜的肉质根即属此类（如图 3-59 所示）。这些肉质直根在外形上极为相似，但加粗的方式（即贮藏组织的来源）却不同，因而内部结构也就不同。胡萝卜和萝卜根的加粗，虽然都是由于形成层活动的结果，但产生的次生组织的情况却不相同。胡萝卜的肉质直根大部分是由次生韧皮部组成。在胡萝卜的次生韧皮部中，薄壁组织非常发达，占主要部分，贮藏大量营养物质；而次生木质部形成较少，其中大部分为木薄壁组织，分化的导管较少，构成通常所谓"芯"的部分。萝卜的肉质直根却和胡萝卜相反，它的次生木质部发达，其中导管很少，无纤维，薄壁组织占主要部分，贮藏大量营养物质；而次生韧皮部形成的很少。萝卜的肉质根中，除一般的形成层外，在木薄壁组织中的某些细胞可恢复分裂，转变成另一种新的形成层，这些在正常维管形成层以外产生的形成层，称为额外形成层。额外形成层和正常的形成层一样，向内产生木质部，向外产生韧皮部，有时称为三生结构。因此，额外形成层所形成的木质部和韧皮部，也相应地称为三生木质部和三生韧皮部。

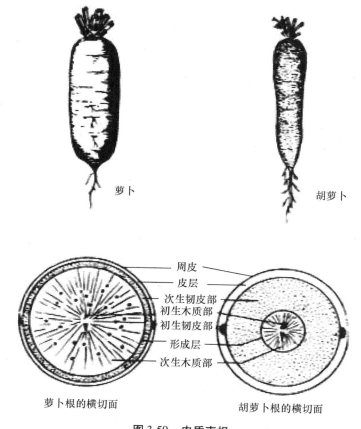

图 3-59 肉质直根

（引自植物与植物生理，陈忠辉，2001）

甜菜根的加粗和萝卜、胡萝卜不同（如图 3-60 所示），但甜菜最初的形成层活动和次生结构的产生和它们一样。所不同的是，当这一形成层正在活动时，却在中柱鞘中又产生另一形成层，即额外形成层，它能形成新的维管组织。在中柱鞘形成额外形成层的同时，也形成大量的薄壁组织，这些薄壁组织中以后又产生新的额外形成层，依次，同样地可产生多层额外形成层，位于各维管束韧皮部的外方，并形成新的维管组织。结果造成一轮维管组织和一轮薄壁组织的相间排列，使甜菜的肉质直根的横切面上出现显著的多层同心环结构。甜菜的优良品种中，肉质直根内，连同最初的形成层可达 8～12 层或 12 层以上。甜菜贮藏的糖分都在薄壁组织内，特别是维管组织中的木薄壁组织内。因此，甜菜肉质直根的结构特点是三生结构发达，而且可根据根的木薄壁组织的发达与否来判断某一甜菜是否属于高产的优良品种。

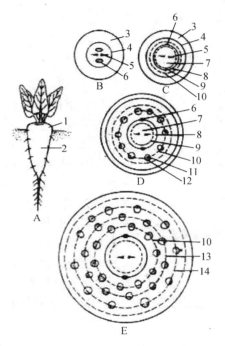

图 3-60　甜菜根的加粗过程图解

A. 甜菜贮藏根的外形；B. 具有初生结构的幼根；C. 具有次生结构的根；D. 发展成三生结构的根；E. 发展成多层额外形成层的根；1. 下胚轴；2. 主根；3. 皮层；4. 内皮层；5. 初生木质部；6. 初生韧皮部；7. 次生木质部；8. 次生韧皮部；9. 形成层；10. 额外形成层；11. 三生木质部　12. 三生韧皮部；13. 第二圈额外形成层；14. 第三圈额外形成层

（引自植物与植物生理，陈忠辉，2001）

　　（2）块根。和肉质直根不同，块根主要是由不定根或侧根发育而成，因此，在一株上可形成多个块根。此外，块根的组成不含下胚轴和茎的部分，而是完全由根的部分构成。甘薯（山芋）、木薯、大丽花的块根都属此类。

　　甘薯所具有的块根是常见的一种块根。扦插繁殖的甘薯，块根是由不定根形成的；而种子繁殖的块根，则是由侧根形成的。甘薯块根早期的初生结构中，木质部为三至六原型。初生木质部和次生木质部都正常地发育和含有大量的薄壁组织。次生结构中，薄壁组织较为发达，木质部的导管常为薄壁组织所分隔，因而形成无数导管群或一些单独的导管，星散在薄壁组织内。随着进一步的发育，以后在各导管群或单独的导管周围的薄壁组织中产生额外形成层（如图 3-61 所示）。有时，甚至在没有导管存在的薄壁组织中或韧皮部外方也产生额外形成层。由于这许多额外形成层活动的结果，产生三生木质部、三生韧皮部和大量的薄壁组织，使块根不断膨大，贮积大量淀粉。离开导管的一些距离，即韧皮

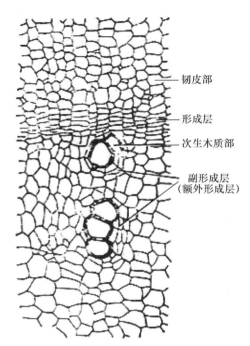

图3-61　甘薯块根（示形成层和副形成层）
（引自植物与植物生理，陈忠辉，2001）

韧皮部

形成层

次生木质部

副形成层
（额外形成层）

部部分，也形成乳汁管，因此，创伤的伤口会流出白色乳汁。甘薯块根的增粗，是形成层和额外形成层共同活动的结果。形成层产生次生结构，特别是次生木质部和它周围的薄壁组织，为额外形成层的发生奠定了基础；而无数额外形成层的发生与活动，又形成大量的薄壁组织和其他组织，从而使块根增粗和贮藏大量养料。

2. 气生根

气生根就是生长在地面以上空气中的根。常见的气生根有支持根、呼吸根和攀援根三种。

（1）支持根。玉米茎节上生出的一些不定根即为支持根。这些在较近地面茎节上的不定根不断地延长后，根先端伸入土中，并继续产生侧根，能成为增强植物整体支持力量的辅助根系，因此，称为支持根（如图3-62所示）。玉米支持根的表皮往往角质化，厚壁组织发达。在土壤肥力高，空气湿度大的条件下，支持根可大量发生。培土也能促进支持根的产生。榕树从枝上产生多数下垂的气生根，也进入土壤，由于以后的次生生长，成为木质的支持根。榕树的支持根在热带和亚热带造成"一树成林"的现象。支持根深入土中后，可再产生侧根，具有支持和吸收作用。

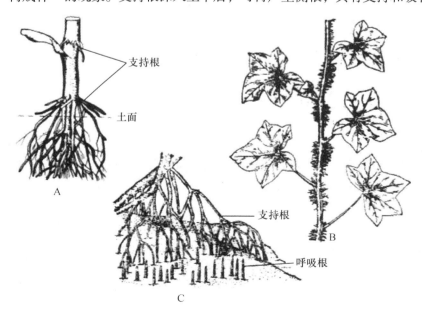

支持根

土面

A

支持根

呼吸根

C

B

图3-62　几种植物的气生根
A. 玉米的支持根；B. 常春藤的攀援根；C. 红树的支持根和呼吸根
（引自植物与植物生理，陈忠辉，2001；植物学，徐汉卿，1996）

（2）攀援根。常春藤、络石、凌霄等的茎细长柔弱，不能直立，其上生不定根，以固着在其他树干、山石或墙壁等表面而攀援上升，称为攀援根。

（3）呼吸根。生在海岸腐泥中的红树、木榄和河岸、池边的水松，它们都有许多支根，从腐泥中向上生长，挺立在泥外空气中。呼吸根外有呼吸孔，内有发达的通气组织，有利于通气和贮存气体，以适应土壤中缺氧的情况，维持植物的正常生长。

3. 寄生根

寄生植物如菟丝子、列当等，以茎紧密地回旋缠绕在寄主茎上，叶退化成鳞片状，营养全部依靠寄主，并以突起状的根伸入寄主茎的组织内，彼此的维管组织相通，吸取寄主体内的养料和水分，这种根称为寄生根（如图 3-63 所示），也称为吸器。菟丝子在寄主接近衰弱死亡时，也常自我缠绕，产生寄生根，从自身的其他枝上吸取养料，以供开花结实、产生种子的需要。槲寄生虽也有寄生根，并伸入寄主组织内，但它本身具绿叶，能制造养料，它只是吸取寄主的水分和盐类，因此是半寄生植物，与菟丝子的叶完全退化、营养全部依赖寄主的情况不同。

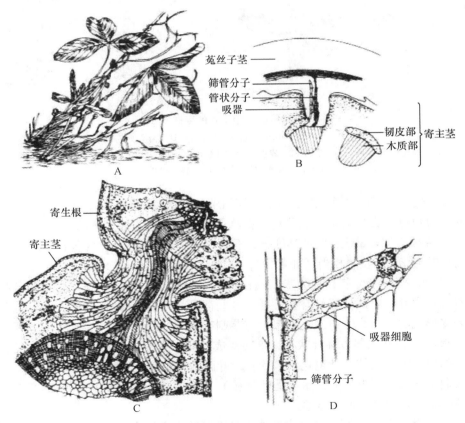

图 3-63　菟丝子的寄生根（吸器）

A. 菟丝子寄生于三叶草上的外形；B. 菟丝子与寄主之间的结构关系简图，示吸器伸达寄生主维管束；
C. 菟丝子产生寄生根伸入寄主茎内结构详图；D. 吸器细胞伸达寄主筛管时，形成"基足"结构

（引自植物与植物生理，陈忠辉，2001）

3.4.2 茎的变态

茎的变态可以分为地上茎的变态和地下茎的变态两种类型。

1. 地上茎的变态

地上茎由于和叶有密切的关系，因此，有时也称为地上枝。它的变态主要有六种（如图 3-64 所示）。

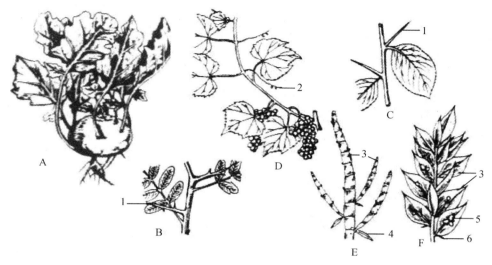

图 3-64　地上茎的变态
A. 肉质茎（球茎甘蓝）；B，C 茎刺（B. 皂荚；C. 山楂）；D. 茎卷须（葡萄）；E，F. 叶状茎；
（E. 竹节蓼；F. 假叶树）；1. 茎刺；2. 茎卷须；3. 叶状茎；4. 叶；5. 花；6. 鳞叶
（引自植物与植物生理，陈忠辉，2001）

（1）肉质茎。肉质茎是指肥大、肉质多汁的地上茎。肉质茎常为绿色，能进行光合作用，肉质部分可储藏大量的水分和养料，如莴苣、球茎甘蓝、仙人掌的茎。

（2）茎卷须。许多攀缘植物的茎细长，不能直立，变成卷须，称为茎卷须或枝卷须。茎卷须的位置或与花枝的位置相当（如葡萄），或生于叶腋（如南瓜、黄瓜），与叶卷须不同。

（3）茎刺。茎转变为刺，称为茎刺或枝刺，如山楂、酸橙的单刺，皂荚的分枝的刺。茎刺有时分枝生叶，它的位置又常在叶腋，这些都是与叶刺有区别的特点。蔷薇茎上的皮刺是由表皮形成的，与维管组织无联系，与茎刺有显著区别。

（4）叶状茎。叶状茎也称叶状枝，茎转变成叶状，扁平，呈绿色，能进行光合作用。假叶树的侧枝变为叶状枝，叶退化为鳞片状，叶腋内可生小花。由于其鳞片过小，不易辨识，故人们常误认为"叶"（实际上是叶状枝）上开花。天门冬的叶腋内也产生叶状枝。竹节蓼的叶状枝极显著，叶小或全缺。

（5）小鳞茎。蒜的花间，常生小球体，具肥厚的小鳞片，称为小鳞茎，也称珠芽。小鳞茎长大后脱落，在适合的条件下，可发育成一新植株。百合地上枝的叶腋内，也常形成紫色的小鳞茎。

（6）小块茎。薯蓣（山药）、秋海棠的腋芽，常成肉质小球，但不具鳞片，类似块茎，称为小块茎。

2. 地下茎的变态

茎一般皆生在地上，而生在地下的茎与根相似，但由于仍具茎的特征（即有叶、节和节间，叶一般退化成鳞片，脱落后留有叶痕，叶腋内有腋芽），因此，容易和根加以区别。常见的地下茎有四种。

（1）根状茎。外形与根相似的地下茎称为根状茎，简称根茎。如莲、竹、芦苇以及白茅等许多农田杂草都具有根状茎（如图 3-65 所示）。根状茎具有节和节间，在节上生有膜质退化的鳞叶和不定根，鳞叶的叶腋处着生有腋芽，顶端着生有顶芽。这些特征表明根状茎是茎，而不是根。根状茎贮存丰富的养料，腋芽可以发育成新的地上枝。竹鞭就是竹的根状茎，笋就是由竹鞭叶腋内伸出地面的腋芽。藕是莲的根状茎中先端较肥大、具有顶芽的部分。农田中具有根状茎的杂草，繁殖力很强，除草时杂草的根状茎如被割断，每一小段都能独立发育成新的植株，因而不易根除。

图 3-65　莲的根状茎
（引自植物与植物生理，陈忠辉，2001）

（2）鳞茎。由许多肥厚的肉质鳞叶包围的扁平或圆盘状的地下茎，称为鳞茎。常见的鳞茎如百合、洋葱、蒜等（如图 3-66 所示）。

百合的鳞茎本身呈圆盘状，称鳞茎盘（或鳞茎座），四周具瓣状的肥厚鳞叶，鳞叶间具腋芽，鳞叶每瓣分明，富含淀粉，为食用的部分。

洋葱的鳞茎也呈圆盘状，四周也具鳞叶，但鳞叶不成显著的瓣，而是整片地将茎紧紧围裹。每一鳞叶是地上叶的基部，外方的几片随地上叶的枯死而成为干燥的膜状鳞叶，包在外方，有保护作用；内方的鳞叶肉质，在地上叶枯死后，仍然存活着，富含糖分，是主要的食用部分。

蒜和洋葱相似，幼时食用鳞茎的整个部分、幼嫩的鳞叶和地上叶部分。成熟的蒜，抽苔（蒜苔）开花，地下茎本身因木质增加而硬化，鳞叶干枯呈膜状，已失去食用价值。而鳞叶间的肥大腋芽（俗称"蒜瓣"）成为主要食用部分，这和洋葱不同。此外，葱、薤头（或荞头）、水仙、石蒜等都具鳞茎。

（3）球茎。球茎即球状的地下茎，如荸荠、慈姑、芋等（如图 3-67 所示），它们都是根状茎先端膨大而成。球茎有明显的节和节间，节上具褐色膜状物，即鳞叶，为退化变形的叶。球茎具顶芽，荸荠更有较多的侧芽，簇生在顶芽四周。

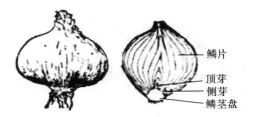

图 3-66　洋葱的鳞茎
（引自植物与植物生理，陈忠辉，2001）

鳞片
顶芽
侧芽
鳞茎盘

图 3-67　荸荠的球茎
（引自植物与植物生理，陈忠辉，2001）

顶芽
节间
腋芽
根

（4）块茎。块茎中最常见的是马铃薯。马铃薯的块茎是由根状茎的先端膨大积累养料所形成的。块茎上有许多凹陷，称为芽眼；幼时具退化的鳞叶，后脱落。整个块茎上的芽眼作螺旋状排列。芽眼内（相当于叶腋）有芽，3～20 个不等，通常具 3 芽，但仅有 1 芽发育；同时，先端亦具顶芽。块茎的内部结构与地上茎相同，但各组织的量却不同。马铃薯块茎的结构由外至内为木栓、皮层、外韧皮部、形成层、木质部、内韧皮部和髓。其中，内韧皮部较发达，组成块茎的主要部分。不论韧皮部或木质部内，都以薄壁组织最为发达，因此，整个块茎，除木栓外，主要的是薄壁组织。而薄壁组织的细胞内，都贮存着大量淀粉。菊芋，俗称洋姜，也具块茎，可制糖或糖浆。甘露子的串珠状块茎可供食用，即酱菜中的"螺丝菜"，也称宝塔菜（如图 3-68 所示）。

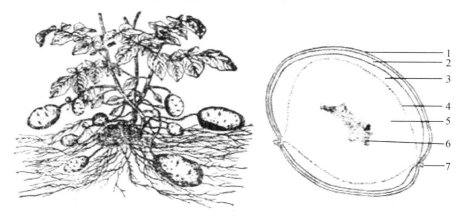

图 3-68　马铃薯的块茎

1. 周皮；2. 皮层；3. 外韧皮部及贮藏薄壁组织；4. 木质部束环；5. 内韧皮部及贮藏薄壁组织；6. 髓；7. 芽

（引自植物与植物生理，陈忠辉，2001）

3.4.3　叶的变态

叶的变态常见的有鳞叶、苞片和总苞、叶卷须、叶刺、叶状柄和捕虫叶等类型（如图 3-69 所示）。

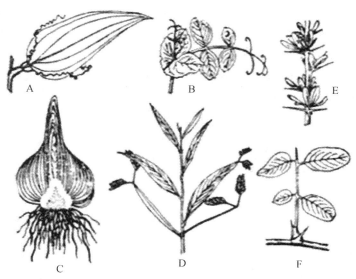

图 3-69　叶的变态

A，B. 叶卷须（A. 菝葜；B. 豌豆）；C. 鳞叶（风信子）；D. 叶状柄（金合欢属）；E，F. 叶刺（E. 小檗；F. 刺槐）

（引自植物与植物生理，陈忠辉，2001）

（1）鳞叶。叶的功能特化或退化成鳞片状，称为鳞叶。鳞叶的存在有两种情况。一种是木本植物的鳞芽外的鳞叶，常呈褐色，具茸毛或有黏液，有保护芽的作用，也称芽鳞（bud scale）。另一种是地下茎上的鳞叶，有肉质的和膜质的两类。肉质鳞叶出现在鳞茎上，鳞叶肥厚多汁，含有丰富的贮藏养料，有的可作食用，如洋葱、百合的鳞叶，洋葱除肉质鳞叶外，还有膜质鳞叶包被；膜质的鳞叶，如球茎（荸荠、慈姑）、根茎（藕、竹鞭）上的鳞叶，作褐色干膜状，是退化的叶。

（2）苞片和总苞。生在花下面的变态叶，称为苞片。苞片一般较小，绿色，但也有形大、呈各种颜色的。苞片数多而聚生在花序外围的，称为总苞。苞片和总苞有保护花芽或果实的作用。此外，总苞还有其他作用，如菊科植物的总苞在花序外围，它的形状和轮数可作为种属区别的根据；蕺菜、珙桐（鸽子树）皆具白色花瓣状总苞，有吸引昆虫进行传粉的作用；苍耳的总苞作束状，包住果实，上生细刺，易附着动物体上，有利果实的散布。

（3）叶卷须。由叶的一部分变成卷须状，称为叶卷须。豌豆的羽状复叶，先端的一些叶片变成卷须；菝葜的托叶变成卷须。这些都是叶卷须，有攀缘的作用。

（4）叶刺。由叶或叶的部分（如托叶）变成刺状，称为叶刺。叶刺腋（即叶腋）中有芽，以后发展成短枝，枝上具正常的叶。如小檗长枝上的叶变成刺，刺槐的托叶变成刺。刺位于托叶地位，极易分辨。

（5）叶状柄。有些植物的叶片不发达，而叶柄转变为扁平的片状，并具叶的功能，称为叶状柄。我国广东、台湾地区的台湾相思树，只在幼苗时出现几片正常的羽状复叶，以后产生的叶，其小叶完全退化，仅存叶状柄。澳大利亚干旱区的一些金合欢属植物，初生的叶是正常的羽状复叶，以后产生的叶，叶柄发达，仅具少数小叶，最后产生的叶，小叶完全消失，仅具叶状柄。

（6）捕虫叶。有些植物具有能捕食小虫的变态叶，称为捕虫叶（如图 3-70 所示）。具捕虫叶的植物，称为食虫植物（insectivorous plant）或肉食植物（carnivorous plant）。捕虫叶有囊状（如狸藻）、盘状（如茅膏菜）和瓶状（如猪笼草）。狸藻（Utricularia vulgaris）是多年生水生植物，生于池沟中，叶细裂和一般沉水叶相似。它的捕虫叶却膨大成囊状，每囊有一开口，并由一活瓣保护。活瓣只能向内开启，外表面具硬毛。小虫触及硬毛时，活瓣开启，小虫随水流入，活瓣又关闭。小虫等在囊内经壁上腺体分泌的消化液消化后，再由囊壁吸收。

茅膏菜的捕虫叶呈半月形或盘状。上表面有许多顶端膨大并能分泌黏液的触毛，能粘住昆虫，同时触毛能自动弯曲，包围虫体并分泌消化液，将虫体消化并吸收。

猪笼草的捕虫叶呈瓶状，结构复杂，瓶顶端有盖，盖的腹面光滑而具蜜腺。通常瓶盖敞开，昆虫一旦爬至瓶口，极易滑入瓶内，遂为消化液消化并被吸收。

食虫植物一般具叶绿体，能进行光合作用。在未获得动物性食料时仍能生存，但有适当动物性食料时，能结出更多的果实和种子，原因如何，尚无确定的解释。

3.4.4　变态器官类型的确认

以上所述的植物营养器官的变态，就来源和功能而言，可分为同源器官和同功器官，它们都是植物长期适应环境的结果。同类的器官，长期进行不同的生理功能，以适应不同的外界环境，就导致功能不同，形态各异，成为同源器官，如叶刺、鳞叶、捕虫叶、叶卷须等，都是叶的变态；反之，相异的器官，长期进行相似的生理功能，以适应某一外界环境，就导致功能相同，形态相似，成为同功器官，如茎卷须和叶卷须、茎刺和叶刺，它们分别是茎的变态和叶的变态。有些同源器官和同功器官是不易区分的，因此，只有进行形态、结构和发育过程的全面研究，才能作出较为确切的判断。一般而言，可从以下几方面来辨别变态器官的起源，从中确定变态器官的类型。

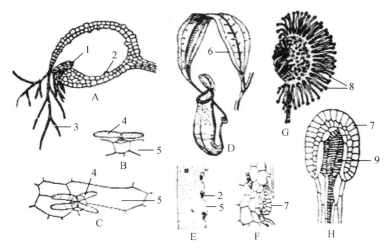

图 3-70　几种植物的捕虫叶

A—C. 狸藻（A. 捕虫囊切面；B. 囊内四分裂的毛侧面观；C. 毛的顶面观）；D—F. 猪笼草（D. 捕虫瓶外面；E. 瓶内下部分的壁，具腺体；F. 壁的部分放大）；G，H. 茅膏菜（G. 捕虫叶外观；H. 触毛放大）；1. 活瓣；2. 腺体；3. 硬毛；4. 吸水毛（四分裂的毛）；5. 表皮；6. 叶；7. 分泌层；8. 触毛；9. 管胞

（引自植物学，上册，陆万时等，1982）

（1）依据其着生位置。如变态刺，若生于叶腋处原腋芽或分枝的位置，可判断其为枝条变态；若生于叶的基部两侧，即为托叶的变态。萝卜、甜菜的变态部位占据了原主根与胚轴的位置，可推测它们与这两种器官同源。

（2）依据变态器官上的侧生器官或构造的类型。如萝卜由主根变态的部分生有成列的侧根，姜的地下块茎有明显的节与退化的叶，皂荚的刺具分枝等。

（3）依据内部结构。一些变态器官开始常有正常的初生生长与结构，如甘薯块根，则可根据其横切面的中央具有外始式的并为辐射排列的多束初生木质部而判断其与根同源；又如莲的根状茎具有辐射对称结构，维管束为外韧，又有明显的节与节间，具有茎的特征；而鳞叶的外形与结构皆为两侧对称，与单子叶植物叶的结构相似。

（4）依据器官的发生过程。追溯变态器官的发育早期是最准确的方法。如马铃薯最初是由近地面的腋芽发展为向土中生长的地下茎，地下茎的顶端数个节与节间膨大而形成变态块茎；甘薯营养繁殖时先长出不定根群，栽植后约 30 d，一部分不定根近地表的部分才开始作异常生长而形成块根，块根上部与下部仍保持正常根的形态与结构，实际是同一条根。有的植物在同一植株上便可看到某种器官发生变态的各个过渡类型，如小檗叶变态为叶刺等。

学 习 小 结

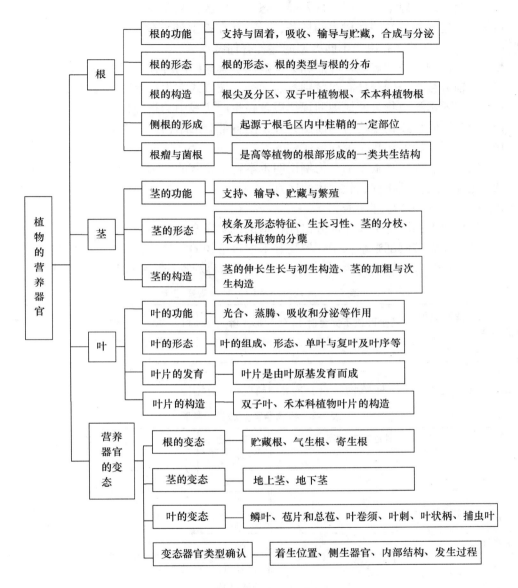

3.5　复习思考题

1. 根有哪些功能？根是怎样吸收水分和无机盐的？
2. 主根和侧根为什么称为定根？不定根是怎样形成的？它对植物本身起何作用？
3. 什么叫根尖？它分为哪几个区？各区的特点如何？
4. 列表说明单、双子叶植物根的初生结构，各部分结构的细胞特征和组织类型。
5. 说明双子叶植物根的次生加粗生长及次生构造。
6. 侧根是怎样形成的？简要说明它的形成过程和发生的位置？
7. 举例说明禾本科植物根的结构特点。

8. 何谓共生现象？豆科植物的根瘤形成在农业生产实践上有何重要意义？

9. 什么是菌根？它和植物的关系如何？举例说明几种主要的类型。

10. 说明茎的一般生理功能？从外部形态上怎样区分根和茎？

11. 观察当地果树及园林树木的枝条，根据芽在枝上的着生位置、性质和芽鳞的有无等特征将芽进行分类。并说明不同类型的芽各有何特点。

12. 如何识别长枝和短枝、叶痕和芽鳞痕？了解这些内容在生产上有何意义？

13. 单轴分枝与合轴分枝有何区别？这两种分枝方式在生产上有意义？

14. 说明禾本科植物分蘖成穗的规律以及在生产实践中的指导作用。

15. 绘双子叶植物初生构造的简图，并说明各部分的结构。

16. 什么叫年轮？年轮是怎样形成的？

17. 以小麦、水稻、玉米的茎为例说明禾本科植物茎的结构，并比较它们之间的异同。

18. 比较周皮、硬树皮、软树皮的区别。

19. 简述叶的一般生理功能。

20. 植物典型的叶是由哪几部分组成？举例说明完全叶与不完全叶？

21. 利用显微镜解剖观察双子叶植物和禾本科植物的叶片，比较二者在结构上的异同？

22. 以当地几种栽培植物为例，按表 3-1 所列内容观察和记载叶片的形态类型及叶序。

表 3-1　叶片形态类型及叶序观察记录

形态类型 植物种类	完全叶或不完全叶	叶 形	叶 缘	叶 脉	单叶或复叶	叶 序

23. 填写表 3-2 中所列植物各自具有的器官变态类型。

表 3-2　植物器官变态类型判断

植　物	器官变态类型	植　物	器官变态类型
葡萄		猪笼草	
马铃薯		小檗	
竹		荸荠	
黄瓜		玉米	
球茎甘蓝		莴苣	
向日葵		甘薯	
皂荚		五叶地锦	
豌豆		菟丝子	
洋葱		假叶树	

24. 比较根与根茎、块根与块茎、叶刺与茎刺的区别？

25. 名词解释：

异株克生，凯氏带，外始式，内始式，径向壁，切向壁，通道细胞，中柱鞘，共生，分蘖，蘖位，淀粉鞘，双韧维管束，外韧维管束，年轮，心材，边材，树皮，周皮，网状脉，平行脉，复叶，叶序，保卫细胞，泡状细胞，器官变态，三生结构

第4章 植物的生殖器官

知识目标

◆ 知道被子植物生殖器官的形态类型和解剖构造。

◆ 知道被子植物的双受精过程。

◆ 理解植物的开花、传粉与受精作用。

◆ 掌握植物生殖器官的形成以及生长过程中形态结构的变化规律。

能力目标

◆ 能正确描述生殖器官的形态特征与类型。

◆ 会观察并识别植物的花序类型和植物果实类型。

植物从发芽出苗开始，首先进行根、茎、叶等营养器官的生长，这一生长过程属于营养生长。植物经过一定时间的营养生长后，才开始形成花芽，以后经过开花、传粉、受精，结出果实。花、果实和种子是植物的生殖器官，它们的形成和生长过程则属于生殖生长。营养生长和生殖生长是植物生长周期中的两个不同阶段，但二者之间的关系又是极为密切的。许多植物进入生殖生长后同时有营养生长，多年生植物往往以年为周期交替进行。营养生长是生殖生长的基础，生殖器官所需的养分绝大部分是由营养器官通过同化合成而提供的。只有在根、茎、叶生长良好的基础上，到达一定时期，植物才能顺利地完成花芽分化，开花结实。农业生产上幼苗苗壮，植株营养生长良好，无疑是谷类作物后期获得穗大粒多、籽粒饱满的基本条件。但过旺的营养生长也会对生殖生长产生负效应，如果营养生长阶段出现茎叶徒长，往往会导致谷类作物幼穗分化延缓，贪青晚熟，秕粒增多，棉花花果则容易出现严重脱落现象。另一方面，植物进入生殖生长后，对营养生长也常发生一定的抑制作用，适时摘除花果，往往可以适当延长营养器官的生长。

从营养生长转到生殖生长，是植物生育期的重大转换，也是植物生产上的关键时刻。了解有关营养器官形态发生的知识，掌握植物生殖器官的形态建成和有性生殖过程的规律，对于进一步协调植物的两种生长的关系，提高作物产量，发展农业生产，无论在理论上还是实践上都是十分重要的。

4.1　花的形态结构

4.1.1　花的概念及其在植物生活中的意义

1. 花的概念

被子植物的花形态各异，变化万千，但一朵典型的花则包括花萼、花冠、雄蕊群和雌蕊群4轮，由外至内依次着生于花柄顶端的花托上（如图4-1所示）。凡四轮花部齐备的花为完全花，缺少一轮或数轮的花为不完全花。关于花的形态学本质问题，近代已有学者提出花的发育是与营养枝平行的，而不是从它衍生的看法加深了对花的形态本质的认识。因为花的各部分从形态、结构来看，还具有叶的一般性质。如果从高等植物系统进化的发展角度来看，作为产生大、小孢子的花的各部分，应该是由植物茎轴的孢子囊和孢子囊柄演变而来。

由此可以说，花是不分枝的变态短枝，用以形成有性生殖过程中的大、小孢子和雌雄配子，并且进一步发展为种子和果实。所以花也是果实和种子的先导，花、果实、种子三者成为一体，但出现的先后和发展的性质以及结构互有不同。

2. 花在植物个体发育与系统发育中的意义

在植物个体发育中，花的分化标志着植物从营养生长转入了生殖生长。花是被子植物所特有的有性生殖器官，是形成雌、雄性生殖细胞和进行有性生殖的场所。被子植物通过花器官完成受精、结果、产生种子等一系列有性生殖过程，以繁衍后代，延续种族。花在植物生活周期中，显然占有极其重要的地位。

从系统发育上来认识，花器官的形成及其生殖作用是植物繁殖方式中的最进化的类型。繁殖是植物的重要生命活动之一，植物有多种形成新个体的方式，通常可归纳为营养繁殖、无性繁殖和有性繁殖三类。

营养繁殖的特点是营养体的一部分脱离母体而长成新个体，它是植物系统演化中出现的初级繁殖方式。许多低等植物结构简单，并无营养器官和繁殖器官的分化，如单细胞细菌进行细胞裂殖，酵母菌进行出芽繁殖，水绵以藻体断裂的方式进行繁殖。高等植物中还保留有这种初级繁殖方式的特性，一些被子植物的变态营养器官就具有繁殖的功能。在农业生产上，人们利用某些植物营养器官能形成不定根、不定芽进行繁殖的特性，人为地采用扦插、压条和嫁接等方法大量繁殖优良的作物品种。

随着植物的进化，有些植物在其生活史中的某一时期，形成具有繁殖能力的无性的特化细胞，称为孢子。孢子从母体上脱离后，在适宜条件下即可萌发为新的植物体。这种繁殖方式称无性繁殖或孢子繁殖。孢子繁殖是藻类、菌类、苔藓类和蕨类植物的主要繁殖方式。被子植物虽然也能产生孢子（珠心中的大孢子和花粉囊中的小孢子），但它们的孢子并不能独立自养，实际上是进行异养的寄生生活。

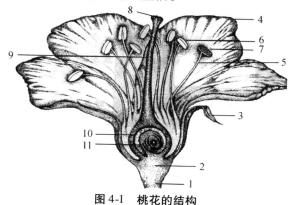

图4-1   桃花的结构

1. 花柄；2. 花托；3. 花萼；4. 花冠；5，6. 雄蕊（5. 花丝；6. 花药）；7. 花粉粒；8，9，10，11. 雌蕊（8. 柱头；9. 花柱；10. 子房；11. 胚珠）

有性繁殖（有性生殖）是更为进化的繁殖方式，植物体中产生特殊的有性别差异的配子，其中分化程度最高的为雄配子（精子）和雌配子（卵）。以后两性配子进行结合形成合子，再发育为新个体。由于合子具备了双亲的遗传性，因此增强了后代的生活力和更广泛的适应性。被子植物花器官的出现带来了双受精作用和胚胎包被于子房中等诸多进化特性，更有利于保证种族的生存和发展，使植物的有性繁殖达到较为完善的阶段，对整个植物界的系统演化产生了深远的影响。

3. 花在生活中的意义

种子植物的花可以有多方面的经济利用。由于花的鲜艳色彩和芬芳香味，利用花来美化环境，陶冶心情，已是尽人皆知的了。从花朵中提取芳香油料，制成香精，很早就受到重视。虽然有的香精可以人工合成，但一部分名贵的香料，仍然是从花朵中提制的。利用花朵如茉莉、代代、白兰花等熏制香茶由来已久，已成为花茶制作过程中不可缺少的重要原料，有的花农专门栽植这类花卉植物，供制作香茶的需要。花朵用于医药方面的种类也很不少，常见的如红花、丁香、金银花、菊花等，都有较高的药用价值。少数植物的花朵可供作染料，如凤仙。有些植物的花朵或花序具有较高的营养成分，如金针菜、花椰菜等，或具有浓郁的香味，如桂花、玫瑰花等，可供食用或制作糕点。

4.1.2　花的组成与类型

1. 花柄与花托

花柄（花梗）是着生花的小枝，将花朵推举到一定的空间位置。花柄的结构与茎枝相同，表皮内有维管系统，成束环生或筒状分布于基本组织之中，并与茎枝贯连。因而，花柄又成为茎枝向花输送养料、水分的通道。当果实形成时，花柄发育为果柄。花柄的长短常随植物种类而异，有的植物甚至形成无柄花。

花托位于花柄顶端。在多数植物（如油菜）中，花托稍微膨大，但在不同植物中也会出现形状变化。如玉米的花托伸长呈圆柱状；草莓的花托肉质化隆起呈圆锥形；莲的花托膨大呈倒圆锥形，果期发育为内含果实的莲蓬；蔷薇的呈壶状；柑橘的扩为盘形；花生的花托在雌蕊（子房）基部形成短柄状，在花完成受精后能迅速伸长，形成雌蕊柄，将子房推入土中，发育为果实。

2. 花萼

花萼位于花的最外轮，由若干萼片组成。萼片各自分离的称离萼，如油菜；萼片彼此连合的称合萼，合萼下端的连合部分为萼筒，上端的分离部分为萼裂片，如茄。有些植物的萼筒下端向一侧延伸成管状的距，如飞燕草。有的植物在花萼的外面还有一轮绿色的瓣片，称为副萼，如棉花、锦葵、草莓。花萼的生存期变化较大，有的植物（如丽春花）在开花时即脱落，一般植物中，花萼与花冠脱落时间是一致的；但也有些植物的花萼可保留到果实成熟，称为宿萼，如柿、茄、辣椒等。

花萼多为绿色，萼片的结构与叶相似，但栅栏组织和海绵组织的分化不明显。花萼一般具有保护幼花、幼果，并兼行光合作用的功能。有些植物如一串红的花萼颜色鲜艳，有引诱昆虫传粉的作用；蒲公英的萼片变成冠毛，有助于果实的传播。

3. 花冠

花冠位于花萼内侧，由若干花瓣组成，排列为一轮或几轮。花瓣细胞中含有花青素或有色体，颜色绚丽多彩。有时花瓣的表皮细胞形成乳突，使花瓣显露出丝绒般光泽。有些植物的花瓣中含有挥发油，能释放出芳香气味，或由花瓣蜜腺分泌蜜汁。花冠除了有保护内部的幼小雄蕊和雌蕊的作用之外，主要还是招引昆虫进行传粉。花瓣也有分离或连合之分，前者称为离瓣花，如油菜、棉花、桃、苹果的花；后者称为合瓣花。合瓣花的每一裂片叫花冠裂片，如番茄、南瓜、甘薯的花。

花冠的形态多种多样，根据花瓣数目、形状和离合状态，以及花冠筒的长短、花冠裂片的形态等特点，通常分为下列主要类型（如图4-2所示）：蔷薇形（如桃、梅）、十字形（如油菜、萝卜）、蝶形（由1个瓣和2个翼瓣、2个龙骨瓣组成，如大豆、蚕豆）、漏斗状（如甘薯、蕹菜）、钟状（花冠筒稍短而宽，向上展开呈钟状，如南瓜、桔梗）、轮状（花冠较短，裂片由基部向四周辐射展开，如茄、番茄）、唇形（上唇常2裂，下唇常3裂，如芝麻、薄荷）、筒状（花冠筒长，上下直径相似，如向日葵花序中央的花）、舌状（花冠筒较短，花冠向一侧展开呈舌状，如向日葵花序周缘的花）等。

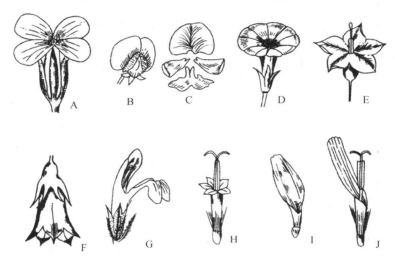

图4-2　花冠的类型

A. 十字形花冠；B，C. 蝶形花冠；D. 漏斗状花冠；E. 轮状花冠；F. 钟状花冠；G. 唇形花冠；H. 筒状花冠；I，J. 舌状花冠（I. 向日葵花序周缘的花；J. 蒲公英）

（引自植物学，徐汉卿，1996）

花萼与花冠总称为花被。因此，具有花萼和花冠的花为两被花，如番茄、大豆、矮牵牛等；只有花萼或花冠的为单被花，如桑、榆、栎等。单被花中有的全作花萼状，如藜、甜菜；也有的全作花冠状，如荞麦、百合。没有花萼和花冠的花称为无被花，如杨、柳、桦木等。

4. 雄蕊群

雄蕊群位于花冠的内方，是一朵花中全部雄蕊的总称。每一枚雄蕊由花药和花丝两部分组成。花药是花丝顶端膨大的部分，一般由4个花粉囊组成，囊内形成花粉粒。花丝是花药与花托之间的部分，呈细丝状。花丝的作用一是支持花药，使之伸展于一定的空间，以利于散发花粉；二是输导水分、无机盐和有机物。

（1）雄蕊的类型。雄蕊也有离生和合生的情况（如图4-3所示）。

① 离生雄蕊：指花中的雄蕊彼此分离。离生雄蕊存在以下几种类型。

● 二强雄蕊：花中雄蕊4枚，2长2短，如益母草、夏至草等唇形科植物，以及泡桐、地黄等玄参科植物。

● 四强雄蕊：花内雄蕊6枚，其内轮的4枚花丝较长，外轮2枚较短，这种类型的雄蕊称为四强雄蕊，如油菜、萝卜、白菜等十字花科植物。

② 合生雄蕊：指花中的各枚雄蕊呈现出不同程度的连合。合生雄蕊主要有以下几种类型。

● 单体雄蕊：扶桑、棉花等锦葵科植物花中的雄蕊数目多，各枚雄蕊的花丝连合成一部分，这种类型的雄蕊称为单体雄蕊。

● 二体雄蕊：大豆、豌豆等蝶形花科植物花中有 10 枚雄蕊，其中 9 枚花丝连合，1 枚单生，这种雄蕊称为二体雄蕊。

● 多体雄蕊：花中雄蕊的花丝连合成 3 束以上，称为多体雄蕊。如连翘花丝连合成 3 束，金丝桃、蓖麻等植物为 4 束以上。

● 聚药雄蕊：菊科、葫芦科植物的雄蕊，其花药聚生在一起，花丝分离，这种雄蕊称为聚药雄蕊。

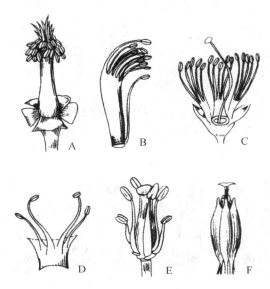

图 4-3　雄蕊的类型
A. 单体雄蕊；B. 二体雄蕊；C. 多体雄蕊；D. 二强雄蕊；E. 四强雄蕊；F. 聚药雄蕊
（引自植物学，徐汉卿，1996）

（2）花药的着生和开裂类型。花药在花丝上的着生情况，以及花药成熟后开裂散出花粉的方式，都有多种类型，在鉴别植物时有一定的参考意义。

5. 雌蕊群

雌蕊群位于花的中央，是一朵花中所有雌蕊的总称。每个雌蕊一般可分为柱头、花柱和子房三部分。柱头位于雌蕊的顶端略微膨大的部分，作用是接受花粉并促进花粉的萌发。花柱是柱头与子房之间的部分，作用是花粉管进入子房的通道。子房是雌蕊基部比较膨大的部分，内生胚珠，受精后发育成果实。

（1）心皮的概念和雌蕊的类型。雌蕊是由心皮卷合发育而成。心皮为适应生殖的变态叶，是构成雌蕊的基本单位。由一个心皮的二原向内卷合或数个心皮边缘互相连合而形成雌蕊（如图 4-4 所示）。心皮边缘相合处为腹缝线，心皮中央相当于叶片中脉的部位为背缝线。

一朵花中，不同的心皮数目和离合情况，形成不同类型的雌蕊（如图 4-5 所示）。由一个心皮构成的雌蕊，称为单雌蕊，如大豆、桃；由 2 个或 2 个以上的心皮连合而成的雌蕊，称为复雌蕊，如油菜由 2 心皮合成，瓜类、油桐由 3 心皮合成，苹果、梨为 5 心皮合成；还有些植物，一朵花中虽然也具有多个心皮，但各个均单独分离，各自形成一个雌蕊，它们被称为离生单雌蕊，如玉兰、草莓、蔷薇等。在植物的演化过程中，离生单雌蕊以及无明显柱头、花柱和子房分化的雌蕊为原始性状，由它们向复雌蕊以及三部分分化明显的雌蕊演化。

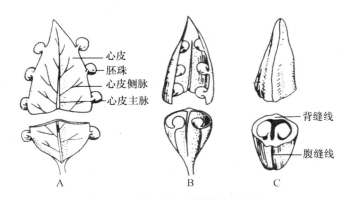

图 4-4　心皮发育为雌蕊的示意图

A. 一片展开的心皮；B. 心皮边缘内卷；C. 心皮边缘愈合形成雌蕊

（引自 Muller）

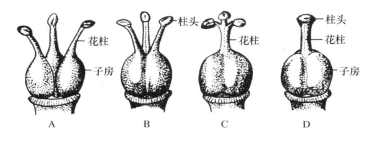

图 4-5　离生单雌蕊和复雌蕊

A. 离生雌蕊；B，C，D. 不同程度连合的复雌蕊

（引自植物学，徐汉卿，1996）

（2）胎座式的类型。雌蕊的子房中着生胚珠的部位称为胎座。由于心皮的数目和连结情况以及胚珠着生的部位等不同，形成不同的胎座式（如图4-6所示）。

① 边缘胎座：单雌蕊，子房一室，胚珠着生于腹缝线上，如豆科植物。

② 中轴胎座：复雌蕊，数个心皮边缘内卷，汇合成隔，直达子房中央，将子房分为数室，胚珠着生于中央交会处的中轴周围，如棉、番茄、百合等。

③ 侧膜胎座：复雌蕊，子房一室或假数室，胚珠着生于腹缝线上，如油菜（假2室）、杨柳科和西瓜、黄瓜等葫芦科植物的胎座。

④ 特立中央胎座：复雌蕊，子房的分隔消失而成为一室结构，子房中央有一向上伸出但未达子房顶部的短轴，胚珠着生其上，如石竹、马齿苋等。

此外，还有胚珠着生于子房基部的基生胎座，如向日葵、大黄；以及胚珠着生于子房室顶部的顶生胎座或悬垂胎座，如桑、榆。

从演化观点分析胎座式的主要类型，边缘胎座是原始的基本类型，可能再通过多心皮分离雌蕊的边缘胎座，进而形成中轴胎座；以后如果中轴胎座的子房室间隔膜消失，则分别演化出侧膜胎座和特立中央胎座。

（3）子房位置的变化。子房着生于花托上，它与花其他组分（花萼、花冠、雄蕊群）的相对位置常因植物种类而不同，通常分为上位子房（上位子房下位花、上位子房周位花）、半下位子房（周位花）和下位子房（下位子房上位花）三种类型（如图4-7所示）。

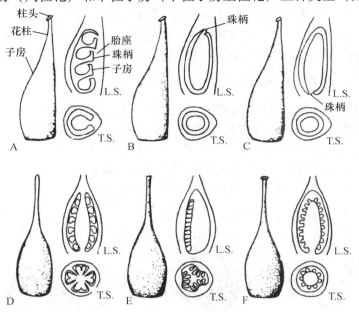

图 4-6　胎座式的类型

A. 边缘胎座；B. 顶生胎座；C. 基生胎座；D. 中轴胎座；E. 侧膜胎座；F. 特立中央胎座（每种胎座图包括外形、子房纵切 L. S.、子房横切 T. S.）

（引自植物学，徐汉卿，1996）

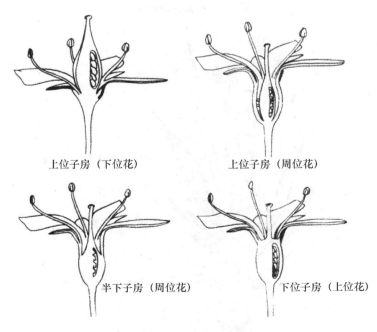

图 4-7　子房位置的类型

（引自植物学，徐汉卿，1996）

子房全部陷生于深杯状的花托或花筒中，并与它们的内侧愈合，仅柱头和花柱外露，花萼、花冠、雄蕊群着生于子房以上的花托或花筒边缘，此即为下位子房，这种花则称为上位花。子房陷生于花托的植物较少，一般见于葫芦科、腊梅科、仙人掌科、番杏科、檀香科等少数分科中。多数植物的下位子房是被花筒包围而发育形成，如苹果、梨等。

从植物进化角度来看，上位子房不及下位子房进化。下位子房被包被起来，增强了对受精后胚胎的保护，对植物的繁衍具有积极意义。

4.1.3 禾本科植物花的组成

禾本科植物的花与上述的典型花存在着显著的区别。禾木科植物花的最外面有外稃及内稃各一枚，外稃中脉明显，并常延长成芒，在内稃、外稃之间存在雄蕊、雌蕊和鳞片（浆片）。鳞片2枚位于外稃内侧基部，雄蕊3或6枚，雌蕊1枚位于中间（如图4-8、图4-9所示）。外稃是花基部的苞片，内稃和鳞片则是由花被退化而成。开花时，鳞片吸水膨胀，撑开内、外稃，使花药和柱头露出稃外，有利于风力传播。

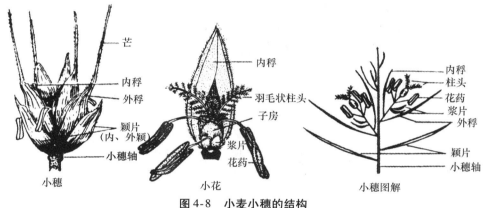

图 4-8 小麦小穗的结构

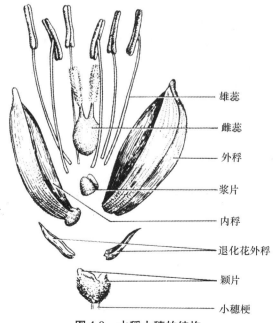

图 4-9 水稻小穗的结构

禾本科植物的小花都集生形成小穗，每个小穗的基部有一对颖片（又称为护颖）。颖片相当于花序外面的总苞片，下面的一片叫外颖，上面的一片叫内颖，许多小穗排列在穗轴上形成穗（花序）。

4.2 花   序

花可以单生，也可以多数花依一定的方式和顺序排列于花序轴上形成花序。花序轴亦称花轴，是花序的主轴，可以形成分枝或不分枝。花序中没有典型的营养叶，有时仅在每朵花的基部形成一小的苞片。有些植物的花序，其苞片密集组成总苞，位于花序的最下方。根据花序轴分枝的方式和开花的顺序，可将花序分为无限花序和有限花序两大类。

4.2.1 无限花序

无限花序基部的花先形成，开花顺序是花序轴基部的花先开，然后向顶依次开放。花序轴能较长时间保持顶端生长能力，能继续向上延伸，并不断产生苞片和花芽。如果花序轴很短，各花密集排成平面或球面时，则边缘的先形成，开花顺序为边缘的花先开，渐及中央。无限花序的生长分化属单轴分枝式的性质，常又称为总状类花序，有时也称为向心花序（如图 4-10 所示）。

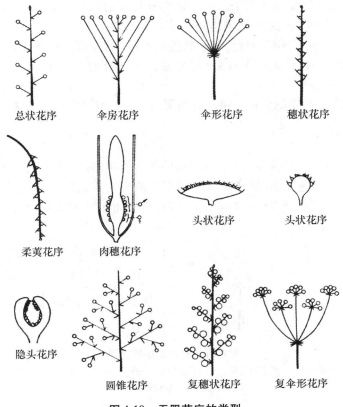

总状花序   伞房花序   伞形花序   穗状花序

柔荑花序   肉穗花序   头状花序   头状花序

隐头花序   圆锥花序   复穗状花序   复伞形花序

图 4-10 无限花序的类型
（引自植物学，徐汉卿，1996）

（1）单总状花序类。单总状花序是指花序轴不分枝的无限花序。

① 总状花序：花序轴较长，由下而上生有近等长花柄的两性花，如油菜、花生、紫藤等。

② 穗状花序：花序轴较长，其上着生许多无柄的两性花，如车前、马鞭草等。

③ 伞房花序：花序轴较短，基部花的花柄较长，越近顶部的花柄越短，各花分布近于同一水平上，如梨、苹果、麻叶绣线菊、山楂等。

④ 伞形花序：花序轴进一步缩短，各花自轴顶生出，花柄等长，花序如伞状，如五加、人参、韭菜等。

⑤ 头状花序：花序轴缩短呈球形或盘形，上面密生许多近无柄或无柄的花，苞片常聚成总苞，生于花序基部，如三叶草、向日葵。

⑥ 柔荑花序：花序轴上着生许多无柄或具短柄的单性花，通常雌花序轴直立，雄花序轴柔软下垂，开花后，一般整个花序一起脱落，如杨、柳、枫杨、栎等。

⑦ 隐头花序：花序轴肉质，特别肥大并内凹成头状囊体，许多无柄单性花隐生于囊体的内壁上，雄花位于上部，雌花位于下部；整个花序仅囊体前端留一小孔，可容昆虫进出以行传粉，如无花果、薜荔等。

⑧ 肉穗花序：花序轴膨大、肉质化，其上着生许多无柄的单性花，外包有大型苞片，如玉米、香蒲的雌花序，以及半夏、天南星等的花序。

（2）复总状花序类。复总状花序是指花序轴有分枝的无限花序。

① 圆锥花序：又称复总状花序，花序轴的分枝作总状排列，每一分枝相当于一个总状花序，如女贞、水稻、燕麦、玉米雄花序等。

② 复伞房花序：花序轴的分枝作伞房状排列，每一分枝再为伞房花序，如花楸、石楠等。

③ 复伞形花序：花序轴顶端分出伞形分枝，各分枝的顶形成一个伞形花序，如胡萝卜、芹菜、小茴香等。

④ 复穗状花序：花序轴分枝，每一分枝形成一个穗状花序，如小麦。

4.2.2 有限花序

有限花序顶端或中央的花先形成，开花顺序是顶端花先开，基部花后开；或者是中央的花先开，渐及边缘，使花序轴顶较早丧失顶端生长能力，不能继续向上延伸。有限花序的生长分化属合轴分枝式性质，常又称为聚伞类花序，有时也称为离心花序（如图4-11所示）。

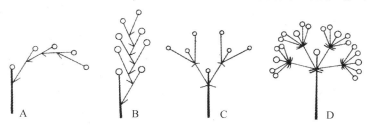

图4-11　有限花序的类型

A，B. 单歧聚伞花序（A. 螺状聚伞花序；B. 蝎尾状聚伞花序）；C. 二歧聚伞花序；D. 多歧聚伞花序

（引自植物学，徐汉卿，1996）

（1）单歧聚伞花序：花轴顶端先生一花，然后在顶花下的一侧形成分枝，继而分枝之顶又生一花，其下方再生二次分枝，如此依次开花，形成合轴分枝式的花序。如果各次分枝都从同一方向的一侧长出，最后整个花序成为卷曲状，称为螺状聚伞花序，如附地菜、

勿忘草；如果各次分枝是左右相间长出，整个花序左右对称，则称为蝎尾状聚伞花序，如唐菖蒲、美人蕉等。

（2）二歧聚伞花序：顶花先形成，然后在其下方两侧同时发育出一对分枝；以后分枝再按上法继续生出顶花和分枝，如繁缕、石竹、大叶黄杨等。

（3）多歧聚伞花序：顶花下同时发育出三个以上分枝，各分枝再以同样方式进行分枝，如藜、荚蒾等。

被子植物的花序形态一般虽作上述分类，但类型比较复杂，有的外形为某种无限花序，而开花次序却具有有限花序的特点。例如葱的花序呈伞形，苹果的花序呈伞房状，水稻花序为圆锥状，但它们又兼具有限花序的顶花先开的特点。

4.3　花药、花粉粒的发育与雄性细胞的形成

4.3.1　花药的发育与结构

花药是产生花粉的地方，它的发育和结构都与花粉粒的形成密切相关。花药由花芽中雄蕊原基的顶端部分发育而成。在发育初期，花药的结构很简单，外围为一层幼龄的表皮，内侧为一群形态相同的分生细胞。不久，在花药四角的表皮内方，各出现一纵列大形细胞，核大、细胞质较浓，分裂能力较强，称为孢原细胞。以后，孢原细胞进行一次平周分裂，形成内、外两层。外层称为周缘细胞（又称壁细胞），内层称为造孢细胞。此时花药中部的细胞逐渐分裂，分化形成维管束和薄壁细胞，构成药隔（如图 4-12 所示）。

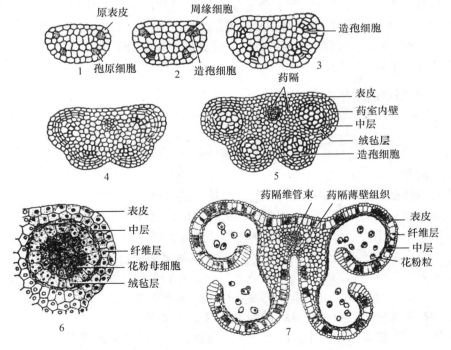

图 4-12　花药发育的各时期与成熟花药的结构（横剖面）

1～5. 花药的发育过程；6. 一个花囊放大，示花粉母细胞；7. 已开裂的花药

（引自植物学，郑湘如，2001）

周缘细胞出现后，很快进行平周分裂和垂周分裂，自外向里逐渐形成药室内壁、中层及绒毡层，与表皮一起组成花粉囊的壁。药室内壁的细胞在初期常贮藏大量淀粉和其他营养物质。在花药接近成熟时，药室内壁的细胞径向扩展，细胞内的贮藏物质消失，细胞壁除了和表皮接触的一面外，都出现了不均匀的次生加厚条纹，并木质化或栓质化，此时的药室内壁被称为纤维层。纤维层细胞壁的这种次生加厚特点，有利于花药的开裂。但玉米、芝麻等植物的成熟花药中都没有纤维层。药室内壁在形成纤维层时，常在两个花粉囊交接处的外侧留下一狭条状的薄壁细胞，花粉粒成熟后，花药在此处裂开，散出花粉。

中层由一层或几层小形细胞组成。初期细胞中贮藏的淀粉在花粉发育过程中往往被分解吸收，细胞被压破坏，萎缩消失。绒毡层常常只有一层细胞。细胞较大，最初为单核，以后由于只进行核分裂，不产生细胞壁，所以常常成为双核或多核细胞。绒毡层细胞的细胞质浓，含有较多的 RNA 和蛋白质，并含有丰富的油脂和类胡萝卜素等营养物质，对花粉粒的发育起着营养和调节作用。绒毡层按其对花粉粒发育的作用形式，有分泌型和变形型两种类型。大多数被子植物的绒毡层为分泌型。这一类绒毡层的细胞中有丰富的细胞器，具有分泌组织特征，其细胞沿内切向壁质膜的内侧常常形成很多含孢粉素的小颗粒。它们将孢粉素传递给发育中的花粉粒，用于形成花粉粒的外壁。以后，绒毡层解体。在进化上比较低等的被子植物，其绒毡层多为变形型。变形型绒毡层的细胞在花药发育中，细胞壁破坏，各细胞的原生质彼此融合，成为多核的原生质团，继而变成黏稠的胶体溶液，渗入花粉细胞中去，成为花粉发育时的养料和造壁物质。绒毡层还能分泌类胡萝卜素及脂类等物质，构成花粉粒外表的黏性物质，这种黏性物质有保护作用和有利于传粉作用。绒毡层还可分泌胼胝质酶类，这种酶能够溶解花粉粒之间的胼胝质，使成熟的花粉粒彼此分开。因此，绒毡层对花粉粒的发育十分重要，如果绒毡层的功能失常，常会导致花粉败育。在周缘细胞分裂的同时，花粉囊内造孢细胞也进行分裂，形成大量花粉母细胞（小孢子母细胞），每个花粉母细胞经过减数分裂，形成四个单核花粉粒，即小孢子。单核花粉粒进一步发育为成熟的花粉粒。

4.3.2　花粉粒的发育与形态结构

1. 花粉粒的发育

减数分裂后，从四分体中分离出来的单核花粉粒，还需要在花粉囊中进一步发育，才能成为成熟的花粉粒，进行传粉。

由于胼胝质壁的溶解，单核花粉粒从四分体中游离出来。初形成时，细胞壁薄，细胞质浓，核位于细胞的中央。它们从周围解体的绒毡层细胞取得营养物质和水分，体积不断增大，细胞质中的小液泡合并为大液泡，细胞逐渐变为圆球体（如图4-13所示）。

随着中央大液泡的出现，细胞质成一薄层，细胞核随细胞质逐渐移向花粉粒的一侧。水稻、小麦等禾本科植物的单核花粉粒的核移到与花粉粒壁上萌发孔相对的一侧。接着，细胞核进行一次有丝分裂。由于单核花粉粒的核移向了壁的一侧，核就在近壁处分裂，纺锤体通常和花粉粒壁垂直。所以分裂的结果是两个子细胞核中的一个核贴近花粉粒的壁，即为生殖核；另一核趋向细胞中央的大液泡，为营养核。在发生细胞质分裂前，细胞质也产生极化现象，如液泡、线粒体、质体和圆球体等细胞器，多趋向营养核一边。细胞质分裂时，其细胞板不呈平面，而为弧形，且弯向生殖核一侧。最后形成了两个大小悬殊的细胞，大的为营养细胞，小的为生殖细胞。生殖细胞常为凸透镜形或半球形，只有少量的细胞质。这样，单核花粉粒中其余大量的细胞质为营养细胞所有。两个子细胞之间的壁不含纤维素，主要由胼胝质组成。

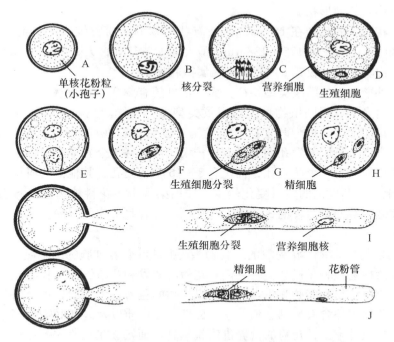

图 4-13　花粉粒的发育与花粉管的形成

（引自植物学，徐汉卿，1996）

生殖细胞形成后，最初紧贴着花粉粒的内壁。以后，它逐渐从与内壁的交界处向内推移、收缩，细胞渐渐变圆，胼胝质壁也逐渐溶解。最后，生殖细胞完全游离在营养细胞之中，出现细胞中有细胞的独特现象。在这以后，生殖细胞又渐渐伸长，呈纺锤形。

四分体形成后不久，花粉粒壁即开始发育。最初，在单核花粉粒的胼胝质壁和质膜之间发生纤维素的沉积，形成花粉粒的外壁。外壁的特征是质地坚硬，缺乏弹性，其上存在各种雕纹和萌发孔。雕纹和萌发孔的数目因植物的种类而不同，是花粉鉴别的重要依据。外壁的主要成分是孢粉素，其化学性质极为稳定，具抗高温高压、抗酸碱、抗酶解等特性，故能使花粉外壁及其上面的雕纹得以长期保存，这对于花粉的鉴别有重要的意义。此外，外壁还有纤维素、类胡萝卜素、类黄酮、脂类及活性蛋白等物质。花粉粒外壁形成时，在内侧形成内壁。内壁由纤维素、果胶质、半纤维素及蛋白质等组成，比较柔软，富有弹性。

花粉粒成熟时，如只含生殖细胞和营养细胞，则称为二细胞花粉粒（二核花粉粒）。70%的被子植物，其花粉粒发育到两个细胞阶段即已成熟，如棉花、茶、桃、柑橘、百合、薯类、香蒲及许多兰科植物等。另外一些植物，它们的花粉粒还须进一步发育，其生殖细胞要进行一次有丝分裂，形成两个精细胞，成为三细胞花粉粒（三核花粉粒）才能成熟，如水稻、小麦、玉米、莎草和向日葵等。

2. 花粉粒的形态结构

（1）花粉粒的形态。花粉粒的形态包括形状、大小、外壁雕纹类型特征、萌发孔与萌发沟的数目与分布。花粉粒的形态在各种植物中非常稳定，由遗传因素所控制。

花粉粒的形状一般为圆球形，如水稻、小麦、玉米、棉花、桃、柑橘、南瓜、紫云英等；但有的为椭圆形，如油菜、蚕豆、桑、梨、苹果等；还有的为三角形，如茶等；此外，还有四方形及其他形状。

多数植物花粉粒的直径在 $15 \sim 50 \, \mu m$，有些植物的花粉粒较大，如桃为 $50 \sim 57 \, \mu m$，玉米为 $77 \sim 89 \, \mu m$，棉花为 $125 \sim 138 \, \mu m$；最大的如紫茉莉，为 $250 \, \mu m$，属巨粒型；最小的花粉粒为高山勿忘草，仅 $2.5 \sim 3.5 \, \mu m$，属微粒型。

在花粉粒外壁表面的雕纹类型特征方面，常见的有刺状、颗粒状、瘤状、网状等，有些植物则是表面光滑。不同植物种类的雕纹类型常不相同。花粉粒外壁常有不增厚的部位，形成孔或沟的形状，称为萌发孔或萌发沟。以后花粉在柱头上萌发时，花粉管就由孔、沟处向外突出生长。萌发孔的数目变化较大，可以从 1 个到多个。如水稻、小麦等禾本科植物的花粉粒只有 1 个萌发孔，棉花有 $8 \sim 16$ 个萌发孔，其他锦葵科植物的萌发孔有多至 50 个以上的。萌发沟的数目变化较少，如油菜等十字花科植物花粉粒有 3 条沟，梨属、苹果属及烟草等的花粉粒的 3 条沟中有孔，此外有些植物的花粉粒只有 1 条沟或多条沟的。

（2）花粉粒的后含物。花粉粒的后含物主要贮藏在营养细胞的细胞质中，包括营养物质、各种生理活性物质和无机盐类。它们对花粉的萌发和花粉管的生长有重要作用。花粉贮藏的营养物质以淀粉和脂肪为主。通常风媒植物的花粉多为淀粉，虫媒植物的花粉多为脂肪。此外，花粉中还含有果糖、葡萄糖、蔗糖、蛋白质以及人体必需的多种氨基酸，这些必需氨基酸含量越丰富，花粉的营养价值就越高。脯氨酸在花粉中的数量与作用较为突出，玉米花粉中的脯氨酸含量为其氨基酸总量的 72%，水稻二细胞花粉期的脯氨酸含量也达到 50%。脯氨酸的含量常是花粉育性的重要标志，不育花粉中脯氨酸显著减少。

花粉含有多种维生素，其中尤以 B 族维生素最多，但缺乏脂溶性维生素。植物生长调节物质也存在于花粉中。人们相继发现葡萄、百合花粉中含有赤霉素，柑橘花粉产生乙烯，油菜花粉中提取出芸薹素。但一种花粉中不一定同时含有这几类物质。花粉的生长调节物质有抑制或促进花粉生长的作用。

花粉中含有各种不同的酶，主要是水解酶或转化酶，如淀粉酶、脂肪酶、蛋白酶、果胶酶和纤维素酶等。酶对花粉管生长过程中的物质代谢、分解花粉的贮藏物质及同化外界物质起重要的作用。近年来花粉同功酶的研究为鉴定植物的亲缘关系开辟了一种新的途径。例如，苹果属花粉同功酶可作为鉴定种的标准，玉米花粉同功酶可用来鉴定不同的基因型。

此外，花粉中还含有花青素、糖苷等色素，以及占干重的 2.5%～6.5% 的无机盐。色素对紫外线起着滤光器作用，能减少紫外线对花粉的伤害，使花粉保持较高的萌发率。

4.3.3　花粉败育与雄性不育

花药成熟后，一般都能散出正常发育的花粉粒。由于种种内部和外界因素的影响，有时散出的花粉没有经过正常的发育，不能发挥正常生殖的作用，这种现象，称为花粉的败育。花粉败育的原因较多。有的是由于花粉母细胞不能正常进行减数分裂，如花粉母细胞互相粘连在一起，成为细胞质块；或出现多极纺锤体，或多个核仁相连；或产生的四个小孢子大小不等，因而不能形成正常发育的花粉。有的是由于减数分裂后，花粉停留在单核或双核阶段，不能产生精细胞。有的因营养状况不良，花粉不能健全发育。此外，绒毡层细胞的作用如果失常，也能造成花粉败育。例如在花粉形成过程中，绒毡层细胞不仅没有解体，反而继续分裂，增大体积，从而导致花粉无从获得营养而败育。以上各种反常现象的产生，又往往与环境条件相联系，如温度过低或严重干旱等。

另外，个别植物由于内部生理或遗传原因，在正常的自然条件下，也会产生花药或花粉不能正常的发育，成为畸形或完全退化，这一现象称为雄性不育。雄性不育有以下三种类型：一是花药退化，花药全部干瘪，仅花丝部分残存；二是花药内不产生花粉；三是产生的花粉败育。然而，无论是哪一种雄性不育类型，其雌蕊都能正常发育。雄性不育对农业生产有着重要意义。因为在进行杂种优势的育种工作中，人们可以利用雄性不育这一特性，免去人工去雄操作过程，从而节约大量人力和时间。

4.4　胚珠、胚囊的发育与雌性细胞的形成

4.4.1　胚珠的发育

1. 胚珠的结构

成熟的胚珠是由珠心、珠被、珠孔、珠柄及合点几部分组成（如图 4-14 所示）。

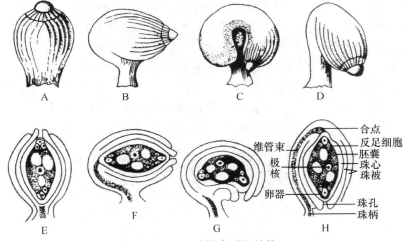

图 4-14　胚珠的类型和结构

A—D. 胚珠外形；E—H. 胚珠纵切；A, E. 直生胚珠；B, F. 横生胚珠；
C, G. 弯生胚珠；D, H. 倒生胚珠

（引自植物学，徐汉卿，1996）

2. 胚珠的发育与类型

随着雌蕊的发育，在子房中逐渐形成胚珠。胚珠是在子房壁腹缝线的胎座处发生的。首先，在胎座表皮下层的一些细胞经平周分裂，产生一团突起，成为胚珠的原基。原基的前端成为珠心，是胚珠中最重要的部分，胚珠中的胚囊就是由珠心的细胞发育而成的。以后，由于珠心基部的表皮细胞分裂较快，产生一个环状突起，逐渐向上生长扩展，将珠心包裹，仅在珠心的前端留下一个小孔，这包围珠心的细胞层称为珠被，顶端的小孔称为珠孔。有些植物的胚珠，珠被只有一层，如胡桃、向日葵、银莲花属植物等。但多数植物的胚珠，珠心外方有两层珠被包围，内层为内珠被，外层为外珠被，外珠被的形成是在内珠被形成以后，按同样的方式发展而成，如小麦、水稻、油菜、棉花、百合等。胚珠基部的

一部分细胞发展成柄状结构，与心皮直接相连，称为珠柄。心皮中的维管束就是通过珠柄进入胚珠。珠被、珠心和珠柄三者愈合的部分称为合点（如图 4-14 所示）。

胚珠发育时，由于各部生长速度的变化，可形成不同类型的胚珠。

（1）直生胚珠：胚珠各部均匀生长，珠孔、珠心纵轴、合点和珠柄成一直线，如荞麦、大黄、胡桃等的胚珠。

（2）横生胚珠：珠被一侧生长较快，胚珠横卧，珠孔、珠心纵轴和合点所连成的直线与珠柄成直角，如花生、锦葵、梅等的胚珠。

（3）弯生胚珠：胚珠下部直立，上部略弯，珠孔偏下，珠孔、珠心纵轴和合点不在一直线上，如油菜、柑橘、蚕豆、豌豆、菜豆等的胚珠。

（4）倒生胚珠：胚珠倒转，虽然珠孔、珠心纵轴、合点都在一直线上，但珠孔向下靠近。

4.4.2　胚囊的发育与结构

在珠被形成前或与它形成的同时，珠心内部也发生变化。最初，珠心是一团相似的薄壁细胞。以后在靠近珠孔端内方的珠心表皮下，逐渐形成一个与周围不同的细胞，即孢原细胞。孢原细胞的体积较大，细胞质较浓，细胞器丰富，RNA 和蛋白质的含量高，液泡化程度低，细胞核大，胞间连丝发达。孢原细胞在形成后，进一步发育形成胚囊母细胞，其发育形式随植物不同而有差异。很多植物（如棉花等）的孢原细胞先进行一次平周分裂，形成内、外两个细胞，外侧的一个称为周缘细胞，内侧的一个称为造孢细胞。周缘细胞继续进行平周分裂和垂周分裂，增加珠心的细胞层数；而造孢细胞则直接长大形成胚囊母细胞，并被珠心组织推向珠心深处。也有很多植物如向日葵、百合、水稻、小麦等，其孢原细胞直接发育成胚囊母细胞（如图 4-15A 所示）。胚囊母细胞接着进行减数分裂，形成四分体（四个大孢子），每个子细胞只含单倍体的染色体数，相当于雄蕊花粉囊中的单核花粉粒（小孢子）。

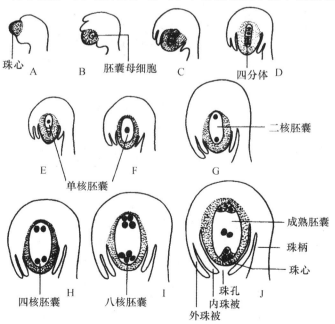

图 4-15　胚珠和胚囊的发育过程（A—J）

（引自植物学，徐汉卿，1996）

　　胚囊母细胞经过减数分裂后形成的四分体一般都作直线排列，其中靠近珠孔的三个细胞停止发育退化消失，只有近合点端的一个继续发育形成胚囊。初形成的胚囊是一个大型的单核细胞，称为单核胚囊。在发育过程中，它吸收了部分或全部珠心细胞的物质，作为增大体积的养料。长大的单核胚囊含有大液泡，几乎占有珠心的大部分体积。在长大到相当程度时，单核胚囊便进行三次有丝分裂。第一次分裂形成两个新核，按相反方向向胚囊两端移动，随后每个核又相继进行两次分裂，各形成四个核。上述三次分裂的每次分裂都不伴随细胞质的分裂和新壁的产生。所以在三次分裂之后，出现一个游离核时期。以后每一端的四核中，各有一核向中央部位移动。这两个核称为极核。在此同时，胚囊两端的其余三核也各自发生变化。靠近珠孔端的三个核，每个核的外面由一团细胞质和一层薄的细胞膜包住，成为三个细胞。其中一个较大，离珠孔较远，称为卵细胞；另两个较小，称为助细胞，这三个细胞组成卵器。位于远珠孔端的三个核，同样分别形成了三个裸细胞，聚合一起，成为三个反足细胞。中央的两个极核，组成了大型的中央细胞。在有些植物中，极核常在传粉或受精前互相融合成一个双倍体的次生核。至此，单核胚囊细胞发育成 8 个核 7 个细胞的成熟胚囊，这就是被子植物的雌配子体（如图 4-16 所示）。

　　在成熟胚囊中，卵细胞最为重要。它是一个有高度极性的细胞，细胞中央有一个大液泡，位于细胞近珠孔的一边；核大，位于液泡的相反一边。卵细胞有细胞壁，但壁的发育程度随植物种类而不同。玉米、棉花等植物卵细胞的细胞壁仅分布在细胞的近珠孔端部分，其余部分则为质膜所包围，不存在细胞壁；但在荠菜等植物中，整个卵细胞周围几乎全部为细胞壁所包围，只是在合点端出现细胞壁不连续的状态。卵细胞与其相邻的两个助细胞之间有胞间连丝相通。

　　助细胞与卵细胞在珠孔端排列成三角形。它们也是有高度极性的细胞。助细胞有细胞壁，壁在珠孔端最厚，向合点端逐渐变薄。助细胞的特征是在珠孔端的细胞壁上有丝状器结构。丝状器是细胞壁向内延伸的部分，类似传递细胞的细胞壁内褶突起。丝状器因植物不同而有各种形状，如棉花助细胞丝状器的内突呈指状。丝状器主要由果胶质、半纤维素及纤维素等组成，不同植物的组成常有变化。丝状器的结构大大增加了质膜的表面积，这可能与助细胞的功能有关。

　　反足细胞位于胚囊的合点端，数目差异较大，一般为 3 个细胞；但有不少植物种类常常分裂成一群细胞，如竹亚科的一些种类的反足细胞可以达到三百多个。反足细胞的寿命通常很短暂，往往胚囊成熟时即消失或仅留残迹。

　　中央细胞是胚囊中最大的一个细胞，也是高度液泡化的细胞。胚囊在发育过程中之所以能够不断增大，主要是由于中央细胞的液泡增大所致。中央细胞的壁厚薄变异很大，与卵和助细胞相接处，通常只有质膜而没有壁；而与反足细胞相接处，则有胞间连丝的薄壁。不少植物的中央细胞壁的内侧，也有许多指状的内突，说明它既能从珠心或珠被组织内吸收营养物质，也能向外分泌酶而对珠心细胞进行消化。有不少植物中央细胞的细胞质内，常含有丰富的质体、核蛋白体、线粒体、高尔基体及内质网，有的植物还有多量的圆球体或脂肪小滴、蛋白质结晶等。因此，中央细胞不仅代谢强度高，而且是胚囊贮藏营养物质的主要场所。

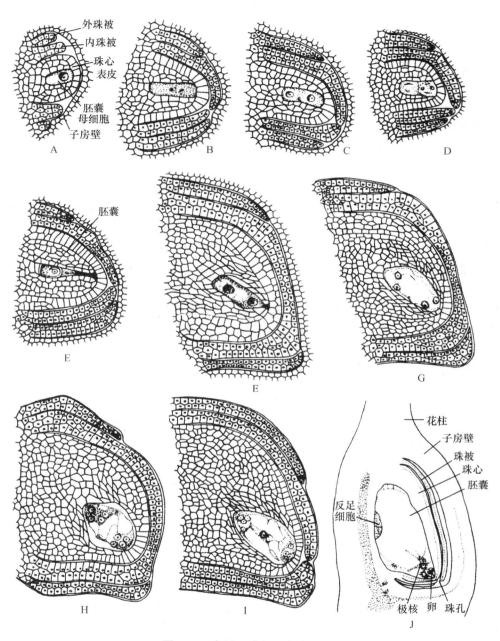

图 4-16　水稻胚珠和胚囊的发育

A. 内、外珠被发育，胚囊母细胞形成；B—D. 胚囊母细胞减数分裂的第一次分裂和第二次分裂；E. 四分体中近珠孔端 3 个细胞退化；F—H. 2 核、4 核、8 核胚囊的形成；I. 8 核胚囊的两端各有一个核移向中央；J. 子房纵切，示胚珠内的成熟胚囊

（引自植物学，徐汉卿，1996）

4.5　植物的开花、传粉与受精作用

4.5.1　开花

当植物生长发育到一定阶段，雄蕊的花粉粒和雌蕊的胚囊已经成熟，或其中之一已达成熟程度，花被展开，雄蕊和雌蕊露出，这种现象称为开花。开花是被子植物生活史上的一个重要阶段，除少数闭花受精植物外，是大多数开花植物性成熟的标志。

不同植物在开花年龄和开花季节性上常有差别，这在前述花芽分化内容时已经涉及。而植株从第一朵花开放至最后一朵花开毕所延续的开花期，也常随植物的种类而异。如水稻、小麦的开花期约 1 周左右，油菜为 20～40 d，棉花、番茄的开花期较长，可延续一至数月。有些热带植物，如可可、柠檬、桉树可以终年开花。栽培植物的开花期还常常与品种特性、营养状况以及环境条件等有着一定的关系。

各种植物每朵花开放所持续的时间以及开花的昼夜周期性变化也很大。小麦单花开花的时间只有 5～30 min，每天开花有两次高峰，第一次在上午 9—11 时，第二次在下午 3—5 时。水稻单花开花所需时间 1～2 h，而每天的盛花时间为 10—11 时。苹果单花开放时间较长，可达 3 d 左右，一个花序为 5～7 d，全树的花期一般为 10 d 左右。棉花在早晨开花，下午花冠逐渐萎缩。一些观赏园艺植物的开花，表现出较规则地以每天为一周期的节律性变化，有人按 24 h 内不同植物的开花顺序编制出"花时钟"。

各种植物的开花习性是植物在长期演化过程中形成的遗传特性，但在一定程度上也常因受到纬度、海拔高度、坡向、气温、光照、湿度等环境条件的影响而发生变化。通常纬度愈低的地区，植物开花期愈早；纬度愈高，植物开花期愈晚。一些春季开花的植物，当遇上 3—4 月气温回升较快时，花期普遍提早；若遇到早春霜冻严重，晚霜结束又较迟的年份，花期则普遍推迟。晴朗干燥、气温较高的天气可以促进植物提早开花；反之，阴雨低温的天气则会产生延迟开花的作用。

掌握植物的开花规律和开花条件，在植物栽培上，有利于及时采取相应的农艺措施，以提高产量和品质；在育种工作中，可更好地通过控制花期，适时进行人工有性杂交，创育新品种；在种植观赏花卉时，可应用花期的参差，配组植物，或根据开花条件，调控花期，以达到常年美化环境的目的。

4.5.2　传粉

成熟花粉传送到雌蕊柱头上的现象，称为传粉。传粉是受精的前一步骤，是有性生殖过程的重要环节。传粉有两种不同方式，一种是自花传粉，另一种为异花传粉。

1. 自花传粉和异花传粉

自花传粉应指同一朵花中雄蕊的花粉传送到雌蕊柱头上的过程，但在实际应用中，常常将农作物的同株异花间的传粉和果树栽培上同品种异株间的传粉，也称为自花传粉。小麦、大麦、棉花、豆类、芝麻、番茄等是自花传粉植物。典型的自花传粉是闭花受精，如豌豆的花尚处于蕾期时，雄蕊的花粉粒在花粉囊里即已萌发，花粉管穿出花粉囊壁，趋向柱头生长，进入子房，将精子送入胚囊，完成受精。花生植株下部的花也是通过闭花受精以后发育为果实的。闭花受精可避免花粉粒为昆虫所吞食，或被雨水淋湿而遭破坏，是对环境条件不适于开花传粉时的一种合理的适应现象。

异花传粉是被子植物有性生殖中较为普遍的一种传粉方式，是指一朵花的花粉传到另一朵花的雌蕊柱头上的过程。玉米、向日葵、瓜类、苹果等均为异花传粉。在作物和果树栽培中则认为异株间的传粉，甚至异品种间的传粉才是异花传粉。

从植物进化的生物学意义分析，异花传粉比自花传粉优越。异花传粉植物的雌配子和雄配子是在差别较大的生活条件下形成的，遗传性具有较大的差异，由它们结合产生的后代具有较强的生活力和适应性，往往植株强壮，结实率较高，抗逆性也较强。而自花传粉植物则相反。如长期连续自花传粉，往往导致植株变矮，结实率降低，抗逆性变弱；栽培植物则表现出产量降低、品质变差、抗不良环境能力衰减，甚至失去栽培价值。

虽然自花传粉有害，是一种原始的传粉形式，但自然界还存在不少自花传粉植物。这是因为当异花传粉缺乏必要的传粉条件时，自花传粉则成为保证植物繁衍的特别适应形式而被保存下来。正如达尔文曾经指出的，对于植物来说，用自体受精方法来繁殖种子，总比不繁殖或繁殖很少量的种子来得好些。何况在自然界里实际上是很难找到绝对自花传粉的植物，在它们中间总会有很少的一部分植株在进行异花传粉。例如，小麦为自花传粉植株，但仍有 1%～5% 的花为异花传粉。

2. 风媒花和虫媒花

植物进行传粉时，往往要借助于外力，需要通过风、昆虫、鸟、水等媒介将花粉传至另一朵花的雌蕊柱头上，其中风和昆虫是最普通的媒介。植物对不同传粉媒介的长期适应，常常相应产生与之相匹配的形态和结构。

依靠风力作为传粉媒介的植物称风媒植物，如水稻、玉米、苎麻、杨、核桃、栎等，它们的花称风媒花。风媒植物常形成穗状或柔荑花序；花被一般不鲜艳，小或退化，无香味，不具蜜腺；产生大量细小质轻、外壁光滑、干燥的花粉粒。有些植物（如禾本科植物）的雄蕊常具细长花丝，易随风摆动，有利散发花粉。风媒植物的雌蕊柱头一般较大，常分裂呈羽毛状，开花时伸出花被以外，从而增加了受纳花粉的机会。此外，较多的风媒花植物在早春开花，且具有先花后叶或花叶同放的习性，可以减少大量枝叶对花粉随风传播的阻碍。

借助昆虫，如蜂、蝶、蛾、蝇、蚁等作为传粉媒介的植物称为虫媒植物，如油菜、向日葵、瓜类、薄荷、洋槐、泡桐等，它们的花称为虫媒花。虫媒花一般具有大而鲜艳的花被，常有香味或其他气味，有分泌花蜜的蜜腺存在，这些都是招引昆虫的适应特征。此外，虫媒花的花粉粒较大，数量较风媒花的少，表面粗糙，常形成刺突雕纹，有黏性，易黏附于访花采蜜的昆虫体上而被传播开去。传粉的昆虫种类很多，虫媒花的大小、形状、结构、蜜腺的位置等，常与虫体的大小、形态、口器的结构等特征之间形成巧妙的适应。虫媒植物的分布以及开花的季节性和昼夜周期性，也与传粉昆虫在自然界中的分布、活动的规律性之间存在着密切的关系。

3. 植物对异花传粉的适应

植物在长期的自然选择过程中，形成了许多避免自花传粉而适应异花传粉的性状。

（1）单性花：形成雄花和雌花，严格地保证异花传粉。例如雌雄同株的玉米、瓜类、蓖麻、胡桃等，雌雄异株的菠菜、大麻、桑、杨、柳等。

（2）雌雄蕊异熟：两性花中，有的是雄蕊先成熟，雌蕊后熟，不能有效地接受花粉，如向日葵、苹果、梨；也有的是雌蕊先成熟，当雄蕊后熟散布花粉时，雌蕊的柱头已先枯萎，如油菜，柑橘、甜菜、车前等。

（3）雌雄蕊异长：两性花中，雌蕊、雄蕊的长度不同。如荞麦中有两种类型的植株，一种植株其雌蕊的花柱高于雄蕊的花药，另一种是雌蕊的花柱低于雄蕊的花药。传粉时，只有高雄蕊上的花粉粒传到高柱头上去，低雄蕊的花粉粒传到低柱头上去才能受精；异长的雌、雄蕊之间传粉则不能完成受精作用。

（4）自花不孕：花粉落到同一朵花或同一植株花的柱头上，由于生理上的不协调，花粉不能萌发，或虽能萌发，但花粉管生长缓慢，达不到受精的结果，如玉米、番茄等。

4.5.3 受精作用

受精是指雌、雄配子（卵细胞、精细胞）相互融合的过程。在被子植物中，产生卵细胞的雌配子体（胚囊）深藏于雌蕊子房的胚珠内，含有精细胞的花粉粒（雄配子体）必须经过萌发，形成花粉管，并通过花粉管将精细胞送入胚囊，才能使两性细胞相遇而结合，完成受精全过程。

1. 花粉的萌发

散落于柱头上的花粉必须具有生活力。在自然情况下，大多数植物的花粉从花药中散发后只能存活几小时或几天，存活期长的才可达几星期。水稻的花粉在田间条件下，经 3 min 就有 50% 丧失活力，5 min 后几乎全部丧失生活力。因此，成熟花粉粒能及时传至雌蕊的柱头上，对保证花粉的正常萌发至关紧要。在农业和林业的栽培和育种工作中，常常需要采集和贮藏花粉，以进行人工辅助授粉和杂交授粉。因此，研究花粉的生活力和贮存条件，延长花粉的寿命，提供有活性的花粉粒就显得更有实践意义。

生活的花粉粒传到柱头上以后，很快就开始进行相互识别作用。通过识别可以防止遗传差异过大或过小的个体之间交配，而选择出生物学上最适合的配偶。这是植物在长期进化过程中形成的一种维持物种稳定和繁荣的适应特性。

花粉粒和柱头组织间所产生的蛋白质是识别作用的主要物质基础。花粉壁中有内壁蛋白和外壁蛋白两类，其中外壁蛋白是"识别物质"。柱头乳突细胞的角质膜外，覆盖着一层蛋白质薄膜，它是识别作用中的"感受器"。当花粉粒与柱头接触后，几秒钟之内，外壁蛋白便释放出来，而与柱头蛋白质薄膜相互作用。如果二者是亲和的，随后由内壁释放出来的角质酶前体便被柱头的蛋白质薄膜所活化，而将蛋白质薄膜下的角质膜溶解，花粉管得以穿入柱头的乳突细胞；如果二者是不亲和的，柱头乳突细胞则发生排斥反应，随即产生胼胝质，阻碍花粉管进入。现在还从多种植物花粉中分离得到多种抗原（具有抗原性的糖蛋白），它们可以与特异性免疫球蛋白相结合，在识别反应中起着重要作用。此外，柱头表面存有的酶系统和分泌物中的酚类物质，也与识别作用和花粉管穿入柱头角质膜有着密切关系。花粉与柱头间的识别是一种重要的细胞间识别现象，对其复杂机制的认识还在不断深入。

花粉粒和柱头之间经历识别作用之后，被雌蕊柱头"认可"的亲和花粉粒，从周围吸水，代谢活动加强，体积增大，内壁由萌发孔突出形成花粉管，这一过程称为花粉粒的萌发（如图 4-17 所示）。花粉粒在柱头上萌发所需时间，常因植物的种类而异。例如，水稻、高粱、甘蔗等几乎在传粉后随即萌发，玉米、大麦等只需 5 min 左右，番茄为 15～20 min。有些植物需要较长时间才能萌发，例如小麦、甜菜需 1～2 h，甘蓝需 2～4 h。

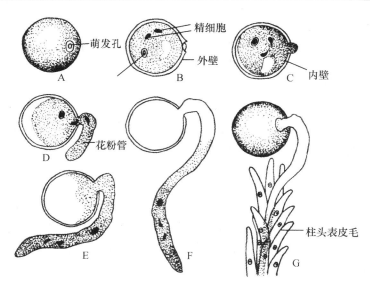

图 4-17　水稻花粉粒萌发和花粉管生长

(引自植物学，徐汉卿，1996)

花粉萌发常受外界环境条件的影响。萌发时需要一定的湿度，但过度潮湿则有害，雨天开花或人工授粉，易发生不实。温度与花粉萌发关系密切，各种植物有其花粉萌发的最适温度，如小麦为 20℃，番茄为 21℃，水稻为 28℃。大多数植物的萌发温度在 20～30℃范围。

2. 花粉管的生长

花粉萌发产生的花粉管多从柱头毛基部的细胞间隙进入，并向花柱中生长。在空心花柱中，花粉管沿花柱道内表面在其分泌液中生长；在实心花柱中，花粉管常在引导组织或中央薄壁组织的细胞间隙中生长，少数植物（如棉花）也可从引导组织的细胞壁中富含果胶质的胞间层内通过。花粉管在生长过程中，除了耗用花粉粒中的贮藏物质外，并从花柱组织吸收营养物质，以供花粉管的生长和新壁的合成。随着花粉管的向前延伸，花粉粒中的内容物几乎全部集中于花粉管的亚顶端。如为三细胞花粉粒，则包括 1 个营养核和 2 个精细胞，细胞质和各种细胞器；如为二细胞花粉粒，则生殖细胞在花粉管中再分裂一次，形成 2 个精细胞。

花粉管通过花柱进入子房以后，通常沿着子房壁内表面生长，最后从胚珠的珠孔进入胚囊。目前的研究资料认为，助细胞与花粉管的定向生长有关。棉花的花粉管在雌蕊中生长时，由花粉管分泌出的赤霉素传入胚囊后，引起一个助细胞退化、解体，从中释放出大量 Ca^{2+} 离子；Ca^{2+} 呈一定的浓度梯度从助细胞的丝状器部位释出；花粉管朝向高浓度 Ca^{2+} 的方向生长，到达珠孔，由助细胞的丝状器部位进入胚囊。故钙被认为是一种天然向化物质。也有人认为花粉管的向化性生长，可能是包括硼在内的几种物质综合作用的结果。

花粉管生长的速度因植物种类和环境条件不同常有差别。从花粉粒在柱头上萌发到花粉管进入胚囊所需的时间，草本植物一般快于木本植物。小麦、水稻约 20～30 min 进入胚囊；柑橘花粉管到达胚珠需 30 h；栎属一些种，花粉管进入胚囊要长达 12～14 个月。影响花粉管生长速度的外界条件主要是温度。在一定的适宜温度范围内，温度增高，生长速度也相应加快。如小麦在 10℃ 时花粉管需 2 h 才到达胚珠，20℃ 时则需 30 min，30℃ 时仅需 15 min。此外，花粉生活力的高低，亲本亲缘关系的远近，花粉粒数量的多少都会影响花粉管的生长速度。

3. 双受精过程

花粉管到达胚囊后，由一个退化助细胞的丝状器基部进入。另一个助细胞可短期暂存或者相继退化。随后，花粉管顶端或亚顶端的一侧形成一小孔，释放出营养核和两个精细胞。其中一个精细胞与卵细胞融合，另一个精细胞与中央细胞的两个极核（或一个次生核）融合。被子植物在有性生殖过程中，花粉管中的两个精子分别与卵细胞和极核融合受精的过程称为双受精作用（如图 4-18 所示）。

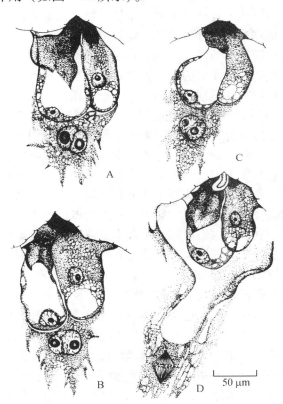

50 μm

图 4-18   棉花双受精作用的几个时期（示胚囊的珠孔端）

A. 受精后一个精子在卵细胞内，另一个精子将入中央细胞；B. 2 个精子分别与卵核和极核接触；C. 受精的卵核和极核的染色质分散，注意出现雄核仁；D. 卵核与精核在融合中，初生胚乳核在分裂中期

（引自植物学，徐汉卿，1996）

4. 受精的选择性与多精入卵

双受精的过程中，两个精细胞分别在卵细胞和中央细胞的无壁区发生接触，接触处的质膜随即融合，两个精核分别进入卵细胞和中央细胞。精核进入卵细胞后，再发生精核与卵核接触处的核膜融合，最后核质相融，两核的核仁也共融为一个大核仁。至此，卵已受精，成为了合子，它将来发育成胚。另一个精细胞进入中央细胞后，其精核与极核（或次生核）的融合过程与精核和卵核的融合过程基本相似，但融合的速度较精卵融合快。精核和极核（或次生核）融合形成初生胚乳核，将来发育成胚乳。

5. 双受精的生物学意义

被子植物的双受精过程具有重要的生物学意义。一方面，通过单倍体的雄配子（精细胞）与单倍体的雌配子（卵细胞）结合，形成一个二倍体的合子，使各种植物原有染色体的数目得以恢复，保持了物种的相对稳定性；同时，通过父、母本具有差异的遗传物质重组，使合子具有双重遗传性，既加强了后代个体的生活力和适应性，又为后代中可能出现的新性状、新变异提供了基础。另一方面，由另一精细胞与中央细胞受精形成的三倍体性质的初生胚乳核及其发育成的胚乳，同样兼有双亲的遗传性，更适合于作为新一代植物胚胎期的养料，可以使子代的生活力更强，适应性更广。因此，双受精作用是植物界有性生殖的最进化、最高级的形式，是被子植物在植物界繁荣的重要原因之一。同时，双受精作用的生物学意义也是植物遗传和育种学的重要理论依据。

选择性是生物体与周围环境条件之间发生相互作用而形成的一种适应特性，它与生物的繁衍进化密切相关。植物受精作用的全过程中，自始至终都贯穿着选择作用。从传粉开始，柱头与花粉之间即进行相互识别。经选择后，长入花柱中的多条花粉管通常又只有生活力强、生长迅速的一条进入胚囊，完成受精。少数植物有时出现2～3条花粉管先后进入胚囊的情况，但最后仍然仅有一条花粉管中的精细胞与雌性细胞发生融合受精，其余的花粉管均被同化吸收。有资料报道，同一花粉管中的两个精细胞在形态和生理特性等方面并不完全相同，它们分别和卵细胞、中央细胞受精，可能亦非偶然相遇，其中也存在着配子之间的选择性。总之，卵细胞总是选择生理上和遗传上最合适的精细胞完成受精过程。

受精的选择是自然选择的进化表现。达尔文首先指出，植物如果没有受精选择，就不可能充分得到异体受精的利益，也不可能避免自体受精或近亲交配的害处。因此，在农作物育种中，应采用各种手段充分利用受精选择性的有利一面，克服自交不孕及远缘杂交受精选择性不利的一面，以创造优良品种。

在一般情况下，传到雌蕊的柱头上的花粉粒很多。柱头上很多花粉粒萌发，形成很多花粉管，但通常只有生活力强、生长速度快的一个花粉管进入胚囊里。个别情况下，在棉花、水稻、玉米、小麦等植物中，也曾发现有几条花粉管同时或先后进入同一胚囊。多条花粉管所带来的多个精子，只有一个与卵细胞融合，其余的精子作为营养物质被同化吸收。但有时也可出现有两个以上的精子进入一个卵中，这种现象称为多精入卵。多精入卵经过选择性也只有一个精子和卵融合，其余的精子则被卵细胞同化吸收，并影响着胚的营养和遗传性。在极少数情况下，多精入卵发生多精受精，这样就会产生含有三组以上染色体的受精卵，因而出现多倍体的胚（$3n$、$4n$……）。

4.6　种子与果实的形成与构造

被子植物的花经过传粉、受精之后，雌蕊内的胚珠逐渐发育为种子。在此过程中，子房内新陈代谢活跃，子房壁生长迅速，连同其中所包含的胚珠，共同发育为果实。有些植物，花的其他部分甚至花以外的结构也可参与果实的形成。被子植物的种子生于果实之内，受到良好的保护，对于保证植物后代的繁衍具有重要意义。裸子植物不形成雌蕊，胚珠外面无子房壁包被，胚珠受精发育为种子之后呈裸露状态，这一特征表明裸子植物在进化上较原始的一个方面。

4.6.1　种子的发育

种子通常由胚、胚乳和种皮三部分组成，它们分别由合子（受精卵）、初生胚乳核（受精极核）和珠被发育而来。在种子的形成过程中，原来胚珠内的珠心和胚囊内的助细胞、反足细胞一般均被吸收而消失。

1. 胚的发育

胚的发育从合子开始。合子形成后通常需经过一段时间的"休眠"期。"休眠"期的长短常随植物不同而有差别，有时也受到环境条件的影响。如水稻的休眠期为 4～6 h；小麦为 16～18 h；棉花为 2～3 d；菜豆也需 3 d 左右；可可树约为半月；茶树的合子需经更长的休眠期，要 5～6 个月。

合子通过休眠后，便开始进行分裂，这在植物的生活史中具有重要的作用，标志着新植物个体发育的开始。合子从第一次分裂形成的两细胞原胚开始，直至器官分化之前的胚胎发育阶段，称为原胚时期。双子叶植物和单子叶植物原胚时期的发育形态甚为相似，但在以后的胚分化过程和成熟胚的结构则有较大差别。现将双子叶植物和单子叶植物胚的发育过程和特点举例分述如下。

（1）双子叶植物胚的发育。现以十字花科植物荠菜为例说明双子叶植物胚的发育过程。

荠菜的合子经过休眠后，进行不均等的横向分裂，形成大小不等的两个细胞，近珠孔的细胞较长，高度液泡化，称为基细胞；远珠孔的细胞较小，细胞质浓，称为胚细胞。随后，由于基细胞产生的细胞继续进行多次横分裂，形成单列多细胞的胚柄。通过胚柄的延伸，将胚细胞推向胚囊中部，以有利于胚在发育中吸收周围的营养物质。同时，由于胚柄固着于珠孔端，故对将来由胚体分化出的胚根从珠孔处伸出有引导作用。在胚柄的生长过程中，胚细胞相应进行分裂，首先发生一次纵向分裂，接着进行与第一次壁垂直的第二次纵向分裂，形成四分体胚体。然后各个细胞分别进行一次横向分裂，形成八分体。八分体再经过各个方向的连续分裂，形成多细胞的球形胚体。胚体继续增大，在顶端两侧部位的细胞分裂较快，形成两个突起，称为子叶原基，此时整个胚体呈心形。继而子叶原基延伸，形成两片形状、大小相似的子叶，紧接子叶基部的胚轴也相应伸长，整个胚体呈鱼雷形。以后，在两片子叶基部相连处的凹陷部位分化出胚芽；与胚芽相对的一端，由胚体基部细胞和与其相接的一个胚柄细胞分化出胚根，至此，幼胚分化完成。随着幼胚的发育，胚轴和子叶显著延伸，最终，成熟胚在胚囊内弯曲成马蹄形，胚柄退化消失（如图 4-19 所示）。

（2）单子叶植物胚的发育。单子叶植物胚发育的早期阶段，与双子叶植物的大致相似，但后期发育过程则差别显著。现以小麦、水稻等禾本科植物为例说明单子叶植物胚发育的基本特点。

小麦合子经两次分裂形成四细胞原胚，以后，继续进行各个方向的分裂，形成基部稍长的梨形原胚。不久，梨形原胚偏上一侧出现小凹沟。凹沟以上区域将来形成盾片（内子叶）的主要部分和胚芽鞘的大部分；凹沟稍下处的附近，即原胚的中间区域，将来形成胚芽鞘的其余部分以及胚芽、胚轴、胚根、胚根鞘和一片不发达的外胚叶；原胚的基部形成盾片的下部和胚柄。冬小麦胚发育成熟所需时间为传粉后约 16 d，春小麦约 22 d 完成。玉米胚的发育较慢，约在传粉后 45 d 才接近成熟。水稻的合子启动分裂较小麦快，开花后 7 d 胚的各部分基本分化形成，8～14 d 胚继续长大，直至分化成熟（如图 4-20 所示）。水稻成熟胚的胚轴弯折明显，在形态上与小麦胚存在差别。

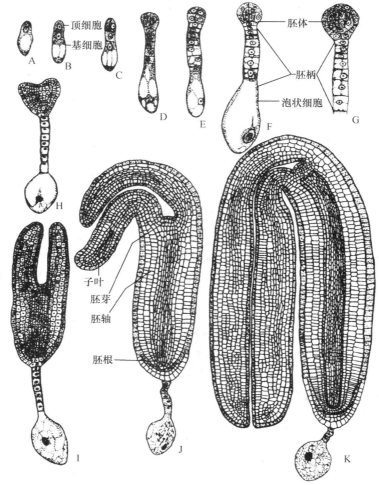

图 4-19　荠菜胚的发育

A. 合子；B. 二细胞原胚；C. 基细胞横裂为二细胞胚柄，顶细胞纵裂为二细胞胚体；D. 四细胞胚体；
E. 八细胞胚体；F，G. 球形胚体；H. 心形胚体；I. 鱼雷形胚体；J，K. 马蹄形胚体

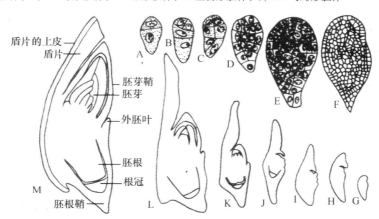

图 4-20　小麦胚的发育

A—D. 二细胞、四细胞、多细胞的原胚（授粉后 1、2、3、4 d）；E—G. 梨形多细胞原胚，盾片刚微现
（授粉后 5～7 d）；H—K. 胚芽、胚芽鞘、胚根、胚根鞘和外胚叶逐渐分化形成（授粉后 10～15 d）；
L. 胚发育比较完全（授粉后 20 d）；M. 胚发育较完全（授粉后 25 d）

（引自植物学，徐汉卿，1996）

2. 胚乳的发育

被子植物胚乳的发育是从初生胚乳核（受精的极核）开始的。初生胚乳核一般是三倍体结构，通常不经休眠（如水稻）或经短暂的休眠（如小麦为 0.5～1h）后，即开始第一次分裂。胚乳核的初期分裂速度较快，因此，当合子进行第一次分裂时，胚乳核已达到相当数量。胚乳的发育进程较早于胚的发育，从而为幼胚的生长发育及时提供必需的营养物质。胚乳的发育形式一般有核型胚乳和细胞型胚乳两种基本类型。

（1）核型胚乳。核型胚乳是被子植物中最普遍的胚乳发育形式。初生胚乳核的分裂和以后核的多次分裂，都不相伴产生细胞壁，众多细胞核游离分散于细胞质中（如图 4-21所示）。随着游离核的增多和胚囊内中央液泡的形成与扩大，游离核连同细胞质被挤向胚囊的周缘。游离核时期的细胞核数目常随植物种类而有变化，如咖啡只形成 4 个，向日葵、灰毛菊、马利筋产生 8～16 个游离核时便形成细胞壁；小麦开花后 48～50 h 游离核达百余枚以上后。在细胞核之间形成细胞壁，分隔成胚乳细胞。胚乳细胞壁的形成通常是在胚囊最外围开始，此后，向心地逐渐产生细胞壁而形成胚乳细胞，最后整个胚囊被胚乳细胞充满。但也有植物仅在原胚附近形成胚乳细胞，而合点端保持游离核状态，如菜豆属。也有的只是胚囊周围形成少数层次的胚乳细胞，胚囊中央仍为胚乳游离核，如椰子的液体胚乳（椰乳），其内即含有许多游离核，以及蛋白质粒、油滴和生长激素。此外，更为少见的情况是胚乳始终为游离核状态，如旱金莲等。

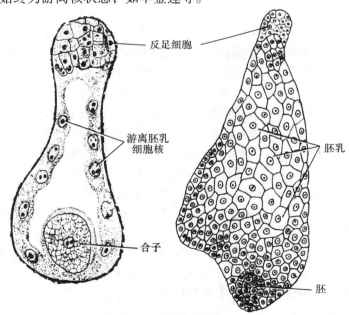

反足细胞

游离胚乳
细胞核

胚乳

合子

胚

图 4-21　玉米核型胚乳发育过程

（引自植物及植物生理，郑莉荔，1998）

（2）细胞型胚乳。细胞型胚乳的特点是从初生胚乳核分裂开始，随即伴随细胞壁的形成，以后各次分裂也都是以细胞形式出现，无游离核时期（如图 4-22 所示）。大多数双子叶合瓣花植物，如番茄、烟草、芝麻等，胚乳的发育均属于细胞型。

（3）外胚乳。有些植物的胚囊外的一部分珠心组织随种子的发育而增大，形成类似胚乳的贮藏组织，称为外胚乳。外胚乳不同于胚乳，它是非受精的产物，为二倍体组织。外胚乳可在有胚乳的种子（如胡椒、姜）中出现，也可以发生于无胚乳的种子中（如石竹、苋）。在大多数植物中，珠心在胚囊以及胚和胚乳的发育中已被分解、吸收，它们的种子中无外胚乳存在。

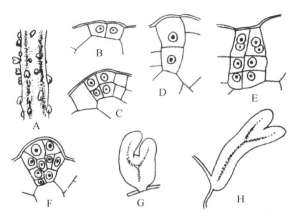

图 4-22　离体培养条件下石龙芮胚状体发生的过程

A. 下胚轴表面出现胚状体；B—F. 表皮细胞启动形成胚状体的过程；G，H. 分化出胚根和具子叶苗端的胚状体

（引自植物学，徐汉卿，1996）

3. 种皮的发育

种皮是由珠被发育而来的保护结构。胚珠仅具单层珠被的只形成一层种皮，如向日葵、番茄、胡桃；具双层珠被的，通常相应形成内、外两层种皮，如蓖麻、油菜、苹果等。但也有不少植物这两层种皮区分不明显，或者虽然有两层珠被，但在以后的发育过程中，内珠被已退化成纤弱的单层细胞，甚至完全消失，只由外珠被继续发育成为种皮，如大豆、蚕豆、菜豆等。禾本科植物的种皮极不发达，如小麦、水稻等仅剩下由内珠被的内层细胞发育而来的残存种皮，这种残存种皮与果皮愈合在一起，主要由果皮对内部幼胚起着保护作用。

成熟种子的种皮外表一般可见到种脐、种孔和种脊等结构。种脐是种子成熟后，从种柄或胎座上脱落留下的痕迹，其颜色、大小、形状常随植物种类而不同；种孔是原来的珠孔；种脊位于种脐的一侧，是倒生胚珠的外珠被与珠柄愈合形成的纵脊遗留下来的痕迹，其内有维管束贯穿。

种皮成熟时，内部结构也发生相应改变。大多数植物的种皮其外层常分化为厚壁组织，内层为薄壁组织，中间各层往往分化为纤维、石细胞或薄壁组织。以后随着细胞的失水，整个种皮成为干燥的包被结构，干燥坚硬的种皮使保护作用得以加强。有些植物的种皮十分坚实，不易透水，不易通气，与种子的萌发和休眠有一定的关系。

少数植物的种子具有肉质种皮，如石榴的种子成熟过程中，外珠被发育为坚硬的种皮，而种皮的表皮层细胞却辐射向扩伸，形成多汁含糖的可食部分。裸子植物中的银杏，其外种皮亦为肥厚肉质结构。还有一些植物的种子，它们的种皮上出现毛、刺、腺体、翅等附属物，对于种子的传播具有适应意义。此外，还有少数植物的种子形成假种皮。假种皮是由珠柄或胎座发育而来，包于种皮之外的结构，常含有大量油脂、蛋白质、糖类等贮藏物质，如龙眼、荔枝果实的肉质多汁的可食部分。

4.6.2　无融合生殖和多胚现象

1. 无融合生殖

被子植物种子中的胚，通常是有性生殖的产物。但有些植物的胚囊中，也可以出现不经过雌、雄性细胞融合而产生胚和种子的现象，这种现象称为无融合生殖。无融合生殖现象已在被子植物 36 个科的 300 多个种中发现，形式多样，综合归纳可分为单倍体无融合生殖和二倍体无融合生殖两大类。

（1）单倍体无融合生殖：其胚囊是由胚囊母细胞经过正常的减数分裂而形成的，这种胚囊中的成员都只含单倍的染色体组。若由卵细胞不经受精而发育成胚，称为孤雌生殖，在玉米、小麦、烟草等植物中曾有报道。若由助细胞或反足细胞直接发育成胚，则称为无配子生殖，在水稻、玉米、棉花、烟草、亚麻等植物中有过报道。这两种方式所产生的胚，以及由胚进一步发育成的植株都是单倍体，无法进行减数分裂，其后代常常是不育的。但如果通过种种手段，使其染色体加倍，形成纯合二倍体，则可应用于育种工作中。

（2）二倍体无融合生殖：其胚囊是由未经减数分裂的孢原细胞、胚囊母细胞或珠心细胞直接发育而成的，这种胚囊中的成员都是二倍体的，同样可以出现孤雌生殖（如芸薹属、蒲公英）或无配子生殖（如葱）。这两种方式所产生的胚为二倍体，由胚发育形成的植株也是二倍体，有正常的生殖能力，可以产生后代。

无融合生殖方式可认为是正常的减数分裂和受精过程的一种变态，这种生殖方式将阻碍基因的重组和分离，然而在植物育种工作中却有很大的利用价值。例如通常在杂交育种时，后代性状分离严重，要获得具有良好性状的稳定后代，需经多代选择，历时多年；而应用杂交后代中的孤雌生殖单倍体，通过人工或自然加倍染色体，就可以短期内得到遗传上稳定的纯合二倍体，这对于缩短育种进程，固定杂种优势，提高育种效率显然都具有重要意义。此外，无融合生殖在克服远缘杂交不亲和，提纯复壮品种等方面也都有广泛的应用前景。

2. 不定胚

在某些植物中，胚囊外面的珠心或珠被细胞也可直接进行细胞分裂，形成一些不定胚，这些不定胚可与合子胚同时并存。例如柑橘的胚珠中，即可存在 4～5 个甚至更多的胚，其中只有一个是来源于受精卵的合子胚，其余均为来源于珠心的不定胚（珠心胚）。通常珠心胚无休眠期，出苗快，比合子胚优先利用种子的营养物质，因而由珠心胚长成的珠心苗也较健壮，并能基本保持母体品种的优良特性，同时还可避免因重复进行无性繁殖而发生的衰退。因此，优良品种的珠心苗在生产上是很有实用意义的。

3. 多胚现象

在一粒种子中具有两个或两个以上胚的现象称为多胚现象。多胚形成的原因相当复杂，有的由受精卵裂生成两个至多个胚；有的在一个胚珠中形成两个胚囊而出现多胚（如桃、梅）；但更多的情况是除了合子胚外，由无配子生殖产生的胚或珠心形成的不定胚，如胚囊中的助细胞（如菜豆、禾状慈姑）和反足细胞（如韭菜、无毛榆）。

4.6.3　胚状体和人工种子

1. 胚状体

在正常情况下，被子植物的胚胎是由合子胚发育而成，但自然界中，少数植物的胚珠，其珠心和珠被组织的一些细胞有时也可发育为胚状结构，并可萌发成幼苗。极少数的植物（叶状沼兰），它们的叶顶端，也可自然产生许多胚状组织。在人工离体培养植物细胞、组织及器官的过程中，胚状结构也常可在培养物的表面形成。这种在自然界或组织培养中由非合子细胞分化形成的胚状结构，称为胚状体。胚状体有极性分化，可形成根端和茎端；同时，其体内还分化出与母体不相连的维管系统，因此，在脱离母体后能进行单独培养生长。一些植物的胚状体的发育过程，与合子胚相似。

自1958年由斯图午德（F. CSteward）、赖纳特（J. Reinert）分别对胡萝卜根诱导出胚状体以来，至今已约近200种植物培养出了胚状体。中国已在烟草、水稻、小麦、玉米、棉花、茄子、甘蔗、梨、苹果、枣等许多重要经济植物、粮食作物和果树上，成功地应用组织培养方法，诱导出了胚状体。

胚状体的研究在理论上和实践上都很有价值。从受精卵以外的细胞中产生胚状体并成长为植株的事实，有力地证明了高等植物细胞具有全能性，保留了完整植株正常发育的遗传信息。在实际应用上，诱导胚状体再生植株的形式，具有产生植株多、速度快、成苗率高等优点，在农业、林业和园艺工作中，对具有优良遗传性状个体的快速繁殖和无病毒种苗培养等都有特殊的价值。

2. 人工种子

人工种子是将通过组织培养而诱导产生的胚状体，用含有养分和具有保护功能的物质（人工种皮）加以包裹，从而获得可以代替种子的人工培养物。

人工种子与天然种子相比有明显的优点：人工种子中的胚状体增殖快，繁殖系数大，能在室内大量生产，占用土地少，便于人工控制；人工种子具有相对的遗传稳定性，有利于保持原有植物品种的优良特性和固定杂交优势；便于将基因工程、原生质体融合等技术培育出的植物新品种，通过人工种子获得快速增殖，提高育种效率。人工种子的出现和实用化将大大促进作物品种的改良和增产，前景十分诱人。

4.6.4 果实的形成和类型

1. 果实的形成

植物完成受精作用之后，花的各部分变化显著。多数植物的花被枯萎脱落，但也有些植物的花萼可宿存于果实之上；雄蕊和雌蕊的柱头、花柱萎谢，仅子房连同其中的胚珠生长膨大，发育为果实。这种单纯由子房发育而成的果实称为真果。

真果的外面为果皮，内含种子。果皮由子房壁发育而来，通常可分为外、中、内三层果皮，如桃、梅、李等的果实（如图4-23所示）。也有些植物的果实，其三层果皮分界不明显。外果皮一般较薄，指表皮或包括表皮下面数层厚角组织，常有气孔和角质膜及蜡被的分化，有的外果皮上还生有毛、钩、刺、翅等附属物。中果皮最厚，维管束分布其中。不同植物的中果皮在结构上变化较多，有的可能全由富含营养物质和水分的薄壁细胞组成，有的则由薄壁细胞和厚壁细胞共同组成。果实成熟时，果皮干缩。内果皮也有不同的结构变化，可由单层细胞（如番茄）或多层细胞组成。有的革质化形成薄膜；有的木质化形成果核；也有的发

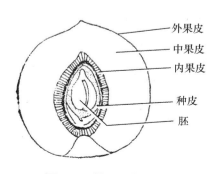

外果皮
中果皮
内果皮

种皮
胚

图4-23 桃果实的纵切面

育成囊瓣状。

被子植物中，还有一些种类的非心皮组织也与子房一起共同参与果实的形成和发育，这种果实称为假果。例如，苹果、梨的果实食用部分主要是由花筒（托杯）发育而成，由子房发育来的中央核心部分所占比例很少（如图 4-24 所示）。

果实在生长发育过程中，其体积和重量不断增加，最后生长停止，并通过一系列生理生化变化达到成熟。果实成熟时，果实表皮细胞中叶绿素分解，胡萝卜素或花青素等积累，果色由绿转变为黄、红或橙等色。果实内部合成醇类、酯类和羧基化合物为主的芬香性物质而散发出香气。同时，果实中原有的单宁、有机酸减少，糖分增多，以致涩、酸减弱，甜味明显增加。此外，果实成熟的另一明显变化是通过水解酶的活跃作用，使胞间层水解，细胞间松散，组织软化。

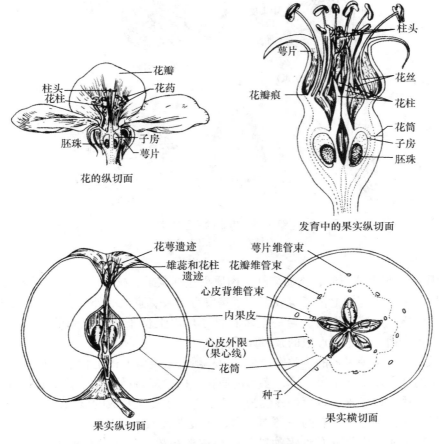

图 4-24　苹果的果实（假果）发育和结构

（引自 Rost 等）

2. 果实的类型

根据参与果实形成是单花或花序、雌蕊的类型、果实的质地、成熟果皮是否开裂和开裂方式、花的非心皮组织部分是否参与形成等差异，可将果实分类如下。

（1）单果。由一朵花中的一个单雌蕊或复雌蕊参与形成的果实称单果。单果分为肉质果和干果两类（如图 4-25 所示）。

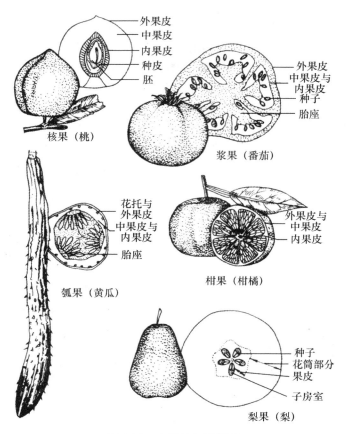

图 4-25　肉果的主要类型

（引自植物学，徐汉卿，1996）

① 肉质果：果实成熟时，肉质多汁。肉质果包括浆果、核果、柑果、梨果及瓠果。

● 浆果：由复雌蕊的上位子房或下位子房发育而来。浆果的外果皮薄，中果皮、内果皮和胎座均肉质化，浆汁丰富，含一至多粒种子。由上位子房发育来的浆果如番茄、葡萄、柿、茄等，由下位子房形成的浆果如香蕉。

● 核果：具有坚硬果核的一类肉质果，由单雌蕊或复雌蕊的上位子房或下位子房发育而来。核果的外果皮薄；中果皮厚，多为肉质化；内果皮石质化，由石细胞构成硬核，含一粒种子，如桃、梅、李、杏等。核桃为二心皮下位子房发育成的核果。

● 柑果：柑橘类植物特有的一类肉质果，由复雌蕊具中轴胎座的上位子房发育而成。柑果的外果皮革质，内部分布许多油腔；中果皮较疏松，具多分枝的维管束；内果皮膜质，分为若干室，向内产生许多多汁的毛囊。

● 梨果：由复雌蕊的下位子房和花筒愈合发育而形成的一类肉质假果。梨果的花筒与外果皮、中果皮均肉质化，无明显分界；内果皮木质化，较易分辨。梨果的中轴胎座常分隔为5室，每室含2粒种子，如梨、苹果、山楂等的果实。

● 瓠果：葫芦科瓜类所特有的一种肉质果。瓠果由3个心皮组成，为具侧膜胎座的下位子房发育而成的假果，其外面为花托与外果皮愈合形成的坚硬果壁。南瓜、冬瓜和甜瓜的食用部分为肉质的中果皮和内果皮，西瓜的主要食用部分为发达的胎座。

② 干果：果实成熟时，果皮干燥。干果成熟时根据果皮是否开裂，可分为裂果和闭果两类（如图 4-26、图 4-27 所示）。

● 裂果：果实成熟时，果皮开裂。根据心皮的数目和果皮开裂的方式，裂果分为以下几种类型。

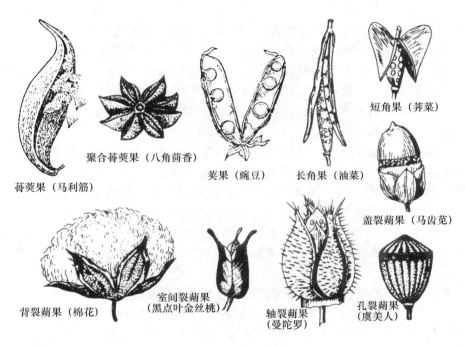

蓇葖果（马利筋）　聚合蓇葖果（八角茴香）　荚果（豌豆）　长角果（油菜）　短角果（荠菜）

背裂蒴果（棉花）　室间裂蒴果（黑点叶金丝桃）　轴裂蒴果（曼陀罗）　盖裂蒴果（马齿苋）　孔裂蒴果（虞美人）

图 4-26　裂果的主要类型

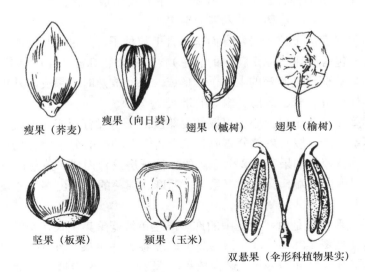

瘦果（荞麦）　瘦果（向日葵）　翅果（槭树）　翅果（榆树）

坚果（板栗）　颖果（玉米）　双悬果（伞形科植物果实）

图 4-27　闭果的主要类型

（引自植物学，徐汉卿，1996）

△ 荚果：豆科植物特有的一种干果。由单雌蕊的上位子房发育而成，子房1室，边缘胎座，成熟时沿背缝和腹缝开裂，如大豆、豌豆、菜豆等。有些豆科植物的荚果比较特殊，如落花生、合欢的荚果在自然情况下不开裂；山蚂蟥、含羞草、决明的荚果呈分节状，每节含种子一粒，成熟时，分节断落；槐的荚果为圆柱形分节，呈念珠状；苜蓿的荚果螺旋状，边缘有齿刺。

△ 菁葖果：由单雌蕊或离生单雌蕊的子房发育而来，果实成熟时，沿腹缝线开裂（如芍药、乌头、飞燕草）或背缝线开裂（如木兰、辛夷），含一至多粒种子。

△ 角果：十字花科植物特有的果实。由二心皮复雌蕊的子房发育而来，侧膜胎座，子房1室，或从腹缝线合生处向中央生出假隔膜，将子房分隔为二室。果实成熟时，果皮沿两腹缝线裂开成两片而脱落。白菜、萝卜、油菜、甘蓝的角果很长，称为长角果；荠菜、遏蓝菜的角果短阔，称为短角果。

△ 蒴果：由复雌蕊的上位子房或下位子房发育而来，内含多粒种子的一类开裂干果。果实成熟时有几种开裂方式，常见的有室背开裂，即沿心皮的背缝线裂开，如棉花、百合、鸢尾；室间开裂，即沿心皮相接处的隔膜裂开，如烟草、马兜铃、黑点叶金丝桃；室轴开裂，即果皮外侧沿心皮的背缝线或腹缝线相接处裂开，但中央的部分隔膜仍与轴柱相连而残存，如牵牛、曼陀罗、杜鹃花；盖裂，即果实中上部环状横裂成盖状脱落，如马齿苋、车前；孔裂，即果实成熟时，每一心皮顶端裂一小孔，以散发种子，如虞美人、金鱼草。

● 闭果：果实成熟时，果皮不开裂。闭果包括以下几种类型。

△ 瘦果：由1～3个心皮组成，上位子房或下位子房发育而来，内含1粒种子。成熟时，果皮与种子分离。1个心皮构成的瘦果如白头翁；2个心皮瘦果如向日葵；3个心皮瘦果如荞麦。

△ 颖果：禾本科植物特有的果实。由2～3个心皮组成，含1粒种子，是果皮和种皮愈合，不能分离，如小麦、水稻、玉米等的果实。

△ 坚果：由复雌蕊的下位子房发育而来，含1粒种子，是果皮坚硬木质化的一种不裂干果。坚果外面常包有壳斗（原来花序的总苞），如板栗、麻栎、栓皮栎等。

△ 翅果：由单雌蕊或复雌蕊的上位子房形成。果实成熟时，果皮向外扩延成翼翅的不裂干果称翅果，如臭椿、槭、枫杨、榆等的果实。

△ 分果：由2个或2个以上心皮组成的复雌蕊的子房发育而成，形成2室或数室。果实成熟时，子房室分离，按心皮数分离成若干个含1粒种子的分果瓣，仍属不裂干果。胡萝卜、芹菜等伞形科植物的果实由2个心皮的下位子房发育而成，成熟时分离为2个分果瓣，分悬于中央果柄的上端，又称为双悬果；苘麻、锦葵的果实由多个心皮组成，成熟时则分为多个分果瓣。

（2）聚合果。聚合果是由一朵花中的许多离生单雌蕊聚集生长在花托上，并与花托共同发育成的果实（如图 4-28 所示）。每一离生雌蕊各为一单果（小果），根据小果的种类不同，又可分为聚合瘦果（草莓）、聚合核果（悬钩子）、聚合坚果（莲）、聚合菁葖果（八角、芍药）。

（3）聚花果。聚花果又称复果，是由整个花序发育成的一个果实（如图 4-29 所示）。桑椹来源于一个雌花序，各花的子房发育成一小坚果，包藏于肥厚多汁的花萼内。菠萝的果实也是由多花聚生在肉质花轴上发育而成。无花果的肉质花轴内陷成囊状，囊的内壁上着生许多小坚果。

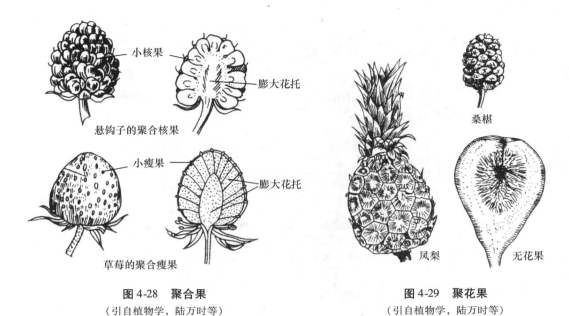

图 4-28　聚合果
（引自植物学，陆万时等）

图 4-29　聚花果
（引自植物学，陆万时等）

4. 6. 5　单性结实和无籽果实

一般情况下，植物通过受精才能结实。但有些植物也可不经受精即能形成果实，这种现象称为单性结实。单性结实的果实里不产生种子，形成无籽果实。

单性结实有两类：天然单性结实和刺激单性结实。天然单性结实是花不经传粉、受精或其他刺激诱导而结实的现象，如香蕉、柿、葡萄和柑橘等某些品种的单性结实。刺激单性结实是通过人工诱导、外界刺激而引起的单性结实现象。低温和高光强度可以诱导番茄产生无籽果实；短光周期和较低的夜温可导致瓜类出现单性结实；应用某些生长调节剂刺激花蕾，如用低浓度的 2,4-D 或 NAA（萘乙酸）处理番茄和茄子的花蕾，用 GA（赤霉素）浸葡萄花序均可诱导单性结实。其他如采用种间花粉刺激、环状剥皮诱发等，均有达到单性结实的效果。

单性结实形成无籽果实，但无籽果实并非全由单性结实所致。有些植物虽然完成了受精作用，但由于种种原因，胚的发育中途停止，其子房或花的其他部分继续发育，也可形成没有种子的果实。

单性结实在生产上有重要意义：当传粉条件受到限制时植物仍能结实；可以缩短成熟期；可增加果实的含糖量，提高果实品质等。

学习小结

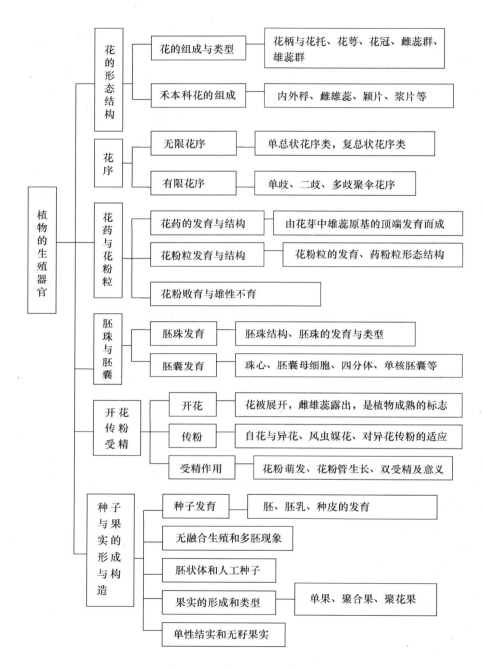

4.7　复习思考题

1. 典型的花由哪几部分组成？说明各部分的形态类型和功能。

2. 花被在不同植物种类里的变化情况如何？什么是单被花、两被花和无被花？举例说明。

3. 花托有哪些形态变化？由此而引起子房和花的其他组成部分的位置也有相应地变

化，形成哪些不同的类型？

4. 禾本科植物小花由哪几部分组成？与典型花相比较特点是什么？

5. 什么是花序？两大类型花序的主要区别是什么？举例说明各类花序的重要特征。

6. 花药的发育过程如何？绒毡层在小孢子形成过程中起着什么重要作用？

7. 说明由孢原细胞发育为小孢子的过程及成熟花粉粒构造。

8. 什么是花粉败育和雄性不育？产生这两种现象的原因是什么？

9. 说明胚珠的结构和类型，并用生物绘图的方法绘成熟胚珠简图。

10. 什么是胎座？如何识别各种胎座类型？

11. 简述成熟胚囊的发育过程。七细胞胚囊各细胞的名称和作用是什么？

12. 什么叫花序？举例说明花序的类型。

13. 比较总状花序与穗状花序、伞房花序与伞形花序、头状花序与隐头花序、柔荑花序与穗状花序、有限花序与无限花序的区别。

14. 什么是自花传粉和异花传粉？异花传粉和自花传粉的生物学意义为何？植物如何在花部的形态结构或开花方式方面避免自花传粉的发生？

15. 虫媒花与风媒花有何区别？如何识别？

16. 简述被子植物双受精过程及其意义。

17. 花粉在柱头上的萌发，为什么会出现亲和与不亲和的现象？从细胞组织学的角度看，亲和或不亲和的原因是什么？

18. 什么是无融合生殖和多胚现象？无融合生殖有哪些类型？

19. 以荠菜胚的发育过程为例，说明双子叶植物胚的发育。

20. 胚乳有何作用？它的发育有哪几种类型？

21. 果实是怎样发育形成的？举例说明真果、假果、单果、聚花果和聚合果的概念。

22. 下列植物的果实各属于哪种类型：

西瓜、黄瓜、大豆、花生、皂荚、紫藤、白菜、萝卜、油菜、芍药、牡丹、梧桐、八角茴香、苹果、山楂、桃、杏、葡萄、番茄、茄、柑橘

模块 2
植物生理

　　植物生理是研究植物生命活动规律的科学，包括：水分代谢、矿质营养、光合作用、呼吸作用、体内物质的转化与运输、营养生长和生殖生长、成熟与衰老、植物的抗性等一系列生理过程，并与环境存在着不可分割的联系。在适宜的环境条件下，植物有条不紊地进行着种子萌发、营养器官的生长和运动、开花与受精作用、果实和新种子的形成等生长发育过程。因此，只有掌握植物生长发育的规律性，才能正确运用各种技术和措施有目的地调节植物的生长发育进程，并在对环境友好的基础上，创造出高产优质的植物产品，实现农林生产的可持续发展。

第5章 植物的水分生理

 知识目标

◆ 掌握水势、蒸腾作用的概念以及水分在植物体内的运动。

◆ 理解细胞和根系对水分吸收的机制及其影响因素，理解气孔蒸腾原理及运动规律。

◆ 掌握植物的需水规律。

◆ 了解水分在植物生命活动中的作用，植物体内水分的运输和分配。

◆ 知道蒸腾作用的生理意义及其影响因素。

能力目标

◆ 会利用质壁分离现象鉴定细胞的死活，测定植物组织的渗透势。

◆ 会用小液流法测定植物组织水势。

◆ 会用快速称重法测定蒸腾速率。

水是植物维持生存所必需的最重要的物质。植物的生长发育、新陈代谢和光合作用等一切生命过程都必须在水环境中才能进行，没有了水，植物的生命活动就会停滞，植株则会干枯死亡。地球上各地带的水分供应量不仅决定了植物的生态分布，而且显著影响了植物的生理生化特性。对于一株植物来说，一方面，它要不断地从环境中吸收水分，以满足其正常生长发育的需要；另一方面，由于植株地上部分（主要是叶片）的蒸腾作用，植物体内的一部分水分不断散失到大气中，以维持其体内外的水分循环及适宜的体温。根系吸收的水分除极少部分参与体内的生化代谢过程外，绝大部分通过蒸腾作用散失到了周围环境中。植物正常的生命活动就是建立在对水分不断地吸收、运输、利用和散失的过程之中，对这一过程的研究及其调控构成了植物水分生理研究的主要内容，也是作物生长过程中合理灌溉的生理基础。合理灌溉可以满足作物生长发育对水分的需要，同时为作物提供良好的生长环境，对农作物的高产、优质有重要意义。

5.1 水在植物生命活动中的重要性

5.1.1 植物的含水量

水是植物体的主要构成成分，是植物生命活动的基础。任何植物的生命活动都需要一定的含水量，但植物的不同类型，植物的不同器官，其含水量是不同的。在不同类型的植物中，水生植物的含水量高，都在90%以上；中生植物的含水量在70～90%，如草本植物；旱生植物含水量最低，如苔藓、地衣等一般在80%以下，最低时可达到6%。

同一种植物生长在不同的环境中，含水量也有差异。生长在荫蔽、潮湿环境中的植物，其含水量要比生长在向阳、干燥的环境中高一些。

植物的不同器官、不同发育时期的含水量也存在较大的差异：凡生命活动旺盛的组织和器官（如嫩梢、根尖、幼叶、幼苗、发育的种子或果实等）含水量都比较高，为 70%～85%；凡是趋于衰老的组织和器官，含水量都比较低，在 60% 以下。有些植物的器官含水量并不高，例如树干为 40%～55%，休眠芽为 40%，风干种子为 8%～11%。

同一器官的生理年龄不同，含水量也不同。休眠种子的含水量很低，不表现为明显的生命活动；当含水量增加到 20%～25% 时，种子开始表现明显的生命活动，呼吸作用逐渐加强；当含水量达到 40%～60% 以上时，种子才能发芽。

为什么生命活动越旺盛的部位，其含水量越高？为什么必须具备一定的含水量，才能进行明显的生命活动？这些都与水在植物生命活动中的重要作用有关。

5.1.2　植物体内的水分存在状态

在植物体内，水分的生理作用不仅与其数量多少有关，而且与其存在状态有关。在植物细胞内，水分通常以束缚水和自由水两种状态存在。植物体内有许多亲水的生物大分子，如蛋白质、核酸、果胶质、纤维素等。这些生物大分子含有许多亲水基团，如氨基、羟基、羧基、羰基等，这些亲水基团可通过氢键与水分子结合，这种结合称为水合作用。由于水合作用，使细胞中的一部分水失去流动性，这部分水就是束缚水。水分子距离亲水物质越近，吸引力越强；反之，二者距离越远，吸引力越弱。距离胶体颗粒亲水物质较远而且可以自由流动的水分叫自由水。事实上，这两种状态的水分划分是相对的，它们之间没有一个明显的界限。

束缚水和自由水对于植物的代谢活动和抗性强弱所起的作用不同。自由水参与植物体内的各种代谢反应，而且其数量多少直接影响着植物的代谢强度（如光合作用、呼吸作用、蒸腾作用和生长等）。而束缚水不参与代谢活动，但它与植物的抗性强弱有关。细胞中自由水和束缚水比例的大小往往影响植物的代谢强度。自由水占总含水量的比例越高，代谢越旺盛；反之则代谢越弱。当植物处于不良环境时，如干旱、寒冷等环境时，一般束缚水的比例较高，代谢变弱，植物抵抗不良环境的能力增强。越冬植物的休眠芽和干燥的种子内所含的水基本上是束缚水，植物以其微弱的代谢强度维持生命活动，并且度过不良的环境条件。因此，束缚水与植物的抗性有关。

植物体内束缚水和自由水的含量经常变化，这种变化影响原生质胶体的存在状态。当细胞内自由水含量比较多时，原生质颗粒完全分散在水介质中，胶粒与胶粒之间的联系减弱，胶体呈现溶液状态，这种状态的胶体称为溶胶；当细胞内自由水含量比较少时，其原生质胶粒与胶粒相互结成网状，水则分布于网眼内，胶体失去流动性而凝结为近似固体的状态，这种状态的胶体称为凝胶。除了休眠种子的原生质体呈凝胶状态外，在大多数的情况下，植物细胞的原生质都呈溶胶状态。原生质处于溶胶状态时，自由水相对含量较多，故植物代谢比较旺盛；原生质处于凝胶状态时，自由水含量较低，故增强了植物的抗性。因此，研究中常以自由水与束缚水的比例作为衡量植物代谢强弱的指标之一，而以束缚水与自由水的比例作为衡量植物抗性强弱的指标。

5.1.3　水分的生理作用

水分的生理作用是指植物生命活动所需的水分直接参与原生质组成、生理生化代谢和基本生理过程。水分的生理作用可以概括为以下几个方面。

（1）水是原生质的重要组成成分。原生质一般含水量在 70%～90%，这样才使原生质保持溶胶状态，以保证各种生理生化过程的进行。如果含水量减少，原生质由溶胶状态变成凝胶状态，则细胞生命活动大大减缓（例如休眠种子）。如果原生质失水过多，就会引起生物胶体的破坏，导致细胞死亡。另外，细胞膜和蛋白质等生物大分子表面存在大量的亲水基团，吸收大量的水分子形成一种水膜，正是由于这些水分子层的存在，维系着膜分子以及其他生物大分子的正常结构。

（2）水是代谢过程的反应物质。水是光合作用的原料。在呼吸作用以及许多有机物质的合成和分解过程中都有水分子参与。没有水，这些重要的生化过程都不能进行。

（3）水是各种生理生化反应和运输物质的良好介质。植物体内绝大多数生化过程都是在水介质中进行的。水分子具有极性，是自然界中能溶解物质最多的良好溶剂。参与生化过程的反应物都溶于水，控制这些反应物的酶类也是亲水性的。所以说植物体内的各种生理生化过程，如光合作用中的碳同化、呼吸作用的糖酵解、蛋白质和核酸代谢等都离不开水。另外，光合作用产物的合成、转化和运输分配、无机离子的吸收、运输等也是在水介质中完成的。植物体内的水分流动，把整个植物体联系在一起，成为一个有机的整体。

（4）水能使植物保持固有的姿态。植物细胞含有大量水分，可产生静水压，以维持细胞的紧张度，使枝叶挺立，花朵开放，根系得以伸展，从而有利于植物捕获光能、交换气体、传粉受精以及对水肥的吸收。

（5）细胞的分裂和延伸生长都需要足够的水分。植物细胞的分裂和延伸生长对水分很敏感，植物细胞的生长需要一定的膨压，缺水会导致细胞的膨压降低，甚至消失，会严重影响细胞分裂及延伸生长而使植物生长受到抑制，最终使植物的植株矮小，造成产量减少。

5.1.4　水分的生态作用

水分对植物的重要性除以上的生理作用外，还具有一定的生态作用。水分对植物的生态作用就是通过水分子的特殊理化性质，对植物生命活动产生一系列的重要影响。

（1）水是植物体温调节器。水分子具有很高的汽化热和比热，因此，在环境温度波动的情况下，植物体内大量的水分可维持体温相对稳定。在烈日曝晒下，植物通过蒸腾散失水分以降低体温，从而不易受高温伤害；在低温的情况下，水的冰冻也会释放大量的热量，从而保持植物的体温不会过度下降而造成冻害。

（2）水对可见光的通透性。对于水生植物，短波蓝光、绿光可透过水层，使分布于海水深处的含有藻红素的红藻，也可以正常进行光合作用。

（3）水对植物生存环境的调节。水分可以增加大气湿度、改善土壤及土壤表面大气的温度等。在作物栽培中，利用水来调节田间小气候是农业生产中行之有效的措施。例如，早春寒潮降临时给稻田灌水可保温抗寒。

5.2　植物细胞对水分的吸收

植物体的一切生命活动都是以细胞为基础的，植物对水分的吸收最终决定于细胞的水分关系。细胞吸水有三种方式：一是渗透性吸水，这是具有中心液泡的成熟细胞的主要吸水方式；二是吸胀性吸水，未形成液泡的细胞靠吸胀作用吸水；三是代谢性吸水，这是利用细胞呼吸释放出的能量，使水分经过细胞膜而进入细胞的过程。在这三种吸水方式中，以渗透性吸水为主。

5.2.1 渗透性吸水

1. 水势的概念

根据热力学原理，系统中物质的总能量可分为束缚能和自由能。束缚能是不能用于做有用功的能量。在恒温、恒压条件下体系可以用来对环境作功的那部分能量叫自由能。自由能具有加合性，一个体系的总自由能是其各部分自由能的总和。凡是满足了恒温、恒压条件的变化过程都可以用自由能增量（ΔG）来判断变化方向和限度。自由能的绝对值没有办法测定，只知道在变化前后两个不同系统的自由能变化（自由能差）ΔG：

$$\Delta G = G_2 - G_1$$

若 $\Delta G < 0$，说明系统变化过程中自由能减少，这种情况属自动变化或自发变化；若 $\Delta G > 0$，说明自由能增强，这种情况系统不可自动进行，必须从外界获得能量才能进行；若 $\Delta G = 0$，说明自由能不增不减，表示系统处于动态平衡。可见，自由能的变化是判断系统能否自动进行反应的标准。

化学势用来衡量物质反应或转移所用的能量，是用来在描述体系中组分发生化学反应的本领及转移的潜在能力，一摩尔物质的自由能就是该物质的化学势，常用 μ 表示。水的化学势的热力学含义为：当温度、压力及物质数量（水分以外）一定时，体系中 1 mol 的水分的自由能，用 μ_w 表示。水的化学势可用来判断水分参加化学反应的本领或在两相间移动的方向和限度。在热力学中，将纯水的化学势规定为零，那么溶液中的水与纯水的化学势差就等于该溶液中水的化学势，即：

$$\Delta \mu_w = \mu_w$$

而且任何溶液中水的化学势都必然小于零。

溶液中水的偏摩尔体积是指：在一定温度、压力和浓度下，1 mol 水在混合物（均匀体系）中所占的有效体积。例如，在 1 个大气压和 25℃ 条件下，1 mol 的水所具有的体积为 18 mL，但在相同条件下，将 1 mol 的水加入大量的水和酒精等摩尔的混合物中时，这种混合物增加的体积不是 18 mL 而是 16.5 mL，16.5 mL 就是水的偏摩尔体积。这是水分子与酒精分子强烈相互作用的结果。偏摩尔体积（$V_{w,m}$）是指在恒温恒压、其他组分浓度不变的情况下，混合体系中 1 mol 该物质所占的有效体积。在纯的水溶液中，水的偏摩尔体积与纯水的摩尔体积（$V_w = 18.00 \, cm^3 \cdot mol^{-1}$）相差不大，实际应用时往往用纯水的摩尔体积代替偏摩尔体积。

在植物生理学中，水势（Ψ_w）常用来衡量水分反应或转移能量的高低。水势就是每偏摩尔体积水的化学势，即水溶液的化学势（μ_w）与同温、同压、同一系统中的纯水的化学势之差（μ_w^0），除以水的偏摩尔体积，可以用公式表示为：

$$\Psi_w = \frac{\mu_w - \mu_w^0}{V_{w,m}} = \frac{\Delta \mu_w}{V_{w,m}}$$

式中，Ψ_w 代表水势；$\mu_w - \mu_w^0$ 为化学势差（$\Delta \mu_w$），单位为 $J \cdot mol^{-1}$，$J = N \cdot m$（牛顿·米）；$V_{w,m}$ 为水的偏摩尔体积，单位为 $m^3 \cdot mol^{-1}$。

则水势的单位为：

$$\Psi_w = \frac{\mu_w - \mu_w^0}{V_{w,m}} = \frac{J \cdot mol^{-1}}{m^3 \cdot mol^{-1}} = \frac{J}{m^3} = \frac{N}{m^2} = Pa$$

水势单位用帕（Pa），一般用兆帕（Mpa，$1 \, MPa = 10^6 Pa$）来表示。过去曾用大气压（atm）或巴（bar）作为水势单位，它们之间的换算关系是：$1 \, bar = 0.1 \, MPa = 0.987 atm$，

1 标准大气压 $= 1.013 \times 10^5 Pa = 1.013\ bar$。

纯水的水势定为零。由于溶液中溶质颗粒会降低水的自由能，所以任何溶液的水势皆为负值。水分总是由水势高处流到水势低处。

2. 扩散与渗透作用

当水分由土壤经植物体进入大气时，通过了多种不同的介质（如细胞壁、细胞质、导管等），其在植物体内的迁移机制也各不相同，主要有以下几种方式。

（1）扩散。扩散是一种自发过程，它导致物质从某一浓度较高（化学势较高）的区域向其邻近的浓度较低（化学势较低）的区域发生移动，最终的作用是使存在于液体或气体的不同区域间的浓度差拉平。扩散包括单纯扩散和易化扩散两种方式。对于 O_2、CO_2、乙醇等小分子，它们的穿膜运动仅取决于膜两侧的浓度梯度，不需要载体、不消耗能量，故称之为单纯扩散。分子通过膜扩散的速度除了取决于膜两边的分子浓度外，还与分子的大小、溶解性和电性有关。葡萄糖的跨膜运动先与球蛋白结合后，由载体携带穿越细胞膜，这种方式称为易化扩散。易化扩散也是顺浓度梯度扩散，不消耗能量，但需要载体，扩散速度远大于单纯扩散。实践表明，水溶液中小分子物质在细胞大小的范围内扩散是有效的，而对于长距离的迁移，则扩散作用远不能满足植物的生理需要。

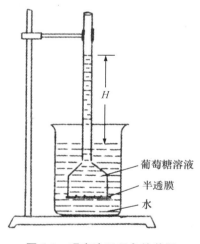

图 5-1　观察渗透现象的装置

（2）渗透作用。水分从水势高的系统通过半透膜向水势低的系统进行扩散的现象，称为渗透作用（如图 5-1 所示）。半透膜是一类具有选择透性的薄膜，它允许水或某些分子通过，而不允许其他分子通过。在活细胞中有多种膜，它们将细胞分隔为不同的区域，并在在很大程度上控制着物质在不同区域间的运动。这些膜在不同程度上具有选择透性，它们允许水和其他一些小的、不带电荷的物质通过，但限制大的分子、特别是带电荷的物质通过。水的渗透方向和可能的渗透速率由膜两侧的水势梯度决定：水从水势高的一侧向水势低的一侧自发地渗透；如果渗透过程中的阻力相同，则两侧的水势差越大，渗透速率越大。

图 5-1 中，将半透膜紧紧缚在漏斗的大口上，并向内注入葡萄糖溶液，然后浸入水中，使漏斗内的液面与外液的液面相等，整个装置就是一个渗透系统。由于纯水的水势较高，漏斗内的葡萄糖溶液的水势较低，所以漏斗外的纯水便通过半透膜逐渐流入漏斗内，从而使葡萄糖液面逐渐升高；同时，膜上的静水压也逐渐增加，静水压使糖液中的水分子通过半透膜向烧杯内扩散，且随着液面增高及静水压的增大，膜内水分子通过半透膜向烧杯内扩散的速度也增加。当静水压增到漏斗内半透膜上方葡萄糖的水势与烧杯内纯水的水势相等时，水分进出漏斗的速度达到动态平衡，漏斗细管中的液面不再升高。

3. 植物细胞的水势

（1）植物细胞的质壁分离及复原。成长的植物细胞外面被细胞壁包围着，其细胞壁主要由纤维素组成，水和溶质都易于透过，可以看成是全透性膜；而由细胞膜、原生质和液泡膜组成的原生层对水分易于透过，但对溶质则有选择性，因而成为具有选择透性的膜。为了便于讨论，常把由液泡膜、细胞膜和其间的细胞质构成的原生质层看作是一半透膜。液泡中含有糖、无机盐等多种物质，具有一定的溶质势，故当把植物细胞置于清水或溶液

中时，细胞就会发生渗透作用。如果液泡的
水势高于外液的水势，液泡就失水，细胞收
缩，体积变小。由于细胞壁的伸缩性有限，
而原生质层的伸缩性较大，故当细胞继续失
水时，原生质层便和细胞壁慢慢分离开来，
这种现象被称为质壁分离（如图 5-2 所示）。

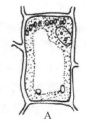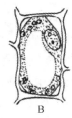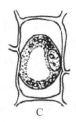

图 5-2　植物细胞的质壁分离现象
A. 正常细胞；B，C. 质壁分离进行中

　　如果把发生了质壁分离的细胞浸在水势
较高的稀溶液或清水中，外液中的水分又会
进入细胞，液泡变大，整个原生质层很快会
恢复原来的状态，重新与细胞壁相贴，这种现象称为质壁分离复原。应当指出，在成熟细
胞吸水或失水的过程中，不仅仅是液泡的吸水和失水，细胞质以及细胞质中的细胞器、细
胞核等部分的水分也会随之而发生得失。这是因为，在整个细胞中，液泡、细胞质、细胞
核、细胞器等各部分的水势在细胞水分平衡时是相等的。当其中某一部分发生水分变化即
水势变化时，也会带动其他部分的水分发生变化。在液泡失水时，细胞质也必定失水。

　　质壁分离现象是生活细胞的典型特征，通过质壁分离现象，可以确定细胞是否存活，已
发生膜破坏的死细胞，半透膜性质丧失，不产生质壁分离现象；可以用来测定细胞的渗透
势，将植物组织或细胞置于一系列已知水势的溶液中，那种恰好使细胞处于初始质壁分离状
态的溶液水势值与该组织或细胞的渗透势相等；还可以观察物质透过原生质层的难易程度，
即利用质壁分离复原的速度来判断物质透过细胞的速率，同时可以比较原生质黏度大小。

　　（2）植物细胞水势的组分。典型植物细胞水势（Ψ_w）组成为：

$$\Psi_w = \Psi_\pi + \Psi_p + \Psi_m$$

　　式中，Ψ_π 为渗透势，Ψ_p 为压力势，Ψ_m 为衬质势。

　　① 渗透势（Ψ_π）：由于溶质的存在而使水势降低的值称为渗透势或溶质势（Ψ_s），以
负值表示。

$$\Psi_\pi = -icRT$$

　　式中，c 为溶液的摩尔浓度，T 为绝对温度，R 为气体常数，i 为解离系数。

　　② 压力势（Ψ_p）：如果把具有液泡的植物细胞放于纯水中，外界水分进入细胞，液泡
内水分增多，体积增大，整个原生质体呈膨胀状态。膨胀的原生质体向外对细胞壁产生一
种压力，这种压力就是膨压；同时细胞壁向内产生的反作用力——壁压使细胞内的水分向
外移动，即等于提高了细胞的水势。由于细胞壁压力的存在而引起的细胞水势增加的值叫
压力势，一般为正值。当压力势足够大时，就能阻止外界水分进入细胞，于是水分进出细
胞达到平衡，使细胞不再吸收水分，最终细胞的水势与外界纯水水势相等，但细胞液本身
的水势永远是小于零的。

　　③ 衬质势（Ψ_m）：衬质势是细胞胶体物质亲水性和毛细管对自由水的束缚而引起的
水势降低值，如处于分生区的细胞和风干种子细胞，其中央液泡未形成，存在衬质势。对
已形成中心大液泡的细胞而言，由于原生质仅为一薄层，液泡内的大分子物质又很少，细
胞含水量很高，Ψ_m 只占整个水势的微小部分，故通常一般忽略不计。

　　因此，一个具有液泡的成熟细胞的水势主要由渗透势和压力势组成，即：

$$\Psi_w = \Psi_s + \Psi_p$$

细胞的水势不是固定不变的，Ψ_s、Ψ_p、Ψ_w 随含水量的增加而增高；反之，则降低。

植物细胞颇似一个自动调节的渗透系统。

（3）细胞对水分的吸收。细胞具有原生质膜、液泡膜，这些膜具有选择透性，可看作半透膜。这样，细胞与它的环境就可以构成一个渗透系统，在这个系统中就可以发生渗透作用，发生水分交换。现以成熟细胞为例，看一下细胞在不同水势溶液中的水分交换情况。

① 在高水势溶液中：在高水势溶液中，由于细胞的水势低，细胞吸水；随着细胞吸水，细胞体积增大，溶质被稀释，溶质势增大。由于细胞壁体积增大，对细胞壁的膨压增大，反过来对原生质体的压力也增大，也就是压力势增大。由于细胞溶质势和压力势增大，水势也增大，当水势等于外液水势时，吸水停止。

② 在等水势溶液中：细胞水势等于溶液水势时，细胞既不吸水，也不失水，细胞与环境之间没有净的水分交换。这时，细胞的水势、溶质势、压力势不变。

③ 在低水势溶液中：在低水势溶液中，细胞水势高于外界溶液水势，水分从细胞流出。在这个过程中，细胞体积变小，压力势变小，水势降低。当细胞水势与外液水势相等时，细胞停止失水。

（4）相邻细胞间水分的移动。水势差决定水流的方向。水分进出细胞是由细胞与周围环境之间的水势差决定，水总是从高水势区域向低水势区域移动。若环境水势高于细胞水势，细胞吸水；反之，水从细胞流出。对两个相邻的细胞来说，它们之间的水分移动方向也是由二者的水势差决定。水势影响水分移动的速度。细胞间水势梯度越大，水分移动越快；反之则慢。

不同器官或同一器官不同部位的细胞水势大小不同，环境条件对水势的影响也很大。一般说来，在同一植株上，地上器官和组织的水势比地下组织的水势低，生殖器官的水势更低；就叶片而言，距叶脉愈远的细胞，其水势愈低。这些水势差异对水分进入植物体内和在体内的移动有着重要的意义。

5.2.2　吸胀性吸水

亲水体吸水膨胀的现象叫做吸胀作用。试验表明，干燥的种子极易吸水。这是因为构成种子细胞的细胞壁（由纤维素、果胶物质、半纤维素组成）、细胞质（主要由蛋白质构成）和贮藏物质（蛋白质、淀粉等）都是亲水性物质，其亲水性基团（如氨基、羟基、羧基、羰基等）都极易通过氢键与水结合，于是亲水性胶体，尤其是构成原生质胶体的蛋白质，由凝胶状态转变为溶胶状态，使细胞膨胀。原生质凝胶的作用大小与凝胶物质亲水性有关，蛋白质、淀粉和纤维素三者的亲水性依次递减，所以富含蛋白质的豆类种子吸胀现象非常显著。

一般说来，未形成液泡的细胞，吸水主要靠吸胀作用，也就是靠衬质势在起作用。例如，干燥种子萌发、果实内种子形成、休眠芽复苏和分生组织细胞生长的吸水均靠吸胀作用。在无液泡存在的细胞中，$\Psi_s = 0$、$\Psi_p = 0$，所以 $\Psi_w = \Psi_m$，即水势等于衬质势，也就是说，水势的高低决定于衬质势的大小。据报道，富含蛋白质的豆类风干种子的衬质势常常低达 $-100\ MPa$。

吸胀过程中水分也是从高势区移向低势区。当溶液或水的水势高，吸胀物的水势低时，水分就流向吸胀物。在成长的植物细胞中，细胞壁被水所饱和，这些水基本上是靠吸胀作用而来。细胞壁与原生质和液泡之间水分是平衡的，当水分从细胞壁上蒸发时，原生质和液泡中的水分就会向细胞壁扩散补充以达到平衡。

5.2.3　代谢性吸水

代谢性吸水是指植物细胞利用呼吸作用释放出的能量使水分经过细胞膜进入细胞的过程。关于是否确实存在代谢性吸水，因缺乏直接证据尚存在争议。但是很多实验证明，当通气良好呼吸作用加强时，细胞吸水增强；而减少氧气或以呼吸抑制剂处理时，呼吸速率下降，细胞吸水减少。由此可见，细胞吸水与原生质代谢强度密切相关。至于代谢吸水的机理尚不清楚。有人认为很可能是由呼吸释放的能量驱动原生质中的水泵运转，但更多的人认为，呼吸作用能够维持细胞膜结构的完整性，呼吸产生的能量直接用于离子的吸收，从而保证渗透性吸水的进行，代谢性吸水是间接吸水。需要指出的是，代谢性吸水只占总吸水量中很少的一部分。

5.3　根系对水分的吸收

高等植物的叶片上虽然有角质层，但当叶片被雨水或露水湿润时，叶子也能吸水，不过数量很少，在水分供应上没有意义。根系是陆生植物吸水的主要器官，它在地下形成一个庞大的网状结构，其总面积是地上部分的几十倍。根系在土壤中的分散范围很广，能从土壤中吸收大量水分，从而满足植物体的需要。

5.3.1　根系吸水的区域

根系吸水的部位主要在根的尖端，从根尖开始向上约10 mm的范围内，包括根冠、根毛区、伸长区和分生区，其中以根毛区的吸水能力最强。这是因为：① 根毛区有许多根毛，这增大了吸收面积（约5～10 倍）；② 根毛细胞壁的外层由果胶质覆盖，黏性较强，亲水性好，从而有利于和土壤胶体颗粒的黏着和吸水；③ 根毛区的输导组织发达，对水移动的阻力小，所以水分转移的速度快。根尖的其他部位吸水较少，主要是因为木栓化程度高或输导组织未形成或不发达，细胞质浓厚，水分扩散阻力大，移动速度慢的缘故。由于植物吸水主要靠根尖，因此，在移栽植物时应尽量保留细根，以减轻移栽后植株的萎蔫程度。

5.3.2　根系吸水的途径

根是陆生植物吸水的最主要的器官，而根各部分的吸水能力也并不相同。土壤中的水分移动到根的表面后，会以渗透和扩散的方式进入根。水分在从表皮向内皮层的径向迁移过程中，可以通过三条途径。

1. 非质体途径

非质体途径是指水分完全通过细胞壁和细胞间移动，不越过任何膜。非质体又称质外体，是指没有原生质的部分，主要包括细胞壁、细胞间隙和木质部导管分子等，它是植物体中"死"的部分。水分在非质体移动受到的阻力小，所以移动速度快。

2. 共质体途径

共质体途径是指水分依次从一个细胞经过胞间连丝进入另一个细胞。共质体包括所有细胞的细胞质。由于胞间连丝将相邻细胞的原生质体连在一起，所以一个植物体的共质体是一个连续的整体。液泡既不属于共质体，也不属于非质体。

3. 越膜途径

越膜途径是指水分从一个细胞的第一端进入，从另一端流出，并进入第二个细胞，依次进行下去。在这条途径中，每通过一个细胞，水分都至少要两次越过膜；进出细胞时两次越过细胞膜，也有可能还要通过液泡膜。

以上三条途径并不是截然分开的，各条途径中的水分都互相保持平衡，即不断进行交换。共质体途径和越膜途径统称为细胞途径，经细胞途径的水分移动速度较慢。非质体被内皮层凯氏带分隔为不连续的两部分，由非质体途径移动的水分，必须越过内皮层细胞的细胞膜，进入细胞质，然后才能进入中柱。在中柱内水分的迁移也可以通过这三条途径进行。

我们可以知道，水分在根中的径向移动是一个复杂的过程。为简便起见，可以把从根毛到根木质部的整个途径看作只是一层膜，对于水的移动也只有单一的阻力。实际上，根的整个行为也类似于一层具有选择透性的膜。水分在通过这三条途径迁移时，都是顺着水势梯度进行的被动的扩散或渗透过程。

5.3.3 根系对水分的吸收

根系吸水的动力有两种。第一种是蒸腾拉力，依靠这种动力而吸水的方式称被动吸水。第二种是根压，是由根本身的代谢活动使水分从根部上升的压力，依靠根压吸水的方式叫主动吸水。无论哪种方式，都依赖于细胞的渗透性吸水。

1. 被动吸水

当植物进行蒸腾作用时，水以气体形式从叶细胞向大气扩散。叶片失水意味着叶细胞的水量减少，导致水势下降。水势虽然按叶细胞、叶脉、茎的导管、根的导管、根细胞的顺序依次升高，并形成了一个由低到高的水势梯度，但根部细胞的水势仍会低于土壤溶液，因此根仍可以从周围土壤中吸收水分。这种因蒸腾作用所产生的吸水力量，叫蒸腾拉力。由于吸水的动力发源于叶的蒸腾作用，故把这种吸水称为根的被动吸水。蒸腾拉力是蒸腾旺盛季节中植物吸水的主要动力。

2. 主动吸水

当植物处于湿度饱和的大气中，这时蒸腾作用降低到最低程度，甚至接近停止。但只要根系还保持活力，仍旧能从土壤中吸水。显然这种吸水与蒸腾作用无关，主要由根的代谢作用所致。由于根系本身的生理活动而引起的植物吸收水分的现象，称为主动吸水。主动吸水的结果是产生根压，所谓根压是指植物根系生理活动使液流从根上升的压力。根压可能对幼小植株、早春树木未吐芽、蒸腾很弱时的水分转运起到一定作用。根压可由"伤流"和"吐水"现象说明。

（1）吐水。在土温较高、土壤水分充足、空气潮湿的情况下，没有受伤的植物叶片尖端或边缘有时也有液体外泌，这种现象叫吐水。如夏季的清晨，叶尖或叶缘边缘的所谓"露水"就是植物从叶脉末端的水孔里分泌出来的水珠（如图5-3所示）。

（2）伤流。如果把一株健壮的玉米或油菜的茎部切断，不久，从伤口处会流出许多汁液，这种现象称为伤流。流出的汁液称为伤流液。如果在切口处套上橡皮管，再接上一个弯曲的盛有水的玻璃管，可见液面渐渐上升，直至管中的流体静压力与根压相等，根据管中液体最后的高度可计算出根压的大小（如图5-4所示）。一般草本植物的根压约1个大气压，某些木本植物和葡萄藤的根压可达2个大气压以上。同一种植物，根系生理活动的强弱和根系有效吸收面积的大小都直接影响根压和伤流量。伤流液中含有各种无机盐、有机物和植物激素等。无机离子是根系从土壤中吸收的，而有机物和植物激素则主要是由根系合成或转化而来的。因此，根系伤流液的数量和成分，可以反映根系生理活性的强弱。

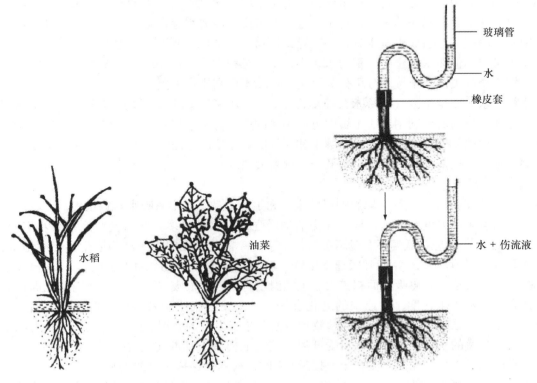

图 5-3　植物的吐水　　　　　　　　　　图 5-4　根压示意图

　　一般认为，根压的产生与根系生理代谢活动和导管内外的水势差有密切关系。根系可以利用呼吸作用释放的能量，主动吸收土壤溶液中的离子，并转运到根的木质部导管中，使导管水溶液中溶质增加，溶质势下降，内皮层附近质外体水势较高。这样，土壤中的水分便可自发地顺着内皮层内外的水势梯度，从外部进入导管。在这个过程中，导管周围细胞内液体对导管内液体产生的压力大于导管内液体向外的压力，也就是形成了一个由外向内的压力差，使导管内产生静水压，即产生了根压。导管内水分受此压力作用不断向上输送。试验证明，根系在高水势溶液中，伤流速度快；如果把根系放入较低水势溶液中，伤流速度慢；当外界溶液的水势更低时，伤流会停止。这表明根压产生与渗透作用有关。已有试验证明，根压产生与呼吸作用关系密切。当根际温度降低、氧气分压下降或有呼吸抑制剂存在时，伤流、吐水和根系吸水便会减少或停止；反之，则会增强。这表明，呼吸作用为离子的吸收提供了能量，而离子在导管中的积累促进了渗透吸水，为根压产生创造了条件。

5.3.4　影响根系吸水的外界条件

　　植株根系生长在土壤中，任何影响土壤水势和根系水势的因素，都会影响根系对水分的吸收速度。

　　（1）土壤水分状况。根据土壤的持水能力以及水分的移动性质，土壤中水分可以分为三种：毛管水、束缚水（吸湿水）、重力水。毛管水是指由于毛管力所保持在土壤颗粒间毛管内的水分。毛管水是植物吸取水的主要来源。束缚水是指土壤中由于土壤颗粒或土壤胶体的亲水表面所吸附的水合层中的水分。由于束缚水被吸附的力量很强，因而这种水不能为植物所利用。重力水是指在水分饱和的土壤中，超过了毛管力的影响，由于重力的作用，自上而下渗漏出来的水分。对于旱地作物来说，重力水会占据土壤中的大孔隙，赶走其中原有的空气，造成土壤水分过多，导致植物生长不良，所以在旱地及时排除重力水就显得很重要。但在水稻土中，重力水是水稻生长过程中非常重要的水分类型。

按生物分类法，土壤水分可分为可利用水和不可利用水两类。表示土壤中不可利用水的指标是永久萎蔫系数（或称永久萎蔫百分数）。只有在超过永久萎蔫系数以上的土壤中的水分才是植物的可利用水。土壤中可利用水的多少与土粒粗细以及土壤胶体数量有密切关系，一般按粗砂、细砂、砂壤、壤土和黏土的顺序依次递减。总的来说，植物根系要从土壤中吸水，根部细胞的水势必须低于土壤溶液的水势，二者的水势差（$\Delta \Psi_w$）大，有利于植物根系吸水。

（2）土壤温度。土壤温度影响根的生长和生理活动，对根系吸水影响很大。在一定范围内，随着土壤温度的升高，根系代谢活动增强，吸水量增多。低温会使根系吸水下降，其原因是：① 水分在低温下黏度增加，故扩散速率降低，同时由于细胞原生质黏度增加，故水分透过阻力加大；② 根呼吸速率下降，影响根压产生，故主动吸水减弱；③ 根系生长缓慢，不发达，有碍吸水面积扩大。土壤温度过高也对根吸水不利，其原因是土温过高会提高根的木质化程度，加速根的老化进程，并会使根细胞中各种酶蛋白变性失活。此外，土温对根系吸水的影响，还与植物原产地和生长发育的状况有关。一般情况是喜温植物和生长旺盛的植物的根系吸水易受低温影响，如柑橘、甘蔗在土温降至5℃以下时，根系吸水即显著受阻；而冬小麦在土温接近0℃时，根系仍保持一定的吸水能力。

（3）土壤通气状况。土壤中的O_2和CO_2的浓度对植物根系吸水影响最大。试验证明，用CO_2处理小麦、水稻幼苗根部，其吸水量降低14%～50%；如通以空气，则吸水量增加。这是因为O_2充足时，根系能进行有氧呼吸，能提供较多的能量，不但有利于根系主动吸水，而且也有利于根尖细胞分裂，促进根系生长，扩大吸水面积。如果作物受涝或土壤板结，会造成CO_2浓度过高或O_2不足，短期内可使根细胞呼吸减弱，能量释放减少，以致根对离子的主动吸收受抑制，影响根压的产生，不利于根系吸水；长时间缺O_2或CO_2浓度过高，就会产生无氧呼吸和累积较多的酒精，使根系中毒受伤。在水稻栽培中，中耕耘田、排水晒田等措施的主要目的就在于增加根系周围的O_2，减少CO_2，消除H_2S等的毒害，以增强根系吸水、吸肥能力。

（4）土壤溶液浓度。土壤溶液含有一定的盐分，具有一定的水势，直接影响根系吸水。在一般情况下，土壤溶液浓度较低，水势较高（不低于$-0.1\,MPa$），有利于根系吸水。但在盐碱地，土壤水分中的盐分浓度高，水势很低，有时低于$-1.5\,MPa$，导致作物吸水困难，不能正常生长。栽培管理中，施用化学肥料或腐熟肥料过多、过于集中时，可使土壤溶液浓度骤然升高，阻碍根系吸水，甚至会导致根细胞水分外流，产生"烧苗"现象。

5.4　植物的蒸腾作用

蒸腾作用在水分运输中有重要的作用。蒸腾作用是指水分以气体状态通过植物体的表面从体内扩散到大气中的过程。蒸腾作用在本质上是一个蒸发过程，但它与单纯的蒸发作用这一物理过程又不完全相同，因为蒸腾作用还受到植物的结构和生理活动的调控。

5.4.1 蒸腾作用的意义、方式及指标

1. 蒸腾作用的生理意义

植物吸收的水分，只有约 1% 用来作为植物体的构成部分，绝大部分都通过地上部分散失到空气当中。例如，1 株玉米在生长期消耗的水量约 200 kg，而作为植株组成的水不到 2 kg，作为反应物的水也仅为 0.25 kg，可见通过蒸腾作用散失的水量达总吸水量的 99%。陆生植物以伸展在空中的枝叶与周围环境发生气体交换，然而随之而来的是大量地丢失水分。蒸腾作用消耗水分，这对陆生植物来说是不可避免的，它既会引起水分亏缺，破坏植物的水分平衡，甚至引起祸害，但同时，它又对植物的生命活动具有一定的意义。

第一，蒸腾作用能产生蒸腾拉力。蒸腾拉力是植物被动吸水与转运水分的主要动力，这对高大的乔木来说尤为重要。

第二，蒸腾作用促进木质部汁液中物质的运输。土壤中的矿质盐类和根系合成的物质可随着水分的吸收和集流而被运输和分布到植物体各部分去。

第三，蒸腾作用能降低植物体的温度。这是因为水的气化热高，在蒸腾过程中可以散失掉大量的辐射热。

第四，蒸腾作用的正常进行有利于 CO_2 的同化。这是因为叶片进行蒸腾作用时，气孔是开放的，开放的气孔便成为 CO_2 进入叶片的通道。

可见，在其他条件适宜的情况下，蒸腾作用可以促进植物生长发育。但因其不可避免地引起植物体内水分大量散失，所以在水分不足时，便给植物造成伤害。此时适当地降低蒸腾速率，减少水分消耗，在生产实践上具有重要意义。

2. 蒸腾作用的方式

蒸腾作用有多种方式。幼小的植物，暴露在地上部分的全部表面都能进行蒸腾作用。植物长大后，茎枝表面形成木栓，未木栓化的部位有皮孔，可以进行皮孔蒸腾。但皮孔蒸腾的量甚微，仅占全部蒸腾量的 0.1% 左右；植物的茎、花、果实等部位的蒸腾量也很有限；因此，植物蒸腾作用绝大部分是靠叶片进行的。

叶片的蒸腾作用方式有两种：一是通过角质层的蒸腾，称为角质蒸腾；二是通过气孔的蒸腾，称为气孔蒸腾。角质层本身不易让水通过，但角质层中间含有吸水能力强的果胶质，同时角质层也有孔隙，可让水分自由通过。角质层蒸腾和气孔蒸腾在叶片蒸腾中所占的比重，与植物的生态条件和叶片年龄有关，实质上也就是和角质层厚薄有关。例如，阴生和湿生植物的角质蒸腾往往超过气孔蒸腾；幼嫩叶子的角质蒸腾可达总蒸腾量的 1/3 到 1/2；一般植物成熟叶片的角质蒸腾，仅占总蒸腾量的 3%～5%。因此，气孔蒸腾是中生和旱生植物蒸腾作用的主要方式。

3. 蒸腾作用的指标

蒸腾作用的强弱，可以反映出植物体内水分代谢的状况或植物对水分利用的效率。蒸腾作用常用的指标如下。

（1）蒸腾速率：又称蒸腾强度或蒸腾率，指植物在单位时间内、单位叶面积上通过蒸腾作用散失的水量。蒸腾速率常用每小时每平方米叶面积的水的克数表示（g·m^{-2}

·h^{-1}）。如果叶面积难以测定，也可以用叶的干重或鲜重来代替叶面积。测定表明，蒸腾速率昼夜变化很大，白天较高，一般为 $15\sim250$ g·m^{-2}·h^{-1}；夜晚较低，一般为 $1\sim20$ g·m^{-2}·h^{-1}。

（2）蒸腾效率：指植物每消耗1 kg水时所形成的干物质的质量（克）数。不同种类植物的蒸腾效率不同，野生植物通常为 $1\sim8$ g/kg，大部分农作用的蒸腾效率为 $2\sim10$ g/kg。

（3）蒸腾系数：又称需水量，指植物每制造1 g干物质所消耗水分的质量（克），它是蒸腾效率的倒数。大多数植物的蒸腾系数在 $125\sim1\,000$。木本植物的蒸腾系数比较低，白蜡树约85，松树约40；草本植物蒸腾系数较高，玉米为370，小麦为540。蒸腾系数越小，则表示该植物利用水分的效率越高。

5.4.2 气孔蒸腾的过程与机理

气孔是植物叶片与外界进行气体（氧气、二氧化碳和水蒸气）交换的主要通道，影响着蒸腾作用、光合作用和呼吸作用。当气孔蒸腾旺盛、叶片发生水分亏缺时，或土壤供水不足时，气孔开度减少以至完全关闭；当供水良好时，气孔张开。

1. 气孔的大小、数目及分布

气孔是植物叶表皮组织上的两个特殊的小细胞（即保卫细胞）所围成的一个小孔。不同植物中，气孔的类型、大小和数目也不同。大部分植物叶的上、下表面都有气孔，但不同类型的植物其叶上、下表面气孔数量不同。一般禾谷类作物（如麦类、玉米、水稻叶）的上、下表面气孔数目较为接近；双子叶植物（如向日葵、马铃薯、番茄等）的叶下表面气孔较多；有些植物，特别是木本植物，通常只是下表面有气孔，如桃、苹果、桑等；也有些植物，如水生植物，气孔只分布在上表面。气孔的分布是植物长期适应生存环境的结果（参见表5-1）。

表 5-1　几种植物叶面气孔的大小、数目及分布

植　物	1 mm^2 叶面气孔数		下表皮气孔大小（长/nm）×（宽/nm）
	上表皮	下表皮	
小麦	33	14	38×7
玉米	52	68	19×5
燕麦	25	23	38×8
向日葵	58	156	22×8
番茄	12	130	13×6
苹果	0	400	14×12
莲	40	0	–

表5-1表明，气孔的数目多，但直径很小，故气孔所占的总面积很小，一般不超过叶面积的1%。但是通过气孔的蒸腾量却相当于与叶面积相等的自由水面蒸发量的15%～50%，甚至达到100%。也就是说，气孔扩散是同面积自由水面蒸发量的几十到一百倍。因为气体分子通过气孔扩散，孔中央水蒸气分子彼此碰撞，扩散速率很慢；在孔边缘，水分子相互碰撞的机会较少，扩散速率快。对于大孔，其边缘周长所占的比例小，故水分子扩散速率与大孔的面积成正比，但如果将一大孔分成许多小孔，在面积不变的情况下，其

边缘总长度大为增加，将孔分得愈小，则边缘所占比例愈大，即通过边缘扩散的量大为提高，扩散速率也提高。我们将气体通过多孔表面的扩散速率不与小孔面积成正比，而与小孔的周长成正比的这一规律称为小孔扩散律。因此，如果是若干个小孔，它们之间有一定的距离，则能充分发挥其边缘效应，扩散速率会远远超过同面积的大孔。叶表面的气孔正是这样的小孔，所以在气孔张开时，通过气孔的蒸腾速率很高（如图 5-5 所示）。

图 5-5　水分通过自由水面与多孔表面蒸发的比较
A. 小孔分布很稀；B. 小孔分布很密；C. 小孔分布适当；D. 自由水面

2. 气孔蒸腾的过程

气孔蒸腾过程可分为两阶段进行。首先是气孔下腔周围叶肉细胞的水分蒸发，蒸发的动力是细胞与气孔下腔的水蒸气压差；然后是水汽分子通过气孔下腔及气孔扩散到空气中，水分子扩散的动力是气孔内部与环境的水蒸气压差（如图 5-6 所示）。

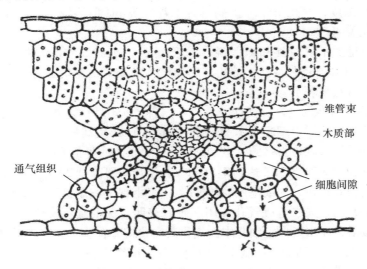

图 5-6　通过气孔扩散水分的途径
（示气孔蒸腾的两个步骤：第一步气孔下腔周围叶内细胞水分的蒸发，第二步水蒸气通过气孔扩散至空气中）

气孔扩散速率的大小与上述两个阶段——蒸发与扩散有关。如果叶片的内表面（即叶肉细胞表面积）较大，则其蒸腾面较大，故蒸发速度较快；但在气孔下腔内水汽接近饱和时，则水分子蒸发所遇到的阻力增大，蒸发受到影响。扩散过程的快慢决定于气孔内外的水蒸气压差、气孔阻力和叶表面的界面层阻力，即气孔开度的大小及叶表面界面层的厚薄。界面层指叶片表面一层静止不动的空气。

3. 气孔运动

气孔的运动是由组成气孔的保卫细胞的膨压变化引起的，并与保卫细胞壁中径向排列的微纤丝有密切关系。当保卫细胞吸水膨胀后，膨压增加，细胞壁受到来自细胞内部的、与细胞壁垂直的、指向细胞外部的压力。较薄的外侧壁在压力作用下，沿纵轴方向伸展。由于向外扩展受到微纤丝的限制，通过微纤丝的传导，使得加厚的内侧壁受到的向外拉力大于向内的静水压力，于是内侧壁被拉离气孔口，气孔张开。

关于解释气孔运动的机理存在三种学说。

（1）淀粉与糖转化学说。1908 年，Loeyd 发现保卫细胞中的淀粉存在昼夜变化。淀粉粒在白天消失，夜间产生，这种情形与其他叶肉细胞正相反。由于淀粉水解可产生可溶性糖，故 1923 年 Sayre 提出了控制气孔开闭的淀粉-糖假说。这种学说认为，在光下，保卫细胞进行光合作用，消耗 CO_2，pH 值升高，使细胞内的淀粉磷酸化酶催化淀粉水解，产生可溶性糖，细胞溶质浓度增加，水势降低，细胞吸水膨胀，气孔张开；在暗中，光合作用停止消耗 CO_2，而且呼吸作用继续释放 CO_2，使 CO_2 浓度升高，pH 值降低，淀粉磷酸化酶催化可溶性糖转化为淀粉，细胞溶质减少，水势降低，失水，气孔关闭。

这个学说的关键是，淀粉磷酸化酶具有双重催化作用：

$$淀粉 + 磷酸 \xrightarrow{\text{高 pH (6.1～7.5)}} 磷酸葡萄糖$$

$$淀粉 + 磷酸 \xleftarrow{\text{低 pH (2.6～6.1)}} 磷酸葡萄糖$$

支持淀粉-糖假说的证据为：① 不论在光下还是暗中，增大 CO_2 浓度，气孔关闭；在暗中，降低 CO_2 浓度，气孔张开；② 将叶片漂浮在高 pH 值溶液中，气孔张开；在低 pH 值溶液中，气孔关闭。

然而，也有证据不支持淀粉糖假说：① 圆葱保卫细胞没有淀粉粒，仍然可以开闭；② 在光转变时，气孔开度先变化，淀粉粒后变化；③ 淀粉分解时并未使葡萄糖含量升高，也并未使葡萄糖含量显著下降。

（2）无机离子泵学说（K^+ 泵假说）。日本学者于 1967 年发现照光时，漂浮于 KCl 溶液表面的鸭跖草表皮的保卫细胞中 K^+ 浓度显著增加，气孔就张开。用微型玻璃钾电极插入保卫细胞及其邻近细胞可直接测定 K^+ 浓度变化。照光或降低 CO_2 浓度，都可使保卫细胞逆着浓度梯度积累 K^+，使 K^+ 达到 0.5 mol/L，溶质势可降低 2 MPa 左右，引起水分进入保卫细胞，气孔张开；在暗中或施用脱落酸时，K^+ 由保卫细胞进入副卫细胞和表皮细胞，使保卫细胞水势升高，失水造成气孔关闭。研究表明，保卫细胞质膜上存在着 $H^+ - ATP$ 酶，它可被光激活，能水解保卫细胞中由氧化磷酸化或光合磷酸化生成的 ATP，产生的能量将 H^+ 从保卫细胞分泌到周围细胞中，使周围的表皮细胞 pH 值降低，保卫细胞的 pH 值升高，保卫细胞质膜超极化，内侧的电势变得更负，从而驱动 K^+ 从周围细胞进入保卫细胞，再进一步进入液泡，K^+ 浓度增加，水势降低，水分进入，气孔张开。

实验还发现，在 K^+ 进入保卫细胞的同时，还伴随着等量负电荷的阴离子进入，以保持保卫细胞的电中性，这也具有降低水势的效果。在暗中，光合作用停止，$H^+ - ATP$ 酶因得不到所需的 ATP 而停止做功，从而使保卫细胞的质膜去极化，以驱使 K^+ 经外向 K^+ 通道向周围细胞转移，并伴随着阴离子的释放，这样导致了保卫细胞水势升高，水分外移，使气孔关闭。在干旱胁迫下，脱落酸含量增加，可通过增加胞质钙浓度，使得保卫细胞的质膜去极化，驱动外向 K^+ 通道，促进 K^+、Cl^- 流出，同时抑制 K^+ 流入，以降低保卫细胞膨压，导致气孔关闭。

（3）苹果酸代谢学说。20 世纪 70 年代初以来，人们发现苹果酸在气孔开闭运动中起着某种作用。在光照下，保卫细胞内的部分 CO_2 被利用时，pH 值就上升至 8.0～8.5，从而活化了 PEP 羧化酶，它可催化由淀粉降解产生的 PEP 与 HCO_3^- 结合形成草酰乙酸，并进一步被 NADPH 还原为苹果酸。

$$PEP + HCO_3^- \xrightarrow{PEP 羧化酶} 草酰乙酸 + 磷酸$$

$$草酰乙酸 + NADH（或 NADPH）\xrightarrow{苹果酸还原酶} 苹果酸 + NAD^+（或 NADPH^+）$$

苹果酸被解离为 $2H^+$ 和苹果酸根，在 H^+/K^+ 泵的驱使下，H^+ 与 K^+ 交换，保卫细胞内 K^+ 浓度增加，水势降低；苹果酸根进入液泡和 Cl^- 共同与 K^+ 在电学上保持平衡。同时，苹果酸的存在还可降低水势，促使保卫细胞吸水，气孔张开。当叶片由光下转入暗处时，该过程逆转。近期研究证明，保卫细胞内淀粉和苹果酸之间存在一定的数量关系。即淀粉、苹果酸与气孔开闭有关，与糖无关。

综合以上种种学说，气孔运动的机理归纳如图 5-7 所示。

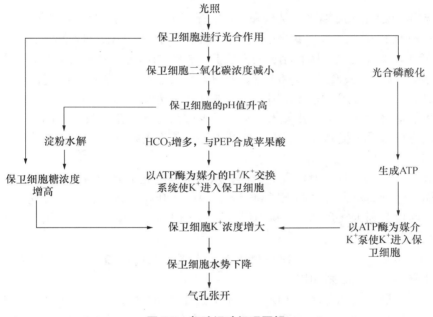

图 5-7　气孔运动机理图解

5.4.3　影响蒸腾作用的因素

蒸腾速率主要由气孔下腔内水蒸气向外扩散的力量和扩散途径中的阻力来决定。扩散力就是气孔下腔中水蒸气分压和大气水蒸气分压之差，扩散阻力主要包括扩散层阻力和叶中阻力。叶中阻力以气孔阻力为主，叶肉细胞壁等部分对水分传导的阻力很小，可以忽略。

$$蒸腾速率 = \frac{扩散力}{扩散阻力} = \frac{气孔下腔蒸汽压 - 大气蒸汽压}{气孔阻力 - 扩散层阻力}$$

可见，凡是能改变水蒸气分子的扩散力或扩散阻力的因素，都可对蒸腾作用产生影响。

1. 影响蒸腾作用的内部因素

气孔的构造特征是影响气孔蒸腾的主要内部因素。气孔下腔体积大，内蒸发面积大，水分蒸发快，可使气孔下腔保持较高的相对湿度，因而提高了扩散力，蒸腾较快。有些植物气孔内陷，气体扩散阻力增大，如苏铁；有些植物内陷的气孔口还有表皮毛，更增大了气孔阻力，有利于降低气孔蒸腾。

叶片内部面积，指内部细胞间隙的面积。当其增大时，细胞壁的水分变成水蒸气的面积就增大，细胞间隙充满水蒸气，叶内外蒸汽压差大，有利于蒸腾。因此，叶片内部面积比外表面积越大时，蒸腾强度也越大。这些差别随植物种类不同而异，就是同一植物，生长在不同环境中，也不一样。一般来说，蒸腾旺盛的旱生植物的叶片内部面积是外部面积的 20~30 倍，中生植物是 12~18 倍，阴生植物则仅为 8~10 倍。

叶面蒸腾强弱与供水情况有关，而供水的多少在很大程度上又决定于根系的生长分布。根系发达，深入地下，吸水就容易，供给地上部分的水也就充分，从而间接有助于蒸腾。另外，叶面蒸腾与叶片角质层厚度也有关系，角质层厚，则降低角质层蒸腾。

2. 影响蒸腾作用的外部因素

蒸腾作用不仅受植物本身形态结构和生理状况的影响，而且决定于叶内外蒸汽浓度梯度。所以凡是影响叶内外蒸汽浓度梯度的外界条件，都会影响气孔开闭，进而影响蒸腾作用。

（1）光照。光照促进蒸腾作用，对蒸腾起决定性的作用。光照从两个方面影响蒸腾作用，一是影响气孔开度，二是影响叶温。太阳光是供给蒸腾作用的主要能源，叶子吸收的辐射能，只有一少部分用于光合作用，而大部分用于蒸腾作用。另外，光直接影响气孔的开闭。大多数植物，在暗中气孔关闭，蒸腾减少；在光下气孔开放，内部阻力减少，蒸腾加强。光照还可以通过提高叶片温度，使叶内外的蒸汽压差增大，水蒸气分子的扩散力加强，蒸腾加快。

（2）温度。气温升高，叶温随之升高，从而提高气孔下腔的饱和水蒸气压，促进蒸发和扩散；而气温升高对大气水汽压影响较小，因此，叶温升高有利于增大气孔内外的水势差，气温升高也有利于气孔张开，从而促进蒸腾。但温度过高有时会使气孔关闭。一般低温抑制气孔张开。

（3）大气湿度。当大气相对湿度增大时，大气蒸汽压也增大，叶内外蒸汽压差就变小，抑制蒸腾作用；反之则加快。

（4）CO_2 浓度。气孔开闭对 CO_2 浓度很敏感，高浓度 CO_2 使气孔关闭，低浓度 CO_2 使气孔张开。当 CO_2 浓度达到 1 000 ppm 时，无论在光下，还是暗中，都将引起气孔关闭。

（5）风速。风速通过影响界面层厚度而影响蒸腾作用。风速低时，界面层厚，蒸腾较慢；风速增大时，界面层变薄，蒸腾加快；当风速过大时，保卫细胞失水过多，气孔关闭，又降低蒸腾作用。含水蒸气很多的湿风和蒸汽压很低的干风，对蒸腾的影响不同，前者降低蒸腾，而后者则促进蒸腾。

（6）土壤。植物地上部分的蒸腾与根系的吸水有密切的关系，因此，凡是影响根系吸水的各种土壤条件，如土温、土壤通气、土壤溶液浓度等，均可间接影响蒸腾作用。

影响蒸腾作用的上述因素并不是孤立的，而是相互影响的，共同作用于植物体。一般在晴朗无风的夏天，土壤水分供应充足，空气又不太干燥时，作物一天的蒸腾作用变化情况是：清晨日出后，温度升高，大气湿度下降，蒸腾作用随之增强；在下午 14：00 前后，蒸腾作用达到高峰；14：00 以后由于光照逐渐减弱，作物体内水分减少，气孔逐渐关闭，蒸腾作用随之下降；日落后，蒸腾作用迅速降到最低点。

目前，水资源匮乏是人类遇到的一个大难题，所以在农业方面，为减少水分利用，正在研究节水农业。节水农业研究，在作物方面，就是控制蒸腾作用，但如何控制蒸腾失水的同时，又不影响光合作用，是一个大难题。

5.5　合理灌溉的生理基础

合理灌溉是农作物正常生长发育并获得高产的重要保证。合理灌溉的基本原则是用最少量的水取得最大的效果。我国水资源总量并不算少，但人均水资源量仅是世界平均数的26%，而灌溉用水量偏多又是存在多年的一个突出问题。因此节约用水，合理灌溉，发展节水农业，是一个带有战略性的问题。要做到这些，深入了解作物需水规律，掌握合理灌溉的时期、指标和方法，实行科学供水是非常重要的。

5.5.1　植物的需水规律

1. 作物的需水规律

（1）不同作物对水分的需要量不同。作物对水分的需要情况，因作物种类有很大差异，如水稻的需水量较多，小麦较小，玉米最少。一般可根据蒸腾系数的大小来估计某作物对水分的需要量，即以作物的生物产量乘以蒸腾系数作为理论最低需水量，并作为灌溉用水量的一种参考。C_3 植物蒸腾系数较大，约 $400 \sim 900$；C_4 植物的蒸腾系数约为 $250 \sim 400$。但实际应用时，还应考虑土壤保水能力的大小、降雨量的多少以及生态需水等。因此，实际需要的灌水量要比上述数字大得多。

（2）同一作物不同生育期对水分的需要量不同。同一作物在不同生育时期对水分的需要量也有很大差别。作物从种子萌发到开花结实，在不同发育时期对水分的需水量也不相同。例如小麦，以其对水分的需要来划分，整个生长发育阶段可分为五个时期。

① 种子萌发到分蘖前期：这一阶段为幼苗期，主要进行营养生长，特别是根系发育快，而蒸腾面积小，因此，耗水量少，对水分需要量不大。

② 分蘖末期到抽穗期：这一阶段小穗分化，茎、叶、穗开始迅速发育，叶面积快速增大，代谢亦较旺盛，消耗水量最多。这一阶段如果缺水，则造成小穗分化不良，茎生长受阻，矮小，产量低。植物对水分不足最敏感、最易受害的时期称为作物的水分临界期。小麦第一个水分临界期是花粉母细胞四分体到花粉粒形成阶段。

③ 抽穗到开始灌浆期：这时叶面积扩大基本结束，主要进行受精、种子胚胎发育和生长，如果供水不足，上部叶因蒸腾强烈，开始从下部叶或花器官夺取水分，引起受精受阻，种胚发育不良，导致产量下降。

④ 开始灌浆期到乳熟末期：此时主要进行光合产物的运输与分配，若缺水，有机物运输不顺畅，会造成灌浆困难，旗叶早衰，籽粒瘦小，产量低。所以此期是小麦的第二个水分临界期。

⑤ 乳熟末期到完熟期：此时灌浆过程已基本结束，种子失去大部分水分，逐渐风干，植物枯萎，需水较少。如此时供水过多，反而会使小麦贪青迟熟，籽粒含水量增高，影响品质。

2. 作物的水分临界期

水分临界期是指植物在生命周期中，对水分缺乏最敏感、最易受害的时期。一般而言，植物的水分临界期多处于花粉母细胞四分体形成期，这个时期一旦缺水，就使性器官发育不正常。小麦一生中有两个水分临界期。第一个水分临界期是孕穗期，这期间小穗分化，代谢旺盛，性器官的细胞质黏性与弹性均下降，细胞液浓度很低，抗旱能力最弱，如缺水，则小穗发育不良，特别是雄性生殖器官发育受阻或畸形发展。第二个水分临界期是从开始灌浆到乳熟末期。这个时期营养物质从母体各部输送到籽粒，如果缺水，一方面影响旗叶的光合速率和寿命，减少有机物的制造；另一方面使有机物质液流运输变慢，造成灌浆困难，空瘪粒增多，产量下降。其他农作物也有各自的水分临界期，如大麦在孕穗期，玉米在开花至乳熟期，高粱、黍在抽花序到灌浆期，豆类、荞麦、花生、油菜在开花期，向日葵在花盘形成至灌浆期，马铃薯在开花至块茎形成期，棉花在开花结铃期。由于水分临界期缺水对产量影响很大，因此，应确保农作物水分临界期的水分供应。

5.5.2　合理灌溉的指标

许多试验和生产实践都证实，不同时期灌溉的效果不一样，所以灌溉时期就成为灌溉的最重要的问题之一。

1. 土壤含水量指标

农业生产上有时是根据土壤含水量来进行灌溉，即根据土壤墒情决定是否需要灌水。一般作物生长较好的土壤含水量为田间持水量的60%～80%，但这个值不固定，常随许多因素的改变而变化。这种方法有一定的参考意义，但要使灌溉符合作物生长发育的需要，最好以作物本身情况为依据。

2. 作物形态指标

作物形态指标包含以下三个方面。

（1）生长速率下降。作物枝叶生长对水分亏缺甚为敏感，较轻度的缺水时，光合作用还未受到影响，但这时生长就已严重受抑。

（2）幼嫩叶的凋萎。当水分供应不足时，细胞膨压下降，因而发生萎蔫。

（3）茎叶颜色变红。当缺水时，植物生长缓慢，叶绿素浓度相对增加，叶色变深，茎叶变红，反映作物受旱时碳水化合物分解大于合成，细胞中积累较多的可溶性糖并转化成花青素。

作物的形态指标易于观察，但是当植物的地上部分表现出缺水症状时，其体内的生理生化过程已经受到了缺水的抑制，这些形态症状只不过是缺水的外面表现，因此，灌溉的生理指标才更及时、更灵敏。

3. 灌溉的生理指标

（1）叶水势。叶水势是一个灵敏反映植物水分状况的指标。当植物缺水时，叶水势下降。对不同作物，发生干旱危害的叶水势临界值不同。但要注意，不同叶片、不同取样时间测定的水势值是有差异的。

（2）细胞汁液浓度或渗透势。干旱情况下细胞汁液浓度常比正常水分含量的植物为高，而浓度的高低常常与生长速率成反比。当细胞汁液浓度超过一定值后，就会阻碍植株生长。

（3）气孔状况。水分充足时气孔开度较大；随着水分的减少，气孔开度逐渐缩小；当土壤中的可用水耗尽时，气孔完全关闭。因此，气孔开度缩小到一定程度时就要灌溉。

必须指出，不同地区、不同作物、不同品种在不同生育期、不同叶位的叶片，其灌溉的生理指标都是有差异的。因此，实际应用时，需要事先做好具体准备工作，并结合当地当时的情况找出适宜的灌溉生理指标，以便于进行适时合理灌溉。

5.5.3　合理灌溉增产的原因

合理灌溉不仅可以防止土壤干旱，并且能显著改变灌溉地上的气候条件，这一点在旱害时特别重要。灌溉后,株间的气温降低几度,相对湿度则增加较多,尤以人工降雨最为显著。

灌溉对作物本身有很大的影响,灌溉后可以改善下列生理状况:植株生长加强,特别是叶面积加大,增加光合面积;根系活动加强,叶片水分充足,加快光合速率,同时还能改善光合作用的"午休"现象;茎、叶输导组织发达,提高水分和同化物的运输效率,改善光合产物的分配利用,提高产量。由此可见,灌溉可改善各种植物的各种生理作用,特别是光合作用,所以增产效果是十分显著的。

灌溉除了直接满足作物的正常生理活动外,还能改变栽培环境,特别是土壤条件,从而间接地对作物发生影响。

学 习 小 结

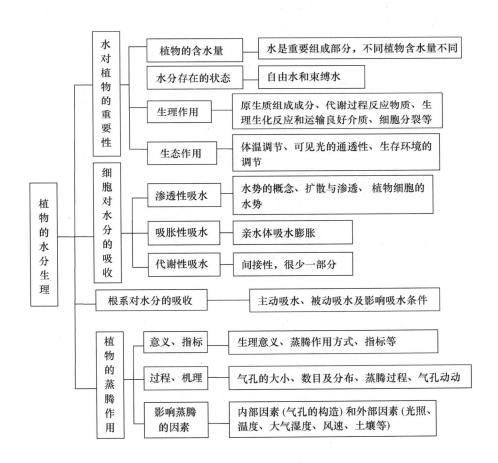

5.6　复 习 思 考 题

1. 如何理解"有收无收在于水"这句话?
2. 植物细胞和土壤溶液水势的组成有何异同点?
3. 一个细胞放在纯水中,其水势及体积如何变化?
4. 植物体内水分存在的形式与植物代谢强弱、抗逆性有何关系?

5. 质壁分离及复原在植物生理学上有何意义？

6. 试述气孔运动的机制及其影响因素。

7. 哪些因素影响植物吸水和蒸腾作用？

8. 试述水分进出植物体的途径及动力。

9. 怎样维持植物的水分平衡？原理如何？

10. 如何区别主动吸水与被动吸水、永久萎蔫与暂时萎蔫？

11. 合理灌溉在节水农业中意义如何？如何才能做到合理灌溉？

12. 名词解释：

自由水，束缚水，渗透作用，自由能，水势，溶质势，压力势，衬质势，电化学势，吸胀作用，蒸腾作用，蒸腾比率，蒸腾速率，根压，小孔律，蒸腾系数，水分临界期，节水农业，水分平衡

13. 写出下列符号所代表的中文名称。

ψ_w，ψ_p，ψ_m，ψ_s

第6章　植物的矿质与氮素营养

 知识目标

◆ 知道植物根系吸收养分的过程、特点以及根外营养的意义。

◆ 知道影响植物吸收矿质养分的环境因素、作物生产与矿质营养的密切关系。

◆ 理解合理施肥的生理基础。

◆ 掌握植物必需元素的名称及其在植物体内的生理作用，植物缺乏必需元素所出现的特有症状。

◆ 了解植物体内氮、磷、硫的同化过程，以及营养物质在体内的运输方式。

 能力目标

◆ 掌握植物必需矿质元素的判断方法。

◆ 掌握植物营养诊断原理与技术。

◆ 能根据施肥原则，掌握提高植物肥料利用效率的技术途径。

　　植物维持正常的生命活动，不仅要不断地从环境中吸收 H_2O 和 CO_2，还要从外界环境中摄取矿质元素和氮素。在植物体内，这些矿质元素和氮素各自执行着不同的功能，在植物生命活动中占有非常重要的地位。虽然植物的很多部位都能吸收矿质元素，但由于矿质元素是以无机盐的形式存在于土壤中，所以根成为植物吸收矿质养分的主要器官。植物对矿质元素的吸收、运输和同化的过程，叫做矿质营养。

　　土壤中已有的矿质养分，往往不能满足作物的需要，因此必须进行合理施肥。了解这些元素的生理作用，以及植物利用这些元素的规律，可为合理施肥提供理论依据。

6.1　植物的必需元素

6.1.1　植物的必需矿质元素及确定方法

1. 植物体内的元素

　　植物体内含有大量的水分和各种化合物。如果将植物材料放在 105℃ 下烘干后，可得到干物质，其中包括有机物和无机物。若将干物质放在 600℃ 高温下使其充分燃烧，可把构成植物体的元素分为两类：一类是挥发性元素，包括 C、H、O 和部分的 N、S 等，它们以气态化合物的形式散失（如 CO_2、水蒸气、N_2、NH_3、H_2S）；另一类是灰分元素，燃烧时以氧化物或盐的形式存在于灰分之中，包括 N、S、全部的 P、Cl 等非金属元素，以及 K、Na、Ca、Mg、Fe、Mn、Zn、Mo 等金属元素。N 在燃烧时挥发，所以氮不是矿质元素，但由于 N 和矿质元素都是通过植物根系从土壤中吸收的，故一般常将它们放在一起讨论。

　　灰分元素在植物体内的含量常受植物种类、株龄以及环境中其他矿质元素含量等因素的影响。如一般中生植物灰分含量约占干重的5%～15%，水生植物为1%左右，而盐生植物可高达45%以上。植物的不同器官和部位灰分含量差别也很大，如种子灰分含量约为3%，草本植物茎和根为4%～5%，叶为10%～15%。相对来说，老龄植株灰分含量高于幼嫩植株。此外，环境条件的影响也会使体内灰分元素的含量发生很大的变化，气候干燥、土壤通气状况良好和含盐量高等条件，都有利于植物积累灰分。灰分元素最初都是地球矿物岩石的成分，所以称为矿质元素。

根据元素在植物体内含量的多少，可将它们分为两大类别。

（1）大量元素：指植物需要量相对较大，在植物体内含量较高的元素。大量元素约占植物干重的0.01%～10%，包括C、H、O、N、P、K、Ca、Mg、S。

（2）微量元素：指植物需要量甚微，含量非常低的元素。微量元素约占干重的0.01%以下，包括Fe、Mn、B、Zn、Cu、Mo、Cl、Ni。

2. 植物必需元素的标准与确定方法

（1）植物必需元素的标准。

确定植物体内存在的各种元素是否为植物所必需，仅仅通过化学分析是不够的。有些元素在植物生活中不大需要，但在某些植物体内却大量积累（如氟、铝等），至今尚未证明是植物必需元素；而有些元素在植物体内含量极低（如硼和钼），却又是植物生长发育所必需的。所谓必需元素，就是指植物正常生长发育所不可缺少的元素。根据国际植物营养学会的规定，必需元素必须具备以下三个条件。这是1939年两个美国植物生理学者Daniel Arnon 和 Perry Stout 提出的。

① 缺乏该元素，植物不能正常的生长发育，不能完成生活史。

② 缺乏该元素，植物表现出专一的病症，只有补充这种元素后才能减轻或消失，其他任何一种化学元素均不能代替其作用。

③ 该元素的营养作用是直接的，而不是由于改善土壤或培养基的条件所致。

符合这些标准的化学元素就是植物的必需元素，其他的则是非必需元素，如硅、硒、钴等。

（2）植物必需元素的确定方法。

确定植物必需元素通常采用溶液培养法或砂基培养法。

① 溶液培养法：又称水培法，就是把各种无机盐按照生理浓度，以一定的比例、适宜的pH值而配制成溶液用以培养植物的方法。

② 砂基培养法：指用洁净的石英砂、玻璃球、珍珠岩或蛭石作为支持物加入营养液来培养植物的方法。实际上砂培法仍属水培法，砂只起固定植物的作用，植物所需养分仍由溶液提供。

当研究某种元素是否为植物所必需时，应在人工配制的营养液中除去或加入这种元素，然后按照国际植物营养学会提出的三条标准进行对照检查。自1859年Sachs和Knop创立水培法以来，各种方法得到不断发展。这些方法不仅用于判断植物的必需元素和观察植物的缺素症状，还用于发展了无土栽培。水培实验时，营养液特别重要。营养液中各种盐类的阴、阳离子总量之间必须平衡。在进行溶液培养时，由于植物对离子的选择吸收以及对水分的蒸腾会改变溶液的浓度和导致溶液中离子间的比例失调，以及会使溶液的pH值发生改变，所以要经常调节溶液的pH值和定期更换营养液。其次，培养时应该通气，保证培养液有足够的氧气。下面是几种常见的培养液配方（参见表6-1、表6-2）。

表 6-1　适于培养各种植物的培养液

Knop 培养液		Arnon and Hoagland 培养液	
试剂（C. P.）	每升溶液中克数	试剂（C. P.）	每升溶液中克数
$Ca(NO_3)_2$	0.8	$Ca(NO3)_2 \cdot 4H_2O$	0.95
KNO_3	0.2	KNO_3	0.61
KH_2PO_4	0.2	$MgSO_4 \cdot 7H_2O$	0.49
$MgSO_4 \cdot 7H_2O$	0.2	$NH_4H_2PO_4$	0.12
$FePO_4$	0.1	酒石酸铁	0.005

表 6-2　适于培养水稻的培养液

Espino 培养液		国际水稻所配方（贮备液）		
试剂（C. P.）	每升溶液中克数	试剂（C. P.）	每 10 升溶液中克数	
$Ca(NO_3)_2 \cdot 4H_2O$	0.089	NH_4NO_3	914	
$MgSO_4 \cdot 7H_2O$	0.25	$NaH_2PO_4 \cdot 2H_2O$	403	
$(NH_4)_2SO_4$	0.049	K_2SO_4	714	
KH_2PO_4	0.034	$CaCl_2$	886	
$FeCl_3$	0.03	$MgSO_4 \cdot 7H_2O$	3 240	
H_3BO_3	2.86	$MnCl_2 \cdot 4H_2O$	15.0	
$ZnSO_4 \cdot 7H_2O$	0.22	$(NH_4)Mo_7O_{24} \cdot 4H_2O$	0.74	分别溶解后加
$MnCl_2 \cdot 2H_2O$	1.81	H_3BO_3	9.34	500 mL 浓 H_2SO_4，
$CuSO_4 \cdot 5H_2O$	0.08	$ZnSO_4 \cdot 7H_2O$	0.35	然后再加蒸馏水到
$H_2MnO_4 \cdot H_2O$	0.02	$CuSO_4 \cdot 5H_2O$	0.31	10 mL
		$FeCl_3 \cdot 6H_2O$	77.0	
		柠檬酸（一水合物）	119	

（3）有益元素。

除了已确定的 17 种必需元素外，在非必需营养元素中有一些元素，还发现一些对特定植物的生长发育有益，或为某些种类植物所必需的元素，它们是 Si、Al、Na、Se、I、Co 等，通称为有益元素（beneficial element）。例如，藜科植物需要钠，在甜菜叶片中，Na 有利于淀粉转化为蔗糖；豆科作物需要钴，钴是豆科根瘤菌固氮所必需的；蕨类植物和茶树需要铝，铝有利于茶树的生长；硅藻和水稻都需要硅，硅对水稻产生良好的生理效应，使稻株生长健壮，提高对病虫害的抵抗能力；紫云英需要硒等。

6.1.2　必需矿质元素生理作用

1. 植物必需元素的一般作用

（1）细胞结构物质的组成成分。如碳、氢、氧、氮、磷、硫等是糖类、脂类、蛋白质和核酸等有机物质的组分。

（2）参与生命活动的调节。如许多金属元素参与酶的活动，或是酶的组分，或作为酶的激活剂，提高酶的活性，如 Fe、Cu、Zn、Mg 等。

（3）参与能量转化和促进有机物质运输。例如，P 与 B 分别形成磷酸酯和硼酸酯，磷酸酯对植物体内的能量转换起重要作用，硼酸酯有利于物质的运输。

（4）电化学作用，如渗透调节、胶体稳定和电荷中和等。某些金属元素如 K、Mg、Ca 能维持细胞的渗透势，影响膜的透性，保持离子浓度的平衡和原生质的稳定，以及电荷中和等。

2. 大量元素的作用

（1）氮（N）。氮在植物生命活动中占据着主要位置，它在植物体内的含量很多，还参与植物体内多种重要有机化合物的形成。一般植物含氮量约占植物体干重的 $0.3\% \sim 5\%$，而含量的多少与作物种类、器官、发育阶段有关。植物以吸收无机氮（NO_3^-、NO_2^-、NH_4^+）为主，也吸收有机氮（尿素、氨基酸等）。

氮的主要功能：① 氮是植物体内许多重要化合物的组分，例如蛋白质、核酸、叶绿素、维生素等都含有氮元素；② 参与形成各种辅基、辅酶及 ATP，氮是各种酶和辅酶的成分，氮通过酶而间接影响细胞的各种代谢过程；③ 形成各种生理活性物质，调控植物的生命活动，如生长素、细胞分裂素都是含氮化合物，所以氮在促进细胞的伸长等方面具有重要功能。

氮肥充足时植物枝多叶大，生长健壮，籽粒饱满。缺氮时由于蛋白质合成受阻，叶绿体结构被破坏，叶片黄化，严重时脱落，显著特征是植株下部叶片首先褪绿黄化，然后逐渐向上部叶片扩展；植株矮小，瘦弱，分枝分蘖少，花果少而且易脱落，导致产量降低。氮肥过多促进蛋白质和叶绿素大量形成，枝叶徒长，使作物贪青晚熟，叶片大而深绿，柔软披散，易受机械损伤和病菌侵袭，抗病和抗倒伏能力减弱。

（2）磷（P）。磷是植物生长发育不可缺少的营养元素之一，植物以 $H_2PO_4^-$ 和 HPO_4^{2-} 的形式吸收磷。植物体的含磷量相差很大，约为干物重的 $0.2\% \sim 1.1\%$，而大多数作物的含量在 $0.3\% \sim 0.4\%$。其中大部分磷是有机态磷，以核酸、磷脂和植素（肌醇磷）等形态存在，约占全磷量的 85%；而无机态磷仅占 15%，主要以钙、镁、钾的磷酸盐形态存在，它们在植物内均有重要作用。

磷的主要功能：① 磷是构成大分子物质的结构组分，在 DNA 和 RNA 结构中的核糖核苷单元之间都是以磷酸盐作为桥键物构成大分子的，磷使得核酸具有很强的酸性，因此在 DNA 和 RNA 结构中的阳离子浓度特别高；② 磷是多种重要化合物的组分，如核酸、磷脂、核苷酸、三磷酸腺苷等，在植物代谢过程都有重要作用；③ 积极参与体内的代谢，如碳水化合物的代谢，光合磷酸化中必须有磷参加，氮素代谢和脂肪代谢等同样需要磷的参与；④ 提高作物抗逆性和适应能力，如抗寒、抗旱能力等。

缺磷时植物正常代谢受抑制，蛋白质合成受阻，植株矮小，茎叶呈暗绿色；花、果和种子少而不饱满，成熟期延迟，抗性减弱。此外，缺磷时形成较多的花青素，致使许多植物的茎叶出现紫红色。例如，果树缺磷时叶片呈褐色，易过早落果；豆科植物缺磷会导致固氮能力降低。因为磷的再利用程度高，故缺磷的症状首先出现在老叶上。

磷肥过多，叶片肥厚而密集，叶色浓绿，植株矮小，节间过短，地上部分与地下部分生长比例失调。施磷过多还会诱发锌、锰等元素代谢的紊乱，常常导致植物缺锌症。

（3）钾（K）。钾主要以离子状态（K^+）存在于细胞内，是植物体内含量最高的金属元素。一般植物体内的含钾量（K_2O）占干物重的 $0.3\% \sim 5.0\%$。钾在植物体内流动性很强，易于转移至地上部，能多次反复利用。

钾的主要功能：① 促进光合作用，提高 CO_2 的同化率，钾能促进叶绿素的合成，改善叶绿体的结构，促进叶片对 CO_2 的同化；② 促进光合产物的运输；③ 参与细胞的渗透调节，钾对调节植物细胞的水势有重要作用，钾能影响气孔运动，从而调节蒸腾作用；④ 酶的激活剂，业已查明，钾可作为六十多种酶的激活剂，如谷胱甘肽合成酶、淀粉合成酶、琥珀酸脱氢酶、苹果酸脱氢酶等，在糖类与蛋白质代谢以及呼吸作用中具有重要功能；⑤ 增强植物的抗逆性，钾有多方面的抗逆功能，它能增强作物的抗旱、抗高温、抗寒、抗盐、抗倒伏等能力，从而提高其抵御外界恶劣环境的忍耐能力。

缺钾时，植物茎秆柔弱，易倒伏，抗旱抗寒性降低；植株下部老叶上出现失绿并逐渐坏死，叶片暗绿无光泽，叶脉间先失绿，沿叶缘开始黄化、焦枯、碎裂，叶脉间出现坏死斑点；根系生长明显停滞，细根和根毛生长很差，易出现根腐病。

（4）钙（Ca）。植物以离子（Ca_2^+）形式吸收钙。钙在植物体内有三种存在形式，即离子、钙盐和与有机物结合形式。钙的生理功能如下：① 参与第二信使传递，钙能结合在钙调蛋白上对植物体内许多酶起活化功能，并对细胞代谢起调节作用；② 钙能稳定生物膜结构，保持细胞的完整性；③ 钙是构成细胞壁果胶质的结构成分；④ 可与草酸形成不溶性的盐，防止草酸积累；⑤ 钙是某些酶类的活化剂，如 Ca_2^+ 能提高 α - 淀粉酶和磷脂酶的活性。

缺钙时，植株的顶芽、侧芽、根尖等分生组织首先出现缺素症，生长点生长停止，植株矮小或呈簇生状，幼叶卷曲变形，叶尖和叶缘开始变黄并逐渐坏死，植株早衰，结实少甚至不结实。例如，缺钙甘蓝、白菜等出现叶焦病，番茄、西瓜等出现脐腐病。

（5）镁（Mg）。在植物体内镁以离子（Mg_2^+）或与有机物结合的形式存在。镁的生理功能如下：① 参与光合作用，镁是叶绿素的组分，在光能的吸收、传递、转换过程中起重要作用；② Mg_2^+ 是许多酶的激活剂，如酮基转移酶、AMP 焦磷酸酶、己糖激酶和 ATP 酶等；③ 镁能促使核糖体亚基间的结合，有利于蛋白质合成；④ 镁是种子内植酸钙镁的组分。

缺镁时，植株矮小，生长缓慢。双子叶植物叶脉间失绿，并逐渐由淡绿色转变为黄色或白色，出现大小不一的褐色或紫红色斑点或条纹；严重缺镁时，整个叶片出现坏死现象。禾本科植物缺镁时，叶基部叶绿素积累出现暗绿色斑点，其余部分呈淡黄色；严重缺镁时，叶片退色而有条纹，叶尖出现坏死斑点。

（6）硫（S）。植物主要以 SO_4^{2-} 形式从土壤中吸收硫素，也可以利用大气中的 SO_2。硫的主要功能有：① 在蛋白质合成和代谢中的作用，硫是半胱氨酸和蛋氨酸的组分，参与蛋白质和生物膜的组成；② 在电子传递中的作用，硫是铁氧还蛋白、硫氧还蛋白和固氮酶的组分模型，能够传递电子，因而在光合、固氮、硝态氮还原过程中发挥作用；③ 作为辅酶 A 的组分，参与多种酶促反应。

缺硫时，蛋白质合成受阻导致失绿症，其外观症状与缺氮很相似，但发生部位不同。缺硫症状先出现于幼叶，缺氮症状先出现于老叶；缺硫时幼芽先变为黄色，心叶失绿黄化，茎细弱，根细长而不分枝，开花结实推迟，果实减少。

3. 微量元素的作用

（1）铁（Fe）。一般认为，Fe^{2+} 是植物吸收的主要形式，螯合态铁也可以被吸收，Fe^{3+} 在高 pH 值条件下溶解度很低，多数植物都难以利用。铁的主要作用为：① 铁是合成叶绿素所必需的元素；② 铁参与植物细胞内的氧化还原反应和电子传递，如各种细胞色素、豆血红蛋白、铁氧还蛋白等都是含铁的有机物，它们的还原能力很强；③ 铁参与呼吸作用，因为与呼吸作用有关的细胞色素氧化酶、过氧化氢酶、过氧化物酶等都含有铁。

铁不易移动，故缺铁时在较幼嫩的叶子中发生，典型的症状是在叶片的叶脉间和细胞网状组织中出现失绿现象，在叶片上往往明显可见叶脉深绿而脉间黄化，黄绿相当明显。严重缺铁时，叶片上出现坏死斑点，叶片逐渐枯死。此外，缺铁时根系中还可能出现有机酸的积累，其中主要是苹果酸和柠檬酸。

（2）锰（Mn）。锰主要以 Mn^{2+} 形式被吸收，它在植物体内的移动性不大。锰的主要作用为：① 直接参与光合作用，锰是维持叶绿体结构所必需的微量元素，在叶绿体中，锰与蛋白质形成酶蛋白，是光合作用中不可缺少的参与者；② 锰是许多酶的活化剂，如酮戊二酸脱氢酶、柠檬酸脱氢酶等；③ Mn^{2+} 参与硝酸根的还原过程，蛋白质的合成与水解过程，也需要 Mn^{2+}。

植物缺锰时，通常表现为叶片失绿并出现坏死斑点，而叶脉仍保持绿色。缺锰和缺镁的症状很类似，但部位不同，缺锰的症状首先出现在幼叶上，而缺镁的症状则首先表现在老叶上。燕麦对缺锰最为敏感，常出现燕麦"灰斑病"，因此常用它作为缺锰的指示作物；豌豆缺锰会出现豌豆"杂斑病"。果树缺锰时一般也是叶脉间失绿黄化，如柑橘。

（3）硼（B）。硼以 H_3BO_3 形式被吸收，比较集中地分布在子房、柱头等花器官中。硼的主要功能为：① 促进体内碳水化合物的运输和代谢，与糖形成复合物，促进其运输；② 参与半纤维素及细胞壁物质的合成；③ 促进细胞伸长和细胞分裂；④ 促进花粉的萌发和花粉管伸长，减少花粉中糖的外渗；⑤ 硼对由多酚氧化酶活化的氧化系统有一定的调节作用。

缺硼时，茎尖生长点生长受抑制，老叶叶片变厚变脆、畸形，枝条节间短，根短粗兼有褐色，生殖器官发育受阻，结实率低，果实小。如油菜的"花而不实"，大麦、小麦"穗而不实"，棉花"蕾而不花"，花椰菜"褐心病"，苹果"缩果病"等。

（4）锌（Zn）。植物体的锌多分布在茎尖和幼嫩的叶片中。锌主要以 Zn^{2+} 形式被吸收。锌的主要功能为：① 锌是某些酶的组分或活化剂，参与呼吸作用及多种物质代谢过程；② 参与生长素的代谢，试验证明，锌能促进吲哚和丝氨酸合成色氨酸，而色氨酸是生长素的前身，因此锌间接影响生长素的形成；③ 参与光合作用中 CO_2 的水合作用，缺锌时植物的光合作用效率大大降低，这不仅与叶绿素含量减少有关，而且也与 CO_2 的水合反应受阻有关；④ 锌与蛋白质代谢有密切关系，缺锌时蛋白质合成受阻；⑤ 促进生殖器官发育和提高抗逆性，锌可增强植物对不良环境的抵抗力。

缺锌时，植物生长受抑制，尤其是节间生长严重受阻，并表现叶片的脉间失绿或白化症状，植株矮小，叶片小而且呈簇生状，玉米易得"花叶病"，果树易得"小叶病"。

（5）铜（Cu）。铜以 Cu^{2+} 形式被植物吸收，其主要作用为：① 铜是多种氧化酶的成分，参与呼吸作用中 H^+ 氧化成 H_2O 的过程；② 铜是质蓝素（PC）的组分，参与光合电子传递；③ 铜也是超氧化物歧化酶（SOD）的组分，参与消除超氧自由基的伤害作用。缺 Cu 时，嫩叶先变细且呈扭曲状，叶尖先坏死，然后沿叶缘向基部发展，易脱落。

（6）钼（Mo）。在土壤中钼大量地以钼酸盐（MoO_4^{2-}）形式存在，也以 MoS_2 而存在。钼的功能是参与氮素代谢，它是硝酸盐还原酶和固氮酶的组分。在生物固氮过程中，N_2 的还原自始至终是在钼铁蛋白上进行的。缺钼时，老叶脉间缺绿，有坏死斑点，叶边缘向上卷曲。

（7）氯（Cl）。氯以 Cl^- 形式被植物吸收，缺乏氯的症状首次发现于 1953 年，这种症状是叶子先萎蔫，而后变成缺绿的坏死，最后变成青铜色。根变成短粗而肥厚，近顶端处变成棒槌状。氯的主要作用有：① 参与光合过程中水的光解放氧，并在光合电子传递中 Cl^- 与 H^+ 作为 K^+ 与 Mg^{2+} 的对应离子，从叶绿体间质向类囊体腔转移，起到电荷平衡作用；② 参与气孔开闭调节。Cl^- 作为液泡中的成分影响渗透势，并与 H^+ 一起参与气孔的开闭运动。

（8）镍（Ni）。镍以 Ni^{2+} 的形式被植物吸收，其含量在植物体内很低。镍的生理功能为：① 低浓度的镍能刺激许多植物的种子发芽和幼苗生长，如小麦、豌豆、蓖麻、大豆等；② 催化尿素降解，在生物系统中，镍作为许多酶的金属成分，是维持酶活性所必需的；③ 防治某些病虫害，低浓度的镍可以促进紫花苜蓿叶片中过氧化物酶和抗坏血酸氧化酶的活性，从而促进微生物分泌的毒素降解和增强作物的抗病能力。

在大田情况下，植物极少发生缺镍症，但易发生镍过多而中毒。镍中毒症状多变，表现为：生长迟缓，叶片失绿和变形，有斑点、条纹，果实变小，着色早等。

上述各种必需元素在植物生命活动中都有自己的独特作用，不能为其他元素所代替。我们把植物因缺少某种矿质元素而在形态上发生的变化叫缺素症。现将植物缺素症的检索表（参见表 6-3）列出供参考。

表 6-3 作物营养元素缺乏症检索简表

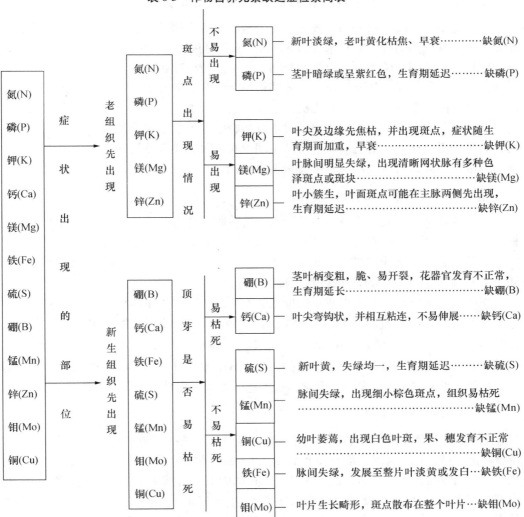

6.2 根系对矿质元素的吸收与运输

6.2.1 根部吸收矿质元素的区域

根部是植物吸收矿质元素的主要器官。根系吸收矿质元素的部位和吸收水分一样，主要在根尖。实验表明，根系吸收矿质元素最活跃的部位是在根尖的根毛区，因为根毛区的吸收面积大，其表皮细胞未栓质化，透水性好，木质部分化良好，吸收的盐类可经过木质部输送到植株其他部位。根毛区以上一段，根毛已经衰退，吸收矿质的机能就很差了。由于根毛最活跃的吸收机能的时期很短，而根又有朝向富含水、肥的部位生长的趋势，因此，根系吸收矿质元素的活跃部位，随着根系的生长，不断地在土壤中改变它的位置。

6.2.2 根系吸收矿质元素的特点

1. 根系吸收矿质元素和吸收水分既相互联系，又相对独立

试验证明，根吸收水分与吸收无机盐的数量不成正相关。例如，把溶液培养的黄瓜从光照条件下移到黑暗处，吸收水分由 520 mL 减少到 90 mL，但是在同一时间内吸收的 K^+ 反而增加，这说明土壤中的无机盐不是随水分一起被根吸收的。但二者之间又有着密切的联系，一方面因为无机盐要溶于水后才能被根所吸收，随着水分的增加，无机离子被蒸腾流携带转移的速度就加快，根对无机离子吸收也就增加；另一方面，根吸入的无机盐降低了根系木质部的水势，又促进了根系对水分的吸收。但吸水主要是因蒸腾而引起的被动过程，而吸收无机盐则主要是消耗能量的主动吸收过程，要载体运输，其吸收离子数量因外界溶液浓度而异，所以吸水量和吸盐量不成比例。

2. 根对矿质元素的选择性吸收

植物从环境中吸收离子时，对各种离子的吸收量并不与溶液中离子的含量成正比，即根对矿质元素具有选择性吸收。例如，在同一种培养液中培育水稻和番茄，番茄水溶液中 Ca^{2+}、Mg^{2+} 的浓度是下降的，Si 的浓度是上升的；而水稻则完全相反，培养液中的 Ca^{2+}、Mg^{2+} 浓度逐渐上升，而 Si 的浓度则大幅度下降。

根吸收的选择性，还表现在同一种盐的不同离子吸收量不相同。例如，在土壤中施入 $(NH_4)_2SO_4$ 时，根吸收的 NH_4^+ 多于 SO_4^{2-}，大量的 SO_4^{2-} 残留于溶液中，酸性提高，这类盐叫生理酸性盐；如供给 $NaNO_3$ 时，根系吸收的 NO_3^- 多于 Na^+，溶液中残留较多的 Na^+，使碱性升高，这类盐叫做生理碱性盐；如供给 NH_4NO_3 时，根系吸收 NH_4^+ 与 NO_3^- 的速率几乎相等，溶液的 pH 值未发生变化，这类盐叫做生理中性盐。

3. 单盐毒害和离子拮抗作用

如果把植物培养在单一的盐溶液中，即使这种溶液是由植物必需元素的无机盐配制的低浓度溶液，植物也会呈现异常，甚至死亡。这种植物生长在单一盐溶液中，受到毒害直至死亡的现象叫单盐毒害。例如，将植物培养在较稀的 KCl 溶液中，植物将迅速积累 K^+，很快达到毒害水平致使死亡。如在 KCl 溶液中加入少量的 Ca^{2+}，则 K^+ 的吸收量会显著减少，会使毒害减弱或消除。这种离子间能互相消除毒害的现象，称为离子拮抗作用。只有在元素周

期表中不同族元素的离子间，才能发生离子拮抗作用。一般来说，同价金属离子间不能产生拮抗作用，即 K^+ 不能拮抗 Na^+，Ba^{2+} 不能拮抗 Ca^{2+}；只有异价离子间才有拮抗作用。

植物只有在含有适当比例的多种盐的溶液中，才能正常生长。通常我们把消除单盐毒害，适于植物生长的溶液叫做生理平衡溶液。对于海藻来说，海水就是平衡溶液；对陆生植物来讲，土壤溶液一般来说并不是理想的平衡溶液，施肥的目的就是使土壤中各种矿质元素达到平衡，以利于植物的正常生长发育。

6.2.3　根吸收矿质元素的过程

根吸收矿质元素可分为两步：第一步，土壤胶体颗粒上或土壤溶液中的矿质元素通过某种方式到达根的表面或根皮层的质外体，这是快速阶段，是不需要消耗代谢能的物理过程；第二步，矿质元素通过细胞膜进入到共质体，这是缓慢的耗能的主动吸收过程。然后，被吸收的矿质元素通过内皮层进入中柱的导管进行长距离运输。

根吸收矿质元素可分为三种方式：被动吸收、主动吸收和胞饮作用。其中，前两种较为普遍。

1. 被动吸收

被动吸收是指由于扩散作用或其他物理过程而进行的吸收，是不需要代谢能量的吸收方式，又称为非代谢吸收。当外界某种离子浓度大于根细胞内的浓度时，这种离子常常以扩散的方式进入根系的细胞。如盐碱地的植物体内常常含有过多的 Na^+ 和 Cl^-，就是由于被动吸收的缘故。

在细胞被动吸收矿质元素的过程中，扩散速率主要受浓度梯度的影响。然而，离子的扩散要比分子扩散复杂，这是因为，离子本身不仅带有电荷和水膜，而且质膜也带有电荷，所以离子的扩散方向既取决于化学势梯度，也取决于膜内外的电势梯度，即取决于这两种梯度的总和——电化学势梯度。

2. 主动吸收

主动吸收是指细胞利用呼吸作用释放的能量逆浓度梯度吸收矿质元素的过程，又称为代谢性吸收。它是根系吸收矿质元素的一种主要方式。实验表明，植物细胞对矿质元素的主动吸收与呼吸作用关系密切。例如，暂时缺 O_2，有氧呼吸停顿，主动吸收矿质元素的过程也随之停顿；利用二硝基苯酚解除氧化磷酸化的偶联作用，ATP 不能形成，则主动吸收也停止。因此，主动吸收矿质元素所消耗的能量来自 ATP 的水解。关于主动吸收的机理有以下几种学说。

（1）载体学说。

载体学说认为：离子是通过膜上某种物质载体运进去的，这种载体就是膜上一些特殊的蛋白质，它们具有专门运输物质的功能，称为运输酶或透过酶。载体可反复利用，即少量载体可运转大量离子。目前研究表明，离子载体的运转速率高达 104～105 个离子/秒。载体学说的要点：① 未活化的载体在磷酸激酶作用下被 ATP 活化；② 已活化的载体在膜外侧通过识别作用与相应离子结合，形成载体-离子复合物；③ 该复合体运转至膜内侧，在磷酸酯酶作用下释放出磷酸基，使载体失去对离子的亲和力，从而将离子释放到膜内。无亲和力的载体重新被 ATP 活化，可再次运转相应的离子（如图 6-1 所示）。

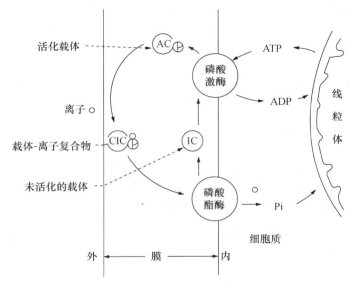

图 6-1　载体跨膜运转离子的过程

人们对载体的真正性质及类型认识很少，但大多数人认为载体是类脂分子，它可以透过生物膜，在膜内扩散能力强，可能是磷脂的衍生物或是具有脂类特性的肽。还有资料认为，载体可能是质膜上存在的某些蛋白质，也可能是酶。它能与某些特定的蛋白质分子相结合，透过膜运送离子。或者是一些在膜内经常发生构型变化蛋白质分子，在它改变其形状及位置时，使离子运输过膜。载体学说是以酶的动力学为其理论依据的。

载体学说比较圆满地从理论上解释了关于离子吸收的三个问题：第一，离子的选择性吸收；第二，离子通过质膜以及在质膜上的转移；第三，离子吸收与代谢的关系。

（2）离子泵学说。

离子泵是存在于细胞膜上的蛋白质，它在有能量供应时可使离子在细胞膜上逆电化学梯度主动地吸收。利用麦类和玉米的根试验发现，ATP 酶的活性与离子的吸收存在着高度的相关性，凡是促进 ATP 酶活化的因子均能促进根对离子的吸收。在这一过程中，质膜上的 ATP 酶起着离子泵的作用，这种酶使 ATP 水解，产生 ADP^-、H^+、Pi 和能量。一方面，利用这部分能量将 H^+ 从膜内侧泵到膜外侧，形成跨膜电化学梯度，即膜内侧电位变低，pH 值变高，内部 H^+ 减少，使外部阳离子与 H^+ 交换而被"泵"入细胞内；另一方面，ATP 水解后形成的 ADP^- 能与 H_2O 作用，产生 ADP 和 OH^-，后者能活化阴离子载体，并沿 pH 梯度向膜外侧转移，而其他阴离子（如 NO_3^-）则跨膜从外侧运转至内侧。过程如图 6-2 所示。

3. 胞饮作用

吸附在细胞质膜上的物质，通过膜的内折形成囊泡而被转移至胞基质或液泡的过程，称为胞饮作用。胞饮作用是植物细胞吸收水分、矿质元素和其他物质的一种特殊的摄取物质方式。吞饮囊泡把物质转移给细胞工程的方式有两种：一是在转移过程，囊泡逐渐溶解消失，把物质留在细胞质内；二是囊泡一直向内转移，直至液泡，并与其融合，将摄取的物质释放于液泡中（如图 6-3 所示）。目前已知，南瓜和番茄的花粉母细胞，蓖麻和松树的根尖细胞均有这种现象。这是一种类似于变形虫吞食食物的方式，属于非选择性吸收。

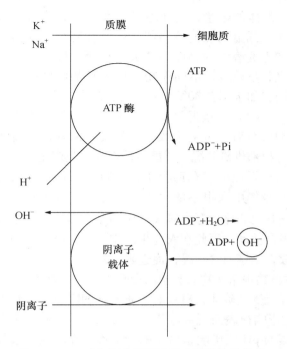

图 6-2　ATP 酶与阳离子泵及阴离子载体的关系

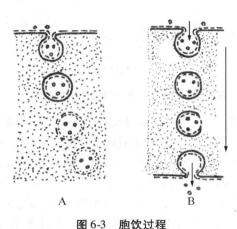

图 6-3　胞饮过程

A. 囊泡的膜被消化，物质留在胞基质中；

B. 囊泡的膜不消失，向液泡释放物质

6.2.4　其他器官对矿质元素的吸收

植物除了可从根部吸收养分外，地上部分（茎和叶）也能吸收养料。生产上常把肥料配成一定的浓度直接喷洒到叶面上以供植物吸收，这种施肥方式叫做根外施肥或叶面施肥。

根外施肥与根部施肥相比，其优点如下。① 节省肥料。如一株 20 年生的果树根施尿素如果需要 2.5 kg，则叶面喷肥只需 0.1～0.2 kg。② 根外施肥的见效快。如用 KCl 喷叶 30 min 内 K^+ 进入细胞，喷施尿素 24 h 内便可吸收 50%～75%。③ 补充根部吸收养料的不足。特别是在幼苗根系不发达，或生育后期根系活力降低、吸收能力衰退时，根外施肥可以补充养料。④ 肥料利用率高。有些微量元素如锌、锰、铜、铁等易被土壤固定，而不能被植物吸收，而采用根外施肥可收到明显的效果。此外，还可与有的农药混合施用，药肥同时发挥作用，既省工又降低成本。但要注意肥药性质，以不降低肥效为原则。

根外施肥虽然有其优越性，但也有局限性。如根外施肥的效果虽然见效快，但效果短暂，而且施肥总量有限，又易从疏水表面流失或被雨水淋洗；此外，有些元素如钙，从叶片的吸收部位向植物的其他部位转移相当困难，喷施的效果不一定很好。因此，植物的叶面施肥不能完全代替根部施肥，仅仅是一种辅助的施肥方式。

6.2.5　影响根系吸收矿质元素的外界因素

（1）土壤温度。土壤温度对矿质元素的吸收有显著的影响。因为根系对矿质元素的吸收主要依赖于根系呼吸所提供的能量，而呼吸作用过程中一系列的酶促反应对温度又非常敏感，所以在一定的范围内根系吸收矿质元素的速率随着土壤温度的升高而加快（如图 6-4 所示）。温度过高（超过 40℃）时，由于高温使体内酶钝化，从而减少了可结合养分离

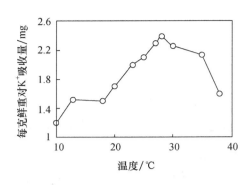

图6-4　根吸收矿质元素与温度的关系

子载体的数量，使细胞膜透性增大，使溶质外渗。低温往往使植物的代谢活性降低，细胞质和土壤溶液的黏滞性增大，从而导致矿质元素吸收量减少。不同作物适应生长的温度范围不同，如水稻在30℃左右，而大麦在25℃左右。

（2）土壤通气状况。土壤通气状况直接影响根系对养分的吸收。通气良好的环境，能改善根部供氧状况，并能促使根系呼吸产生的CO_2从根际散失，有毒物质积累减少，有利于根的呼吸作用和根系的生长，促进根部对矿质元素的吸收。土壤板结或积水过多时，土壤通气状况恶化，造成氧气供应不足，影响根的生长和呼吸，从而影响根对矿质的吸收和其他生命活动。因此在农业生产中，开沟排水，中耕松土，稻田落水晒田，增施有机肥，均可改善土壤通气状况，促进矿质元素的吸收。

（3）土壤pH值。土壤溶液的pH值对植物根系矿物质吸收的影响很大。通常土壤pH值低于4或高于9时，根系的正常代谢过程就受到破坏，根系对矿质元素的吸收就受到抑制。在pH值4～9范围内，pH值主要通过影响根表面所带电荷和矿质元素的有效性来直接或间接地影响矿质元素的吸收。因为土壤的pH值影响蛋白质的带电性。在弱酸性条件下氨基酸带正电荷，因而易于吸收土壤溶液中的阴离子；在弱碱性条件下氨基酸带负电荷，容易吸收溶液中的阳离子。

土壤pH值还影响无机盐的溶解度。在碱性条件下，铁、磷、钙、镁、铜、锌易形成不溶性化合物，因而降低了对它们的吸收。在酸性环境中，PO_4^{3-}、K^+、Ca_2^+、Mg_2^+等溶解度增加，植物来不及吸收，易被雨水淋失，故在酸性红壤中常缺乏这些元素。当酸性过大时，铁、铝、锰等溶解度加大，植物也会因吸收过量而中毒。同时，不适宜的pH值影响土壤微生物的活动，酸性反应导致根瘤菌死亡，失去固氮能力；碱性反应促使反硝化细菌生长，使氮素发生损失，对植物营养不利。大多数作物生长的最适pH值在6～7，但也有极少数植物适于偏酸或偏碱条件下生长。

（4）土壤离子间相互作用。土壤中的各种离子常常相互作用，从而影响植物对矿质元素的吸收。竞争与促进实验证明，溶液中某一离子的存在会影响另一离子的吸收。如溴和碘的存在会使氯的吸收减少。相反，离子间也表现有促进作用，即一种离子的存在能促进另一种离子的吸收和利用。例如，生产上常施用磷肥以增加氮的吸收及利用；钙离子能促进铵离子、钾离子吸收；硝酸根能促进钾离子吸收等。因此田间施肥时，应根据离子间相互影响的规律进行适当搭配。

许多研究表明，植物的生长往往由于某种元素的缺乏而生长缓慢，或停止生长，这样植物吸收的其他矿质元素常常在植物体内生长最受阻的部分积累，表现为浓缩效应，致使根系对积累元素的吸收减少。可是，当原来最亏缺的那种元素得到补充以后，植株又会迅速生长，随之，其他元素被迅速消耗，相对含量下降，呈现稀释效应。

（5）土壤的有毒物质。有毒物质的存在会从各个方面对植物尤其是根系造成不同程度的伤害，必然降低植物吸收矿质元素的能力。例如，H_2S会抑制细胞色素氧化酶的活性，根系周围介质中H_2S增多时，根呼吸明显受抑制，从而抑制根系对钾、硅、磷等的吸收；某些有机酸（如正丁酸、乙酸、甲酸等）会抑制磷等营养元素的吸收，如在含有机质过多的低洼地块，随着土温升高与有机质的分解，当土壤氮化还原电位在 0.1 V 时就能产生这些有毒的有机酸，抑制根系吸收营养元素，而且抑制磷酸的吸收既明显又持久，严重时引起烂根；过多的 Fe^{2+} 抑制细胞色素氧化酶的活性和根系对 K_2O、P_2O_5、SiO_2、MnO 等营养元素的吸收；土壤中含重金属元素过多会引起缺绿症。

（6）土壤溶液的浓度。在一定范围内，随着外界溶液浓度的增加，根部吸收量也增多，二者成正比。但土壤溶液浓度过高时，会引起水分的反渗透，使根细胞脱水及至烧苗。因此，在生产上，施肥应掌握"勤施薄施"的原则，一次施用化肥不能过多，以免烧苗或造成肥料流失形成浪费。施肥时还要注意同时灌水，以保证土壤溶液的浓度适宜。

6.2.6　矿质元素的运输与利用

矿质元素被根系吸收以后，其中少部分存在根内，大部分运输到植物的其他部位，如茎尖生长点、幼叶、幼果等生长旺盛的部位，以供其生长发育的需要。

1. 矿质元素运输的形式

不同的矿质元素在植物体内运输的形式不同。金属元素以离子状态运输，非金属元素既可以离子状态运输，还可以小分子有机化合物的形式运输。根部吸收的无机氮化合物大部分在根中柱薄壁细胞内转变为氨基酸和酰胺，如天冬氨酸、天冬酰胺、谷氨酸、谷氨酰胺等，然后这些有机物再向上运输。根吸收的磷主要以正磷酸根的形式运输，但也有一部分在根内转变为有机磷化物如核苷酸等，然后再向地上部分运输。硫主要以硫酸根的形式运输，只有少部分在根中转变为蛋氨酸和谷胱甘肽后向上运输。

2. 矿质元素的运输途径

（1）根系吸收矿质元素的运输。根系吸收的矿质元素运输到中柱有两条途径：一是质外体途径，二是共质体途径。在共质途径中胞间连丝起着沟通细胞间养分运输的桥梁作用。取一株具有两个分枝的柳树苗，在两枝的对应部位把茎中的一段木质部和韧皮部分开，并在其中的一枝夹入蜡纸，而另一枝重新接触作为对照；然后在根部施 $^{42}K^+$，5 小时后测定 $^{42}K^+$ 在枝中的分布状况（如图 6-5 所示）。结果表明，在处理枝的木质部内存在大量的 $^{42}K^+$，而在韧皮部中几乎没有，这说明根系吸收的 $^{42}K^+$ 是通过木质部的导管向上运输的；而对照枝，韧皮部中存在较多的 $^{42}K^+$，这说明 $^{42}K^+$ 可以从木质部横向运输到韧皮部。

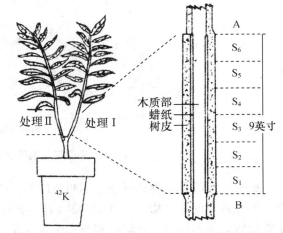

图 6-5　放射性钾（^{42}K）在柳树茎中向上运输途径的试验

（2）叶片吸收矿质元素的运输。利用 ^{32}P 证明，叶片吸收的矿质元素可向上或向下运输，其主要途径是韧皮部。同时矿质元素还可从韧皮部活跃地横向运输到木质部，然后再向上运输。因此，叶片吸收的矿质元素在茎部向下运输以韧皮部为主，向上运输则是通过韧皮部和木质部。

3. 矿质元素的分配与再分配

矿质元素进入根系后，只有一少部分留在根内，大部分运至地上部分。除硅外，其他元素大部分运至生长旺盛的部位，如生长点、幼叶、幼枝、幼果等，少部分运至功能叶与老叶。

矿质元素进入生长中心后，绝大部分进而合成各种复杂的有机物。细胞衰老时将分解，其中矿质元素被释放出来，可重新运输到新器官或组织中被重复利用（如 N、P、K、Mg），而另外一些元素，如 Ca、Fe、Mn、Cu、S 等在细胞内形成难溶化合物，很难转移和再分配。

植物体内矿质元素的再分配，提高了植物对矿质的利用率，增强了植物对环境的适应能力。

6.3 植物体内氮、磷、硫的同化

6.3.1 硝酸盐的同化

植物吸收的氨可直接用于氨基酸的合成，但硝酸盐不能。硝酸盐被植物吸收以后，必须经过还原过程，才能用于氨基酸、蛋白质的合成。硝酸盐的还原过程可分为两个阶段：一是在硝酸还原酶催化下，由硝酸盐还为亚硝酸盐；二是在亚硝酸还原酶催化下，由亚硝酸盐还原为氨。

$$NO_3^- \xrightarrow[\text{硝酸还原酶}]{+2e^-} NO_2^- \xrightarrow[\text{亚硝酸还原酶}]{+6e^-} NH_4^+$$

（1）硝酸盐还原为亚硝酸盐。这一过程是在细胞质中进行的。催化这一反应的硝酸还原酶为钼黄素蛋白，含有 FAD、Cytb 和 Mo，还原力为 $NADH + H^+$。在还原过程中，NADH 作为电子供体，FAD 为辅酶，钼是活化剂。FAD 从供氢体 $NADH + H^+$ 接受 H^+ 及 e^- 而被还原；然后将 e^- 依次传给 Cytb 和 Mo，使 Mo 转变为 Mo^{5+}，Mo^{5+} 最后把电子传递 NO^{3-}，使它还原为亚硝酸根，并生成 H_2O（如图 6-6 所示）。

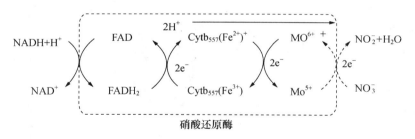

图 6-6 硝酸还原酶所催化的硝酸盐还原过程

硝酸还原酶是一种诱导酶，亦叫适应酶。所谓诱导酶或适应酶是指植物本来不含某种酶，但在特定的外来物质（如底物）的影响下，可以生成这种酶。硝酸还原酶存在于高等植物细胞的细胞质中，在幼根和根尖中含量高，其半寿期只有几个小时。硝酸还原酶一般在幼嫩组织中的活性高，而在衰老组织中的活性低。硝酸还原酶的活性受铵盐的抑制。缺钼也会引起硝酸盐的积累，从而使硝酸还原酶的活性提高。

（2）亚硝酸盐还原为氨。这一过程由亚硝酸酶催化，在叶片和根中都能进行。亚硝酸还原酶也是黄素蛋白酶。在叶内 NO_2^- 和 HNO_2 分子从细胞质通过叶绿体膜转移到叶绿体内，然后利用还原态铁氧还蛋白把电子转移给亚硝酸，NADH 仍然是电子供体，使亚硝酸根还原为氨（如图 6-7 所示）。亚硝酸还原酶不需要钼，但需要铜和铁，因为亚硝酸还原酶是含铁卟啉的酶。

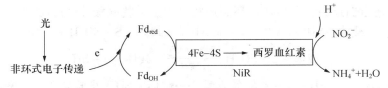

图 6-7　亚硝酸盐在叶中的还原

亚硝酸还原酶存在于叶绿体中，所以亚硝酸的还原取决于光照。

总体来说，硝酸还原过程中需要钼、锰、铁、铜、硫等多种矿质元素。当土壤中缺乏这些元素中的任何一种时，植物体内的硝酸盐就不易还原。此外，其他的环境因素也会影响硝酸盐的还原，如低温、光照不足等因素的影响都很大。

（3）氮代谢与其他代谢的关系。氮代谢与光合作用、呼吸作用有很密切的关系。因为呼吸作用与光合作用会影响硝酸还原酶和亚硝酸还原酶的活性。在叶绿体中，硝酸盐的还原作用要依赖于光合作用提供的还原力；而在细胞其他部位，硝酸盐则需要由呼吸作用提供还原力进行还原。另外，氮素同化会影响碳素同化。

6.3.2　磷酸盐的同化

磷进入细胞以后，一部分用于合成磷脂、DNA 和 RNA，一部分用于合成 ATP，其余部分以 Pi 形式存在于细胞质中。无机磷酸盐被植物吸收以后，绝大部分被同化为有机化合物，如磷酸核苷、磷酸酯等含磷化合物，其中最活跃的磷化物就是 ADP 与 ATP，它们一方面参与能量代谢，另一方面参与转磷酸基的物质代谢。植物体内 ATP 形成的主要途径是通过磷酸化作用：$ADP + Pi \rightarrow ATP$。这一过程与呼吸作用中氧化磷酸化、光合作用中叶绿体内的光合磷酸化以及糖酵解过程中的底物磷酸化都相关联。例如：

$$1,3\text{-}二磷酸甘油酸 + ADP \longrightarrow 磷酸甘油酸 + ATP$$

磷酸基团进入 ATP 后，能通过各种代谢途径转移到其他化合物中。如葡萄糖在己糖激酶催化下，把 ATP 的磷酸基团转移到葡萄糖上，形成葡萄糖-6-磷酸。

6.3.3　硫酸盐的同化

植物体内的主要含硫化合物是甲硫氨酸和半胱氨酸，其中的硫处于还原态，而植物吸收的硫酸盐中的硫处于氧化态，因此需要还原。高等植物体内硫酸盐的还原既可在根部，又可在茎叶，凡是生长活跃的细胞与组织都有这种过程。硫酸盐的同化大致可分为两个阶段。

（1）活化阶段。硫酸盐的代谢还原，首先需要 SO_4^{2-} 活化。活化可分为两步：

① 在 ATP 作用下硫酸盐离子被活化，ATP 中的两个磷酸酯被酰基置换，从而产生磷酸腺苷（APS）和焦磷酸盐；

② APS 在 APS 激酶催化下，再与 ATP 生成 3-磷酸腺苷-5-磷酰硫酸盐（PAPS）。这两种形式的含磷硫酸盐被称为活化硫酸盐，二者可互相转化。

$$SO_4^{2-} + ATP \xrightarrow[\text{Mg}]{\text{ATP-硫酸化酶}} APS + PPi$$

$$\downarrow\uparrow \pm ATP$$

$$APS + ATP \xrightarrow[\text{Mg}]{\text{APS 激酶}} PAPS + ADP$$

PAPS 中的硫酸根可直接用于硫脂的合成，而 APS 中的硫酸根要进入氨基酸还需进一步还原。

（2）还原阶段。高等植物体内 APS 的还原有两条途径。

① APS 先将其磺酰基转移给含一个巯基（－SH）的载体，生成的载体-硫代硫酸加氧

化物可被铁氧还蛋白还原，所生成的还原产物可用于半胱氨酸的合成。

$$载体-SH+AMP-O-SO_3H \longrightarrow 载体-S-SO_3H+AMP$$

$$载体-S-SO_3H \xrightarrow[还原酶]{6Fd_{远} \quad 6Fd_{近}} 载体-S-SH$$

$$载体-S-SH+O-乙酰丝氨酸 \longrightarrow 载体-SH+半胱氨酸+乙酸$$

② APS 先将磺酰基转移给含两个巯基（$-SH$）的载体，而生成物发生自身氧化还原反应而放出 H_2SO_3，后者在还原酶作用下被 $NADPH+H^+$ 还原为 H_2S，并用于半胱氨酸的合成。

$$H_2SO_3+3(NADPH+H^+) \longrightarrow H_2S+3NADP^++3H_2O$$

$$H_2S+O-乙酰丝氨酸 \longrightarrow 半胱氨酸+乙酸$$

在上述反应中，所生成的氧化型载体可被还原型辅酶（NADPH）还原为还原型载体，重新参与 APS 的还原；半胱氨酸不仅是构成蛋白质的成分，而且是其他有机硫生成的重要前体。

同化硫酸盐的还原作用受体内有机硫含量水平的调控。高浓度的半胱氨酸抑制 APS 磺基转移酶的活性，从而抑制它对 APS 向 R-S-SO₃ 转移的催化作用。与硝酸盐相比，铵能提高 APS 磺基转移酶的活性。当细胞中半胱氨酸或 SO_2 含量高时，光能促进绿色细胞强烈产生硫化氢（H_2S）。

6.4 施肥的生理基础

由于土壤中的矿质元素不断地被作物吸收利用而逐渐减少，因此在农业生产中常常需要人为地给予补充，以满足作物生长发育需要。为提高产量，改善品质，发挥肥料的增产效益，必须了解作物的需肥规律、土壤结构和肥力、肥料种类和性质以及气候变化等因素，才能做到合理施肥。

6.4.1 作物需肥的规律

1. 不同作物需肥不同

不同作物对矿质元素的需求及比例是不同的。叶菜类如白菜、油菜、菠菜应多施氮肥，有利于叶片的生长；禾谷类如水稻、玉米、小麦等除氮肥外，还需要一定的磷肥、钾肥；薯类等以块根和块茎为收获物的植物则需要较多的磷肥和钾肥，有利于光合产物的运输和积累；对于豆科植物，在根瘤形成之前，应适量施用氮肥，当根瘤形成以后则不再需要氮肥，应增施磷肥、钾肥。

2. 同一作物不同生育期需肥不同

作物不同生育期对营养需求水平不同。如种子萌发期间，由于种子贮藏的养分可以供种苗所需的营养，因此不需要外界提供肥料；但随着幼苗的不断长大，种子中贮藏的营养物质逐渐被耗尽，养分需要量日益增加，就需要从环境中摄取营养物质，且需要量逐渐增多；到开花结实期，植物对矿质元素的吸收量达到最高峰。此后，随着植株各部分的逐渐衰老，对矿质元素的需求量亦逐渐减少，直到成熟则完全停止吸收，甚至向外"倒流"。因此，施肥一般重在作物生长的前、中期。只有一些开花后仍继续生长的作物，在开花期仍需及时追肥，保证后期花、果的生长。

3. 植物不同部位需肥不同

植物在同一生育时期，不同部位的需肥量也不同，其中代谢旺盛的生长中心需肥量最大。而且作物在不同生育时期，各有明显的生长中心。所谓生长中心是那些代谢旺盛、生长势较强的部位。从种子萌发到衰老收获，生长中心可以发生多次变化。如水稻和小麦，分蘖期的生长中心是腋芽，拔节孕穗期的生长中心是小穗，开花结实期的生长中心是种子。在不同生育时期，矿质元素一般优先分配给生长中心。由于不同生长发育时期作物的生长中心不同，因此不同生育时期施肥的增产效果也会有很大差异。

4. 不同作物需肥形态不同

作物所吸收的氮素主要是硝态氮和铵态氮，一般植物难以利用硝态氮，如水稻根内缺乏硝酸还原酶，不能还原硝酸，则应用铵态氮肥而不适宜用硝态氮肥。而烟草既需铵态氮，也需硝态氮，因为硝态氮能使烟叶形成较多的有机酸，提高可燃性；而铵态氮有利于烟叶形成芳香性挥发油，增加香味。还有一些植物（如马铃薯、烟草、甘蔗、甜菜等）忌氯，故不宜用含氯离子的肥料，因为氯过多会影响淀粉的含量，增加组织的含水量，如烟草施氯肥会降低烟叶的可燃性。

6.4.2　合理施肥的指标

1. 形态指标

通常把能够反映植株营养状况的外部形态称为追肥的形态指标。

（1）长相：指作物的外部形态，如株型和叶片的形态等。例如，氮肥过多时，植株生长快，叶片大而柔软，株型松散；氮肥缺乏时，植株生长慢，叶片小而直立，株型紧凑。

（2）叶色：除了看长相外，叶色变化是反映作物营养状况和碳氮代谢类型的灵敏指标。如叶色深，含氮量高，营养生长旺盛；叶色浅，含氮量和叶绿素含量都低。

2. 生理指标

生理指标是指根据作物的生理活动与某些养分之间的关系确定一些临界值，作为是否追肥的指标。生理指标一般以功能叶为测定对象，目前采用的的生理指标如下。

（1）叶绿素含量。根据植物体内叶绿素的含量，其与含氮量成正相关的规律。有实验说明，小麦在返青阶段功能叶的叶绿素以占干重的 $1.7\%\sim2\%$ 为宜，若低于 1.6% 为缺肥；拔节期以 $1.2\%\sim1.5\%$ 为正常，低于 1.1% 需追肥，高于 1.7% 则肥料过量，可通过控制灌水量来控制拔节肥，防止植株徒长。

（2）酶类活性。植物组织中各种酶活性的高低与许多营养元素有密切关系，尤其是微量元素。如缺磷时酸性磷酸酯酶的活性增强；缺铜时抗坏血酸氧化酶和多酚氧化酶的活性下降；缺钼时硝酸还原酶和固氮酶的活性减弱；缺锌抑制色氨酸合成酶的活性。所以对比植物组织某些酶类的活性，从而判断植物体内某些元素的含量水平，从而作为追肥的生理指标。

（3）营养元素含量。叶中营养元素的含量在植物营养诊断中有较好的参考价值。如亩产皮棉 $75\sim85\,kg$ 的棉株叶柄中的硝态氮，在苗期应为 $100\sim250\,mg/L$，初蕾期应为 $300\sim450\,mg/L$，花期应为 $15\sim250\,mg/L$，当低于此数据时，表示肥力不足；高于此数据则棉株有可能发生徒长。下面是几种作物在不同时期、不同部位、不同矿质元素的最低临界值，仅供参考（参见表6-4）。

表 6-4　几种作物的矿质元素临界浓度（干重%）

作物	测定期	分析部分	氮	五氧化二磷	氧化钾
春小麦	开花末期	叶子	2.6~3.0	0.52~0.60	2.8~3.0
燕麦	孕穗期	植株	4.25	1.05	4.25
玉米	抽雄	果穗前-叶	3.10	0.72	1.67
花生	开花	叶子	4.0~4.2	0.57	1.20

　　（4）酰胺与淀粉含量。植物体内酰胺含量的高低可作为氮素营养水平的标志。含有酰胺表示氮素营养充足，否则缺乏。如有人以顶叶天冬酰胺含量的有无作为施用水稻穗肥的诊断指标，在未展开或半展开的顶叶内如含天冬酰胺，则表示氮素营养充足；如没有则表示氮素营养不足。淀粉含量常作为水稻氮素营养的指标，它的含量与氮素营养呈负相关。当氮素营养差时，植株中蛋白质合成减少，从而碳水化合物的消耗也相应减少，淀粉的积累就增加；反之，氮素水平高时，淀粉的积累减少或消失。

学习小结

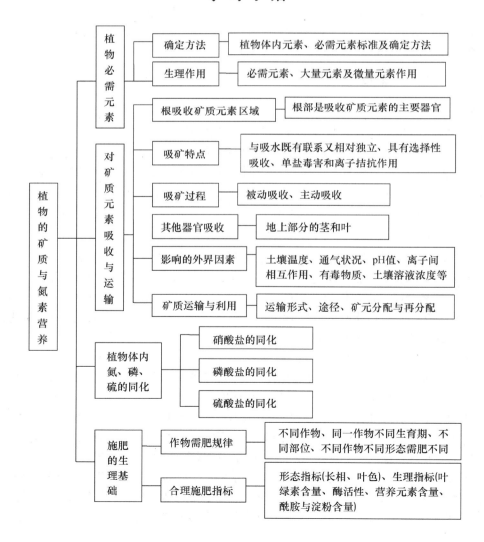

6.5　复习思考题

1. 确定元素是否是植物必需元素的标准是什么?
2. 概述植物必需元素在植物体内的生理作用。
3. 论述氮、磷、钾的生理功能及缺素症状。
4. 影响根系吸收矿质元素的外界因素有哪些?
5. 矿质元素在植物体内是怎样运输、分配的?
6. 论述植物体内硝酸盐的同化过程。
7. 简述作物的需肥规律。
8. 名词解释:

溶液培养法，砂基培养法，有益元素，单盐毒害，离子拮抗作用，平衡溶液，生理酸性盐，生理碱性盐，生理中性盐，根外施肥，被动吸收，主动吸收，胞饮作用

第7章　植物的光合作用

 知识目标

◆ 了解光合作用的概念、意义和基本原理。
◆ 理解光合产物的运输途径和分配规律。
◆ 理解叶绿体的结构、叶绿体色素性质、功能和光合作用。
◆ 掌握光合作用的度量指标，以及影响光合作用和光合产物运输的主要外界因素。

能力目标

◆ 在掌握光合作用指标测定原理的基础上，能进行光合作用指标的测试。
◆ 会植物光合作用的调控方法。
◆ 具备分析提高当地植物光合效率来提高产量措施的能力。

7.1　光合作用的意义与指标

7.1.1　光合作用的概念

绿色植物吸收日光能量，将所吸收的二氧化碳（CO_2）和水（H_2O）制造成有机物并释放氧气（O_2）的过程，称为光合作用（Photosynthesis）。光合作用所产生的有机物以碳水化合物为主，可以用化学方程式表示如下：

$$H_2O + CO_2 \xrightarrow[\text{叶绿体}]{\text{光照}} (CH_2O) + O_2$$

在反应中，CO_2 是碳的最高氧化状态，（CH_2O）则是碳的还原状态，通过反应后，CO_2 被还原形成碳水化合物；而氧原子在水中是一种还原形态，在氧气中则是一种氧化状态，故水通过反应被氧化。所以，整个光合作用是一个氧化还原反应。其中 CO_2 是氧化剂，在反应中被还原；而 H_2O 是还原剂，在反应中提供 CO_2 还原时所需的氢原子，其本身则被氧化。

7.1.2　光合作用的特点

光合作用是一个氧化还原过程，只有在日光的推动下才能进行。光合作用概括起来有三个特点：水被氧化为分子态氧；二氧化碳被还原到糖的水平；同时发生日光能的吸收、转化和储藏。光合作用是一个非常复杂的反应。用 [18]O 示踪实验已经充分证明，光合作用中所释放的氧完全是来自水。

水被氧化为氧气是不能自发进行的，只有在光的作用下有了能量供应才能进行，而光能只有通过叶绿素才能起作用。每同化一分子二氧化碳或释放一分子 O_2，绿色植物就要吸收 8 个光量子，同时有 4 个水分子发生光解，产生 4 个质子和 4 个电子。前者经过复杂的电子传递和能量转换过程，最后将 CO_2 还原为（CH_2O），完成能量的转换和储藏过程；后者则形成一分子 O_2 和两分子 H_2O。所以光合作用的总反应可概括如下：

$$CO_2 + 2H_2O^* \longrightarrow (CH_2O) + O_2^* + H_2O$$

7.1.3　光合作用的意义

1．合成有机物

植物通过光合作用，将无机物转变为有机物。地球上的绿色植物通过光合作用合成有机物质的能力是非常巨大的。据估计，植物每年约同化 7×10^{11} 吨 CO_2，如以葡萄糖计算，每年同化的碳素相当于四五亿吨有机物质。所以进行光合作用的绿色植物被看作是一个庞大的制造有机物质的绿色工厂。

2．蓄积太阳能

植物在同化无机碳化合物的同时，把太阳能转化为化学能，储藏在形成的有机化合物中。据计算，绿色植物每年储存的太阳能量为 7.1×10^{18} kJ，约为人类所需能量的 10 倍。我们利用的能源，大部分来自煤、石油、天然气和木材，是古代和现今植物进行光合作用的积累和遗留下来的。绿色植物细胞和固氮蓝藻还能光合放氢，氢气既是工业上的重要原料，又可燃烧作为能源，光合放氢引起人们重视。因此可以说，光合作用是一个巨型的能量转换站。

3．保护环境

地球上的全部生物，包括动物、植物、微生物等，在呼吸过程中吸收氧气和呼出二氧化碳；工厂中燃烧的各种燃料，也大量地消耗氧气排出二氧化碳。据估计，全世界生物呼吸和燃料燃烧消耗的氧气量，平均 10 000 t/s，大气中氧气在 3000 年左右就会用完。然而，绿色植物广泛分布在地球上，不断进行光合作用，吸收二氧化碳和呼出氧气，使得大气的氧气和二氧化碳的含量比较稳定。据估计，植物每年向大气释放 5.35×10^{11} t 氧。从清除空气中过多的二氧化碳和补充消耗掉的氧气的角度来衡量，绿色植物被认为是一个自动的空气净化器。

光合作用的研究在理论和生产实践都具有重要意义。在农业生产中，人们栽培各种作物的目的，都在于收获更多的光合作物，因此光合作用成为农业生产的核心。各种农业生产的耕作制度和栽培措施，都是为了直接或间接地控制和调节光合作用，对工业现代化来说，弄清光合作用的机理，对太阳光能的利用、生物催化的应用，以至模拟光合作用人工合成食物等，都有指导意义。另外，光合作用的研究对国防科学、航天技术、光物理、生命起源、生物进化、仿生等领域均有重要作用。

由此可见，光合作用是农业生产中技术措施的核心，是自然科学的重点研究项目。

7.1.4　光合作用的指标

植物的光合作用受到外界环境和内部因素的影响而发生变化，与作物产量有密切关系。表示光合作用变化的指标有光合速率和光合生产率等。

1．光合速率

光合速率是指单位时间、单位叶面积吸收二氧化碳的量或放出氧气的量，常用的单位有 $\mu mol \cdot m^{-2} \cdot s^{-1}$ 和 $\mu mol \cdot dm^{-2} \cdot h^{-1}$。

一般测定光合速率的方法都没有把叶片的呼吸作用考虑在内，所以测定的结果实际上是光合作用减去呼吸作用的差数，称为表观光合速率或净光合速率，即：

$$表观光合速率（净光合速率）＝真正光合速率－呼吸速率$$

测定光合速率的办法很多，例如，用改良半叶法测定有机物质的积累，用红外线 CO_2 气体分析仪法测定 CO_2 的变化，用氧电极测定 O_2 的变化等，都可得到叶片的光合速率。也可用便携式光合测定仪在田间直接测得叶片的光合速率。

2. 光合生产率

光合生产率又称净同化率，是指植物单株或群体在较长的时间（一昼夜或一周）内，单位叶面积生产的干物质量，常用 $g \cdot m^{-2} \cdot d^{-1}$ 表示。

7.2 叶绿体和光合色素

绿色叶片是进行光合作用的主要器官。叶绿体是进行光合作用的重要细胞器。光能的吸收、转化、二氧化碳的固定与还原以及淀粉的形成，都是在叶绿体内进行的。

7.2.1 叶绿体

从绿藻到高等植物的绿色细胞中，都含有叶绿体。高等植物叶片中的叶绿体是由前质体发育而来的。前质体存在于茎端分生组织中，当茎端分生组织形成叶原基时，前质体的双层膜中的内膜在若干处内折伸入基质扩展增大，并逐渐形成囊状结构的类囊体，同时合成叶绿素，使前体发育成叶绿体。

1. 叶绿体的形态与结构

在显微镜下可以看到，高等植物的叶绿体大多呈扁平椭圆形，一般直径在 $3 \sim 6\ \mu m$，厚约 $2 \sim 3\ \mu m$。每个细胞中所含的叶绿体的大小和数目依植物种类、组织类型和发育阶段而异，通常一个细胞中含有 $10 \sim 100$ 个左右的叶绿体。据统计，每平方毫米的蓖麻叶含有 $3 \times 10^7 \sim 5 \times 10^7$ 个叶绿体。叶肉细胞中叶绿体一般沿细胞壁排列，较多分布在与空气接触的细胞壁一边。这样的分布以及比叶片表面积大得多的总表面积，对光能和空气中二氧化碳的吸收、利用均有利。

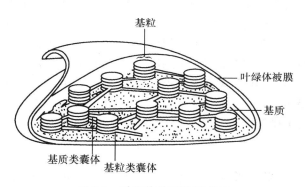

图 7-1 叶绿体的结构模式图

在电子显微镜下，可以观察到叶绿体是由叶绿体被膜、基质和类囊体三部分组成（如图7-1所示）。叶绿体被膜是叶绿体外围的两层薄膜，分别称为外膜和内膜，二者相距 $5 \sim 10\ nm$，主要含脂类和蛋白质。内膜上有磷酸转运器、ATP/ADP 转运器、乙醇酸转运器、丙酮酸转运器、糖载体、氨基酸载体、离子通道等，具有控制代谢物质进出叶绿体的功能，是一个选择性的屏障，维持光合作用的微环境。

叶绿体被膜以内的基础物质称为基质。基质以水为主体，内含多种离子、小分子有机物及可溶性蛋白质等，其中 RuBP 羧化/加氧酶（Rubisco）占基质总蛋白一半以上。基质中还含有氨基酸、DNA、RNA、脂类等其他代谢活跃物质，呈高度流动状态。基质是碳同化的场所，它还含有还原 CO_2 与合成淀粉的能力。

基质中有淀粉粒和嗜锇滴。淀粉粒是光合产物的临时储藏库；嗜锇滴是一类易与锇酸结合的颗粒，实际上是呈球形的油滴，内含大量脂类物质，是合成类囊体膜的脂类库。当叶绿体衰老，类囊体解体时，脂类颗粒体积逐渐增大。

类囊体是叶绿体基质中由许多单层膜封闭形成的扁平小囊。类囊体腔内充满溶液。根据类囊体堆叠情况，可将类囊体分为两类：基质类囊体（又叫基质片层）和基粒类囊体（基粒片层）。前者伸展在基质中彼此不重叠；后者是在某些部位由许多圆盘状的类囊体堆积而成的柱形颗粒，称为基粒。基粒类囊体的直径为 $0.25\sim0.8~\mu m$。一个典型成熟的高等植物的叶绿体含有 $20\sim200$ 个甚至更多的基粒。基质类囊体贯穿在基粒之间的基质中，使相邻的基粒类囊体相通。

类囊体是叶绿体内的基本结构，大大增加了膜片层的表面积，上面分布着许多光合色素、电子载体蛋白，尤其是基粒的形状，使捕捉光能的机构高度密集，能更有效地收集光能，使代谢顺利进行。所以类囊体也称为光合膜。

2. 叶绿体的化学成分

叶绿体均含 75% 的水分，干物质以蛋白质、脂类、色素和无机盐为主。蛋白质是叶绿体的结构基础，在代谢过程中充当催化剂，如光合磷酸化酶系、CO_2 固定和还原酶系等几十种酶，起电子传递作用的细胞色素、质体蓝素（PC）等以及光合色素都与蛋白质结合，一般占叶绿体干重的 30%～40%。叶绿体的色素很多，占干重的 8% 左右，对光能的吸收、传递和转化起决定作用。叶绿体还含有 20%～40% 的脂类，是叶绿体膜的主要成分之一。此外，叶绿体内还含有 10%～20% 的储藏物质（淀粉等），10% 左右的灰分元素（Fe、Cu、Zn、K、P、Ca、Mg 等），以及含有各种核苷酸（如 NAD^+ 和 $NADP^+$）和醌（如质体醌，PQ），在光合作用过程中起传递质子（或电子）的作用。

叶绿体是光合作用的主要场所，也是细胞里生物化学活动的中心之一。

7.2.2 光合色素

植物叶绿体色素主要有三类：叶绿素、类胡萝卜素和藻胆素。高等植物叶绿体中含有前两类，藻胆素仅存在于藻类植物中。

1. 色素种类与分子结构特点

（1）叶绿素。叶绿素主要有叶绿素 a 和叶绿素 b 两种。高等植物叶绿体中的叶绿素含量可占全部色素的 2/3，而叶绿素 a 又占叶绿素含量的 3/4。叶绿素是叶绿酸的酯，它的一个羧基为甲醇所酯化，另一个羧基为叶绿醇所酯化。叶绿素不溶于水，但能溶于酒精、丙酮和石油醚等有机溶剂。通常用 80% 的丙酮来提取叶绿素。叶绿素 a 呈蓝绿色，而叶绿素 b 呈黄绿色。叶绿素 a 和叶绿素 b 很相似，不同之处仅在于叶绿素 a 第二个吡咯环上的一个甲基（-CH₃）被醛基（-CHO）取代，即为叶绿素 b。叶绿素 a 和叶绿素 b 的分子式如图 7-2 所示。

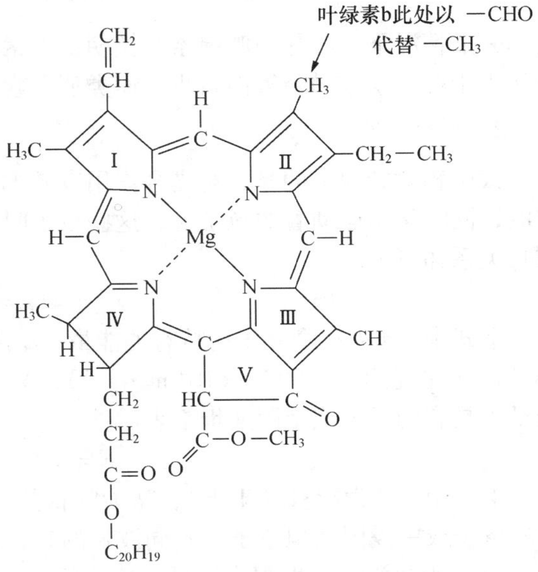

叶绿素分子含有四个吡咯环，它们和四个甲烯基（=CH-）连接成一个大环，叫做卟啉环。镁原子位于吡咯环的中央，偏向于带正电荷，与其相连的氮原子则偏

图 7-2　叶绿素 a 的分子结构式

向于负电荷，因此吡咯环呈极性，是亲水的，可以与蛋白质结合。叶绿醇以酯键与第Ⅳ吡咯环侧键上的丙酸结合，具有亲脂性。还有一个含羧基的副环（同素环Ⅴ），其羧基以酯键和甲醇结合。卟啉环上的共轭双键和中央镁原子易被光激发而引起电子得失，从而使叶绿素具有收集和传递光能的作用。少数特殊状态的叶绿素 a 有将光能转化为电能的作用。卟啉环中的镁原子可被 H^+、Cu^{2+}、Zn^{2+} 所置换。用酸处理叶片，H^+ 易进入叶绿体，置换镁原子形成去镁叶绿素，叶片呈褐色。当镁原子被 Cu^{2+}、Zn^{2+} 取代后，仍可保持绿色。人们常根据这一原理用醋酸铜处理来保持绿色植物标本。

（2）类胡萝卜素。叶绿体内的类胡萝卜素有两种：胡萝卜素和叶黄素，不溶于水而溶于有机溶剂。前者呈橙黄色，后者呈黄色。类胡萝卜素也有收集和传递光能的作用，可保护叶绿素免受多余光照伤害。胡萝卜素是不饱和的碳氢化合物，以 β-胡萝卜素在植物体内含量最多，它在动物体内水解后即转变为维生素 A。叶黄素是由胡萝卜素衍生的醇类。β-胡萝卜素和叶黄素的结构式如图 7-3 所示。

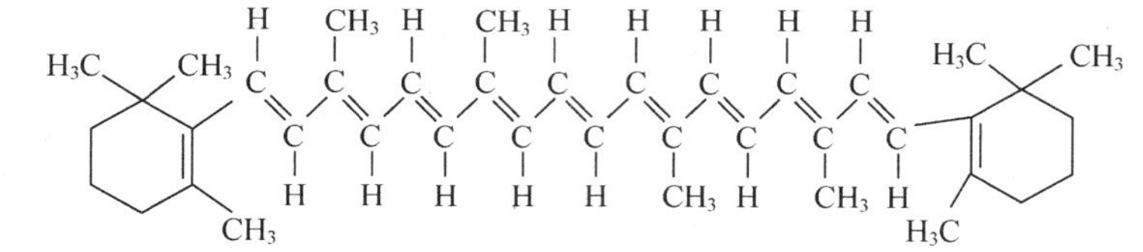

图 7-3　β-胡萝卜素与叶黄素结构式

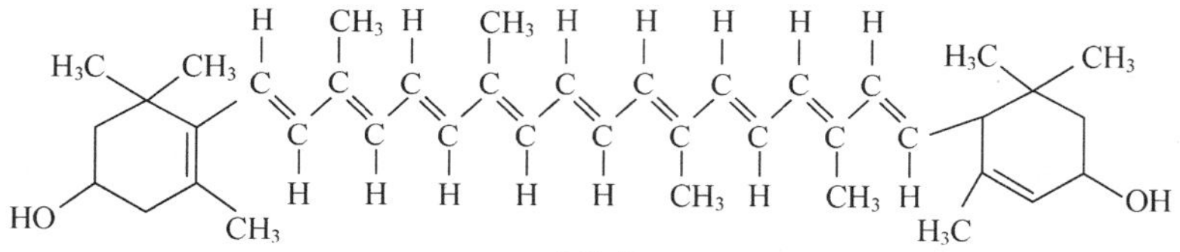

一般情况下，叶片中叶绿素与类胡萝卜素的比值约为 3∶1，所以正常的叶片呈现绿色。秋天由于叶绿素较易降解而减少，而类萝卜素比较稳定，所以叶片呈黄色。

2. 光学特性

太阳辐射到地上的光，对光合作用有效的可见光波长是在 400～700 nm。光是一种电磁波，同时又是运动着的粒子流，这些粒子叫做光子或光量子。光子所携带的能量与光的波长关系如下：

$$q = h\nu = hc/\lambda$$

上式中，q 为每个光子所持有的能量，h 为普朗克常数（6.626×10^{34} J·s），ν 是频率（s^{-1}），c 是光速（2.9979×10^8 m·s^{-1}），λ 为波长（nm）。光量子的能量通常以每摩尔光量子具有的千卡或爱因斯坦来表示。

$$E = N h\nu = Nhc/\lambda$$

上式中，E 为能量（千卡），N 为阿伏加德罗常数（6.02×10^{23}）。N 个量子相当于 1 摩尔量子或一爱因斯坦量子。不同波长的光，每个爱因斯坦所持的能量不同。

（1）吸收光谱。太阳光通过三棱镜后，被分成红橙黄绿青蓝紫七色连续光源，这就是太阳光的连续光谱（如图 7-4 所示）。如果把叶绿体色素溶液放在光源和分光镜之间，就可以看到光谱中某些光被吸收了，因而在光谱上出现暗带，这就是叶绿素的吸收光谱。

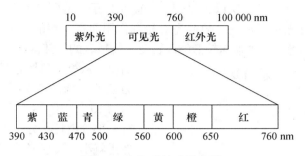

图 7-4　太阳光的连续光谱

　　　　叶绿素吸收光谱的最强吸收区有两个：一个在波长 640～660 nm 的红光部分，另一个在波长为 430～450 nm 的蓝紫光部分（如图 7-5 所示）。叶绿素对橙光蓝光吸收较少，其中尤以对绿光的吸收最少，所以叶绿素的溶液呈绿色。

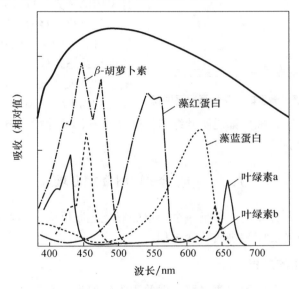

图 7-5　光合色素吸收光谱

　　叶绿素 a 和叶绿素 b 的吸收光谱很相似，但略有不同：叶绿素 a 在红光区的吸收带偏向长波方向，吸收带较宽，而在蓝紫光部分偏向短波方向，且吸收带较窄；叶绿素 b 在红光部分的吸收带窄些，在蓝紫光部分宽些。绝大多数的叶绿素 a 分子和全部叶绿素 b 分子有吸收光能的功能，并把光能传递给极少数特殊状态的叶绿素 a 分子，发生光化学反应。

　　胡萝卜素和叶黄素的吸收光谱与叶绿素不同，它们的最大吸收带在 400～500 nm 的紫光部分，不吸收红光等长波光。类胡萝卜素具有吸收和传递光能的作用。

　　（2）荧光现象与磷光现象。叶绿素溶液经日光照射后，其透射光呈绿色，反射光呈红色。叶绿素溶液反射光为红色的现象称为叶绿素荧光现象。

　　按照光化学定律，叶绿素分子每吸收一个光量子后，就由最稳定的、能量最低的基态上升到不稳定的、高能状态的激发态。叶绿素有两个最强吸收区，即红光和蓝紫光。如果叶绿素被蓝紫光激发，其电子就会跃迁到能量较高的第二单线态；如果被红光激发，其电子就会跃迁到能量较低的第一单线态。第二单线态所含能量虽然比第一单线态高，但多余的能量并不能用于光合作用。所以，尽管一个蓝光量子的能量比红光量子大，但其光合作用效果与能量小的红光量子相同。故蓝光对光合作用而言，在能量利用率上不如红光高。

　　由于激发态极不稳定，迅速向较低能级转变，能量有的以热能形式消耗，有的以光形式消耗。从第一单线态回到基态所发射的光称为荧光（如图7-6所示）。荧光寿命很短，约为 $10^{-9}\sim10^{-8}$ s。叶绿素分子吸收的光能有一部分消耗在分子内部振动上，辐射出的能量就小，反射光的波长比入射光的波长要长一些，所以叶绿素溶液在反射光下呈红色。在叶片或叶绿体中发射荧光很弱，肉眼难以观测出来，因为大部分能量用于光合作用。现在人们用叶绿素荧光仪能精确测量叶片发出的荧光。进入第一单线态的叶绿素分子，如果热能释放一部分，同时被激发的电子的自旋方向发生倒转，就成为另一种激发态即三线态，处于三线态的叶绿素分子回到基态时所发出的光称为磷光。磷光寿命较长，约为 $10^{-3}\sim10^{-2}$ s。

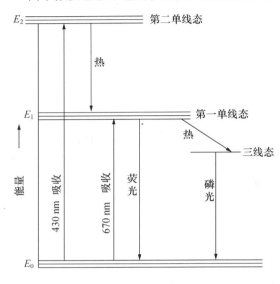

图7-6　叶绿素分子受光激发时电子能量水平图解

　　叶绿素的荧光和磷光现象都说明叶绿素能被光激发，而叶绿素分子的激发是将光能转变为化学能的第一步。

7.3　光合作用的机理

　　从总反应式看，光合作用似乎是一个简单的氧化还原反应，但实际它是一个比较复杂的问题，包括一系列光反应和物质转变过程。

7.3.1　光合作用的过程

　　大量试验表明，光合作用需要光照，但并不是任何步骤都需要光。根据需光与否，可将光合作用笼统地分为两个反应，即光反应和暗反应。光反应是必须在光照下，由光所引起的发生在类囊体膜（光合膜）上的光化学反应；暗反应是由一系列酶催化在叶绿体基质中发生的化学反应，与光没有直接的关系，但需要光反应提供能量和还原力。所以光反应和暗反应是一个不可分割的光能转换与 CO_2 同化过程。

　　根据现代资料，整个光合作用大致可分为三大步骤：原初反应（光能的吸收传递和转换过程），电子传递和光合磷酸化（电能转化为活跃的化学能），碳同化（活跃的化学能转变为稳定的化学能）。第一、二步骤属于光反应，第三步骤属于暗反应。

1. 原初反应

　　原初反应是指叶绿体色素分子对光能的吸收、传递与转换过程。它是光合作用的第一步，速率非常快，可在皮秒（ps，10^{-12} s）与纳秒（ns，10^{-9} s）内完成，但与温度无关。

　　通过一系列的研究认为，叶绿体内类囊体膜上分布的色素分子排列很紧密（10～50 nm）。根据光合色素在光合作用中的功能不同，可将之分为集光色素和作用中心色素两种。集光色素（也叫天线色素）是只起吸收和传递功能，像天线一样把光能吸收起来，最终把光能传给作用中心色素，包括大部分叶绿素 a 和全部叶绿素 b、胡萝卜素和叶黄素，光合色素绝大部分为集光色素，它们不具有光化学活性。作用中心色素（又称反应中心色素）既是光能"捕捉器"，又是光能"转换器"（把光能转化为电能），具有光化学活性，少数特殊状态的叶绿素 a 分子属于此类。

集光色素存在于类囊体膜的色素蛋白复合体上，作用中心色素存在于光合反应中心。光合单位是结合在类囊体膜上能完成光化学反应的最小结构的功能单位，包括集光色素系统和光合反应中心两部分。光合反应中心是指在类囊体膜中进行光合作用原初反应的最基本的色素蛋白复合体，它至少包括一个作用中心色素、原初电子供体和原初电子受体，才能导致电荷分离，将光能转换为电能。光合反应中心的基本成分是结构蛋白和脂类，作用中心色素分子与这些脂蛋白结合，能引起由光激发的氧化还原作用，具有电荷分离和能量转换功能。这些作用中心色素分子一般用其对光线吸收高峰的波长做标志，例如 P700 代表光能吸收高峰在 700 nm 的色素分子（P）。

当波长为 400～700 mm 的可见光照射到绿色植物时，集光色素分子吸收光量子而被激发。由于色素分子在类囊体膜上排列很紧密，能量便在集光色素分子之间以诱导共振方式传递，最终传递到作用中心色素分子，使作用中心色素（P）激发而成为激发态（P^*），放出电子给原初电子受体（A），作用中心色素被氧化而带正电荷（P^+），原初电子受体被还原（A^-）。这样，反应中心发生了电荷分离。氧化态的作用中心色素（P^+）便可从最初电子供体（D）夺得电子被还原，而原初电子供体被氧化（D^+）。通过反应中心的氧化还原反应，完成光能向电能的转换。

$$D \cdot P \cdot A \xrightarrow{Hv} D \cdot P^* A \cdot \longrightarrow D \cdot P^+ \cdot A^- \longrightarrow D^+ \cdot P \cdot A^-$$

光合作用的原初反应是连续不断地进行的，必须不断经过一系列电子传递体传递电子，从最初电子供体到最终电子受体。高等植物的最初电子供体是水，最终电子受体是 $NADP^+$。现将光合作用原初反应的能量传递和转换关系总结如图 7-7 所示。

2. 电子传递与光合磷酸化

经过原初反应，反应中心色素分子产生的高能电子经过一系列的电子传递体传递，一方面引起水的光解释放 O_2 和 $NADP^+$ 还原；另一方面产生跨类囊体膜的质子动力势，促进光合磷酸化形成 ATP，把电能转化为活跃的化学能。

（1）光系统。在 20 世纪 40 年代，以绿藻和红藻为材料，研究不同光波的量子产额（每

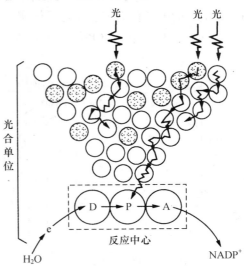

图 7-7　原初反应中的能量吸收与传递

吸收一个光量子释放出的氧分子数或固定的 CO_2 分子数），发现当波长大于 685 nm 的远红外光照射材料时，虽然光子仍被叶绿体大量吸收，但量子产额急剧下降，这种现象被称为红降现象。1957 年罗伯特·爱默生观察到，在远红光（波长大于 685 nm）的条件下，如补充红光（波长 650 nm）则量子产额大增，比这两种波长的光单独照射的总和还要大。这

两种波长的光协同作用而增加光合速率的现象称为双光增益效应或爱默生效应。

经过进一步的研究证实，光合作用包括两个光化学反应接力进行，分别由两个光系统完成。目前已从叶绿体类囊体膜上分离出两种光系统，都是色素蛋白复合体，一个是吸收短波红光（680 nm）的光系统Ⅱ，另一个是吸收长波红光（700 nm）的光系统Ⅰ。光合作用的光反应就是在这两个系统中进行。

PSⅡ多存在于类囊体膜的内侧，颗粒较大，直径 17.5 nm。PSⅡ主要由核心复合体（由 6 种多肽组成，P680 位于其上）、PSⅡ捕光色素复合体（LHCⅡ）和放氧复合体（OEC）等亚单位组成。PSⅡ的光化学反应是短波光反应，主要特征是水的光解、放氧和还原质体醌，这两个反应分别在类囊体膜的两侧进行，即在腔一侧氧化水释放质子，在基质一侧还原质体醌，最终电子受体是质体醌（PQ）。

PSⅠ多存在于类囊体膜的外侧，PSⅠ颗粒较小，直径 11 nm。PSⅠ核心复合体由反应中心和 PSⅠ捕光色素复合体（LHCⅠ）组成。PSⅠ的光化学反应是长光波反应，主要特征是 $NADP^+$ 还原。

（2）光合链和电子传递。

① 光合链。光合链即光合电子传递链，是指在光合膜上由两个光系统和若干个电子传递体组成的使水光解产生的电子最终传给 $NADP^+$ 的电子传递轨道体系。各电子传递体有不同的氧化还原电位，负值越大代表还原势越强，正值越大代表氧化势越强。根据电子传递时所经过的电子传递体的氧化还原电位，将电子传递体排列起来，光合链是侧写的"Z"形，所以光合链又被称为"Z"链或"Z"方案（如图 7-8 所示）。在整个电子传递过程中，只有两处（$P680 \rightarrow P680^*$ 和 $P700 \rightarrow P700^*$）是逆氧化还原电位梯度的传递，需要两个光系统的反应中心经过两次连续光化学反应驱动，而其余的电子传递过程都是自发进行的。合链中的电子传递体主要是质体醌（PQ）、细胞色素 b_6/f 复合体（$Cytb_6/f$）、铁氧还蛋白（Fd）和质体蓝素（PC），其中 PQ 既可传递电子也可传递质子。

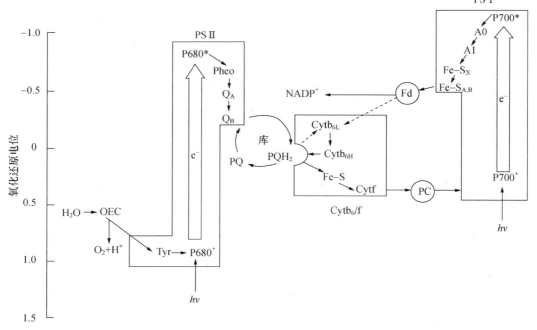

图 7-8　光合电子传递 Z 链

②　光合电子传递。目前认为光合电子传递的途径有三条。

非环式光合电子传递：这是水光解放出的电子经过 PS Ⅱ 和 PS Ⅰ 两个光系统最终传给 $NADP^+$ 的电子传递。通过非环式电子传递，不仅可以产生氧气、NADPH，而且由于水光解产生的 H + 进入类囊体腔中，形成跨膜的 H^+ 浓度差，引起 ATP 的形成。该途径通常情况下占总电子传递的 70% 以上，是电子传递的主要形式。

$$H_2O \rightarrow PS\ Ⅱ \rightarrow PQ \rightarrow Cytb_6/f \rightarrow PC \rightarrow PS\ Ⅰ \rightarrow Fd \rightarrow NADP^+$$

环式光合电子传递：这种电子传递只有在 PS Ⅰ 受光激发而 PS Ⅱ 未激发的情况下才发生。PS Ⅰ 产生的电子传给 Fd，再到 $Cytb_6/f$ 复合体，然后经 PC 返回到 PS Ⅰ，形成一个循环。电子经过一些传递体传递后，伴随形成腔内外 H^+ 浓度差，只引起 ATP 的形成，而不放 O_2，也无 $NAPP^+$ 还原。一般认为环式光合电子传递是光合作用中 ATP 形成的补充形式，占总电子传递的 30% 左右。

假环式电子传递：与非环式十分相似，但由于光解产生的电子不是被 $NADP^+$ 接受，而是传递给分子态氧形成超氧自由基 O_2^- 后，再经一系列反应形成水，故看似电子从水到水的循环。这条传递途径很少发生，只有在光照过强或因低温等引起碳同化降低，使 NADPH 累积而 $NADP^+$ 缺乏时才发生。氧化力极强的 O_2^- 对植物体有危害。

③　光合磷酸化。叶绿体在光照下进行电子传递的同时，将无机磷和 ADP 合成 ATP 的过程称为光合磷酸化。光合磷酸化是与电子传递相偶联的反应。由于光合电子传递方式的不同，光合磷酸化可分为非环式磷酸化、环式磷酸化和假环式光合磷酸化。其中非环式光合磷酸化占主要地位，是光合磷酸化的主要形式。大量研究证明，光合磷酸化和电子传递是通过 ATP 合成酶联系在一起的。

关于光合磷酸化的机制，可用英国的米切尔（P. Mitchell）提出的化学渗透学说来解释。该学说认为，在类囊体膜的电子传递体中，只有 PQ 可传递电子和质子，而其他传递体只传递电子而不传递质子，如 PC、Fd 等。PQ 在接受水裂解产生的电子后又接受膜外侧（即基质中）传来的质子。PQ 将质子排入类囊体腔内，将电子传给 PC。这样膜内侧质子浓度高于膜外侧，膜内侧电位高于膜外侧。于是膜内外产生的质子浓度差（ΔpH）和电位差（ΔE）合称为质子动力势，是光合磷酸化的动力。当 H^+ 沿着浓度梯度返回膜外侧时，在 ATP 合成酶的催化下，合成 ATP。

如图 7-9 所示总结了光合膜上电子与质子的传递及 ATP 形成的过程。一方面，PS Ⅱ 捕光色素复合体（LHC Ⅱ）吸收光能后传到 PS Ⅱ 反应中心，P680 发生光化学反应，将电子传到原初电子受体去镁叶绿素，再传给靠近基质一边的结合态的质体醌（QA）。P680 失去电子后变成强氧化剂，向位于膜内侧的酪氨酸残基（Tyr）获取电子。Tyr 从放氧复合体（OEC）夺取电子，引起水的光解，放出 O_2，并将 H^+ 释放到类囊体腔中。另一方面，QA 的电子经另一结合态质体醌（QB）传给 PQ，PQ 还原需要 $2e^-$，需要 $2H^+$（来自基质），还原的 PQH_2 向膜内侧转移，$2e^-$ 传给 $Cytb_6/f$ 复合体，多余 $2H^+$ 就释放到膜内腔。还原的 Cytf 将 e^- 经质体蓝素 PC 传到 PS Ⅰ 反应中心 P700。

P700 受光激发后，把电子传 A_0，经 A_1、Fe-Sx 把电子传给位于膜外侧铁氧还蛋白（Fd），最后由铁氧还蛋白 $NADP^+$ 还原酶（FNR）把 $NADP^+$ 还原成 NADPH，用于光合碳还原。

在电子传递的同时，从基质中向膜内运送 H^+，结果产生膜内外的 H^+ 质子动力势梯度，H^+ 依动力势梯度经 ATP 合酶（偶联因子复合体）流向基质时，偶联 ATP 形成。

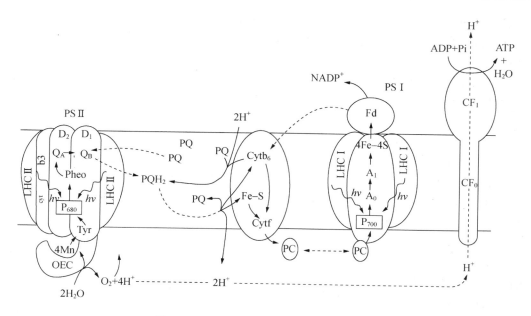

图 7-9　质子与电子的传递及 ATP 的形成

经上述变化，由光能转变来的电能便进一步形成了活跃的化学能，暂时贮存在 ATP 和 NADPH 中。ATP 和 NADPH 是光合作用过程中的重要中间产物，只能暂时存在但不能累积。一方面二者能贮存能量；另一方面，NADPH 的 H 又能进一步还原 CO_2。由于 ATP 和 NADPH 在暗反应中用于 CO_2 同化，因此，人们将二者合称为"同化力"。

3. 水的光解与氧气释放

水的光解放氧是 PS Ⅱ 的重要功能之一，是希尔（R. Hill）1937 年发现的。希尔将离体的叶绿体放入具有适当氢受体（2,6-二氯酚靛酚、苯醌、$NADP^+$ 等）的水溶液中，照光后即发生水的分解而放出氧气。此反应称为希尔反应（Hill reaction）。

$$2H_2O + 2A \longrightarrow 2AH_2 + O_2$$

近年来，对水解反应机理研究已有较大进展，参与水的光解与放氧的是放氧复合体（OEC）。放氧复合体由多肽及与放氧有关的锰复合物、氯和钙离子组成，在 PS Ⅱ 靠近类囊体膜腔一侧。当 P680 吸光激发为 P680* 后，把电子传到去镁叶绿素（Pheo，原初电子受体），而酪氨酸（Tyr，原初电子供体）与放氧复合体联系，并获取电子。

科克（B. Kok）等 1970 年根据一系列瞬间闪光处理叶绿体与放 O_2 的关系提出的解释水氧化机制的一种模型：叶绿体内的放氧复合体（根据带正电荷多少，依次称为 S_0、S_1、S_2、S_3、S_4）在每次闪光后积累 1 个正电荷，积累到 4 个正电荷时（S_4），2 个 H_2O 释放一个 O_2 获得四个 e^-，并回到初始状态 S_0。如此循环。每一次循环吸收 4 个光量子，氧化 2 个水分子，向 PS Ⅱ 反应中心传递 4 个电子并释放 4 个质子和 1 个氧分子，这种循环也称为水氧化钟。

绿色植物光合放氧现象引起科学家的注意，希望模拟植物放氧机制解决宇宙飞行中氧气供应问题。

4. 光合碳同化

光合碳同化是指植物利用光反应中形成的同化力 ATP 和 NADPH，将 CO_2 转化为稳定的碳水化合物，同时，将活跃化学能转变为稳定的化学能的过程，简称为碳同化。该反应过程是在叶绿体的基质中，在多种酶的参与下完成的。高等植物的光合碳同化途径有三条，即 C_3 途径、C_4 途径和 CAM 途径。其中以 C_3 途径为最基本途径，因为只有 C_3 途径具备合成蔗糖、淀粉以及脂肪和蛋白质等光合产物的能力；另外两条途径只起固定、运转和暂存 CO_2 的功能，不能单独形成碳水化合物。

（1）C_3 途径。C_3 途径是指光合作用中 CO_2 固定后的最初产物是三碳化合物的 CO_2 同化途径。因为它是美国的卡尔文（M. Calvin）和本森（A. Benson）在 20 世纪 40 年代采用当时的两项新技术（放射性同位素示踪技术和双向纸层析），以单细胞藻类为试材，经过 10 年的系统研究，在 20 世纪 50 年代提出的二氧化碳同化的循环途径，故称为卡尔文循环（the Calvin cycle）。由于这个循环中 CO_2 的受体是一种戊糖（核酮糖二磷酸），故又称为还原戊糖磷酸途径。C_3 途径大致可分为三个阶段，即羧化阶段、还原阶段和更新阶段（如图 7-10 所示）。

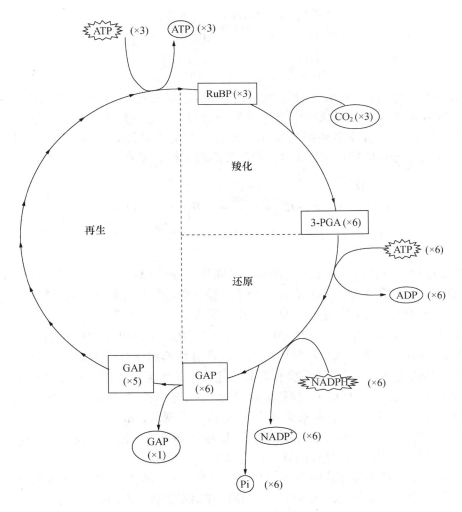

图 7-10　C_3 途径示意图

① 羧化阶段。CO_2 受体是核酮糖-1,5-二磷酸（RuBP），在 RuBP 羧化酶/加氧酶（Rubisco）催化下，产生两分子甘油酸-3-磷酸（PGA）。

$$
\begin{array}{c}
CH_2O\,\textcircled{P} \\
| \\
C{=}O \\
| \\
HCOH \\
| \\
HCOH \\
| \\
HCOH \\
(RuBP\,\textcircled{P})
\end{array}
\;+CO_2+H_2O\;\xrightarrow{\;\;Rubsic\;\;}\;
\begin{array}{c}
COOH \\
| \\
2HCOH \\
| \\
HCOH\,\textcircled{P} \\
\\
(3\text{-}PGA)
\end{array}
$$

② 还原阶段。在 ATP 供能和甘油酸-3-磷酸激酶催化下形成甘油酸-1,3-二磷酸（DPGA），然后在甘油醛-3-磷酸脱氢酶作用下被 $NADPH + H^+$ 还原，形成甘油醛-3-磷酸（GAP）。当 CO_2 被还原为甘油醛-3-磷酸时，光合作用的贮能过程完成。

$$
\begin{array}{c}
COOH \\
| \\
HCOH \\
| \\
CH_2O\,\textcircled{P} \\
(3PGA)
\end{array}
\;+ATP\;\xrightarrow{\;\;3\text{-磷酸甘油酸激酶}\;\;}\;
\begin{array}{c}
COO\,\textcircled{P} \\
| \\
HCOH \\
| \\
CH_2O\,\textcircled{P} \\
(DPGA)
\end{array}
\;+ADP
$$

③ RuBP 再生阶段。RuBP 再生阶段是指 GAP 经过一系列反应重新形成 RuBP 的一系列反应，包括 RuBP 的再生和稳定性光合产物的形成。在这一阶段，GAP 经过四碳糖、五碳糖、六碳糖、七碳糖等多种糖的转化，形成核酮糖-5-磷酸（RU5P），再经磷酸化为 RuBP。其中有部分六碳糖转变为光合作用的终产物淀粉、蔗糖等。

$$
\begin{array}{c}
COO\,\textcircled{P} \\
| \\
HCOH \\
| \\
CH_2O\,\textcircled{P} \\
(DPGA)
\end{array}
\;+NADPH+H^+\;\underset{\;\;}{\overset{\;\;3\text{-磷酸甘油酸脱氢酶}\;\;}{\rightleftharpoons}}\;
\begin{array}{c}
CHO \\
| \\
HCOH \\
| \\
CH_2O\,\textcircled{P} \\
(GAP)
\end{array}
\;+NADP^++H_3PO_4
$$

上述反应中，每进行一次卡尔文循环，可同化一分子 CO_2，需要消耗 3 分子 ATP 和 2 分子 NADPH；每同化 6 分子 CO_2 合成一分子己糖，要进行 6 次循环，则消耗 18 分子 ATP 和 12 分子 NADPH。所以 C_3 途径的总反应式表示为：

$$6CO_2 + 11H_2O + 18ATP + 12NADPH \longrightarrow 己糖磷酸 + 18ADP + 17Pi + 12NADP^+$$

（2）C_4 途径。在 20 世纪 60 年代，人们发现有些起源于热带的植物，如甘蔗、玉米等，除了和其他植物一样具有卡尔文循环外，还有一条固定 CO_2 产生的最初产物是含 4 个碳的二羧酸（草酰乙酸，OAA），故称该途径为 C_4-二羧酸途径，简称 C_4 途径。由于这条途径是哈奇（M. D. Hatch）和斯莱克（C. R. Slack）发现的，故也叫 Hatch-Slack 途径。该途径可分为 CO_2 固定、还原（或转氨作用）、脱羧和 PEP 再生四个阶段，需要在叶肉细胞和维管束鞘细胞内完成。C_4 途径的基本反应如图 7-11 所示。

① CO_2 固定。磷酸烯醇式丙酮酸（PEP）作为 CO_2 的受体，在 PEP 羧化酶（PEPC）催化下，固定 CO_2 形成草酰乙酸（OAA）。CO_2 固定发生在叶肉细胞的细胞质中。

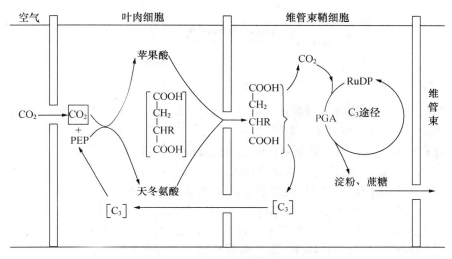

图 7-11 C_4 途径图解

$$CO_2 + H_2O \longrightarrow HCO_3^- + H^+$$

$$\begin{matrix} CH_2 \\ | \\ CO\text{\textcircled{P}} \\ | \\ COOH \end{matrix} + HCO_3^- \xrightarrow[Mg^{2+}]{PEPC} \begin{matrix} COOH \\ | \\ CH_2 \\ | \\ CO \\ | \\ COOH \end{matrix} + Pi$$

(PEP)　　　　　　　　　　　　　　　(OAA)

② 还原（或转氨）作用。OAA 进入叶肉细胞的叶绿体后由 NADP-苹果酸脱氢酶催化，被还原为苹果酸（Mal）；或在天冬氨酸转氨酶催化下，经转氨作用而形成天冬氨酸（Asp）。

$$\begin{matrix} COOH \\ | \\ CH_2 \\ | \\ CO \\ | \\ COOH \end{matrix} \xrightarrow[\text{苹果酸脱氢酶}]{HADPH_2 \quad HADP^+} \begin{matrix} COOH \\ | \\ CH_2 \\ | \\ CHOH \\ | \\ COOH \end{matrix}$$

(OAA)　　　　　　　　　　　　　(Mal)

$$\begin{matrix} COOH \\ | \\ CH_2 \\ | \\ CO \\ | \\ COOH \end{matrix} \xrightarrow[\text{天冬氨酸转氨酶}]{\text{谷氨酸} \quad \alpha\text{-酮戊二酸}} \begin{matrix} COOH \\ | \\ CH_2 \\ | \\ CHNH_2 \\ | \\ COOH \end{matrix}$$

(OAA)　　　　　　　　　　　　　(Asp)

③ 脱羧。苹果酸或天冬氨酸被运到维管束鞘细胞中，脱羧放出的 CO_2 进入 C_3 途径，形成光合产物。

④ PEP 再生。四碳二羧酸脱羧后变为丙酮酸，从维管束鞘细胞运回叶肉细胞，在叶绿体内经丙酮酸磷酸双激酶催化和 ATP 作用，生成 PEP，继续固定 CO_2 循环进行。

$$\underset{\text{（丙酮酸）}}{\begin{array}{c} CH_3 \\ | \\ CO \\ | \\ COOH \end{array}} + ATP + Pi \xrightarrow{\text{丙酮酸磷酸双激酶酶}} \underset{\text{（PEP）}}{\begin{array}{c} CH_2 \\ \| \\ CO \\ | \\ COOH \end{array}} + AMP + PPi$$

碳二羧酸从叶肉细胞转移到维管束鞘细胞放出 CO_2，使维管束鞘细胞内的 CO_2 浓度比空气中高出 20 倍左右，相当于一个"CO_2"泵的作用，能有效抑制核酮糖-1,5-二磷酸羧化酶/加氧酶（Rubisco）的加氧反应，促进羧化反应，提高 CO_2 同化速率。

由此可见，只有 C_4 途径与卡尔文循环联系在一起，才能形成光合产物。通过 C_4 途径固定 CO_2 的植物叫 C_4 植物，它们大多数起源于热带或亚热带，适合在高温、强光和干旱条件下生长，主要集中在禾本科、莎草科、苋科、藜科等二十多个科近 2 000 种植物。C_4 植物大多数为杂草，农作物中只有玉米、高粱、甘蔗、黍、粟等植物。

（3）景天酸代谢途径（CAM）。景天科等植物有一种特殊的 CO_2 同化方式，夜间气孔开放，吸收 CO_2，在 PEPC 催化下形成 OAA，进一步还原为 Mal，积累于液泡中，pH 值下降；白天气孔关闭，Mal 从液泡运至细胞质，脱羧释放 CO_2，再度被 C_3 途径同化，形成光合产物。而脱羧后形成的磷酸丙糖通过糖酵解形成 PEP，再进一步循环。这些植物在晚上有机酸含量十分高，而糖类含量低；白天则相反。这种有机酸合成日变化的代谢类型，称为景天酸代谢（如图 7-12 所示）。

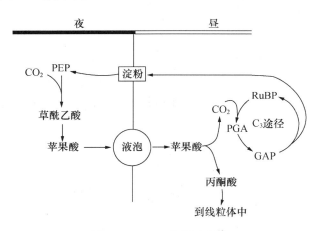

图 7-12 CAM 途径示意图

CAM 途径最早是在景天科植物中发现的，目前已有近 30 个科，一百多属，一万多种植物有 CAM 途径。它主要分布在景天科、仙人掌科、兰科、凤梨科、大戟科、百合科、石蒜科等植物中。这些植物多起源于热带，分布于干旱环境中，多为肉质植物（但并非所有肉质植物都是 CAM 植物）。

植物的光合碳同化有多条途径，反映了植物对生态环境多样性的适应。其中 C_3 途径是最基本、最普通的代谢途径，是所有植物共有的同化 CO_2 的主要途径。C_4 途径和 CAM 途径是对 C_3 途径的补充。光合作用的过程如图 7-13 所示。

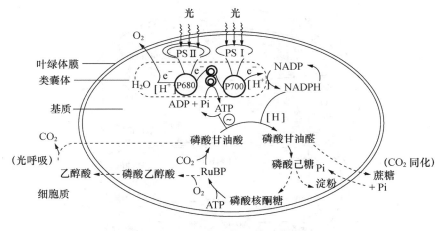

图 7-13　光合作用的过程

7.3.2　光呼吸

（1）光呼吸的概念。瓦布格（Warburg）在 20 世纪 20 年代发现，当氧浓度加倍时，小球藻的光合速率降低 50%，这种氧抑制小球藻光合作用的现象被称为瓦布格效应。1955年，Decher 测定烟草的光合速率时，发现在停止照光后的短时间内，叶片大量释放 CO_2，即 "CO_2 猝发" 现象。这些实验现象导致光呼吸现象的发现。植物的绿色细胞在进行光合作用的同时，依靠光照，吸收氧气放出二氧化碳的过程叫光呼吸。这种呼吸只在光照下发生，与光合作用有密切关系，也叫光呼吸碳氧化循环。

（2）光呼吸的过程。光呼吸的全过程需要由叶绿体、过氧化体和线粒体 3 种细胞器协同完成（如图 7-14 所示）。在叶绿体内的核酮糖-1，5-二磷酸羧化酶/加氧酶（Rubisco），是一种兼性酶，既可催化羧化反应促进 RuBP 羧化后产生 PGA，又可催化加氧反应使 RuBP 氧化形成磷酸乙醇酸。羧化和加氧反应的相对速度取决于 CO_2 和 O_2 的相对浓度。过氧化体是高等植物细胞具有单层膜的细胞器，在 C_3 植物叶肉细胞中较多，而 C_4 植物的过氧化体大多数在维管束鞘的薄壁细胞内。

叶绿体内 Rubisco 把 RuBP 氧化成磷酸乙醇酸，经磷酸酶作用，脱去磷酸产生乙醇酸。乙醇酸进入过氧化体后，在乙醇酸氧化酶作用下，被氧化为乙醛酸和过氧化氢。过氧化氢在过氧化氢酶作用下分解，放出 O_2；乙醛酸在转氨酶作用下，从谷氨酸得到氨基形成甘氨酸。甘氨酸进入线粒体，两分子甘氨酸转变为丝氨酸并释放 CO_2；丝氨酸返回过氧化体，经转氨酶和甘油酸脱氢酶催化，形成甘油酸。甘油酸进入叶绿体经甘油酸激酶的磷酸化作用产生甘油酸磷酸（PGA），既可以经一系列反应转化为 RuBP，继续循环，又可以参与到卡尔文循环的代谢中。光呼吸与暗呼吸的区别参见表 7-1。

（3）光呼吸的生理意义。许多资料表明，光呼吸在高等植物体中普遍存在，但生理功能尚未研究清楚。目前有两种观点：一是在干旱和强光辐射期间，气孔关闭，此时光呼吸释放 CO_2，消耗多余能量，对光合器官起保护作用；二是 Rubisco 是兼性酶，光合作用的同时有加氧反应，不可避免地产生磷酸乙醇酸，会损失一些有机碳，但通过 C_2 循环可以回收 75% 的碳，避免损失过多，并消除乙醇酸对细胞的毒害。此外，光呼吸中产生的甘氨酸和丝氨酸也可为蛋白质合成提供部分原料。

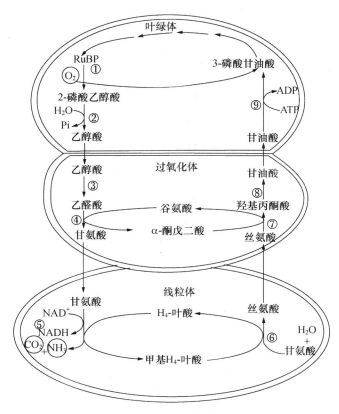

图 7-14　光呼吸过程

表 7-1　光呼吸与暗呼吸的区别

比较项目	光　呼　吸	暗　呼　吸
底物	在光下由 Bubisc 加氧反应形成磷酸乙醇酸，呼吸底物是新形成的	可以是碳水化合物、脂肪或蛋白质，但最常见的底物是葡萄糖。底物可以是新形成的，也可以是贮藏物
代谢途径	乙醇酸代谢途径或叫 C_2 途径	糖酵解、三羧酸循环、磷酸乙醇酸等途径
发生部位	只发生在光合细胞中，在叶绿体、过氧化体和线粒体协同作用下完成	在所有生活细胞的细胞质和线粒体内完成
对 O_2、CO_2 浓度的反应	光呼吸随 O_2 浓度升高而增强，高浓度的 CO_2 抑制光呼吸	O_2、CO_2 浓度对暗呼吸无明显影响

不同植物通过光呼吸损耗的有机物的量不同。水稻、小麦、棉花等 C_3 植物的光呼吸损耗光合产物的 1/4，而高粱、玉米、甘蔗等 C_4 植物的光呼吸消耗很少，只占光合产物的 2%～5%。

7.3.3　C_4 植物的光合特征

根据光合作用碳同化途径的不同，最初将高等植物分成 C_3 植物、C_4 植物和 CAM 植物。到了 20 世纪 70 年代，又发现某些植物形态解剖结构和生理生化特性介于 C_3 植物和 C_4 植物之间，被称为 C_3-C_4 中间型植物。已发现的 C_3-C_4 中间型植物有禾本科、粟米草科、苋科、菊科、十字花科及紫茉莉科等几十种植物。大多数 C_3 植物、C_4 植物、C_3-C_4

中间型植物及 CAM 植物的形态解剖结构和生理生化特性是相对稳定的（参见表 7-2）。

表 7-2　C₃ 植物、C₄ 植物、C₃-C₄ 中间植物和 CAM 植物的结构、生理特征比较

特　征	C₃ 植物	C₄ 植物	C₃-C₄ 中间植物	CAM 植物
植物类型	典型温带植物	典型热带或亚热带植物	温带和亚热带植物	典型干旱地区植物
叶结构	无 Kranz 型结构	有 Kranz 型结构	有 Kranz 型结构但鞘细胞壁较薄	鞘细胞不含叶绿体，线粒体多；叶肉细胞液泡大
CO₂ 补偿点（μl·L⁻¹）	>40	5 左右	5～40	光照下 0～200，黑暗中 <5
固定 CO₂ 的途径	只有 C₃ 途径	C₄ 途径和 C₃ 途径	C₃ 途径和有限 C₄ 途径	CAM 途径和 C₃ 途径
CO₂ 固定酶	Rubisco	PEPC、Rubisco	PEPC、Rubisco	PEPC、Rubisco
CO₂ 最初接受体	RuBP	PEP	RuBP、PEP（少量）	光下 RuBP，黑暗中 PEP
CO₂ 固定最初产物	PGA	OAA	PGA、OAA	光下 PGA，黑暗中 OAA
最大净光合速率（μmolCO₂·m⁻²·s⁻¹）	15～35	40～80	30～50	1～4
光呼吸	3.0～3.7	≈0	0.6～1.0	≈0
耐旱性	弱	强	强	极强

经过大量植物测定结果发现，C₃ 植物的光呼吸消耗光合新形成有机物较多，故被称为高光呼吸植物；而 C₄ 植物的光呼吸消耗很少，故相对地被称为低光呼吸植物。由于 C₄ 植物光呼吸很低，因此它的净光合强度比 C₃ 植物高得多。C₄ 植物的光呼吸低，净光合强度高，这与它的叶片具有特殊结构和其生理特点密切相关（如图 7-15 所示）。

（1）C₄ 植物的叶片的结构特点。从图 7-15 可以看出，C₄ 植物叶片的维管束鞘细胞内含有的叶绿体比叶肉细胞的大，但没有基粒或没有发育良好的基粒；在维管束鞘外面有排列紧密的叶肉细胞，二者之间有大量发达的胞间连丝，联系非常密切，这种维管束鞘与周围叶肉细胞紧密相连的结构称为花环结构（Kranz 结构）。这样的叶片结构使光合作用过程中叶肉细胞固定的 CO₂ 产生的四碳二羧酸快速转移到维管束鞘细胞，脱羧放出的 CO₂ 参与卡尔文循环形成碳水化合物，鞘细胞中的光合产物可就近运入维管束并及时运往其他部位，从而避免光合产物的积累对光合作用的抑制作用。C₄ 植物叶片的维管束鞘细胞是过氧化体的主要存在部位，能够进行光呼吸，因此光呼吸主要在维管束鞘细胞内进行。

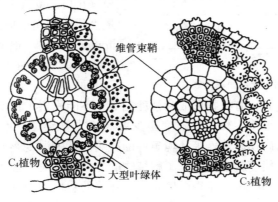

图 7-15　C₄ 植物与 C₃ 植物叶片结构比较

（2）C_4植物的生理特点。C_4植物的高光合速率与C_4植物 PEPC 的活性较高、光呼吸微弱有密切关系。C_4植物体内 PEPC 对 CO_2 的 Km 值是 7 μmol，而 Rubisco 的 Km 值为 450 μmol，即 PEPC 活性比 Rubisco 活性高 60 多倍，对 CO_2 亲和力强。因此，C_4植物比C_3植物更能利用低浓度的 CO_2，CO_2 补偿点比 C_3 植物低。

在 C_4 植物的维管束鞘细胞内虽然集中分布光呼吸酶系，但由于 C_3 途径的"CO_2"泵作用，增加了 CO_2/O_2 比值，增强 Rubisco 的羧化反应，抑制加氧反应。即使光呼吸放出 CO_2，也很快被外围紧密排列的叶肉细胞再次吸收利用，不易"漏出"。

以上的解剖和生理特点使得 C_4 植物能够利用较低浓度的 CO_2。当干旱缺水气孔关闭时，C_4 植物能利用细胞间隙内少量 CO_2 继续生长，而 C_3 植物则无此本领。C_4 植物的高光合效率常在高温、强光和低 CO_2 条件下显示，但在光照强度较弱和气候温和的条件下，其光合效率有可能赶不上 C_3 植物。

7.4 影响光合作用的外界因素

影响光合作用的外界因素主要有光照、二氧化碳、温度、矿质元素和水分。

1. 光照

光是光合作用的能量来源，是叶绿体发育和叶绿素合成的必要条件，同时对碳同化时许多酶（Rubisco；果糖-1,6-二磷酸酶等）的活性和气孔开度有调节作用，因此，光是影响光合作用的重要因素。

（1）光强。光照强弱常常是限制光合速率的因素之一。在黑暗中，叶不能进行光合作用，只有呼吸作用释放 CO_2。随着光强的增加，光合速率相对提高，当达到某一光强时，叶片的光合速率与呼吸速率相等，净光合速率为零，此时的光强称为光补偿点（light compensation point）。之后，在一定范围内，光合速率随光强的增加而直线增加，光强进一步提高，光合速率增加幅度逐渐减小。当光强达到某一值后，光合速率不再随光强增加而增加，光合速率达到最大值；之后即使再提高光强，光合速率也不再增加，这种现象称为光饱和现象（light saturation）。光合速率开始达到最大值时的光强称为光饱和点（light saturation point）。根据光强与光合作用关系绘出的曲线，叫光强－光合曲线（如图7-16所示）。

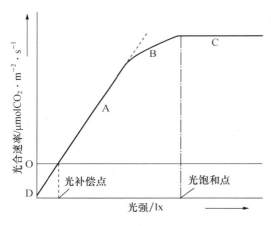

图 7-16 光强-光合速率曲线

植物处于光补偿点时，有机物形成和消耗相等，不能积累干物质，而晚间还要消耗干物质，因此，要使植物维持生长，光强度至少要高于光补偿度。不同植物的光补偿度不同，且受温度、水分和矿物质营养等环境条件的影响。其中温度影响较显著，因为温度高时呼吸作用增强，光补偿度就会提高。了解植物的光补偿度对合理密度、间作、套种时作物品种的搭配、园林植物配植及冬季温度花卉、蔬菜的栽培管理有一定的指导意义。

各种植物的光补偿点和光饱和点不同。玉米的光补偿点和光饱和点约为 8 000lx 和

30 000lx，小麦的光补偿点和光饱和点约为 1 800lx 和 10 000lx。在高温强光下，C$_3$ 植物光合速率达到一定程度后不再增加，出现光饱和现象；而 C$_4$ 植物仍保持较高的光合速率，对日光能的利用率高于 C$_3$ 植物（参见表 7-3）。

表 7-3　阳生植物与阴生植物在形态特征和生理特性方面的比较

比较项目	阳生植物	阴生植物
叶片结构	叶片厚；栅栏组织细胞细长而且细胞层数多	叶片较薄；输导组织比阳生植物稀疏；叶绿体有较大的基粒且有更多的基粒片层，叶绿素的含量高
光补偿点	较高，一般在全光照的 3%～5%	较低，一般在全光照的 1% 以下
光饱和点	较高，是全光照的 100%	较低，是全光照的 20%～50%

　　（2）光质。光质不同不仅影响光合作用产物的种类，也影响植物的光合速率。试验表明，菜豆在橙、红光下，光合速率最快，蓝、紫光其次，绿光最差。可见，光合作用的作用光谱与叶绿体色素的吸收光谱是大致吻合的。在自然条件下，植物会或多或少受到不同波长的光线照射。例如，阴天不仅光强减弱，而且蓝光和绿光增多；树木的叶片吸收红光和蓝紫光较多，故树冠下富于绿光；水层对光波中的红橙部分吸收显著多于对蓝绿光部分的吸收，使水下深层的光线富于短波长的光。因此，不同波长的光对植物的光合作用及分布都有一定影响。

　　2. 二氧化碳

　　二氧化碳是光合作用的原料之一。环境中二氧化碳浓度的高低明显影响光合速率。在光下，二氧化碳的浓度为零时，叶片只呼吸释放出二氧化碳。随着二氧化碳浓度的增加，当光合速率与呼吸速率相等时，外界环境中的二氧化碳浓度即为二氧化碳补偿度；随着二氧化碳浓度的继续提高，光合速率增加的速度减慢，当浓度达到某一值时，光合速率达到最大值，即使再增加浓度，光合速率也不再增加。我们把光合速率开始达到最大值时所对应环境中的二氧化碳浓度叫做二氧化碳饱和度。光合速率随环境中二氧化碳浓度变化曲线叫做二氧化碳浓度与光合曲线（如图 7-17 所示）。

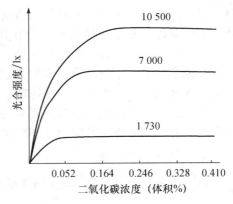

图 7-17　二氧化碳浓度与光合曲线

　　二氧化碳浓度增加对植物的影响包括两个方面：增加叶片内外浓度梯度，促进二氧化碳向叶片内扩散；二氧化碳浓度过高会引起叶片气孔开度减小而阻止二氧化碳向叶片内扩散。陆生植物光合作用主要利用空气中二氧化碳，也可以吸收土壤中的二氧化碳和碳酸盐；浸没在水中的绿色植物光合作用的碳源是溶于水中的二氧化碳、碳酸盐或重碳酸盐。空气中二氧化碳的含量一般占体积的 0.036%，对植物的光合作用来说是比较低的。凡是能提高二氧化碳浓度和促进二氧化碳流通的因素都可促进光合作用的进行，如建立合理的作物群体结构，加强通风，增施有机肥或二氧化碳肥料等，均能显著提高光合速率，提高作物产量。从图 7-16 还可看出，光照强度和二氧化碳浓度对光合作用的影响是相互联系的。同一植物在不同的光强度下的二氧化碳饱和点不同，二氧化碳饱和点随光强度的增加而提高。

3. 温度

光合作用的暗反应是一系列的酶促反应，由于温度直接影响酶的活性，因而温度对光合速率也有明显的影响。光合作用存在温度的三基点，即光合作用的最低、最适和最高温度。最低温度下（一般作物是 $2 \sim 10℃$），植物光合速率低主要是因为酶活性低，叶绿体超微结构受到损伤。C_4 植物的光合最适温度一般在 $40℃$ 左右，高于 C_3 植物的最适温度（$25 \sim 30℃$），这与 PEPC 的最适温度高于 Rubisco 的最适温度有关。光合作用在高温时降低的原因，一是高温破坏叶绿体和细胞质的结构，并使酶钝化；二是高温加强光呼吸和暗呼吸，促光合速率降低。

昼夜温差对光合净同化率有很大影响。白天温度较高，日光充足，有利光合作用进行；夜间温度较低，可减少呼吸消耗。因此，在一定温度范围内，昼夜温差大有利于光合产物积累，对植物生长和产量形成是有利的。

4. 矿质营养

矿质元素直接或间接影响光合作用，N、Mg、Fe、Mn 是叶绿素组成和生物合成所必需的元素；Cl、Mn、Ca 对水的光解，Cu、Fe、P 对光合电子传递及光合磷酸化，K、P、B 等对光合产物的运输和转化都有促进作用。所以，矿质元素对扩大光合面积，提高光合能力有促进作用，保证植物矿质营养是促进光合作用的重要物质基础。

5. 水分

水分是光合作用的原料之一，缺乏时可使光合速率降低。叶片的光合作用需要在植物含水量较高条件下进行，光合作用所需水分只是植物吸收水分的一小部分（1%以下）。因此，水分缺乏主要是间接影响光合作用。因为缺水会引起气孔开度减小甚至关闭，影响 CO_2 进入叶片；缺水会影响叶片生长，减少光合面积；缺水使叶片内光合产物输出缓慢，使光合速率下降。植物严重缺水时，会破坏叶绿体片层结构，使叶片光合能力不再恢复。因此，在水稻烤田，棉花、花生炼苗，玉米蹲苗时，要把握适宜程度，不能过头。

总之，光合作用同时受多种因素的影响，并往往受最低因子所限制。在分析各个外界因素对光合作用的影响的同时，还应考虑它们的综合作用。

6. 光合速率的日变化

植物的光合作用每天都要受到外界不同的光照、温度、CO_2 浓度的影响，所以光合速率一天中也会发生变化。在温暖、晴朗、水分供应充足的天气，光合速率主要随光强而变化，呈单峰曲线，在中午前后达到高峰。如果气温高、光照强，光合速率日变化呈双峰曲线，大的峰出现在上午，小的峰出现在下午，中午前后光合速率下降，发生光合作用的"午休"现象。该现象主要是大气干旱和土壤干旱，使叶片吸收 CO_2 减少，强光、高温引发光抑制和呼吸消耗增加，从而导致了光合速率下降。如果白天云量变化不定，则光合速率随光强度的变化而无规则地变化。光合作用的日变化如图7-18所示。

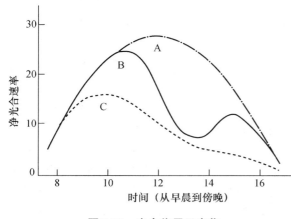

图 7-18　光合作用日变化

7.5　同化产物的运输与分配

7.5.1　光合作用产物

光合作用产物主要是碳水化合物，包括单糖（葡萄糖和果糖）、双糖（蔗糖）和多糖（淀粉），其中以蔗糖和淀粉最为普遍。不同植物的主要光合产物不同。大多数高等植物的光合产物是淀粉，有些植物（如洋葱、大蒜等）的光合产物是葡萄糖和果糖。

卡尔文循环是植物体内最基本的碳同化途径，在卡尔文循环中产生的磷酸丙糖（TP），可聚合为己糖磷酸，进一步形成蔗糖和淀粉等碳水化合物；丙糖磷酸也可与磷酸甘油酸结合形成脂肪、脂肪酸、氨基酸或羧酸等。所以丙糖磷酸是形成光合产物的重要中间产物。

（1）叶绿体中淀粉的合成。淀粉是在叶绿体内合成的。当卡尔文循环形成磷酸丙糖时，经过各种酶的催化，先后形成果糖-1,6-二磷酸、果糖-6-磷酸、葡萄糖-6-磷酸、葡萄糖-1-磷酸、ADP-葡萄糖，最后合成淀粉。

（2）胞质溶胶中蔗糖的合成。蔗糖是在胞质溶胶中合成的。叶绿体中形成的磷酸丙糖，通过磷酸转运体运送到胞质溶胶。在各种酶的作用下，磷酸丙糖先后转变为果糖-1,6-二磷酸、果糖-6-磷酸、葡萄糖-6-磷酸、葡萄糖-1-磷酸、UDP-葡萄糖及蔗糖-6-磷酸，最后形成蔗糖并释放出 Pi，Pi 通过磷酸转运体进入叶绿体。

光合产物的种类既与光照强弱、二氧化碳和氧气的浓度高低有关（如图 7-19 所示），也与叶片年龄和光质有关系。例如成长的叶片主要形成碳水化合物；幼嫩叶片除碳水化合物外，还产生较多蛋白质。红光照射下，叶片形成大量碳水化合物，蛋白质较少；在蓝紫光照射下，碳水化合物减少，而蛋白质增多。

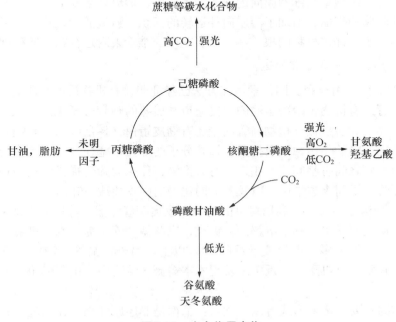

图 7-19　光合作用产物

7.5.2 植物体内同化物的运输

叶片制造的光合产物有糖类、脂肪、蛋白质和有机酸等有机物。植物体内有机物的运输需要一定的途径、适宜的运输方式及一定的速度等。

按照有机物的运输距离长短，可分为短距离运输和长距离运输。短距离运输主要指胞内与胞间运输，距离只有几个毫米；长距离运输指器官之间的运输，需要韧皮部完成。

1. 短距离运输——胞内与胞间运输

（1）胞内运输。胞内运输指在细胞内，各细胞器之间的物质交换。胞内运输主要以分子扩散、微丝推动原生质环流，细胞膜内外物质交换以及囊泡形成与囊泡内含物释放等方式来进行。例如光呼吸途径中磷酸乙醇酸、甘氨酸、丝氨酸、甘油酸分别进出叶绿体、过氧化体和线粒体；叶绿体中的丙糖磷酸转移到细胞质，合成的蔗糖又进入液泡等。

（2）胞间运输。胞间运输有共质体运输、质外体运输及共质体与质外体之间的交替运输。

① 共质体运输：沿胞间连丝在共质体中运输。由于共质体中的原生质黏度大，运输阻力大，故运输速度较慢，但运输物质受质膜保护而不易流失。

② 质外体运输：物质在质外体运输完全靠自由扩散，受到的阻力小，移动速度较快。但由于质外体是一个开放系统，没有外围的保护，运输物质容易流向体外，运输速度也受外力的影响。

③ 交替运输：物质通过细胞膜在共质体与质外体之间交替进行的运输。物质进出细胞膜的方式有三种：顺浓度梯度的被动转运，包括自由扩散和协助扩散；逆浓度梯度的主动转运；以小囊泡方式进出细胞膜的被动转运，包括内吞、外排和出胞等。

在交替运输过程中，常需要经过一种特化的细胞，即起运输过渡作用的转移细胞。转移细胞的特征是：细胞壁与细胞膜向内深入细胞质中，形成许多褶皱，或呈片层或类似囊泡，扩大了细胞膜的表面，增加了溶质向外运转的面积。囊泡的运动可以挤压胞内物质向外分泌到输导系统。许多植物的根、茎、叶、花序的维管束附近存在着转移细胞。

2. 长距离运输——各器官间运输

（1）运输部位。用环剥及同位素示踪方法已经证明，有机物质的长距离运输通过韧皮部的筛管。筛管是有机物长距离运输的主要通道。成熟的筛管分子无细胞核、液泡膜、高尔基体和核糖体。大多数被子植物筛管内壁还有韧皮蛋白（P-蛋白），呈管状、纤维状等，具有促进长距离运输的作用，以及把受伤筛管分子的筛孔堵塞住，防止韧皮部汁液外流的功能。伴胞与筛管之间有胞间连丝相连。有人推测，伴胞为筛管提供结构蛋白，提供信使RNA，维持筛管分子间渗透平衡，以及调节同化物向筛管装载与卸出。

（2）同化物运输的形式。利用蚜虫的吻刺法收集筛管汁液，汁液分析结果表明，韧皮部里运输的物质主要是水，其中溶解许多糖类，以蔗糖、棉子糖、水苏糖和毛蕊糖等非还原性糖为主，但蔗糖最多，占汁液干重的90%以上。另外，筛管汁液中还含有少量氨基酸、酰胺、生长素、有机酸等。近年来发现木本蔷薇科植物中，山梨醇也是有机物的运输形式。

以蔗糖作为主要的运输形式有以下优点：蔗糖是非还原性糖，比较稳定；蔗糖的溶解度很大，运输效率高；0℃时，100 mL 水中可溶解蔗糖179 g，100℃时溶解487 g；蔗糖的运输速度快。以上几点决定了蔗糖适于长距离运输。

（3）同化物的运输速度。利用放射性同位素示踪技术测得，植物体内有机物运输速度一般约为 100 cm/h。不同植物运输速度有差异，范围在 30～150 cm/h，如大豆为 84～100 cm/h，南瓜为 40～60 cm/h。同一种作物，不同的发育时期，有机物运输速度也不同，如南瓜幼苗时为 72 cm/h，较老时为 30～50 cm/h。

7.5.3 同化物质的分配规律

1. 源与库

人们在研究同化物分配方面提出了源与库的概念。源是指能制造养料并向其他器官提供营养的部位或器官，主要是指叶片。库是指消耗养料或贮藏营养料的器官，如幼嫩的叶、茎、根以及花、发育的果实、种子等。源和库就某些器官的不同时期往往是相对的，如同一叶片在幼嫩时期为库，发育为成叶即为源。通常把同化物供应上由对应关系的库、源合称为源-库单位。源制造的光合产物主要供给相应的库，如水稻抽穗后顶部的三叶的光合产物主要供应穗部，下部叶片光合物主要供应根系，中间的叶片的同化产物则可以向上、下部运输。源是库的供应者，库对源具有一定的调节作用，二者相互依赖，相互制约。

2. 同化物质的运输规律

嫩叶新形成的同化产物主要供本身生长需要，成熟叶片制造的光合产物除一部分供呼吸为生长提供能量和碳架、维持光合系统本身需要外，大部分会运送出去，至植物其他部分。同化物分配的方向取决于库的位置，分配的多少取决于库的大小及距成熟叶片的距离。总之，成熟叶片的同化产物既可进行纵向运输（向上或向下），也可进行横向运输。

植物体内同化物分配的总规律是由源到库，具体归纳为以下几点。

（1）优先供给生长中心。生长中心是指生长旺盛、代谢强的部位和器官。作物的不同生育时期各有不同的生长中心，如稻、麦类植物前期主要以营养生长为主，根、新叶和分蘖是生长中心；孕穗期是营养生长和生殖生长并进阶段，营养器官的茎秆、叶鞘和生殖器官的小穗是生长中心；灌浆结实期，籽粒是生长中心。这些生长中心既是矿物质元素的输入中心，也是同化物质的分配中心。

（2）就近供应。就近供应是指一个能够为多个库提供同化物的源，其同化产物主要供应距离最近的库；随着库源间距离加大，供应同化物的能力明显减弱。例如，大豆、蚕豆在开花结实期，本节位叶片的同化产物供给本节的花荚，很少运输给相邻的节；只有该节花荚的养料用不完或被去掉时，才有比较多的产物运到其他节位去。棉花也是如此。果树的果实生长所需同化产物大多数来自果实附近的叶片。因此保护经济器官附近的叶片，并使其维持较强的光合作用，是防止花荚、蕾铃及幼果脱落的方法之一。

（3）纵向同侧运输。同一方位的叶制造的同化物主要供应相同方位的幼叶、花序和根，很少横向运输到对侧，这与植物体内维管束的分布有关。

3. 同化物的再分配与再利用

植物的同化产物，除构成细胞壁的骨架物质外，其他成分无论是有机物还是无机物都可以再分配利用。如植物种子在适宜的温度、水分、氧气条件下，生根发芽的过程就是种子同化物再分配与再利用的过程；叶片衰老时，大部分糖和 N、P、K 等可再度利用的元素要转移到就近的新生器官；在生殖生长时期，营养器官的储藏物质向生殖器官转移等。

这种同化物质和矿物质元素的再度利用是植物体的营养物质在器官间进行再分配、再利用的普遍现象。

生产上应用同化物质的再分配与再利用的例子有很多，如北方农民为避免秋季早霜危害而提前倒茬播种，在霜冻来临之前，把玉米连根带穗提前收获，竖立成垛，使茎叶有机物继续向籽粒转移，这样可以增产 5%～10%。水稻、小麦、油菜等收割后堆在一起，而不马上脱粒，对提高粒重效果同样比较明显。

7.5.4　影响同化物运输的外界条件

植物体内同化物的运输主要受温度、水分、光照和矿物质元素的影响。

（1）温度。同化物运输的最适宜的温度是在 20～30℃ 之间。高于或低于这个范围都会大大降低运输速度。低温不仅减弱呼吸作用，减少能量供应，而且提高了筛管内含物的黏度。温度太高会使呼吸增强，消耗有机物增多，同时还会破坏酶或使酶钝化，运输速度也降低。昼夜温差大小对同化物运输也有一定影响。白天温度较高促进光合作用，夜间温度低减少呼吸消耗，增加同化物的输出量，延缓叶片衰老，所以适宜的昼夜温差对植物生长和经济产量形成有积极作用。我国北方小麦产量高于南方，主要原因是由于北方昼夜温差大，灌浆期长所致。

气温与土温的差异，对同化物分配方向也有一定的影响。土温高于气温有利于同化产物向根部运输，反之则有利于向地上部运输。

（2）水分。水分胁迫直接影响光合强度及同化物的分配。缺水光合作用降低，减少功能叶片同化物的输出量，使运向竞争能力较弱的器官的同化物运输速度更低，分配量更少。如小麦灌浆期如遇干旱，由于光合产物减少，不但降低粒重，还会使茎下部叶片与根系过早衰老死亡。

（3）光照。光照通过光合作用影响同化物的运输。功能叶白天输出率高于夜间，是由于光下蔗糖浓度升高，运输加快所致，但由于同化物运输受多种因素影响，因此在光照下运输速度并不是一直处于平稳状态。

（4）矿质元素。对同化物运输影响较大的矿质元素主要有 P、K、B、N 等。

① P。磷能促进同化物的运输，其原因为：促进光合，形成较多的有机物；促进蔗糖合成，提高可运态蔗糖浓度；有机物所需能量由 ATP 供应。因此，在作物产量形成后期，适当追施磷肥，有利于同化产物向经济器官运输，提高产量。棉花开花期喷施磷肥，能减少蕾铃脱落。

② K。钾能促进库内蔗糖转化为淀粉。因此，禾谷类作物在籽粒灌浆期、薯类作物在块根块茎膨大期适当使用钾肥有利于籽粒、块根块茎内淀粉积累；同时维持库源间澎压的差异，有利于叶片同化物源源不断地运来。

③ B。硼能促进同化物的运输。硼与糖结合成具有极性的复合物，有利于透过质膜，促进糖的运输；硼还能促进蔗糖合成，提高可运态蔗糖的浓度。作物灌浆期叶片喷施硼肥，有促进籽粒灌浆，提高产量的作用。棉花开花结铃期喷硼肥，能促进同化物向花铃运输，减少花铃脱落。

④ N。氮能影响同化物的分配。氮是蛋白质的组成元素，当氮供应过多时，同化物用于蛋白质合成构建营养器官，不利于向生殖器官储存积累，使作物衰青晚熟；当氮缺乏时，植株矮小，易早衰，所以要求 C/N 比必须适当。

学 习 小 结

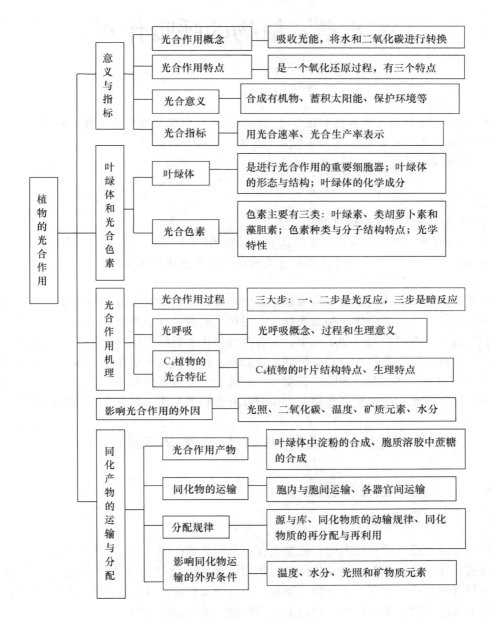

7.6　复习思考题

1. 说明光合作用的重要意义。
2. 从叶绿体的形态结构特点，说明其形态结构与生理功能的统一性。
3. 简述光合作用过程，说明主要中间产物及能量的转变过程。
4. 为什么说 C_3 途径是同化 CO_2 的最基本途径。
5. 影响光合作用的主要外界因素有哪些？并说明它们是如何影响光合作用的。
6. 说明同化产物的分配规律。

第 8 章　植物的呼吸作用

　知识目标

◆ 了解呼吸作用代谢途径和化学过程，以及氧化磷酸化及能量的释放与贮存。

◆ 理解有氧呼吸的基本化学过程及对其影响的内、外因素。

◆ 掌握植物呼吸作用的概念及其生理意义。

　能力目标

◆ 会以植物呼吸作指标的测定。

◆ 具备呼吸作用知识在农业生产上应用的能力。

◆ 能分析农业生产中与呼吸作用有关的农业措施并指导实践。

呼吸作用是植物体内重要的生理活动，它与光合作用共同构成植物物质代谢和能量代谢的两大核心内容。光合作用是物质合成与能量的贮存过程，呼吸作用则是物质分解与能量的释放过程。在植物的一切细胞中，只有呼吸作用才能随着植物生长发育的进程将物质代谢与能量代谢同步化进行，并有机地结合起来。所以研究呼吸作用不仅具有生物学的理论意义，并对调节和控制植物的生长发育，对植物适应和抵抗各种不良环境，以及抗病免疫、农产品的贮藏加工、提高作物的产量与改善作物的品质都具有广泛的实际意义。

8.1　呼吸作用的生理意义及指标

8.1.1　呼吸作用的概念及意义

1. 呼吸作用的概念

呼吸作用是指生活细胞内的有机物质在一系列酶的作用下，逐步氧化分解，并释放能量的过程。在呼吸过程中，被氧化分解的物质，称为呼吸基质（或呼吸底物）。植物体内有许多种有机物质，如碳水化合物、脂肪、蛋白质及有机酸等都可以作为呼吸基质，但最普遍最直接的呼吸基质是碳水化合物中的葡萄糖、果糖及淀粉等。

2. 呼吸作用的意义

呼吸作用对植物生命活动具有十分重要的意义，主要表现为以下几个方面（如图 8-1 所示）。

（1）呼吸作用为植物生命活动提供能量。生物体内的一切代谢过程都需要能量维持，生命活动所需要的能量都依赖于呼吸作用。呼吸作用释放的能量除一部分转变为热能被散失掉外，大部分以 ATP 形式贮存起来。以后 ATP 再分解，释放能量供生命活动所利用。

（2）呼吸作用为其他物质合成提供原料。呼吸作用在分解有机物质的过程中产生许多中间产物，其中有些中间产物化学物质非常活跃，如丙酮酸、α-酮戊二酸、苹果酸等，它们是进一步合成核酸、蛋白质、糖以及其他物质的原料和次生物质的原料，可用于植物体的信号传递、形态建成、物质贮藏和调节各种生理生化过程。

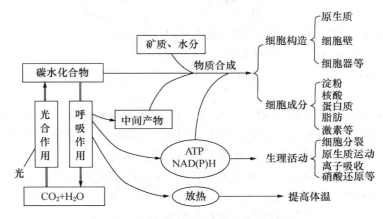

图 8-1　呼吸作用的主要功能示意图

（3）呼吸作用为生物合成提供还原力。在呼吸过程中，伴随着物质降解，不断地进行脱氢反应，生成 $FADH_2$、$NADH + H^+$、$NADPH + H^+$ 等，这是细胞内生物合成的还原力。如硝酸盐的还原和氨基酸的合成脂肪酸的合成都需要糖酵解提供 NADH；PPP 途径为脂肪的合成提供 NADPH，作为生物合成的还原力。

（4）呼吸作用在保护植物高抗病免疫力方面有重要作用。植物的某一局部一旦被致病微生物侵染，则该部位的呼吸速率急剧升高，从而通过生物氧化消除各种有毒物质的伤害作用。当植物被昆虫和其他动物咬伤时，伤口部位呼吸增强，以利修复，促进伤口愈合，使伤口迅速木质化。

另外，呼吸放热可以提高体温，有利于种子萌发、幼苗生长、开花、传粉和受精等。

8.1.2　呼吸作用的类型

依据呼吸作用中是否有氧的参与，可将呼吸作用概括为有氧呼吸和无氧呼吸两大类型。

1. 有氧呼吸

有氧呼吸指活细胞利用分子氧（O_2）把某些有机物质彻底氧化分解，生成 CO_2 和 H_2O 同时释放能量的过程。

有氧呼吸的总反应可用下式表示：

$$C_6H_{12}O_6 + O_2 \xrightarrow{\text{酶}} 6CO_2 + 6H_2O \qquad \Delta G_0' = -2870 \text{ KJ} \cdot \text{mol}^{-1}$$

有氧呼吸总的反应式与燃烧的反应式相同，但燃烧时底物分子与氧气反应激烈，能量以热的形式释放；而在呼吸作用过程中，能量是逐步释放的，一部分能量首先转移到 ATP 和 $NADH + H^+$ 中贮备，成为活跃的化学能，随时供应生命活动使用；另一部分则以热的形式放出。在正常情况下，有氧呼吸是高等植物呼吸的主要方式。然而，在某些条件下，如暂时缺氧或深层的组织也可进行无氧呼吸。

2. 无氧呼吸

无氧呼吸指在无氧（缺氧）条件下，活细胞将有机物分解为不彻底的氧化物，同时释放出部分能量的过程。酒精是无氧呼吸的一种产物；此外，甜菜块根、马铃薯块茎、玉米种胚等在无氧呼吸时产生乳酸。无氧呼吸的特点是不利用氧气，底物分解不彻底，因而释放能量少。

酒精发酵的反应如下：

$$C_6H_{12}O_6 \longrightarrow 2C_2H_5OH + 2CO_2 \quad \Delta G_0' = -226 \text{ KJ} \cdot \text{mol}^{-1}$$

乳酸菌在无氧条件下产生乳酸，称乳酸发酵。其反应式为：

$$C_6H_{12}O_6 \longrightarrow 2CH_3CHOCOOH \quad \Delta G_0' = -197 \text{ KJ} \cdot \text{mol}^{-1}$$

高等植物也可发生乳酸发酵，例如，马铃薯块茎、甜菜块根、玉米胚和青贮饲料在进行无氧呼吸时就产生乳酸。

无氧呼吸放出的可利用能量少，要维持正常生活所需要的能量就要消耗大量的有机物，同时产生酒精等有毒物质，因此，对植物是很不利的。植物不能长期进行无氧呼吸。

地球上本来是没有游离氧气的，生物只能进行无氧呼吸。由于光合生物的问世，大气中氧的含量提高了，生物体的有氧呼吸才相伴而生。在高等植物的生命活动中，有氧呼吸是主要的，而在植物的某些部位，生长的某个时期，种子萌发时种皮没破裂之前，主要进行无氧呼吸；成苗之后遇到淹水时也可进行短时期的无氧呼吸，以适应缺氧条件。若植物长期无氧呼吸则易造成伤害。

8.1.3 呼吸作用的指标

1. 呼吸速率

呼吸速率又称呼吸强度，是最常用的代表呼吸作用强弱的生理指标。它可以以单位重量（干重、鲜重）在单位时间释放的 CO_2 量（Q_{CO_2}）或吸收的 O_2 的量（Q_{O_2}）来表示，常用单位有 $\mu\text{mol} \cdot \text{g}^{-1} \cdot \text{h}^{-1}$ 等。

不同种植物，同种植物的不同器官或不同发育时期，呼吸速率不同。通常花的呼吸速率最高；其次是萌发的种子、分生组织、形成层、嫩叶、幼枝、根尖和幼果等。而处于休眠状态的组织和器官则呼吸速率最低。

2. 呼吸商

植物组织在一定时间内，放出 CO_2 的量与吸收 O_2 的量（体积 mL 或 mol）的比值叫做呼吸商（respiratory quotient，RQ），又称呼吸系数（respiratory coefficient）。呼吸商是衡量底物性质与氧气供应状况的一种指标。其计算公式如下：

$$RQ = \frac{\text{放出的 } CO_2 \text{ 量}}{\text{吸收的 } CO_2 \text{ 量}}$$

呼吸商的大小与许多因素有关，如底物的种类，无氧呼吸的存在，氧化作用是否彻底，是否发生物质转化、合成与羧化，是否存在其他物质的还原，以及某些物理因素（如种皮不透气等），其中底物是最关键性的影响因素。

通常，碳水化合物是主要的呼吸底物，脂肪、蛋白质以及有机酸等也可作为呼吸底物。底物种类不同，呼吸商也不同。如以葡萄糖作为呼吸底物，且完全氧化时，呼吸商是 1。

$$C_6H_{12}O_6 + 6O_2 \longrightarrow 6CO_2 + 6H_2O$$

$$RQ = \frac{6}{6} = 1.0$$

以富含氢的物质如脂肪、蛋白质或其他高度还原的化合物（H/O 比大）为呼吸底物，则在氧化过程中脱下的氢相对较多，形成 H_2O 时消耗的 O_2 多，呼吸商就小。如以棕榈酸作为呼吸底物，并彻底氧化时，其呼吸商小于 1。

$$C_6H_{32}O_2 + 23O_2 \longrightarrow 6CO_2 + 16H_2O$$

$$RQ = \frac{16}{23} = 0.7$$

相反，以含氧比碳水化合物多的有机酸作为呼吸底物时，呼吸商则大于 1，如柠檬酸的呼吸商为 1.33。

$$C_6H_8O_7 + 4.5O_2 \longrightarrow 6CO_2 + 4H_2O$$

$$RQ = \frac{6}{4.5} = 1.33$$

可见，呼吸商的大小和呼吸底物的性质关系密切，故可根据呼吸商的大小大致推测呼吸作用的底物及其性质的改变。例如油料种子萌发时，最初以脂肪酸作为呼吸底物，RQ约为 0.4，但随后由于一部分脂肪酸转变为糖，并以糖作为呼吸底物，故 RQ 增加。

当然，氧气供应状况对呼吸商影响也很大。在无氧条件下发生酒精发酵，只有 CO_2 释放，无 O_2 的吸收，则 $RQ = \infty$。植物体内发生合成作用，呼吸底物不能完全被氧化，其结果使 RQ 增大；如有羧化作用发生，则 RQ 减小。

8.2　呼吸作用的机理

8.2.1　呼吸作用的代谢途径与化学历程

1. 呼吸作用的代谢途径

由于糖类物质是植物呼吸代谢的主要底物，所以呼吸作用实际上是细胞内糖类物质降解氧化的过程。在高等植物中存在着多条呼吸代谢生化途径，以有利于适应复杂多变的环境。这是由定位于细胞内不同区域的相互联系的糖酵解（EMP）、三羧酸循环（TCA）和磷酸戊糖途径（PPP）等共同完成（如图 8-2 所示）。

植物呼吸作用不仅包括在缺氧的条件下进行酒精发酵和乳酸发酵，在有氧的条件下进行三羧酸循环和磷酸戊糖途径，还包括其他氧化途径。这是因为不同的植物种类，同种植物的不同器官（或组织），处于不同的生育期，处于不同的环境条件，或者具有不同的呼吸底物这些因素所致。这也体现了植物呼吸代谢途径的多样性。

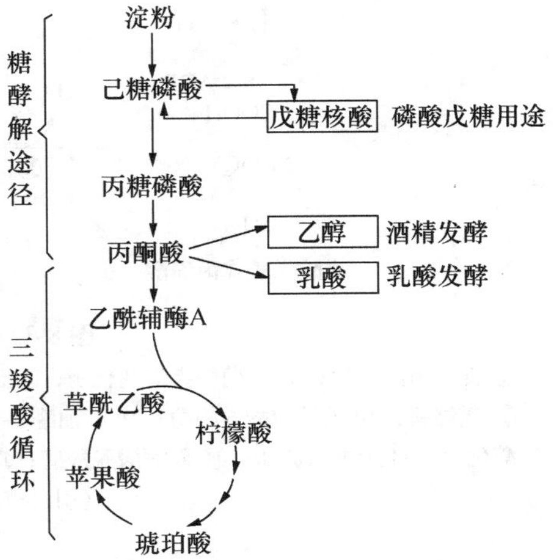

图 8-2　植物呼吸代谢的主要途径示意图

2. 呼吸作用的化学历程

（1）糖酵解（EMP）。

糖酵解是指呼吸基质淀粉、葡萄糖或果糖在一系列酶的作用下分解为丙酮酸的过程。为纪念在研究这一途径中有贡献的三位生物化学家 Embden、Meyerhofh 和 Pamas，故糖酵解亦称 EMP 途径。这一过程没有游离氧的参加，是在细胞质内进行的（如图 8-3 所示）。

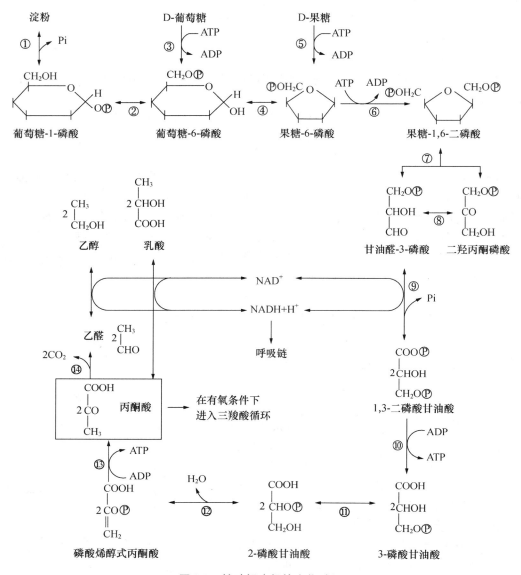

图 8-3　糖酵解途径的生化过程

① 淀粉磷酸化酶；② 葡萄糖磷酸变化酶；③ 己糖激酶；④ 己糖磷酸异构酶；⑤ 果糖激酶；⑥ 果糖磷酸激酶；
⑦ 醛缩酶；⑧ 丙糖磷酸异构酶；⑨ 甘油醛-3-磷酸脱氢酶；⑩ 磷酸甘油酸激酶；⑪ 磷酸甘油酸变位酶；⑫ 烯
醇化酶；⑬ 丙酮酸激酶；⑭ 丙酮酸脱羧酶；⑮ 乙醇脱氢酶；⑯ 乳酸脱氢酶

（引自植物生理化，王三根，2001）

① 糖酵解的生化过程。糖酵解的生化过程可分为三个阶段：即己糖活化、果糖-1,6-二磷酸的裂解和丙酮酸的形成三个阶段。己糖首先在己糖激酶的作用下，消耗 2 个 ATP 逐步转化为果糖-1,6-二磷酸（F-1,6-BP）；活化的己糖在醛缩酶的作用下形成甘油醛-3-磷酸和二羟丙酮磷酸，后者在异构酶的作用下可以转变为甘油醛-3-磷酸；甘油醛-3-磷酸氧化脱氢形成磷酸甘油酸，释放能量产生 1 个 ATP 和 1 个 NADH + H⁺。磷酸甘油酸经脱水、脱磷酸形成丙酮酸，并产生 1 个 ATP。（这种不经过呼吸链而由底物氧化直接产生 ATP 的

过程称底物水平的磷酸化）。糖酵解过程中糖的氧化分解是在没有分子氧的参与下进行的。

糖酵解过程中 1 分子的葡萄糖降解为 2 分子的丙酮酸，同时形成 2 分子的 $NADH + H^+$ 和净生成 2 分子的 ATP。总的反应式可概括如下：

$$C_6H_8O_7 + 2NAD^+ + 2Pi + 2ADP \longrightarrow 2ATP + 2NADH + 2H^+ + 2CH_3CHOCOOH + 2H_2O$$

糖酵解产生的丙酮酸在有氧和无氧条件下可以进入不同的代谢途径。在缺氧的条件下，糖酵解形成的 NADH 和丙酮酸会积累，这时植物可以进行发酵，也就是无氧呼吸，发酵过程最终形成乙醇或乳酸。

② 糖酵解的生理意义。

A. 糖酵解存在普遍。糖酵解普遍存在于生物体中，是有氧呼吸和无氧呼吸的共同途径。

B. 糖酵解产物活跃。糖酵解的产物丙酮酸的化学性质十分活跃，可以通过各种代谢途径，生成不同的物质。

C. 糖酵解是生物体获得能量的主要途径。通过糖酵解，生物体可获得生命活动所需要的部分能量。对于厌氧生物来说，糖酵解是糖分解和获取能量的主要方式。

D. 糖酵解多数反应可逆转。糖酵解途径中，除了由己糖激酶、磷酸果糖激酶、丙酮酸激酶等所催化的反应以外，多数反应均可逆转，这就为糖的异生作用提供了基本途径。

（2）三羧酸循环化学历程。

三羧酸循环（TCA 或 Krebs 循环）是指糖酵解产生的丙酮酸在有氧的条件进一步氧化降解最终生成二氧化碳和水的过程。由于在此循环过程中最初形成含有三个羧酸的有机物，所以叫三羧酸循环。三羧酸循环是在线粒体的基质中进行的，反应过程如图 8-4 所示。

第一，丙酮酸在进入循环前首先脱羧，形成 1 分子 CO_2、1 分子的乙酰 CoA 及 1 分子的 $NADH + H^+$。$NADH + H^+$ 进入呼吸链，乙酰 CoA 进入三羧酸循环后，又发生两次脱羧形成 2 分子的 CO_2。

第二，丙酮酸进入三羧酸循环之前发生一次脱氢（2H），而乙酰 CoA 进入三羧酸循环后又发生 4 次脱氢（$4 \times 2H$），共计 $5 \times 2H$。然而，丙酮酸分子只含 4H，额外的 6H 来自何处？原来反应② 与反应⑧ 各有 1 分子 H_2O 参与反应，此外在反应⑥ ADP + Pi→ATP 时，所产生 1 分子的 H_2O（来自 Pi）也参与反应。由此可见，额外的 6H 正是来自这 3 分子 H_2O。

第三，丙酮酸在进入三羧酸循环之前和以后的各个反应均由各种酶或酶系进行催化，其中有些酶或酶系起着调控反应速度的作用，以适应细胞对 ATP 的需要。整个三羧酸循环产生 4 分子 NADH 和 1 分子 $FADH_2$，进入呼吸链。通过底物氧化还产生 1 个高能化合物 ATP。三羧酸循环（TCA）的总反应式为：

$$2CH_3CHOCOOH + 8NAD^+ + 2FAD + 2ADP + 2Pi + 4H_2O \longrightarrow$$
$$8CO_2 + 8(NADH + H^+) + 2FADH + 2ATP$$

在细胞中，各种生理活动所使用的基本能量形式是磷酸化形式，其中最重要的是 ATP。在三羧酸循环中，氧化过程所获得的能量是以 NADH 和 $FADH_2$ 的形式贮存，因此必须转化为 ATP 的形式才能用于细胞的各种活动。这个转换过程是通过在线粒体的内膜上的电子传递链和氧化磷酸化来完成。

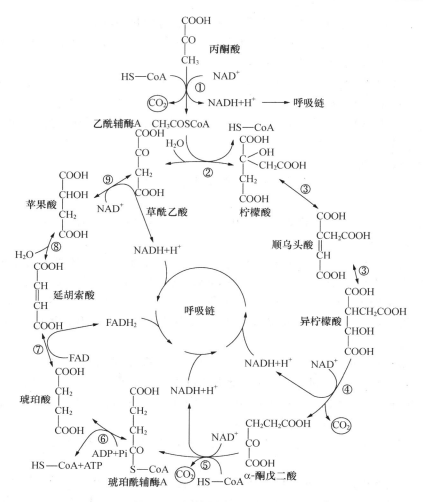

图 8-4　三羧酸循环反应过程

① 丙酮酸脱氢酶复合体；② 柠檬酸合成酶（缩合酶）；③ 顺乌头酸酶；④ 异柠檬酸脱氢酶；⑤ α-酮二酸脱氢酶复合体；⑥ 琥珀酸硫激酶；⑦ 琥珀酸脱氢酶；⑧ 延胡索酸酶；⑨ 苹果酸脱氢酶

（3）磷酸戊糖途径（PPP）。

20 世纪 50 年代初的研究发现，高等植物体内有氧呼吸代谢除糖酵解-三羧酸循环这条途径外，还存在磷酸戊糖途径（简称 PPP 途径），又称磷酸己糖支路（简称 HMP）或磷酸己糖途径。磷酸戊糖途径是指葡萄糖在细胞质内直接氧化脱羧，并以戊糖磷酸为重要中间产物的有氧呼吸途径（如图 8-5 所示），该途径可分为两个阶段。

① 葡萄糖氧化脱羧阶段。该阶段葡萄糖先经磷酸化生成磷酸葡萄糖，再通过脱氢、水解、脱氢脱羧反应，生成核酮糖-5-磷酸（Ru5P）。

脱氢反应：在葡萄糖-6-磷酸脱氢酶的催化下以 $NADP^+$ 为氢的受体，葡萄糖-6 磷酸（G6P）脱氢生成 6-磷酸葡萄糖酸内酯（6-PGL）。

水解反应：在 6-磷酸葡萄糖酸内酯酶的催化下，6-PGL 被水解为 6-磷酸葡萄糖酸（6-PG）。反应是可逆的。

脱氢脱羧反应：在 6-磷酸葡萄糖酸脱氢酶催化下，以 $NADP^+$ 为氢的受体，6-PG 脱氢脱羧，生成核酮糖-5-磷酸（Ru5P）。

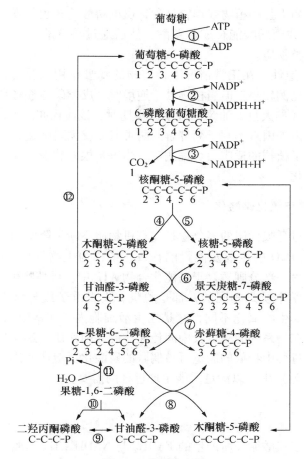

图 8-5　磷酸糖途径

① 己糖激酶；② 葡萄糖磷酸脱氢酶；③ 6-磷酸葡萄糖酸脱氢酶；④ 木酮糖-5-磷酸表异构酶；⑤ 核糖-5-磷酸异构酶；⑥ 转羟乙醛基酶（转酮醇酶）；⑦ 转二羟丙酮基酶（转醛醇酶）；⑧ 转羟乙醛基酶；⑨ 磷酸丙糖异构酶；⑩ 醛缩酶；⑪ 磷酸果糖激酶；⑫ 磷酸葡萄糖异构酶

② 分子重组阶段（非氧化阶段）。本阶段是指核酮糖-5-磷酸（Ru5P）分子间重组过程，经过一系列糖之间的转化最终将 6 分子 Ru5P 转变为 5 分子 G6P（图 8-5）。

从整个戊糖磷酸途径来看，6 分子 G6P 经过两阶段的运转，可以释放 6 分子的 CO_2，12 分子 NADPH，并再生出 5 分子 G6P。戊糖磷酸途径总的反应式可写成：

$$6G6P + 12NADP^+ + 7H_2O \longrightarrow 5G6P + 6CO_2 + 12NADPH + 12H^+ + Pi$$

③ 磷酸戊糖途径的生理意义。

A. 该途径是葡萄糖进行直接氧化的过程，生成的 NADPH + H$^+$ 可进入线粒体，通过氧化磷酸化作用生成 ATP。

B. 该途径产生的 NADPH + H 是细胞的各种合成反应的重要供氢体，在脂肪酸、固醇等的生物合成，非光合细胞的硝酸盐、亚硝酸盐的还原以及氨的同化等过程中起重要作用。

C. 该途径为植物体内物质的合成提供原料。如5-磷酸核糖是合成核苷酸的原料；4-磷酸赤藓糖与 PEP 可合成莽草酸，经莽草酸途径可合成芳香族氨基酸，还可合成与植物生长、抗病性有关的木质素、生长素绿原酸等物质。

D. 增强植物的抗病性。植物在感病或受伤情况下，受伤和感病的组织该途径明显加强。据研究，凡是抗病力强的植物或作物品种，戊糖磷酸途径也较发达。这是因为，赤藓糖-4-磷酸与磷酸烯醇式丙酮酸能合成莽草酸，然后通过莽草酸途径合成具有抗病作用的绿原酸、咖啡酸等酚类物质。

E. 提高植物的抗逆性。在正常情况下，植物的呼吸作用主要是糖酵解-三羧酸循环，而戊糖磷酸途径所占比例较小。但当植物处于逆境时，戊糖磷酸途径所占的比例就会明显增加。某些油料作物（如大豆、油菜）处于结实期时，该途径亦大大加强，这与种子内脂肪酸的积累有关。当内外因素不利于糖酵解的酶类时，戊糖磷酸途径却能正常进行，甚至还能加强，从而提高了植物的适应力。据测定，当玉米根系触及 2,4-D 等除草剂时，呼吸途径就会发生以上变化。

8.2.2 生物氧化与氧化磷酸化

在植物体内，通过呼吸代谢的多条途径，有机物质不断地降解与氧化。其中植物体内的氧化包括 O_2 消耗、H_2O 的生成及能量的释放，统称为生物氧化。而释放出来的能量，一部分以热量散失，另一部分则暂存于高能化合物 ATP 中，供植物生命活动之需。生物氧化与非生物氧化的化学本质是相同的，都是脱氢、失去电子或与氧直接化合，并产生能量。然而生物氧化与非生物氧化不同，它是在生活细胞内，在常温、常压、接近中性 pH 值和有水的环境中，在一系列的酶以及中间传递体的共同作用下逐步地完成，而且能量是逐步释放。生物氧化过程中释放的能量可被偶联的磷酸化反应所利用，贮存在高能磷酸化合物（如 ATP、GTP 等）中，以满足需能生理过程的需要。

1. 生物氧化

（1）呼吸链。

己糖经糖酵解和三羧酸循环所产生的 $FADH_2$ 与 $NADH + H^+$ 不能直接与游离 O_2 结合，必须经过一系列的氢或电子传递体传递后，才能与 O_2 结合。这种按照氧化还原点位依次排列的一系列传递体叫做呼吸链，又称电子传递链或呼吸电子传递链（electron transport chain），是线粒体内膜上由呼吸传递体组成的电子传递总轨道（如图 8-6 所示）。

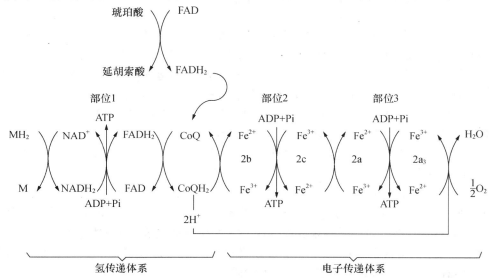

图 8-6　高等植物的呼吸链

电子传递和氧化磷酸化是在线粒体内膜上进行的，通过呼吸链传递体把代谢物脱下的氢和电子有序地传递给氧。呼吸传递体有两大类：氢传递体与电子传递体。氢传递体包括一些脱氢酶的辅助因子，主要有 NAD^+、FMN、FAD、CoQ（或称 UQ）等，它们既传递电子，也传递质子；电子传递体包括细胞色素系统和某些黄素蛋白、铁硫蛋白。

（2）氧化磷酸化。

生物氧化过程中释放的自由能促使 ADP 形成 ATP，称为氧化磷酸化。氧化磷酸化一般存在有两种类型，即底物水平的磷酸化和氧化磷酸化。

① 底物水平的磷酸化：指底物脱氢（或脱水），其分子内部所含的能量重新进行分配，即可生成某些高能中间代谢物，再通过酶促使磷酸基团转移反应直接偶联 ATP 的生成。在高等植物中以这种形式形成的 ATP 只占一小部分。糖酵解过程中有两个步骤发生底物水平的磷酸化：一是甘油醛-3-磷酸被氧化脱氢，生成一个高能酯键，再转化为高能磷酸键，其磷酸基团再转移到 ADP 上，形成 ATP；二是 2-磷酸甘油酸通过烯醇酶的作用，脱水生成高能中间化合物，经激酶催化转移磷酸基团到 ADP 上生成 ATP。TCA 循环中，α-酮戊二酸经过氧化脱羧形成高能磷酯键，然后再转化形成高能磷酸键生成 ATP。

② 氧化磷酸化：是需氧生物合成 ATP 的主要途径，指电子从 $FADH_2$ 或 $NADH + H^+$ 经电子传递链传递给 O_2 生成水的过程中，能量逐渐释放并偶联 ADP 磷酸化为 ATP。与水的流动相似，电子在呼吸链上的传递，也是由高能处传向低能处，因此会逐步放出能量。如果释放的能量不足以使 Pi 与 ADP 建立高能磷酸键形成 ATP 时，这部分能量将以热能方式散发；如果释放的能量足以使无机磷酸 Pi 与 ADP 形成 ATP 时，这部分能量即可变成有效能量贮存在 ATP 中，供生命活动需用。这种由呼吸基质脱下的氢，通过电子传递到达氧的过程中伴随着 ATP 的合成，即氧化作用与磷酸化作用同时进行，这一过程称为氧化磷酸化作用，或者氧化磷酸化偶联反应。

氧化磷酸化作用的活力指标为 P/O 比，是指每消耗一个氧原子有几个 ADP 变成 ATP。据测定，通过 $NADH + H^+$ 进入呼吸链的 2H，其中 P/O 比值为 2.4～2.8，可以接近于 3；通过 $FADH_2$ 进入呼吸链的 2H，其 P/O 比值为 1.7，接近 2。

8.2.3 光合作用与呼吸作用的关系

绿色植物通过光合作用把 CO_2 和 H_2O 转变成富含能量的有机物质并释放氧气；同时也通过呼吸作用把有机物质氧化分解为 CO_2 和 H_2O，并放出能量供生命活动利用。光合作用和呼吸作用既相互对立，又相互依赖，它们共同存在于统一的有机体中。光合作用与呼吸作用在原料、产物、能量转换、发生部位等方面有明显的区别（参见表 8-1）。

表 8-1 光合作用与呼吸作用的区别

	光合作用	呼吸作用
原料	CO_2 和 H_2O	有机物和 O_2
产物	有机物和 O_2	CO_2 和 H_2O
能量转换	光能→电能→活跃的化学能→稳定的化学能，贮藏能量的过程	稳定的化学能→活跃的化学能，释放能量的过程
物质代谢类型	有机物的合成	有机物的降解

	光合作用	呼吸作用
氧化还原反应	H_2O 被光解、CO_2 被还原	呼吸底物被氧化、生成 H_2O
发生部位	绿色细胞的叶绿体	生活细胞的线粒体
发生条件	光照下才可发生	光照、暗处随时发生

光合作用与呼吸作用既存在着明显的区别，又存在着相互依存关系，主要表现在以下几个方面。

（1）在代谢过程中，二者的产物互为原料。

（2）能量代谢方面，光合作用中供光合磷酸化产生的 ATP 所需的 ADP 和供产生 NADPH + H^+ 所需的 $NADP^+$，与呼吸作用所需的 ADP 和 $NADP^+$ 是相同的，它们可以通用。

（3）光合作用的 C_3 途径与呼吸作用的戊糖磷酸途径基本上是互为逆过程。许多中间产物，如三碳糖（磷酸甘油醛）、四碳糖（磷酸赤藓糖）、五碳糖（磷酸核糖、核酮糖、木酮糖）、六碳糖（磷酸葡萄糖和果糖）、七碳糖（磷酸景酸庚糖）等是相同的，催化诸糖之间相互转化的酶也是类同的。

8.3　影响呼吸作用的因素

影响呼吸作用的因素大致可分为两类：一是内部因素，二是外部因素。外部因素的影响是通过改变内部因素而发生作用。

8.3.1　内部因素对呼吸速率的影响

植物的呼吸强度因植物的种类、器官、组织及生育期的不同而又很大差异。

（1）不同植物种类具有不同的呼吸速率。不同种类的植物，其代谢类型、内部结构及遗传性不会完全相同，因而必然造成呼吸强度的差异。例如在高等植物中，豆科植物要比仙人掌高得多；通常喜温植物（热带植物）高于耐旱植物（寒带植物）；喜光的玉米高于耐荫的蚕豆；柑橘高于苹果；玉米种子高于小麦近十倍；草本植物高于木本植物；低等植物的呼吸强度远高于高等植物。一般而言，凡是生长快的植物呼吸速率就快，生长慢的植物呼吸速率也慢（参见表8-2）。

（2）同一植物不同器官和组织呼吸速率也有明显的差异（参见表8-3）。幼年器官的呼吸强度高与老年器官；生殖器官高于营养器官；同一花内又以雌蕊最高，雄蕊次之，花萼最低；种子内胚的呼吸速率比胚乳强。

（3）植物的呼吸速率还随生育期的变化而变化。一年生植物开始萌发时，呼吸速率增强；随着植株生长变慢，呼吸逐渐平稳，并有所下降；开花时又有所提高。多年生植物的呼吸速率表现出季节周期性的变化。温带植物的呼吸速率以春季发芽和开花时最高，冬天降到最低点。

表 8-2 不同种类植物的呼吸速率

植物种类	呼吸速率，每克鲜重呼吸 O_2 的量 $\mu mol \cdot g^{-1} \cdot h^{-1}$
仙人掌	6.8
景天	16.60
云杉	44.10
蚕豆	96.60
小麦	251.00
向日葵	60

表 8-3 植物器官的呼吸速率

植物器官	每克鲜重吸收 O_2 的量 $\mu mol \cdot g^{-1} \cdot h^{-1}$
胡萝卜根	25
胡萝卜叶	440
苹果带叶新梢	930
苹果茎	910
苹果根	394
大麦的胚乳	76
大麦叶片	266
大麦根	960～1 480

8.3.2 外界条件对呼吸速率的影响

1. 温度

温度对呼吸速率的影响主要是影响酶的活性。在一定范围内，呼吸速率随温度的增高而增高；达到最高值后，继续增高温度，呼吸速率反而下降。这说明，随着温度升高，呼吸速率升高；超过一定范围（45℃）后，呼吸强度下降（如图 8-7 所示）。

温度对呼吸作用的影响分为最低温度、最适温度和最高温度，称为温度的三基点。所谓最适温度是保持稳态的最高呼吸速率的温度，一般温带植物呼吸速率的最适温度 25～30℃。而呼吸作用的最适温度总是比光合作用的最适温度高，因此，当温度过高和光线不足时，呼吸作用强，光合作用弱，就会影响植物生长。最低与最高温度都是呼吸的极限温度。最低温度因植物的种类不同有很大的差异。一般植物在接近 0℃ 时呼吸作用进行得很微弱，而冬小麦在 0～7℃ 下仍可进行呼吸作用；耐寒的冬季松树在 -10～25℃ 时仍可测出呼吸，但在夏季将温度

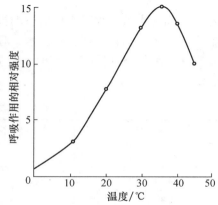

图 8-7 温度对豌豆幼苗呼吸强度的影响

降至 −4℃时松针的呼吸很快停止。呼吸作用的最高温度一般在 35～45℃之间，最高温度在短时间内可使呼吸速率较最适温度高，但是时间稍长后呼吸速率就会急剧下降，这是因为高温加速了酶的钝化或失活。在 0～35℃生理温度范围内，呼吸速率和温度呈正相关。呼吸速率与温度的关系可以用温度系数 Q_{10} 来表示。Q_{10} 是指温度每增高 10℃，呼吸速率增加的倍数。

$$Q_{10} = \frac{(t+10)℃呼吸速率}{t℃时的呼吸速率}$$

2. 氧气

氧气是进行有氧呼吸的必要条件。大气中氧的含量比较稳定，约为 21%，对于植物的地上器官来说基本能保证氧的正常供应。当氧浓度下降到 20% 以下时，植物呼吸速率便开始下降。氧浓度低于 5%～8% 时，无氧呼吸出现并加强，有氧呼吸迅速下降。正常情况下，根、茎、叶都能够获得足够的氧气，保证有氧呼吸的顺利进行。过低氧浓度会加强无氧呼吸。但是，不同植物对环境缺氧的反应并不相同。比如，水稻种子萌发时缺氧呼吸本来较强，所需氧的含量仅为小麦种子萌发时需氧量的 1/5，植物根系虽然能适应较低氧浓度，但氧的含量低于 5%～8% 时，呼吸速率也将下降。一般通气不良的土壤含氧量仅为 2%，而且很难透入土壤深层，从而影响根系正常呼吸和生长。

长时间无氧呼吸会导致植物受害死亡，其原因有以下几方面：一是无氧呼吸产生酒精，引起蛋白质变性；二是无氧呼吸产生能量少，要依靠无氧呼吸产生的能量来维持生命活动的需要就要消耗大量的有机物以致呼吸基质很快耗尽；三是没有丙酮酸氧化过程，许多中间产物不能形成。作物受涝死亡就是无氧呼吸过久所致。

3. 二氧化碳

二氧化碳是呼吸作用的产物。大气中二氧化碳的含量约为 0.033%，这样的浓度不会抑制植物组织的呼吸作用，但当外界环境中的二氧化碳浓度增高时，脱羧反应减慢，呼吸作用受到抑制。实验证明，二氧化碳浓度高于 5% 时，有明显抑制呼吸作用的效应，这可在蔬菜、水果及种子贮藏时加以利用。土壤中由于植物根系的呼吸作用（特别是土壤微生物的呼吸作用）会产生大量的二氧化碳，因此应及时进行中耕松土，提高土壤的通透性。

4. 水分

植物含水量对呼吸作用的影响很大，因为原生质只有被水饱和时各种生命活动才能旺盛进行。风干的种子不含自由水，呼吸作用极其微弱。当含水量稍微提高一些时，它们的呼吸速率就能增加数倍。到种子充分吸水膨胀时，呼吸速率可比干燥的种子增加几千倍（参见表 8-4）。

表 8-4　大麦种子在不同含水量时的呼吸速率

含水量%	1 kg 种子 24 h 放出 CO_2 毫克数	增加倍数
10～12	0.3～0.4	—
14～15	1.3～1.5	3～4
33	2 000	5 000 以上

　　植物的根、茎、叶和果实等含水量大的器官，会看到相反的情况。当含水量发生微小的变动时，对呼吸作用影响不大；当水分严重缺乏时，它们的呼吸作用反而增强。这是由于细胞缺水时，酶的水解活性加强，淀粉水解为可溶性糖使细胞的水势降低，增强保水能力以适应干旱的环境。但是，可溶性糖是呼吸作用的直接基质，于是便引起呼吸作用增强。可见，水分的多少对不同器官呼吸速率的影响是不相同的。

　　5. 机械损伤

　　机械损伤会提高呼吸速率。其原因是：第一，正常情况下酶与底物是隔开的，机械损伤破坏了这种分隔，底物迅速被氧化；第二，机械损伤使某些成熟细胞脱分化为分生组织状态，形成愈伤组织去修补伤口，这些生长旺盛的细胞呼吸提高。因此，在园林植物的养护和运输中应注意避免对植物体不必要的损伤，以有利于植物生长。

　　还有其他因素影响呼吸作用。氮肥（尤其是硝态氮肥）可使呼吸速率提高 50% 左右；2,4-D 也会对呼吸作用产生影响，低剂量能持续地促进呼吸，中剂量为先增后降，高剂量明显抑制呼吸等。

学 习 小 结

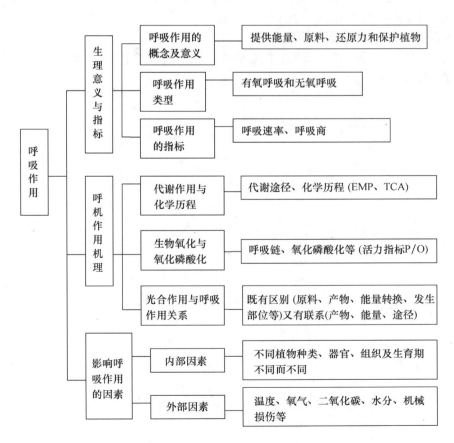

8.4 复习思考题

1. 试述呼吸作用的生理意义。

2. 写出有氧呼吸和无氧呼吸总的方程式，并指出二者有何异同点？

3. 为什么说长时间无氧呼吸会使陆生植物受伤，甚至死亡？

4. 糖酵解途径产生的丙酮酸可能进入哪些反应途径？

5. 三羧酸循环和戊糖磷酸途径各发生在细胞的什么部位？各有何生理意义？

6. 光合作用和呼吸作用有何区别及联系？

7. 呼吸作用与粮食、种子贮藏的关系如何？

8. 如何协调温度、湿度及气体的关系来做好果蔬的贮藏？

9. 为什么说呼吸作用过程是一系列逐步氧化分解的过程，而不是葡萄糖的直接氧化？

10. 常用的测定植物呼吸速率的方法有哪些？

11. 试分析植物长期淹水死亡的原因。

12. 试述内因影响呼吸速率的规律特点。

13. 为什么呼吸适温并不是培育壮苗的最适温度？

14. 果实成熟时产生呼吸跃变的原因是什么？

15. 外因是如何影响呼吸速率的？

16. 试从原料、产物、需求条件、能量转换、电子传递途径等方面，列表比较光合作用与呼吸作用的差异。

第9章　植物的营养生长

知识目标

◆ 了解植物激素的主要生理作用。

◆ 理解植物激素对植物生长发育的调控作用。

◆ 知道影响植物生长的环境因素。

◆ 掌握植物生长调节剂在农业上的应用。

能力目标

◆ 能在生产上对各种植物生长调节剂进行合理应用。

◆ 会植物光合作用的调控方法。

◆ 能根据植物生长的特性知识，在生产实践中进行运用。

9.1　植物生长物质

9.1.1　植物激素

植物激素是植物体内合成的，通常从合成部位运往作用部位，且对植物生长发育产生显著调节作用的微量有机物。如生长素，每克鲜重植物材料中一般含有 10～100 mg。虽然植物激素在植物体中含量甚微，但具有显著的生理作用。在个体发育中，从种子发芽、营养生长、繁殖器官形成以至整个成熟过程等主要由激素控制。植物激素具有以下特点。

（1）内生性（又叫内源激素）：激素是植物生命活动过程中的正常代谢产物。

（2）可运输性：激素由某些器官或组织产生后可运到其他部位而发挥调控作用。运转的方式与速率既随激素种类而异，也随植物与器官的特性而不同。在特殊的情况下，植物激素在合成部位也有调控作用。

（3）调节性：激素不是营养物质，仅以低浓度对代谢过程起调节作用。通常植物激素在极低的浓度（1 μmol/L）下就产生明显的生理效应。

目前，在植物体内已发现的植物激素有生长素（IAA）、赤霉素（GA）、细胞分裂素（CTK）、脱落酸（ABA）和乙烯（ETH）等五大类。近年来在植物体中又发现一些具有信号功能的化学物质，如从云薹、茶、菜豆、油菜等植物的不同器官中提取出来的一类物质，这类物质能够促进细胞分裂和伸长，可提高 ATP 酶和 Rubisco 油菜素的活性，影响基因表达；又如从茉莉花和真菌中发现的茉莉酸及其甲酯有促进衰老的作用；还有水杨酸，研究认为它与植物与病原菌的防御反应有关。这些物质在很多方面具有激素的性质，但是尚未被公认列入激素范畴。

1. 生长素（IAA）

生长素是最早发现的激素。早在 1880 年，达尔文父子用一种禾本科植物（虉草）为材料研究植物的向光性，并认为单向光引起胚芽鞘向光弯曲乃是由于某种物质由鞘尖向下传递所致；1928 年，温特（F. W. Went）利用燕麦胚芽鞘的生物鉴定法证实了达尔文的设想，并称该种物质为生长素；1934 年，荷兰人柯葛（F. Kogl）等人从人尿中首次分离出生长素的结晶；次年美国人西曼（V. Thimann）等从燕麦胚芽鞘分离出天然生长素，后经鉴定为吲哚乙酸（IAA），分子式 $C_{10}H_9O_2N$（如图 9-1 所示）。现已证明，吲哚乙酸是植物中普遍存在的生长素。

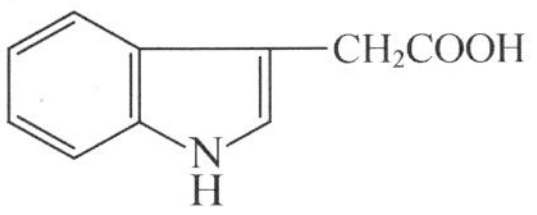

图 9-1 吲哚乙酸结构式

（1）生长素在植物体内的分布与运输。

生长素在高等植物体内主要分布于根、茎、叶、花、果实、种子以及胚芽鞘等器官的生长强烈、代谢旺盛的部位中。例如，胚芽鞘、幼嫩的果实与种子、芽与根尖的分化组织、形成层、禾谷类的居间分生组织等。

生长素在植物体内的运输具有极性，只能从植物形态学的上端向下端运输，不能逆向运输。IAA 的极性运输是一种主动运输过程，当基端 IAA 的含量高于顶端时仍可继续向基端运输。当缺 O_2、高温、低温或有呼吸抑制剂（如氟化钠、碘乙酸）存在时，会抑制 IAA 的极性运输。

IAA 的运输途径：在胚芽鞘内是通过薄壁组织，在叶片中通过叶脉，在茎中通过韧皮部，而向顶的非极性运输则是通过木质部。

（2）生长素的存在形式与代谢。

生长素在植物体内以游离型、结合型两种形式存在：游离型 IAA 不与任何物质结合，活性很高，是 IAA 发挥生物效应的存在形式；结合型 IAA 可与氨基酸（如天冬氨酸）、单糖（如葡萄糖、阿拉伯糖）、肌醇等小分子结合变成活性极低或暂时无活性的钝化状态，这是 IAA 贮藏或运输的存在形式。在一定条件下，结合型 IAA 经水解变成游离型 IAA，又恢复生物活性。例如，禾谷类种子由乳熟期到完熟期大部分 IAA 转化为结合型；当种子萌发时，结合型 IAA 转化为游离型 IAA 运入正在生长的胚中。

IAA 的生物合成主要是由色氨酸经氧化脱氨形成吲哚丙酮酸，再经脱羧形成吲哚乙醛或者是先脱羧形成色胺，再氧化脱氨形成吲哚乙醛，最后由吲哚乙醛氧化成 IAA。IAA 的生物合成还有其他途径，例如葡萄糖型油菜素途径和吲哚乙醇途径。IAA 在不断合成的同时，也在 IAA 氧化酶的作用下不断地分解。IAA 氧化酶调节植物体内 IAA 的水平，从而也影响植物器官与组织的生长速率。生长素易被光氧化，蓝光的破坏作用最强，光抑制植物的生长可能与此有关。

（3）生长素的生理效应。

生长素可促进伸长生长。生长素对伸长生长的促进作用会因浓度、物种、器官而异。例如，低浓度促进生长，中等浓度抑制生长，高浓度产生伤害，甚至致死；芽对 IAA 的敏感程度大于茎而小于根；双子叶植物比单子叶植物敏感，幼龄植物比成龄植物敏感。所以说，在使用 IAA 时，必须考虑浓度、物种、部位和时期。

① 促进插条生根：已广泛用于园艺与树木的无性繁殖上。

② 诱导愈伤组织根的分化：已广泛应用于组织培养中。

③ 形成无籽果实：植物在授粉之前用 IAA 处理（喷洒或涂抹）柱头与子房，可不经

受精作用引起子房膨大而发育成果实，其内不含种子，这种现象叫做单性结实，所得到的果实叫做无籽果实。

④ 影响性别分化：有试验表明，IAA 可以促进黄瓜的雌花分化。

此外，IAA 还能使植物保持顶端优势和引起某些植物（如菠萝）开花，并且植物叶、花、果的脱落也与 IAA 有一定的关系。

2. 赤霉素类（GA）

赤霉素最初是日本学者黑泽英一于 1926 年在水稻恶苗病中发现的。水稻恶苗病能使水稻幼苗徒长、黄化，而徒长的原因是赤霉菌分泌的物质所致。1938 年，薮田贞治郎和住木谕介从水稻赤霉菌中分离出该物质，命名为"赤霉素 A"；1959 年确定其化学结构，即赤霉酸（GA_3）。赤霉素（GA）是在化学结构上彼此非常近似的一类化合物，属于类萜。至 1987 年，已从真菌、藻类、蕨类、裸子植物、被子植物中分离出的 GA 达 73 种，分别命名为 GA_1、GA_2、GA_3、GA_4。其中，GA_3 是生物活性最强的一种赤霉素，其分子式为 $C_{19}H_{22}O_6$，是目前广泛应用的生长调节剂之一。

（1）赤霉素的分布与运输。在高等植物中，几乎所有的器官和组织中均含有赤霉素，但是部位不同其含量亦不同。例如，生殖器官（发育的果实与种子）和生长旺盛的部位（茎尖、根尖）GA 含量高，活性亦高；而休眠器官（如休眠的马铃薯块茎）GA 含量极少，活性也低。

（2）赤霉素在植物体内的存在形式。赤霉素在植物体内以游离态和结合态两种形式存在。其中，游离态具生物活性，是发挥生理作用的形式，通常存在于旺盛生长的部位；结合态 GA 与糖类、乙酸、氨基酸和蛋白质结合成各种物质，暂时失活贮于休眠器官。如种子成熟过程中，一部分 GA 成为结合态贮藏起来，种子萌发时再转变为游离态。

（3）赤霉素的生理效应。赤霉素可促进茎的伸长生长。GA 的作用在于促使节间伸长，GA 可促使某些植物（如玉米、四季豆等）的矮生品种加速生长。与 IAA 不同的是，GA 对离体器官的伸长生长无明显作用。生产上常用 GA 刺激以营养器官为产品的植物茎伸长来获得高产，如青贮玉米、芹菜等。

① 打破休眠、促进萌发。GA 能有效地打破种子、块茎、芽的休眠，促进萌发。例如，用 0.5～1.0 mg/L 的 GA_3 处理刚收获的处于休眠状态的马铃薯块茎可促使其萌发，可以加速扩繁马铃薯良种。

② 诱导单性结实。在葡萄、草莓、杏、梨、番茄、辣椒等品种中得到了应用。

③ 促进座果。GA 可提高植物的座果率，广泛用于果树与棉花的落花落果落铃，提高产量。

④ 促进抽苔开花。可以代替部分植物的春化作用，进而使两年生植物当年抽苔、开花、结实；可以代替长日照条件使长日植物（如天仙子、金光菊等）在短日照条件下开花。

⑤ 诱导 α-淀粉酶的合成。试验证明，去胚的大麦种子在外加 GA 的诱发下能够合成 α-淀粉酶，因此可加速胚乳中淀粉的水解。在具胚的大麦种子萌发时胚中产生 GA，通过胚乳扩散到糊粉层细胞，促使 α-淀粉酶的形成，该酶又扩散到胚乳使淀粉水解。目前，赤霉素的这一作用被应用到啤酒生产中。

此外，GA 可对瓜类作物的花器官分化产生影响，如促进黄瓜雄花分化等（如图9-2所示）。

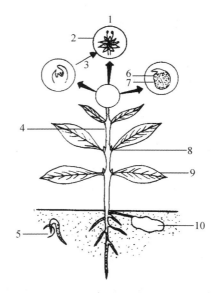

图 9-2 赤霉素生理作用示意图

促进作用：1. 增加雄花（瓜类）；2. 单性结实；3. 开花（某些植物）；4. 茎的伸长；5. 种子萌发；
6. 果实的生长；7. 座果（某些植物）；抑制作用：8. 侧芽的休眠；9. 衰老；10. 块茎的形成

3. 细胞分裂素类（CTK）

细胞分裂素是一类促进植物细胞分裂的激素。早在 1941 年，Van Overbeek 发现未成熟的椰子乳具有促进细胞分裂的作用，后（1967 年）证明其中主要活性组分是玉米素核苷。1955

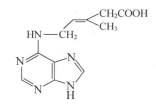

图 9-3 玉米素结构式

年，米勒和斯库格（C. O. Miller 和 F. Skoog）等在培养烟草髓部组织时发现，DNA 的降解物能促进细胞分裂，并证明这种物质是 N^6 – 呋喃甲基腺嘌呤（激动素），但至今尚未发现植物组织中存在这种物质。1963 年，新西兰的利撒姆（D. S. Letham）从未成熟的玉米种子中分离出第一个内源细胞分裂素，命名为玉米素，1964 年确定其化学结构（如图 9-3 所示）。目前在高等植物中已鉴定出三十多种细胞分裂素，以玉米素活性最高。

（1）细胞分裂素的分布与代谢。

细胞分裂素广泛存在于高等植物体内，越是处于细胞分裂的部位，CTK 的含量越高。如根尖、茎尖、正在发育与萌发的种子和生长的果实等。

一般认为，根尖是合成 CTK 的场所，这已从若干试验中得到证实。然而，对于果实和种子中 CTK 的来源还不确定。

（2）细胞分裂素的生理效应。

① 促进细胞分裂与扩大。促进细胞分裂是 CTK 最主要的生理功能。所以，如果缺少 CTK，细胞质则不能分裂，形成多核细胞。与 IAA 不同的是，CTK 不仅促进细胞分裂，而且诱导细胞体积扩大（即横轴方向扩大）。

② 促进侧芽发育。CTK 具有消除植物顶端优势的作用，促使侧芽发育。例如，用激动素处理豌豆第一叶腋内的侧芽，侧芽即转入生长状态。

③ 延迟叶片衰老。延迟叶片衰老是 CTK 特有的作用。

④ 刺激块茎形成。CTK 能够促使已停止生长的马铃薯匍匐茎顶端薄壁细胞加速分裂与扩大，最终形成块茎。

⑤ 促进色素的生物合成。近年来发现，CTK 能够促进叶绿素的生物合成。例如，用6-苄基腺嘌呤（6-BA）处理因缺铁而黄化的大豆幼苗叶片，叶色转绿。CTK 还能促进尾穗苋的种苗在黑暗中合成苋红素，并可定量测定，因此可作为 CTK 的生物鉴定方法。

⑥ 促进果树花芽分化。目前认为 CTK 能够促进果树的花芽分化，而且，CTK 能促进雌性的分化。

⑦ 诱导愈伤组织芽的分化。

此外，CTK 还能促使气孔开放，能够解除某些需光植物（莴苣、梨、糖槭等）种子的休眠，促进发芽等（如图9-4 所示）。

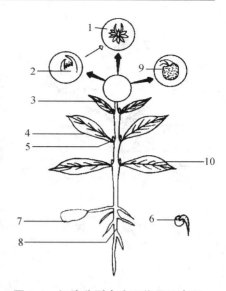

图9-4　细胞分裂素生理作用示意图
促进作用：1. 单性结实；2. 细胞分裂；3. 叶片扩大；4. 气孔张开；5. 侧芽的生长；6. 种子发芽；7. 块茎的形成；8. 形成层的活性；9. 果实的生长；抑制作用：10. 衰老。

4. 脱落酸（ABA）

20 世纪 50 年代，人们注意研究有关抑制生长的物质对脱落、休眠以及萌发的影响，并普遍认为酚类化合物是植物体内主要的生长抑制剂。1963 年，美国的阿迪柯特（F. T. Addicott）等从未成熟即将脱落的棉铃中提取出一种促使棉铃与叶片脱落的物质，命名为脱落素 Ⅱ；几乎同时，英国的韦尔林（P. F. Wareing）等从槭树、桦树的叶中分离出一种促进芽休眠的物质，命名为休眠素。后来证明，脱落素 Ⅱ 与休眠素为同一种物质。1967 年，在第六届国际生长物质会议上统一命名为脱落酸（ABA）。

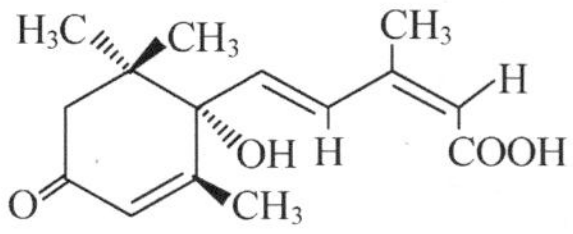

图9-5　脱落酸结构式

脱落酸的化学名称是5-（1′-羟基-4′-氧-2′6′6′-三甲基-2′-环己烯-1′基）3-甲基-2,4-戊二烯酸，分子式为 $C_{15}H_{20}O_4$，结构式如图9-5 所示。

（1）脱落酸的分布与代谢。

ABA 在植物界的分布范围比较广，单子叶植物、双子叶植物以及蕨类、苔藓等都存在 ABA。在植物体内，ABA 存在于各种器官，但是含量都很低；而在成熟衰老组织、逆境条件下的植株或即将进入休眠状态的器官中，ABA 含量很高。

植物合成 ABA 的场所是根系和叶片。根合成 ABA 的部位是根冠，而叶片合成 ABA 的部位是叶绿体。

（2）脱落酸的生理效应。

① 抑制生长。ABA 能抑制植物细胞的分裂与伸长，因此，ABA 可抑制整株植物或离体器官的生长。当去掉外施的 ABA 时，生长可恢复（如图9-6 所示）。

② 促进脱落。ABA 是促进叶片、果实等器官脱落的物质。在衰老的叶片和成熟的果实中，ABA 的含量很高，因而导致脱落；但在幼嫩与成长的叶片及果实中，促进生长的 IAA、GA、CTK 对 ABA 有抵消作用，因而不会脱落。

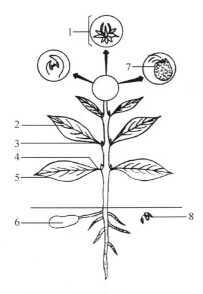

图 9-6　脱落酸生理作用示意图

促进作用：1. 休眠；2. 气孔关闭；3. 侧芽休眠；4. 脱落；5. 衰老；6. 块茎形成与膨大；7. 乙烯产生；抑制作用：8. 种子发芽

③ 促进休眠。ABA 能促进芽和种子休眠，抑制萌发。这一点与 GA 刚好相反。例如，在秋天的短日照条件下，ABA 合成能力提高，使芽进入休眠状态，度过严冬；越冬后，ABA 含量逐渐降低，到春季发芽时 ABA 消失。

④ 加速衰老。与 CTK 相反，ABA 可抑制蛋白质的合成，加速核酸与蛋白质的降解，使植物器官进入衰老状态。

⑤ 促进气孔关闭，降低蒸腾作用。这是 ABA 最重要的生理效应之一。同样与 CTK 相反，ABA 能促使气孔关闭。

⑥ 影响开花。P. F. Wareing 等证明，当用 ABA 溶液喷施短日植物黑醋栗、牵牛、草莓以及藜属等植物的叶片时，可使其在长日条件下开花。但用 ABA 处理毒麦、菠菜等长日植物时，则明显地抑制其开花。

⑦ 提高抗性。近年来研究发现，在处于各种胁迫条件下，植物组织中内源游离 ABA 含量增加，从而促使植物的抗性提高。比如，干旱时 ABA 含量增加，促使气孔关闭，减少蒸腾失水，从而提高植物的抗旱能力。因此，可以采用叶施或根施外源 ABA 来提高植物的抗旱性、抗寒性与抗盐性。

5. 乙烯（ETH）

乙烯（ETH）是一种结构简单的植物内源激素，其结构式为 $CH_2 = CH_2$，常温常压下呈气态。

（1）乙烯的生物合成。

ETH 普遍存在于植物的各种器官和组织中，其中，以正在成熟的果实中含量最高。ETH 的合成是以蛋氨酸（Met）为前体物质，并测知其分子内的第三碳与第四碳形成 ETH。ETH 的生物合成途径及其调节如图 9-7 所示。

（2）乙烯的生理效应。

① 三重反应与偏上性反应。ETH 对生长的作用有其特殊性，即能引起三重反应和偏上性反应。例如，把豌豆黄化幼苗放在微量 ETH 气体中，其上胚轴就表现出"三重反应"：一是抑制茎的伸长生长；二是促进上胚轴横向加粗；三是上胚轴失去负向地性而横向生长。这就是 ETH 所特有的反应，可作为 ETH 生物鉴定的方法。如果把番茄植株的茎和叶放在含有 ETH 的空气中，数小时后由于叶柄上方比下方生长快，叶柄即向下弯曲成水平方向，严重时叶柄与茎

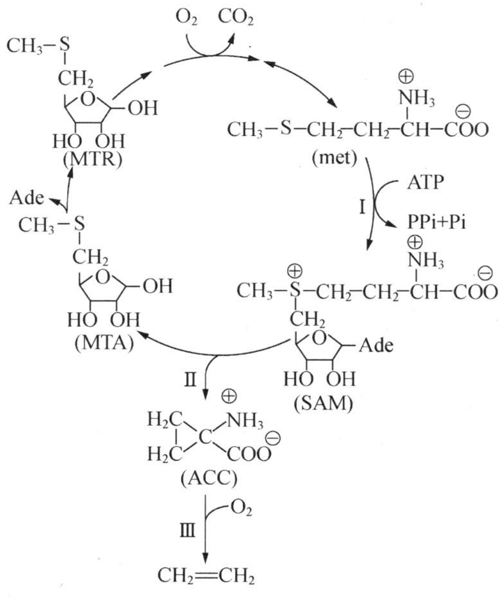

图 9-7　乙烯的生物合成

平行或下垂，这个现象叫叶柄的偏上性。这也是 ETH 的特殊作用，但这个反应是可逆的，除去 ETH 后，叶柄又可恢复正常生长。

② 促进果实成熟。幼嫩的果实中 ETH 含量极微，伴随着果实的膨大 ETH 生物合成加速。由于 ETH 能够增加细胞膜的透性，促使呼吸作用加强，因而可引起果实内的各种有机物质发生急剧的生化变化（例如，甜度增加、酸味减少、涩味消失、香味产生、色泽变艳等），从而使果实由硬变软，趋于成熟，达到可食程度。在生产上，ETH 催熟果实得到广泛应用，比如将青番茄、生采的香蕉等在 1 000 mg/L 乙烯利溶液中浸一下，具有催熟作用。

③ 促进脱落与衰老。在农业生产中常采用乙烯利（ETH 释放剂）疏花疏果来防止大小年现象。

④ 促进某些植物的开花与雌花分化。与 IAA 一样，ETH 能促进菠萝开花，可使芒果的幼树提早进入开花期，可诱导瓜类作物的雌花形成。例如，用适当浓度的 ETH 处理苗期（1～4 叶期）的黄瓜、南瓜，可增加雌花数目，降低雌花着生节位，提早结瓜，增加产量。

⑤ 促进某些植物的次生物质排泌。生产上用适宜浓度的乙烯利稀释液涂在橡胶树干割线下的部位，流胶时间可长达 2 个月，产胶量提高。ETH 也能使漆树、吐鲁香、印度紫檀、松树等植物的次生物质形成与排泌，提高其产量。

ETH 对水稻胚芽鞘的伸长有明显的促进效应。这是因为 ETH 在水中扩散慢，在水稻周围积累，在长期进化过程中水稻适应了这种环境。此外，ETH 还有打破顶端优势，促进球茎、鳞茎的发芽，促进向日葵产生不定根的生理作用，等等。

6. 植物激素间的相互关系

植物的内源激素各自具有独特的生理功能，但是对于植物的生长发育，不只是一种激素在起作用，而是受多种激素的相互调节与控制，在各种植物激素协调的比例关系下，表现出相互促进的增效作用或相互拮抗作用，使植物能够正常的生长并适应周围的环境条件。因此，深入了解各类植物激素之间的相互关系，对于调节与控制植物的生长发育具有十分重要的意义。

（1）生长素与赤霉素。IAA 和 GA 对胚芽鞘、下胚轴和茎枝切段等离体器官均有促进生长的作用，单用时 IAA 比 GA 的作用大，合用时促进伸长的效果比各自单用的效果更大，因此二者之间具有增效作用。

（2）生长素与细胞分裂素。在顶芽与侧芽的相互关系中，CTK 与 IAA 的作用相反：CTK 促进侧芽生长，破坏顶端优势；而 IAA 却抑制侧芽生长，保持顶端优势。但是 CTK 能加强 IAA 的极性运输，可增强 IAA 的生理效应。此外，这两种激素都能控制愈伤组织进行根与芽的分化。

（3）生长素与乙烯。

① 生长素促进乙烯的生物合成。IAA 能够诱导 ETH 的生物合成，ETH 的合成速率与所用的 IAA 浓度呈正相关，即 IAA 的浓度愈高，ETH 生成的量愈多。因此，高浓度的 IAA 具有抑制生长的作用。但是，不同器官对 IAA 的敏感性不同，例如对根产生抑制作用的 IAA 浓度是 10^{-7} mol/L，对豌豆黄化幼苗上胚轴产生抑制作用的 IAA 浓度是 10^{-6} mol/L。

② 乙烯降低生长素的含量水平。IAA 低浓度时有促进生长的作用，高浓度时则有抑制生长的作用。其原因是，高浓度的 IAA 可诱导 ETH 的生成，而经诱导产生的 ETH 反过来又降低 IAA 的含量水平。因此，ETH 调节植物的生长发育在某些方面是通过 ETH 与 IAA

之间的相互作用实现的。同时，较高浓度的 IAA 对细胞伸长的抑制是由于使组织中产生了 ETH 所引起的反应。

（4）赤霉素与脱落酸。在萌发与休眠的关系中，GA 与 ABA 恰好相反：GA 能打破休眠，促进萌发；而 ABA 则促进休眠，抑制萌发。这可能由于 ABA 调节 GA 从自由型转变为束缚型所致。GA 与 ABA 对外界环境条件的要求上存在着差异：GA 的生物合成需要长日照，而 ABA 的生物合成却需要短日照。但是 GA 与 ABA 有共同的前体物质——甲瓦龙酸，结构上也有相似之处，某些合成的中间步骤也相同，因而使得这两种植物激素的生理作用与外界的环境条件相一致，即由二者的比值影响植物的生长。

7. 植物体内具有激素作用的其他物质

（1）油菜素甾体类。

20 世纪 60 年代，美国农业部的研究人员在六十多种植物的花粉的提取液中寻找促生长物质。1970 年，美国 Mitchell 领导的研究小组从油菜花粉中分离出一种具有很强生理活性的物质，能够促进菜豆幼苗节间发生节间伸长、弯曲及裂开等反应。这种物质属于甾醇类化合物，简称油菜素。1979 年，Grove 等从大量油菜花粉中分离出油菜素内酯，简称 BR，分子式为 $C_{28}H_{48}O_6$。此后，人们从很多种植物中分离鉴定出油菜素内酯及多种类似物。这类以甾醇为基本结构的天然化合物统称为 BRs。BRs 的生理作用主要表现在以下方面。

① 促进细胞伸长和分裂的功能。BRs 处理可以提高 RNA 聚合酶的活性，促进核酸和蛋白质合成，也可通过细胞壁酸化来促进细胞伸长生长。

② 促进水稻第二叶片弯曲。这可作为 BRs 及其类似物的生物鉴定法。

③ 促进叶绿素的形成。经 BRs 处理的芹菜，叶色浓绿，而且富有光泽。

④ 延缓衰老。利用不同浓度的 BRs 进行唐菖蒲切花的保鲜试验，结果表明适宜浓度的 BR（10^{-2}、10^{-3}mg/L）可延长唐菖蒲切花的寿命。

⑤ 增强植物的抗逆性。BRs 能提高水稻、黄瓜和茄子等植物的抗低温和抗病能力。

⑥ 提高光合作用。BRs 可增强小麦 Rubisco 活性，并促进光合产物向穗部运输。

此外，BRs 能够增加植物营养体收获量，提高座果率与结实率，具有减轻某些农药的药害等作用。

（2）多胺。

多胺，简称 PA，是一类广泛存在于微生物、动物和植物中的生物活性物质。多胺是指含有两个以上氨基的多价化合物（参见表 9-1），其中以腐氨、亚精氨和精氨分布最广。

表 9-1　高等植物中的游离二胺和多胺

胺类名称	化学结构	分　布
精胺	NH_2（CH_3）$_3$NH（CH_2）$_4$NH（CH_2）$_3NH_2$	普遍存在
亚精胺	NH_2（CH_2）$_3$NH（CH_2）$_4NH_2$	普遍存在
腐胺	NH_2（CH_2）$_4NH_2$	普遍存在
鲱精胺	NH_2（CH_2）$_4$NHC（NH）NH_2	普遍存在
尸胺	NH_2（CH_2）$_5NH_2$	豆科

高等植物不但 PA 种类多，而且分布广泛。例如，单子叶植物中的小麦、大麦、燕麦、水稻，双子叶植物的豌豆、绿豆、菜豆、烟草、菊芋、巢菜、浮萍、矮牵车、马铃薯、向

日葵、苹果、柑橘等均含有 PA。

多胺的生理效应如下。

① 促进生长。在休眠菊芋块茎的培养基中只加入 $10\sim100\ \mu mol/L$ 的 PA 而不加其他生长物质，块茎的细胞依然进行分裂和生长。

② 刺激不定根的产生。用吲哚丁酸处理插条时，首先提高下胚轴中高精胺、亚精胺、腐胺的含量水平，然后根源基才出现。

③ 延缓衰老。据研究，腐胺、亚精胺、精胺等能有效地阻止幼嫩叶片中叶绿素的破坏，但对老叶则无效。

④ 提高植物的抗性。试验证明，在各种胁迫条件（水分胁迫、盐分胁迫、渗透胁迫、pH 变化等）下，高等植物体 PA 的含量水平均明显提高，有助于植物抗性的提高。

⑤ 调节植物的开花过程。近年来发现，游离态 PA 与结合态 PA（如 PA 与香豆酸、绿原酸、阿魏酸结合形成的酚酰胺）能够调节植物的成花、花芽分化以及育性等过程。

（3）茉莉酸类。

1971 年茉莉酸（JA）从真菌培养液中被分离鉴定，并作为一种生长抑制剂。后来发现 JA 化合物遍布物植物界。JA 以 α-亚麻酸为前体合成而来。亚麻酸为组成细胞膜成分的 C_{18} 不饱和脂肪酸。玉米、小麦等多种植物的子叶和叶片都能利用亚麻酸合成 JA。JA 分布于植物体内的各部分，在生长部位（如茎端、嫩叶、未成熟果实及根尖等）含量较高。通常，JA 在植物的韧皮部中运输，也可能在木质部及细胞间隙运转。MeJA 由 JA 转化而来，其具有可挥发性，植物通常在伤害及其他胁迫情况下释放出来，作为植株间交流信息的气态信号分子。

茉莉酸的生理效应如下。

① 抑制生长。外源 JA 能抑制水稻、小麦和莴苣幼苗的生长，并能抑制种子和花粉的萌发，以及能延缓根的生长等。

② 增强植物的抗性。外源 JA 处理番茄植株可以提高番茄对 *Phytophthora infes-tans* 的抵抗能力，但是 JA 生物合成缺陷型番茄突变体对这种病原体表现出易感性。

③ 参与植物卷须盘绕过程的信息传递，能够促进缠绕的能力。

④ 能够促进一些禾本科植物的成熟颖花的开放。用 $4\ nmol/L$ JA 浸泡和喷施稻穗，在 $0.5\sim2\ h$ 内即表现出显著促进颖花开放的效果。该效应对不育系水稻更为明显。因此，JA 类化合物对调节杂交稻制种中父母自花时不育具有潜在应用价值。

（4）水杨酸类（SAs）。

① 延缓衰老。切花保鲜中常用的阿司匹林可转化成水杨酸，能够延缓花瓣的衰老而延长切花的寿命。

② 提高抗病性。易感烟草花叶病毒（TMV）的烟草经过 SAs 处理后能诱导病程相关蛋白的积累，并增强其对 TMV 侵染的抗性。

（5）玉米赤霉烯酮。

玉米赤霉烯酮属于二羟基苯甲酸内酯类化合物，目前已发现在小麦、玉米、棉花等十多种植物的不同器官中都有存在，并发现它在春化作用、花芽分化、营养生长及抗逆中有重要的作用。

9.1.2 植物生长调节剂

植物生长调节剂是指人工合成或从植物体中提取的具有激素活性的有机物，施入其他植物体并产生显著生理效应，这类物质统称为生长调节剂。随着生产的发展，植物生长调节剂有着广阔的应用前景。

植物生长调节剂出现以后，被广泛地应用于农业、林业和园艺生产中。用植物生长调节剂和控制植物生长发育的手段被称为植物化学控制。这种手段是提高作物产量、改善品质和增加作物抗逆性的有效途径之一。应用生长调节剂具有使用浓度低、成本低、效应明显、环境污染小、节省劳动力等优点。按照对植物生长的影响，植物生长调节剂主要可分为三类：植物生长促进剂、植物生长延缓剂和植物生长抑制剂。

1. 植物生长促进剂

（1）生长素类。人工合成的生长素类物质包括三类：一是与 IAA 结构相似的吲哚衍生物，如吲哚丙酸（IPA）、吲哚丁酸（IBA）、吲熟酯（IZAA）；二是萘的衍生物，如 α-萘乙酸（NAA）、萘乙酸钠、萘乙酰胺、萘乙酸甲酯（MENA）、萘氧乙酸（NOA）、甲萘威（NAC）；三是卤代苯的衍生物，如对氯苯氧乙酸（防落素）、2,4-二氯苯氧乙酸（2,4-D），2,4-D 丁酯、4-碘苯氧乙酸（增产灵）等。现将其中的几种介绍如下。

① 萘乙酸（NAA）：不溶于冷水，微溶于热水（在 20℃ 水中的溶解度为 420 mg/L），易溶于乙醇、乙醚、醋酸、丙酮、氯仿和苯等有机溶剂，但 NAA 的钠盐能溶于水。NAA 主要用于刺激生长、插条生根、疏花疏果、防止落花落果、诱导开花、抑制抽芽、促进早熟和增产等。

② 防落素（PCPA 或 4-CPA）：白色结晶，略带刺激性臭味，溶点为 157～158℃，微溶于水，易溶于醇、酯等有机溶剂，性质稳定。使用前先用少量酒精溶解，后用水稀释至所需浓度。防落素的主要作用是促进植物生长，防止落花落果，加速果实发育，提早成熟，增加产量，改善品质。

③ 2,4-D：白色或浅棕色结晶，略带酚味；难溶于水，易溶于乙醇、乙醚、丙酮和苯等有机溶剂中，在常温下性质稳定。2,4-D 有腐蚀作用，能与各种碱类物质反应生成相应的盐，成盐后易溶于水；在紫外光照射下引起局部分解。2,4-D 使用前先加少量水，再加适量 NaOH 溶液，边加边搅拌，使其溶解，然后加水稀释至所需浓度。2,4-D 浓度在 0.5～1.0 mg/L 时，在组织培养中用于诱导生根；浓度在 1～25 mg/L 时，用于防止落花落果，诱导无籽果实形成和果实贮藏保鲜；浓度在 1 000 mg/L 时，用作除草剂。

④ 增产灵：白色针状或鳞片状结晶，无臭无味；微溶于水，易溶于乙醇、氯仿及苯中；配制时先加少量乙醇溶解，后加水稀释至所需浓度。增产灵性质稳定，可长期保存，遇碱生成盐。其主要作用是促进植物生长，防止落花落果，提早成熟，增加产量，等等。

（2）赤霉素类。科研上与生产上应用最多的是 GA₃。GA₃ 为固体粉末，难溶于水，而溶于醇、丙酮、冰醋酸等有机溶剂。使用时，可先用少量乙醇溶解，然后加水稀释至所需浓度。GA₃ 在低温和酸性条件下较稳定，遇碱中和则失效，因而不能与碱性农药混用。其主要应用于促进营养生长、破除休眠、保花保果、促进结实、促进雄花发育等等。

（3）细胞分裂素类。细胞分裂素类植物生长调节剂中常用的主要有四种：一是 6-苄基腺嘌呤（6-BA），二是激动素（KT），三是 CPPU（N-（2-氯-4-吡啶基）-N-苯基脲），四是玉米素。但玉米素因价格昂贵而受到限制。此类生长促进剂主要用于组织培养、花卉及果蔬保鲜。

2. 植物生长延缓剂

生产上应用的生长延缓剂主要有：矮壮素（商品名称为 cycocel，简称 CCC）、氯化胆碱、缩节安（又名助壮素、简称 Pix）、比久（简称 B_9、B_{995} 或 Alar-85，化学名称为 N-二甲氨基琥珀酰胺酸）、多效唑（又名氯丁唑、简称 PP333）、优康唑（又名烯效唑、高效唑，简称 S-3307）、粉锈宁（又名三唑酮）、调节膦（又名蔓草膦）等。

植物生长延缓剂对植物生长发育具有显著的作用。它可以延缓细胞的分裂与扩大；促进茎部短粗；影响根系生长；促进叶片加厚；促使叶色深绿；促进花芽分化，花数增加，产量提高；提高抗性等。

3. 植物生长抑制剂

植物生长抑制剂为浓度在 10^{-5} mol/L 以下时可抑制植株或器官生长的人工合成的有机化合物。其突出特点是，外施生长素一般可以逆转这类调节剂的抑制效应，而外施 GA 不能逆转。这类物质主要是抑制顶端分生组织细胞的伸长和分化，因此破坏顶端优势，增加侧枝数目，植株变矮，叶片变小，生殖器官也受影响。植物生长抑制剂常用于果树和观赏植物的化学修剪、烟草打顶后的腋芽抑制、某些蔬菜的贮藏保鲜。常见的种类有：青鲜素（又名马来酰肼，简称 MH）、三碘苯甲酸（TIBA）、整形素（2-氯-9-羟芴-9-羧酸）及高碳伯醇类。其中青鲜素有致癌作用，不宜用于食用植物。

4. 乙烯释放剂

ETH 为无色气体，易挥发，难溶于水，在田间大规模使用不方便。生产上常用 ETH 释放剂，能以水溶液喷洒，在植物体内释放出 ETH，便于应用。乙烯利是其中应用最广泛的，商品名因公司不同而异，包括 Ethrel、Florel、Cerone、Cepha 等。生产上常用的是 40% 的水剂，为酸性棕色液体，在 pH 小于 3.0 时较稳定，被植物吸收以后由于植物体内 pH 值大于4.1，则水解而释放 ETH。乙烯利在施用时因酸度和温度的变化而改变，效果不稳定，近几年发展的以硅取代磷酸的乙烯释放剂克服了这个缺点。这类产品包括：乙烯硅（商品名 Al-sol）和脱果硅（商品名 Silaid）。这类产品效果比较稳定，受温度和酸碱度的影响比较小。

在生产上，乙烯释放剂主要用于果实及棉铃催熟，诱导瓜类雌花形成，以及橡胶树排胶。需要注意的是，乙烯释放剂不能与碱性物质混用。

5. 脱叶剂

脱叶剂可引起乙烯的释放，使叶片衰老脱落。其主要物质有三丁三硫代丁酸酯、氰氨钙、草多索、氨基三唑等。脱叶剂常为除草剂。

6. 干燥剂

干燥剂通过受损的细胞壁使水分急剧丧失，促成细胞死亡。干燥剂在本质上是接触型除草剂，主要有百草枯、杀草丹、草多索、五氯苯酚等。

植物生长调节剂为农业生产解决了很多难题，也可以帮助增加产量，但激素的随意应用往往造成产量损失，并且无法弥补，因此使用浓度一定要适当，使用次数一定不能过多。

9.2　植物生长的基本特性

9.2.1　生长曲线与生长大周期

在植物的生长过程中，细胞、器官及整个植株的生长速率都表现出"慢—快—慢"的基本规律，即开始时生长缓慢，以后逐渐加快，达到最高速度后逐渐减慢以至最后停止生长。植物体或个别器官所经历的"慢—快—慢"的整个生长过程叫做生长大周期。如果以时间为横坐标，生长量为纵坐标，就可以得到一条 S 形曲线，叫做生长曲线。S 形曲线反映生长要经历一个"慢—快—慢"的过程。植物的生长速率表现为生长大周期的原因是由于生长初期植株叶面积小，光合作用能力弱，根系不发达，故生长速度慢；以后因为叶面积增大，光合能力强，根系发达，所以生长速度逐渐加快并达到最高；而后叶片衰老，叶片光合能力下降，最后停止。

在农业生产上，有时需要促进或抑制植物的生长。由于植物的生长进程是不可逆的，为了控制植株或器官的生长，所有的水肥措施必须在生长速率达到最高前施用，否则任何补救办法将失去意义。农业生产上所谓"不误农时"就是这个道理。一般讲，在缓慢生长期，以促进为主，满足植物对水肥的需要；在快速生长期，应适当控制，防止徒长；在快速生长末期，需要延缓衰老。

9.2.2 植物生长的周期性

植物活器官的生长速率随昼夜或季节的变化而发生有规律性的变化，这种现象称为植物生长的周期性。这是植物长期适应环境条件的结果。这种周期性分为昼夜周期性和季节周期性。

1. 植物生长的昼夜周期性

地球自转引起昼夜交替，导致光照、温度、水分发生昼夜周期性的变化，使植物的生长也呈现昼夜的周期性，如玉米随昼夜的变化生长速率呈现周期性变化（如图 9-8 所示）。昼夜周期性是指植物的生长随着昼夜交替变化而呈现有规律的周期性变化。

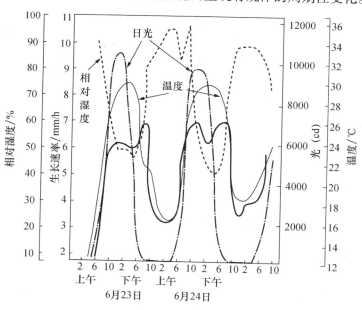

图9-8　玉米的昼夜周期性变化

（1）在水分充足的情况下，植株生长在日光充足的温暖的白天较黑夜快。日光对生长的作用主要在于提高空气的温度和蒸腾强度，从而影响植物的生长。

（2）盛夏中午温度过高，蒸腾过于强烈，会引起一定的水分亏缺，导致生长速率降低，因而在一天的进程中，植物的生长速率呈现两个高峰，一个在午前，另一个在傍晚。个别情况下因白天植物强烈蒸腾失水，造成内部水分严重亏缺，同时夜间温度又很高，生长高峰也会出现在夜间。但生长高峰在一天当中出现的具体时间又因植物的类型不同而有差异。

（3）当白天与夜间温度相近时，白天和夜间的生长速率相近。

2. 植物生长的季节周期性

地球公转引起日照长度和气温的季节性变化，同时光强、雨量等也随着呈现周期性的变化。植物的生长在一年中随着季节的变化而周期性的变化，称为植物生长的季节周期性。温带多年生木本植物，春季芽的萌发，夏季的繁茂生长，秋冬的落叶、休眠等现象，次年春季又开始生长，这样周而复始。这种周期性的变化是与四季的温度、水分、日照等因素的季节性变化相适应的，这种周期性变化是植物长期适应环境的结果。

植物的生长习性是植物体内营养物质的生产、分配、再分配和再利用，有着一个动态的变化。这种变化在多年生木本植物中尤为明显。春季，植物主要依赖上一年积累的干物质供应枝叶的生长；随着叶面积的增大，在夏季，植物主要依赖当时光合作用产生的干物质供应茎、叶、花、果实的生长；秋季将营养物质储藏到根、茎和芽中，次年再利用。因此，从植物体内的物质分配、利用和储藏以及不同器官的生长状况也能看出周期性变化（如图9-9所示）。

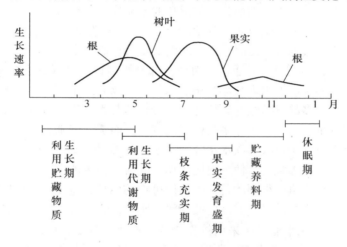

图9-9　果树的季节性周期生长示意图

3. 生物钟

生物在适应周期性变化的环境时，使很多生理活动具有周期性和节奏性，但有些植物的周期性变化并不完全决定于环境条件。例如，菜豆的叶在白天呈水平状态，夜间下垂；有些植物的花清晨开放，晚上闭合等。即使把植物放在条件不变的实验室环境中，它们仍然以接近 27 h 的周期节奏性出现。科学家认为这是一种有机体内部控制的过程，也就是说生物体内有一个计时机制。由于这个计时机制的运动周期并不正好是 24 h，因此称为近似昼夜节奏或生物钟。

生物钟现象在生物界中广泛存在，从单细胞生物到多细胞生物，包括植物、动物，还有人类。植物方面生物钟的例证很多。如高等植物的气孔开关、蒸腾作用、伤流液的流量和其中氨基酸的浓度和成分、细胞分裂、胚芽鞘的生长速度等。

生物钟有着明显的生物学意义。当季节变化时，生物通过对日长变化的感受，调整生物钟，由此识别季节，使生理活动适应于季节变化，如秋季落叶、休眠、迎接冬季来临。

植物通过生物钟机制，适应一年四季变化的气候。

9.2.3 植物生长的相关性

植物是由各种器官组成的统一整体，各种器官虽然在形态结构及功能上不同，但它们的生长是相互制约且又相互依赖的。植物体各部分间的相互制约与协调的现象叫做相关性。

1. 地下部分与地上部分的相关性

地下部分是指植物体的地下器官，包括根、块茎、鳞茎等，而地上部分是指植物体的地上器官，包括茎、叶、花、果等。地下部分与地上部分的相关性可用根冠比（R/T），即地下部分的重量与地上部分的重量的比值来表示。

地下部分与地上部分的生长是相互依赖的。地下部分的根负责从土壤中吸收水分、矿物质以及合成少量有机物、细胞分裂素等供地上部分所用，但根生长所必需的糖类、维生素等却需要由地上部分供给。所以说，植物根系发达，地上部分才能很好的生长。古语云"根深叶茂"、"本固枝荣"、"育秧先育根"就是这个道理。

然而，根和地上部分的生长也会相互制约，主要表现在对水分、营养等的争夺上，并可以从根冠比的变化上反映出来。例如，植物根和地上部分生长都需要水，由于土壤中通常有一定的可用水，故根系很容易满足对水分的需要；而地上部分则完全靠根系供水，又因蒸腾大量失水，所以，当土壤水分不足时，根系的生长就会抑制地上部分的生长。反之，土壤水分过多，通气不良时，会限制根系活动；而地上部分则因得到良好的水分供应，生长过旺，造成根冠比下降。水稻生产上出现"旱长根、水长苗"就是这个道理。又如，氮素供应充足时，有利于根系形成更多的氨基酸并运往地上部分，参与蛋白质的合成，用于枝叶生长，而供给根系的量相对减少，所以，氮肥多则根冠比减小。而磷、钾肥有利于有机物的转化和运输，因而磷、钾肥多时叶子形成的碳水化合物易于运往根部（或地下贮藏器官），使之生长加快，根冠比增大。光照加强也可使根冠比增加，因为在一定范围内光照加强，光合产物积累增多，地下部分的糖类供应得到改善，因而促进根的生长，造成根冠比的增加。根系生长的最适温度比地上部分生长的最适温度要低一些，所以，低温利于根冠比增加。

在农业生产上，常用水肥措施来调控作物的根冠比。例如，以地下部分为主要收获物的甘薯，生长前期以茎叶生长为主，所以，较高的温度、充足的土壤水分和氮素营养有利于根冠比降低。甘薯生长后期以薯块中淀粉积累为主，所以，凉爽、晴朗的天气，施以足够的磷、钾肥，都有利于根冠比的增大，从而提高甘薯产量。又如，果树可通过修剪来降低根冠比，使根生长减缓，从而促进地上部分的生长。对于幼苗来说，根系发达利于地上部分的生长，并可提高植物抗逆性，故园林上常采取相应的措施培育具有较大根冠比的苗木，以提高移栽后的成活率和生长速率。

2. 主茎与分枝的相关性

植物的顶端在生长上占有优势并抑制侧枝或侧根生长的现象，叫做顶端优势。

不同植物顶端优势的强弱有所不同。木本植物中松柏类顶端优势比较明显，距离顶端越近的侧枝受顶芽的抑制越强，反之则越弱；相对于乔木来说，灌木的顶端优势则很弱。草本植物中向日葵、烟草顶端优势很显著；水稻、小麦等植物的顶端优势很弱或没有顶端优势，可产生大量分蘖，分蘖与主茎的长势差不多，有的甚至超过主茎的生长。

顶端优势产生的原因有多种解释。最早提出的是营养学说，认为顶芽构成了"营养库"，垄断了大部分营养物质，而侧芽因缺乏营养物质而生长受到抑制。由于顶端分生组织在胚中就已存在，因此，它可以先于以后形成的侧芽分生组织，而优先利用营养物质，优先生长，从而造成侧芽营养的缺乏，使生长受到抑制。在营养不足的情况下这种现象更为明显。

顶端优势的激素学说认为，茎尖产生的生长素向下极性运输，在侧芽处积累，而芽对生长素的敏感性强于茎，所以，侧芽生长受到抑制。除去茎尖可使侧芽从顶端优势中解放出来，但这也可以用生长素涂抹去顶的茎端而重建顶端优势。除生长素外，其他植物激素与顶端优势也有关系。细胞分裂素有解除侧芽抑制的作用，所以，顶端优势应该是生长素和细胞分裂素相互作用的结果。在通常情况下，茎顶端生长素起主导抑制作用，一旦细胞分裂素增加即可解除顶端优势而使侧枝生长，如柳树的"丛枝病"就是由此而引起的。

利用顶端优势，可以根据生产需要调节植株的株型。如麻类、烟草、玉米、甘蔗、高粱等作物，要保持顶端优势；松、杉等用材树需要高大笔直的茎干，同样要保持顶端优势；生产上常利用顶端优势的原理对棉花、番茄等作物进行整枝及果树修剪，以便减少枝叶徒长，使更多的养分集中于果实。在花卉栽培上，常采取打顶的方法来控制花的数量和质量。有时候也可以采用植物生长调节剂代替打顶，如用三碘苯甲酸处理大豆，可去除顶端优势，增加分枝，促进多开花结荚。

根系也有类似顶端优势的现象，主根对侧根也有抑制作用，也表现出顶端优势。当主根受损时，侧根的生长加快。所以在生产上，移栽时常常切除主根，为的就是促进侧根的生长，有利于水分和肥料的吸收。实验证明，根的顶端优势与细胞分裂素有关。

3. 营养器官与生殖器官的相关性

植物在根、茎、叶等营养器官的生长进行到一定程度以后，就会转入生殖器官的生长阶段，即开花、形成种子和果实。营养器官的生长和生殖器官的生长表现出既相互依赖、又相互制约的关系。

营养生长为生殖生长奠定了物质基础，因为生殖器官的形成与生长主要依赖于营养生长积累的同化产物，另一方面生殖器官也产生一些激素类物质影响营养器官的生长。

营养器官的生长与生殖器官的生长存在着相互制约的关系。营养生长过旺，会消耗较多的养分，影响生殖器官的生长发育，如很多结果作物，前期肥水过多，造成徒长，会延迟生殖器官的分化。反之，生殖器官的生长也会影响营养器官的生长：一年、两年生作物及多年生一次结实的植物（如竹子），进入生殖生长便意味着植株即将死亡；多年生多次结实植物，开花虽不能引起植物体衰老死亡，但如果一年结果过多，将会消耗大量的营养贮备，不但影响当年生长，还会影响第二年开花结实，形成所谓"大小年"现象。

在生产实践中，适当控制水、肥管理，合理进行果树修剪及必要的疏花疏果，可以调整营养器官生长和生殖器官生长的关系，保证果实品质和连年丰产。而对于以营养器官作为收获物的植物，如茶树、桑树、麻类及蔬菜中的叶菜类，就需要促进营养器官的生长，抑制生殖器官的生长，故常采取供应充足的水分、增施氮肥、摘除花或花芽等措施。

9.2.4　植物生长的独立性

植物生长的独立性主要表现在极性与再生作用。极性是指植物体或植物体的一部分（如器官、组织和细胞）在形态学的两端具有不同形态结构和生理生化特性的现象。再生是指植物体的离体部分具有恢复植物体其他部分的能力。

将柳树条挂在潮湿的空气中，会再生出根和芽，但是，不管是正挂还是倒挂，总是在形态学的上端长芽、形态学下端长根，而且越靠近形态学上端切口处的芽越长，越靠近形态学下端切口处的根越长；花粉粒只在一端萌发，长出花粉管，这都是极性的表现。极性的存在是植物生长独立性的具体体现。园艺植物的扦插以及植物的组织培养都是根据极性与扩大植物繁殖的技术。

多数人认为，极性的产生是由于生长素的极性运输造成的，生长素在茎中极性运输，集中于形态学的下端，有利于根的发端；而生长素含量少的形态学上端则发生芽的分化。事实上，这种极性在受精卵的第一次不均等分裂（形成顶细胞和基细胞）时即已建立，表现为基细胞将来形成胚根（根端），顶细胞则形成胚芽（苗端）。可见，极性一旦建立，即很难逆转。由此可见，植物体各部分生长具有独立性。

9.3 影响植物生长的环境因素

9.3.1 温度

植物的生长是以一系列的生理生化活动作为基础的，而这些生理生化活动受到温度的影响。温度不仅影响水分与矿质的吸收，物质的合成、转化、运输与分配，而且影响蒸腾作用、光合作用、呼吸作用等等。因此，植物的正常生长必须在一定的温度范围内才能进行。

1. 生存极限温度与生长温度三基点

维持植物生命活动的最低温度和最高温度叫做生存的最低温度和最高温度，二者合称为植物生存的极限温度。生长温度三基点是保持植物生长的最低温度、最适温度和最高温度。一般维持植物生命活动的温度范围比保持生长活动的温度范围大得多。

生存的极限温度与植物的种类及其生育期有关。原产于温带的植物，生存的最低温度较低，而原产于亚热带或热带的植物，生存的最高温度较高。例如梨与苹果在东北等北方地区栽培，柑橘和菠萝主要在南方地区栽培。不同器官的生存极限温度也不同，营养器官的生存极限温度幅距较大，而生殖器官的幅距较小。因此，根、茎、叶较耐低温，而花、果易受冻害。

生长温度三基点中最适温度是植物生长最快的温度，但不是使植物健壮的温度。因为植物生长最快时物质较多用于生长，体内物质消耗太多，反而没有在较低温度下生长得那么结实、健壮。因此，在生产实践上为了培育健壮植株，往往需要在比生长最适温度稍低的温度，即协调最适温度下进行。另外温度三基点也同样与植物的地理起源有关，原产于热带或亚热带植物的温度三基点较原产于温带和寒带的植物高。几种主要农作物的温度三基点参见表9-2。

表9-2　主要农作物生长温度（℃）三基点

作　　物	最低温度	最适温度	最高温度
水稻	10～12	20～30	40～44
小麦	0～5	25～31	31～37
玉米	5～10	27～33	44～50
大豆	10～12	27～33	33～40
向日葵	5～10	31～37	37～44
南瓜	10～15	37～44	44～50
棉花	15～18	25～30	30～38

不同器官和生育期的生长温度三基点不同，如根生长的温度三基点较低，芽则较高。按生育期而言，幼苗最适温度低，果实或种子成熟时最适温度高。这与季节的温度变化是同步的，是植物长期适应环境的结果。

2. 温周期现象

在自然条件下，温度呈昼高夜低的周期性变化。这种变化同时也影响植物的生长。我们把昼夜温度变化对植物生长发育的效应叫做温周期现象。其实，昼夜变温对植物的生长是有利的。由于白天温度较高，使光合速率提高，合成更多的有机物质；夜间温度较低，使呼吸速率降低，光呼吸停止，有机物质消耗减少，有利于物质的积累，促进生长。例如在昼温 23～26℃ 和夜温 8～15℃ 条件下生长的番茄生长最快，产量也最高；反之，如夜温高昼温低，将导致有机物质积累减少，不利于花芽分化及其形态建成。

9.3.2　水分

水分在植物的生命活动中具有十分重要的意义，水分状况对植物的生长也有重要的影响。水分直接或间接地影响着植物的生长。首先细胞的分裂与伸长需要充足的水分，使原生质处于水分饱和状态，这是水分的直接作用。小麦、玉米等禾谷作物从分蘖末期到抽穗期为第一个水分临界期，就是因为在这段时间缺水，会严重影响穗下节间的伸长以及环分母细胞分裂发育成花粉。同时，水分还影响各种代谢过程而间接地影响植物的生长。所以，在生产上水分常常与肥料一起来调节作物的生长，以便获得高产。

9.3.3　光照

光是植物生长的必需条件之一。光对植物生长的作用一方面是通过光合作用制造有机物为植物生长发育提供物质和能量基础，另一方面是通过光质与光强直接影响植物的生长。

1. 光质对植物生长的影响

研究表明，蓝紫光有抑制伸长生长的作用（几分钟内即可发生）。紫外光的抑制作用更强，高山上大气稀薄，紫外光容易透过，所以高山植物都比较矮小。

2. 光强对植物生长的影响

（1）强光的影响。强光抑制细胞伸长，促进细胞分化，从而抑制植物株体长大，但干重增加。因此，在强光下株型紧凑。其表现是：株高降低，节间缩短，叶色浓绿，叶片小而厚根系发达。

（2）弱光的影响。弱光有利于细胞伸长，但不利于细胞分裂，分化推迟，纤维素少，细胞壁薄，节间伸长，株高增加，叶色浅，叶片大而薄，植物多汁，根系发育不良，植物柔弱。所以，如种植密度过大，通风透光极差，易徒长倒伏，抗逆性降低，导致严重减产。

（3）黑暗中生长的幼苗，植株瘦长，茎细长而脆弱、机械组织不发达，顶端呈弯钩状、节间很长，叶片细小、不能展开、无叶绿素、不能进行光合作用。由于黑暗中生长的幼苗茎、叶片黄白色，因而被称为黄化苗。黑暗中产生黄化苗的现象被称为黄化现象。在这种条件下栽培的韭黄、蒜黄，纤维素含量极低，鲜嫩多汁，通称为黄化栽培。

合理的利用光照对农业生产具有很重要的意义。例如利用黄化作用的黄化栽培；作物栽培中的合理密植可以使作物正常进行光合作用，防止徒长倒伏；利用浅蓝色的塑料薄膜培育强壮的水稻秧苗；等等。

学习小结

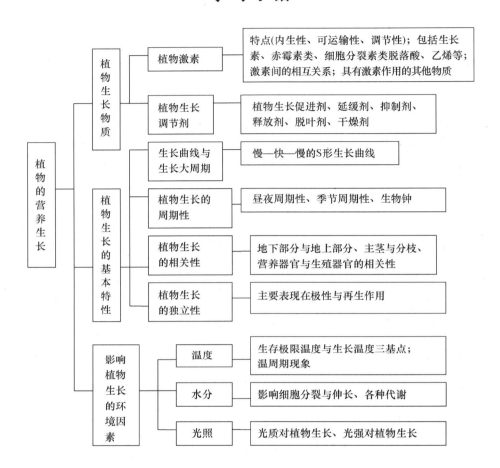

9.4 复习思考题

1. 五类激素各有哪些主要生理作用？

2. 在植物生长过程中，植物激素之间有怎样的关系？

3. 哪些激素与瓜类的性别分化有关？

4. 农业生产上常用的生长调节剂有哪些种类？其作用是什么？应用时应注意哪些事项？

5. 举例说明如何将周期性应用于农业生产中。

6. 温度、水分、光照对作物生长有何影响？

7. 名词解释：

植物激素，植物生长调节剂，三重反应，温度的三基点，生长周期性，根冠比，生物钟，向地性

第 10 章　植物的生殖生理

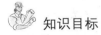
知识目标

◆ 知道植物的开花原因及规律。
◆ 理解植物的春化作用、光周期现象。
◆ 掌握植物花芽分化的形态和生理变化及影响因素。
◆ 掌握植物的成熟与衰老的机理。

能力目标

◆ 能够运用现实条件来促进植物开花。
◆ 能运用生活中实际来提前或延迟植物开花。
◆ 能掌握植物成熟的提前或延迟的技术措施。
◆ 能控制果实的美观和成熟度。

高等植物在营养器官生长的基础上，在适宜的外界条件作用下便分化出生殖器官——花，最后结出果实和产生新的种子，从而完成个体发育的整个过程。花器官的分化与形成是植物个体发育史上的一个重大转变。对于农林生产来说，开花结实是繁殖植物个体（有性繁殖）、获得农产品的重要途径。因此，了解花器官的形成及植物的成熟与衰老，不仅具有重要的理论意义，在生产实践上也有重要的意义。

10.1　外界条件对植物成花的影响

虽然植物有一年生、二年生和多年生之分，但它们的共同特点是在开花之前都要达到一定年龄或在一定的生理状态，才可能感受外界条件的变化，分化出花芽，然后在适宜的开花季节开花。而外界条件变化的主要特征是温度高低和日照长短。研究表明，低温和光周期是控制植物开花的两种主要机制。

10.1.1　低温与春化作用

1. 春化作用的含义

在自然条件下，冬小麦在秋季播种，以营养体越冬，第二年初夏开花和结实。秋末冬初的低温就成为花诱导的必需条件，若满足不了低温条件，冬小麦就不能抽穗开花。前苏联李森科用低温处理吸胀萌动的种子，然后进行春播，这样冬小麦和春小麦一样，在当年夏季就能够抽穗开花，他把这一措施称之为"春化"，意指冬小麦春麦化了。后来"春化"一词扩展到除种子以外的其他时期植物对低温的感受。植物这种需要经过一定时间的低温后才能开花结实的作用称为春化作用，既低温诱导花原基形成的效应。在生产上，人工采取低温处理萌动的种子，使其通过春化作用的措施称为春化处理，例如我国北方农民采用的"闷麦法"，解决了冬小麦春季补苗的问题。

植物成花受低温影响的主要是大多数二年生植物，如芹菜、胡萝卜、白菜、荠菜和天仙子等；以及一些冬性一年生植物，如冬小麦、冬黑麦、大麦、油菜等。

2. 春化作用的条件

（1）低温。低温是春化作用的主导因子。通常春化的温度范围为 0～15℃，并需要一定的时间。不同植物春化作用所要求的温度不同，这种特性是该种植物在系统发育中形成的。根据原产地的不同，小麦可分为冬性、半冬性和春性三种类型。不同类型所要求的低温范围不同，低温时间（春化天数）也不同。一般说来，冬性愈强，要求的春化温度愈低，春化的天数也愈长（参见表 10-1）。我国华北地区的秋播小麦多为冬性品种，黄河流域一带的多为半冬性品种，而华南一带的则多为春性品种。

表 10-1　各类型小麦通过春化需要的温度和天数

类　　型	春化温度范围/℃	春化天数/d
冬性	0～3	40～45
半冬性	3～6	10～15
春性	8～15	5～8

低温本身并不引起植物开花。在春化过程完成以后，花原基仍不出现，只有经过以后的阶段，植株在较高温度下才能分化出花来，即春化以后还要在较高温度和长日照条件下才能开花。由此可见，春化对花芽分化起了诱导作用。

（2）水分、氧气和营养。植物春化过程中需要有糖参与。如果将小麦的胚预先在室温下萌发若干时间，将体内糖分耗尽，然后低温诱导，离体胚就不起反应；如果添加 2% 的蔗糖后，则可感受低温而接受春化。在缺氧条件下，种子也不能完成低温诱导过程。春化作用还需要适量的水分，以进行各种代谢变化，干种子不能春化，吸涨种子才能进行春化。

3. 春化作用的解除

植物在春化过程中，若遇到 25～40℃ 的高温，春化作用便停止，低温的效果就会减弱或消失，这种高温解除春化的现象称为去春化作用（devernalization）。春化进行的时间愈短，高温解除的作用愈明显。当春化处理的时间达到一定的程度，春化效果逐渐稳定后，高温不易解除春化。去春化的植物再遇到低温时，可继续进行春化，这种再次恢复春化的现象称为再春化作用。植物再春化时，原春化的效果仍然存在，继续春化时不必从头开始。

4. 春化作用的时期和感受部位

低温诱导的影响，一般可在种子萌发或在植株生长的任何时期中进行，如冬小麦、冬黑麦等既可在种子萌发时进行，也可在苗期进行，其中以三叶期为最快。少数植物如甘蓝、月见草、胡萝卜等，则不能在萌发种子状态进行春化，只有在绿色幼苗长到一定大小时才能春化。有的试验指出，甘蓝幼苗的直径达到 0.6 cm 以上时，叶片宽度达到 5 cm 以上时，才能通过春化。月见草至少要有 6～7 片叶子，才能接受低温通过春化。这种需要一定量的营养体（最低数量的叶）的原因，可能和积累一些对春化敏感的物质有关。

接受低温影响的部位是幼胚或茎尖生长点。芹菜种植在高温的温室中，由于得不到花芽分化所需的低温，不能开花结实。但是，如果以橡皮管把芹菜茎的顶端缠绕起来，管内不断通过冰冷的水流，使茎的生长点获得低温，就能够通过春化，在长日照下可开花结实。反过来，如把芹菜放在冰冷的室内，使茎生长点处于高温下，就不能开花结实。对甜菜试验，也得到同样的结果。

在母体中正在发育的幼胚也能接受低温的影响。将正在发育的冬黑麦穗（甚至受精后5 d 的穗）放在冰箱中直到成熟，也可以有效地进行春化。

5. 春化作用后的生理生化变化

植物经过春化作用后，在形态上没有明显的差异，但内部生理过程却发生了深刻的变化。一般是，核酸（特别是 RNA）在植物体内含量增加，蒸腾作用增强，水分代谢加快，叶绿素含量增多，光合速率加快，许多酶的活性增强，呼吸速率升高。由于春化后植物的代谢旺盛，因而抗逆性特别是抗寒性能显著降低。以小麦而言，主茎和分蘖因生长有先有后，所以在通过春化作用的时间上，也就有先有后。这样，在有晚霜危害和寒潮侵袭时，主茎和完全通过春化的分蘖可能被冻死，而某些未完全通过春化的分蘖，仍具较强的抗寒性。因此在生产上，如受冻的麦株主茎已死，仍可保留，只要加强水肥管理未冻死的分蘖仍可成穗，并可获得较好的收成。"霜打麦不用愁，一颗麦九个头"，就是这个意思。

小麦、油菜、燕麦等多种作物经过春化处理后，体内赤霉素（GA）含量增多。一些需要春化的植物（如二年生天仙子、白菜、甜菜、胡萝卜等）未经低温处理，如施用赤霉素也能开花。但一般短日植物对赤霉素却不起反应，在很多情况下，施用赤霉素不能诱导需春化的植物开花。植物对赤霉素的反应也不同于春化反应。经春化处理的植物，花芽的形成与茎的伸长几乎同时出现；而对赤霉素起反应的莲座状植物，茎先伸长形成营养枝以后，花芽才出现。

10.1.2　光周期与光周期现象

自然界中，植物的开花具有明显的季节性。即使是需春化的植物在完成低温诱导后，也是在适宜的季节才进行花芽分化和开花。季节的特征明显表现为温度的高低、日照的长短等，其中，日长的变化是季节变化最可靠的信号。北半球不同纬度地区，一年中昼、夜长度的变化如图 10-1 所示，纬度越高，夏季日照越长，冬季日照越短。

在昼夜周期中，白天和黑夜的相对长度称为光周期。光周期对植物成花诱导有着极为显著的影响。植物在生长发育进程中，必须经过一定时间适宜的光周期诱导才能开花，否则一直处于营养生长状态。这种昼夜长短对植物开花的效应称为光周期现象（photoperiodism）。

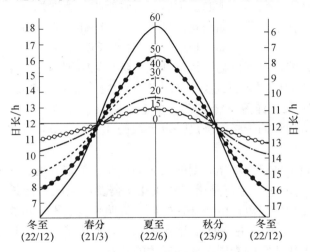

图 10-1　北半球不同纬度地区昼夜长度的季节变化

最早发现光周期影响植物开花的是美国的加纳尔（W. W. Garner）和阿拉尔特（H. A. Allard）。他们从1920年开始利用烟草、大豆等进行试验，将马里兰马默思（marylandmammoth）烟草新品种播种在华盛顿附近的田间，经过夏季植株高达3～5 m仍不开花；而若在冬季来临之前将植株移栽到温室（或在温室中直接栽培）中，则株高达不到1 m就都开了花。他们试验了一些影响开花的可能因素，如温度、光质、营养条件和日照长度等。在夏季他们用黑布遮光的方法，缩短每日光照时间，结果在夏末烟草也能开花；而在温室中栽培的烟草，若用人工延长光照时间，则只进行营养生长而不开花。他们还利用大豆比洛克西（Biloxi）试验，从春到夏每隔10天播种一次，结果尽管植株生长年龄不同，最后却差不多都在同一时期开了花（如图10-2所示）。他们发现除烟草、大豆外，水稻、高粱也有这种现象。经过大量的系统研究之后，他们证明了植物开花与昼夜的相对长度（即光周期）有关。

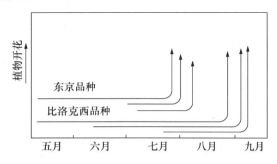

图10-2 不同时间播种的大豆几乎在同一时间内开花
（引自植物生理生化，王三根，2001）

1. 光周期反应类型

根据植物开花对光周期的反应不同，一般将植物分为三种主要类型。

（1）短日植物（short-day plant，SDP）：即日照长度短于一定的临界值时才能开花的植物。在一定范围内，如果适当延长黑暗，缩短光照，植物可提早开花；相反，如果适当延长日照，则延迟开花。秋季日照逐渐缩短时开花的植物多属此类，如大豆、玉米、菊花、苍耳、晚稻、高粱、紫苏、黄麻、大麻、日本牵牛、美洲烟草、草莓、秋海棠、腊梅等，这类植物通常在秋季开花。如菊花须满足少于10 h的日照才能开花。

（2）长日植物（long-day plant，LDP）：即日照长度大于一定临界值时才能开花的植物。如果延长光照，缩短黑暗植物可提早开花；延长黑暗则延迟开花或不能开花；温带地区初夏日照长时开花的植物多属此类，如小麦、大麦、黑麦、燕麦、油菜、菠菜、甜菜、天仙子、胡萝卜、芹菜、洋葱、金光菊、萝卜、白菜、甘蓝、芹菜、山茶、杜鹃、桂花等。如典型的长日植物天仙子必须满足一定天数的8.5～11.5 h日照才能开花，如果日照长度短于8.5 h就不能开花。

上述短日植物和长日植物对光周期的反应都存在一个临界值，又称为临界日长。所谓临界日长（critical daylength），就是指植物成花所需要的极限日照长度，即引起长日植物开花的最小日照长度和引起短日植物开花的最大日照长度。不同植物开花时所需的临界日长不同（参见表10-2），但这并不意味着植物一生中所必需的日照长度，而是指在发育的某一时期需要一定天数适宜的光周期诱导后才能开花。

表 10-2　长日植物和短日植物的临界日长

长日植物	24 h 周期中的临界日长/h	短日植物	24 h 周期中的临界日长/h
红三叶草	12	大豆 早熟种	17
冬小麦	12	大豆 中熟种	15
大麦	10 ≈ 14	大豆 晚熟种	13 ≈ 14
燕麦	9	一品红	12.5
天仙子 28.5℃	11.5	甘蔗	12.5
天仙子 15.5℃	8.5	美洲烟草	14
白芥菜	14	草莓	10.5 ≈ 11.5
菠菜	13	菊花	16
甜菜	13 ≈ 14	苍耳	15.5
意大利黑麦	11	裂叶牵牛	14—15
		落地生根	12 以下
		厚叶高凉菜	12
		红叶紫苏	约 14

（3）日中性植物（day-neutral plant，DNP）：即在任何日照长度条件下都能开花的植物。如番茄、黄瓜、茄子、辣椒、四季豆、棉花、蒲公英、四季花卉以及玉米、水稻的一些品种和向日葵、花生、大豆的极早熟品种等。这类植物的开花对日照长度要求不严，一年四季均能开花。

由此可见，长日植物和短日植物的差别并不在于它们所需日照时数的绝对值大小，而在于它们对日照的要求有一个最低和最高的极限。长日植物要求有一个最低的极限，它们只能在此极限以上的日照条件下才能开花；而短日植物对日照的要求有一个最高的极限，它们只能在低于此极限的日照下才能开花。但是，日长过短也不能使短日植物开花，这可能是因为光照时间不足，植物缺乏营养物质之故。如短日植物菊花，在日长只有 5～7 h 时，开花明显延迟。但应当说明的是，临界日长往往随着同一种植物的不同品种、不同年龄的植株及不同环境条件的改变而变化。如烟草中有些品种为短日性的，有些为长日性的，还有些为日中性的。通常早熟品种为长日或日中性植物，晚熟品种为短日植物。

此外，有些植物，花诱导和花形成的两个过程很明显的分开，且要求不同的日照长度，这类植物称为双重日长类型。如大叶落地生根、芦荟等，其花诱导过程需要长日照，但花器官的形成则需要短日条件，这类植物称为长-短日植物。而风铃草、白三叶草、鸭茅等则恰好相反，其花诱导需短日照，而花器官形成需要长日条件，这类植物称为短-长日植物。还有一类植物，只有在一定长度的日照条件下才能开花，延长或缩短日照长度均抑制其开花，这类植物称为中日性植物，如甘蔗开花要求 11.5～12.5 h 的日照长度，缩短或延长日照长度，对其开花均有抑制作用。

2. 光周期诱导

对光周期敏感的植物只有在适宜的日照条件下才能开花。大量的研究结果表明，引起植物开花的适宜光周期处理，并不需要持续到花芽分化为止。植物一旦经过适宜光周期处理，以后即使处于不适宜的光周期下，仍然可以保持这种刺激的效果，即花芽的分化不是出现在适宜光周期处理的当时，而是在处理后若干天。所以，把在一定时期满足植物所需一定天数的光周期即可诱导植物开花的现象叫做光周期诱导（photoperiodic induction）。光周期诱导日数因植物而不同，一般植物光周期诱导的天数为一至十几天。如长日植物菠菜、油菜的光周期诱导为 1 天，胡萝卜、甜菜的则为 15～20 天；短日植物大麻为 4 天，菊花为 12 天，水稻为 1 天，大豆为 2～3 天等。

3. 光周期诱导中光期与暗期的生理意义

临界暗期是相对临界光期（或临界日长）而言的，就是指在光暗交替中长日植物能开花的最长暗期长度或短日植物能开花的最短暗期长度。许多试验表明，在诱导植物开花中暗期比光期的作用更大。许多中断暗期和光期的试验则进一步证明了临界暗期的决定作用：若短时间用黑暗打断光期，则并不影响光周期诱导成花；但用闪光中断暗期，则使短日植物不能开花，却诱导长日植物开花（如图 10-3 所示）。因此，现在认为把短日植物叫做长夜植物、把长日植物叫短夜植物更为确切。

暗期虽然对植物的成花诱导起着决定性的作用，但光期也必不可少。只有在适当的暗期和光期交替条件下，植物才能正常开花。试验证明，暗期长度决定花原基的发生。由于花的发育需要光合作用为它提供足够的营养物质，因此，光期的长度会影响植物成花的数量。

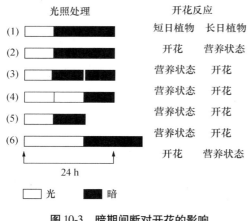

图 10-3　暗期间断对开花的影响

4. 光周期刺激的感受部位

若将短日植物菊花全株置于长日照条件下，则不开花而保持营养生长；置于短日照条件下，可开花；叶片处于短日照条件下而茎顶端给予长日照，可开花；叶片处于长日照条件下而茎顶端给予短日照，却不能开花（如图 10-4 所示）。这个实验充分说明：植物感受光周期的部位仍是叶片。对于光周期敏感的植物，只有叶片处于适宜的光周期条件下，才能诱导开花，而与顶端的芽所处的光周期条件无关。虽然也有少数植物的其他部位对光周期有一定的敏感性，如组织培养的菊苣根可对光周期起反应，但感受光周期最有效的部位仍是叶片。叶片对光周期的敏感性与叶片的发育程度有关。幼小的叶片和衰老的叶片敏感性差，叶片长至最大时敏感性最高，这时甚至叶片的很小一部分处在适宜的光周期下就可诱导开花。例如，苍耳或毒麦的叶片完全展开达最大面积时，仅对 2 cm^2 的叶片进行短日照处理，即可导致花的发端。

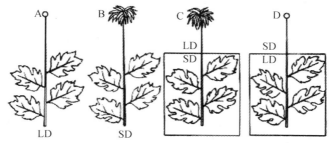

图 10-4　叶片和顶芽不同的光周期处理对菊花开花的影响

A，B，C，D. 4 种处理；LD. 长日照；SD. 短日照

5. 光周期刺激的传导

植物感受光周期的部位是叶片，而形成花的部位是茎顶端分生组织，这说明叶片感受

光周期刺激后能传导到分生区。嫁接试验可以证实这种推测：将 5 株苍耳嫁接串联在一起，只要其中一株上的一片叶子接受适宜的短日光周期诱导后，即使将其他植株都种植于长日照条件下，最后所有植株也都能开花（如图 10-5 所示），这就证明了确实有某种或某些刺激开花的物质通过嫁接作用在植株间传递并发生作用。更令人感兴趣的是，不同光周期类型的植物嫁接后，在各自的适宜光周期诱导下，都能相互影响而开花。例如，长日植物天仙子和短日植物烟草嫁接，无论在长日照或短日照条件下二者都能开花。将长-短日植物大叶落地生根在适宜光周期诱导下产生的花序切去，把未经诱导的短日植物高凉菜嫁接在大叶落地生根的断茎上，置于长日照下，高凉菜可大量开花。但若作为砧木的大叶落地生根在嫁接前未经适宜光周期诱导，则嫁接在其上的高凉菜仍保持营养生长状态。这说明经过适宜光周期诱导的大叶落地生根体内确实形成了某种刺激开花的物质，并可通过嫁接传递到未经光周期诱导的高凉菜体内，使它在非诱导的长日条件下也开花。这些实验使人们推测，长日植物和短日植物的成花刺激物质可能具有相同的性质。

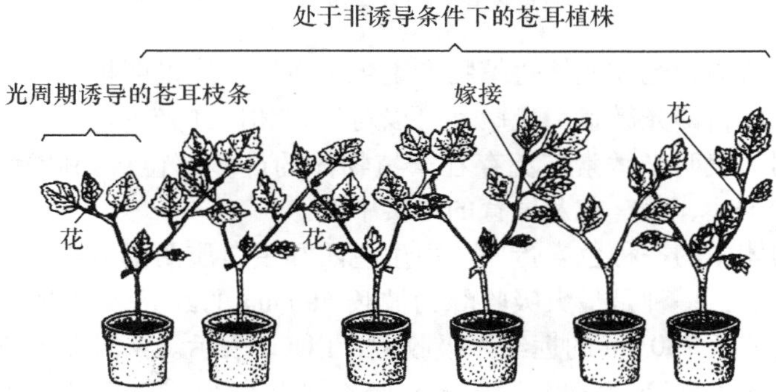

图 10-5 苍耳开花刺激物的嫁接传递
第 1 株的叶片在短日下诱导，其余均在长日下，结果均开了花
（引自植物生理生化，孟繁静等，1995）

利用环割或蒸汽处理叶柄或茎，干扰或阻止韧皮部的运输，可延迟或抑制开花，这表明开花刺激物质传导的途径是韧皮部。埃文斯（Evans）用对短日植物苍耳去叶的实验来探讨成花刺激物质运输的情况。他在苍耳植株接受暗期诱导刚结束时，立即去掉叶片，则植株不能成花；若在暗期结束数小时后再去叶，植株就能开花，并发现叶片在植株上保留 1～2 天，则可获得最大的开花效果。这说明成花刺激物的合成需要一定的时间。植物成花刺激物运输的速度因植物种类而不同。有的较慢，每小时只有几厘米；有的较快，可达每小时几十厘米，接近于光合产物在韧皮部的运输速度。

6. 光敏素

处于适宜光照条件下诱导成花的植物，利用各种单色光在暗期进行闪光间断处理，几天后观察花原基的发生。结果发现：促进长日植物（冬大麦）和阻碍短日植物（大豆和苍耳）成花的作用光谱都以 600～660 nm 波长的红光最有效，但红光促进开花的反应又可被远红光逆转。若在每天的长暗期中间给予短暂的红光，短日植物不能开花，长日植物能开花。若用红光照射后立即又用远红光短暂照射，则短日植物仍可开花，而长日植物却不能开花。但当用红光和远红光交替处理植物时，植物能否开花则决定于最后处理的光是红光还是远红光（如图 10-6 所示）。

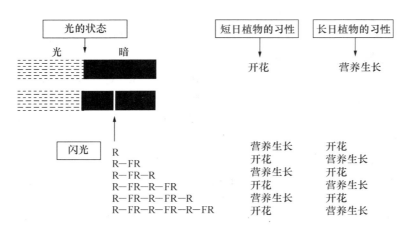

图 10-6　红光（R）和远红光（FR）对短日植物和长日植物开化的可逆控制
（引自植物生理生化，孟繁静等，1995）

　　红光和远红光这两种光波能够对植物产生生理效应，这说明植物体内存在某种能够吸收这两种光波的物质，即光敏素。光敏素可以对红光和远红光进行可逆的吸收反应。通过对植物各部分检测，表明光敏素广泛存在于植物体的许多部位，如叶片、胚芽鞘、种子、根、茎、下胚轴、子叶、芽、花及发育的果实中等。

　　光敏素是植物体中的一种色素蛋白，由生色团和蛋白质两部分组成。在植物体内，光敏素有两种存在状态：一种是最大吸收峰为波长 660 nm 的红光吸收型，以 Pr 表示；另一种是最大吸收峰为波长 730 nm 的远红光吸收型，以 Pfr 表示。两种状态随光照条件的变化而相互转变。其中光敏素 Pr 生理活性较弱，经红光和白光照射后转变为生理活性较强的 Pfr；Pfr 经远红光照射或在黑暗中又可转变为 Pr，但在黑暗中转变很慢，即暗转化。二者的关系可表示如下：

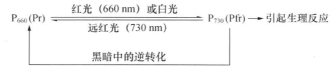

　　光敏素虽不是成花激素，但影响成花过程。光敏素对成花的作用并非决定于 Pr 和 Pfr 的绝对量，而是受 Pfr/Pr 比值的影响。短日植物要求较低的 Pfr/Pr 比值。光期结束时，光敏素主要呈 Pfr 型，此时 Pfr/Pr 比值逐渐降低，当 Pfr/Pr 比值随暗期延长而降到一定阈值水平时，就可促进成花刺激物质的形成而促进开花。长日植物成花刺激物质的形成，则要求相对较高的 Pfr/Pr 比值，因此，长日植物需要较短的暗期。如果暗期被红光间断，Pfr/Pr 比值升高，则抑制短日植物成花，促进长日植物成花。

　　光敏素除影响开花外，还参与块根、块茎、鳞茎的膨大、种子萌发、芽的萌发与休眠、气孔形成等过程的调控作用。试验表明，某些马铃薯的变种及菊芋在 16～18 h 的长日照下仅形成少数几个块茎，甚至不形成块茎，而在 8～10 h 短日照下则可形成大量块茎。

10.1.3　植物成花理论在农业中的应用

1. 春化与播种期

使萌动种子通过春化的低温处理，称为春化处理。我国北方农民很早就利用闷麦法

（把萌发的冬小麦闷在罐中，放在 0～5℃ 低温处理 40～50 d）、七九小麦（即在冬至那天起将种子浸在井水中，次晨取出阴干，每 9 日处理一次，共 7 次）等方法进行春化处理。春季补种冬小麦，由于冬小麦得到花诱导所要求的低温，在其他条件具备的情况下，在当年的夏初就可以抽穗；在生产中根据品种特性决定适宜的播种期，可控制冬小麦过早拔节或生长细弱，产生冻害。

2. 植物的地理起源和分布与光周期特性

自然界的光周期决定了植物的地理分布与生长季节，植物对光周期反应的类型是对自然光周期长期适应的结果。低纬度地区一般分布短日植物，高纬度地区多分布长日植物，中纬度地区则长短日植物共存。在同一纬度地区，长日植物多在日照较长的春末和夏季开花，如小麦等；而短日植物则多在日照较短的秋季开花，如菊花等。

3. 正确地引种栽培和育种

由于自然选择和人工培育，同一种植物可以在不同纬度地区分布。例如短日植物大豆，从中国的东北到海南岛都有当地育成的品种，它们各自具有适应本地区日照长度的光周期特性。如果将中国不同纬度地区的大豆品种均在北京地区栽培，则因日照条件的改变会引起它们的生育期随其原有的光周期特性而呈现出规律性的变化：长日植物往北移时，生长季节的日长度比原产地长，发育会提前完成，使生育期缩短；往南移时，发育会延迟，有的甚至不能结实。同样，将短日植物从北方引种到南方，会提前开花（参见表 10-3），如果所引品种是为了收获果实或种子，则应选择晚熟品种。若原产地与引入地区光周期条件差异太大，则会造成过早或过晚开花，都会引起减产甚至颗粒无收。因此，我国南方大豆在北京种植时，生育期延长，但由于开花太晚，天气变冷，而造成结实不多、产量不高。东北大豆引种北京时，生育期大大缩短，植株很小时就开了花，产量也不高。对于短日植物，从北方往南引种时，如需要收获籽实，应选择晚熟品种；而从南往北引种时，则应选择早熟品种。所以在不同纬度地区间引种时，首先要了解被引品种的光周期特性，同时还要了解作物原产地与引种地生长季节的日照条件的差异。

在育种时利用春化处理，一年就可以培育 3～4 代的冬性作物，可加速育种进程。此外，利用光周期现象来调节作物的开花期，使父母本植物同时开花，有利于杂交授粉。

表 10-3　全国各地大豆在北京种植时的开花情况

原产地及纬度	广州 23	南京 32	北京 40	锦州 41	佳木斯 47
品种名称	番禺豆	金大 532	本地大豆	平顶香	满仓金
原产地播种期	－	5 月下旬	4 月 30 日	5 月 19 日	5 月 17 日
原产地开花期	－	8 月 23 日	7 月中旬	7 月 29 日	7 月 5 日
北京播种期	4 月 30 日	4 月 30 日	4 月 30 日	4 月 30 日	4 月 30 日
北京开花期	10 月 15 日	9 月 1 日	7 月 19 日	7 月 2 日	6 月 5 日
原产地播种到开花天数/d	－	90	80	71	55
北京播种到开花天数/d	168	124	80	63	35

4. 花期控制

光周期的人工控制，可以促进或延迟开花。如短日植物菊花，通常在 10 月开花，经人工遮光处理可在6、7月间开出鲜艳的花朵；而延长光照或晚上闪光使暗间断，可使花期延后。广州市园艺工作者依此并摘心以增加花数，加强管理和营养等措施，使一株菊花在春节开两三千朵花。对于长日性的花卉，如杜鹃、山茶花等，人工延长光照或暗期间断，可提早开花。

5. 提早收获，增加茎、叶收获量

对以收获营养体为主的作物，可通过控制光周期抑制其开花。如短日作物烟草、黄麻、红麻，可提早播种或向北移栽，利用夏季长日照，延长营养生长期，以增加产量。但如果引种地区与原产地相距过远，则有留种问题。如广东红麻引种到北方，9月下旬才能现蕾，种子不能及时成熟，可在留种地采用苗期短日处理的方法，解决留种的问题。此外，利用暗期中光间断处理可抑制短日植物甘蔗开花，提高产量。

10.2 花芽分化

植物从营养生长到生殖生长的转折点就是花芽分化。所谓花芽分化，是指成花诱导之后，植物茎尖的分生组织不再产生叶原基和腋芽原基，而分化形成花或花序的过程。

10.2.1 花芽分化的形态和生理变化

1. 花芽分化的形态变化

在花芽分化期间，茎端生长点的形态发生了显著变化，生长锥表面积增大，在原来形成叶原基的地方形成花原基，在花原基上再分化出花的各部分原基。花各部分原基的分化顺序，通常是由外向内进行，分别是花萼原基、花冠原基、雄蕊原基和雌蕊原基。植物种类不同，花芽分化过程中形态变化存在着一定的差异。如图10-7所示，桃花芽未分化时，茎端生长锥比较窄小，呈低圆丘形，其旁侧尚有小的叶原基发生。花芽开始分化时（夏季），生长锥的直径增大，且稍隆起，呈宽圆锥形，其旁侧已无新的叶原基出现。以后，生长锥高隆呈短柱状，顶端逐渐平宽，并从生长锥的周围依次产生5个萼片原基和5个与之互生的花瓣原基。秋季，萼片继续伸长并向心内曲，在花瓣原基的内侧陆续分化出许多雄蕊原基。在此发育过程中，由萼片、花瓣基部和雄蕊贴生而形成的花筒向上升高，最后，生长锥中央渐渐隆起，形成一个较大的雌蕊心皮原基。雄蕊的发育比雌蕊的发育快，在秋季即分化出花药和花丝，花药内部亦开始分化。雌蕊内部的分化稍慢，待心皮完全卷合后，才出现柱头、花柱和子房的分化，子房内部的分化则要延至次年早春。

小麦的幼穗分化开始进行（如图10-8所示），茎端生长锥迅速伸长，逐渐形成一系列环状的苞叶原基（单棱期）。接着从幼穗中下部开始，分别向上、向下依次发育，在各苞叶原基的叶腋外分化出小穗原基（二棱期）。以后，小穗原基继续发育增大，苞叶原基逐渐消失。每一小穗中的分化顺序，是先在基部分化出2个颖片原基，而后在小穗轴的两侧由下而上地进行小花的分化；每一小花内部再依次形成外稃、内稃、浆片（2片）、雄蕊（3枚）和雌蕊等原基。

2. 花芽分化的生理变化

生长锥表面的细胞具有较高的蛋白质和RNA含量。试验指出，用核酸化合物5-氟尿嘧啶在苍耳暗期的起初8 h施于芽部，抑制了RNA的合成，也抑制了开花，这也说明花的分化是与DNA-RNA-蛋白质系统活化有关。

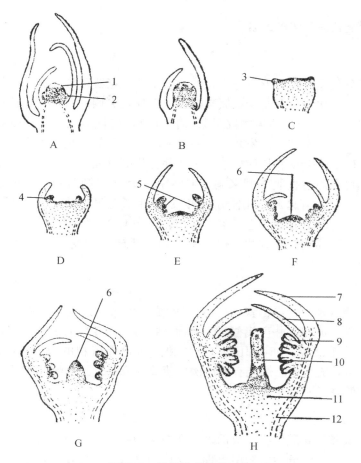

图 10-7 桃的花芽分化过程

A. 未分化；B. 分化初期；C. 花萼形成期；D. 花瓣形成期；E，F. 雄蕊形成期；G，H. 雌蕊形成期；

1. 生长锥；2. 叶原基；3. 花萼原基；4. 花瓣原基；5. 雄蕊原基；6. 雌蕊原基；7. 萼片；8. 花瓣；

9. 雄蕊；10. 雌蕊；11. 花托；12. 维管束

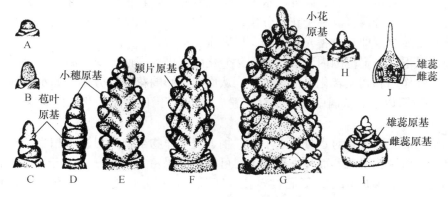

图 10-8 小麦幼穗的分化过程

A. 生长锥未伸长期；B. 生长锥伸长期；C. 苞叶原基分化期（单棱期）；D. 小穗分化期开始（二棱期）；E. 小穗分化期末期；F. 颖片分化期；G. 小花分化期；H. 一个小穗（正面观）；I. 雄蕊分化期；J. 雌蕊分化期

10.2.2 影响花芽分化的因素

1. 营养状况

营养是花芽分化及花器官形成与生长的物质基础。花器官形成需要大量的蛋白质，氮素营养不足，花芽分化慢且开花少；氮素过多，C/N 比失调，植株贪青徒长，花反而发育不好。但 C/N 比高促进开花的植物仅是某些长日植物或日中性植物，而对短日植物不适用；C/N 比高，有利于花器官的发育，而不是一种信号调节。也有报道，精氨酸和精胺对花芽分化有利，磷的化合物和核酸也参与了花芽分化的过程。

农业生产上可以通过控制水肥来调节 C/N 比，从而控制营养生长和生殖生长。如水稻生育后期肥水过大，引起 C/N 比值过小，营养生长过旺，生殖生长延迟，导致徒长、贪青晚熟；如果在适当的时期，进行落干烤田，提高 C/N 比，则可促使苗壮，提早成熟。在果树栽培中也可用环剥皮等方法，使上部枝条积累较多的糖分，提高 C/N 比值，以促进花芽分化，提高产量。

2. 内源激素

在五大类植物激素中，赤霉素（GA）影响成花的效应最大。赤霉素可促进三十多种植物在短日照条件下成花，并可代替二十多种植物对低温春化的要求。但也有相当多植物对施用 GA 没有成花反应，如高山勿忘我草和高雪轮等植物的成花，GA$_3$ 却没有作用。IAA 可抑制短日植物成花。乙烯能有效地诱导菠萝的成花，脱落酸（ABA）可代替短日照促使一些短日植物在长日照条件下开花。

3. 多胺

多胺由精氨酸和赖氨酸生物合成而来，在植物细胞中，常以结合物在分生组织转化成花结构的过程中，在顶端分生组织中出现。这说明这些结合物在花形态建成前在花原始体上积累。尸胺、亚精胺能诱导水稻、菊花、烟草、拟南芥、晚香玉等的花芽分化。高浓度游离和不溶于三氯乙酸的结合多胺与花粉退化有关。

4. 环境因素

环境因素主要包括光照、温度、水分和矿质营养等。其中光对花芽分化影响最大。光照充足时，有机物合成多有利于花芽分化；反之则花芽分化受阻。农业生产上对果树整形修剪、棉花整枝打杈即是改善光照条件，以利于花芽分化。

一般情况下，一定范围内，植物的花芽分化随温度升高而加快，温度主要通过影响光合作用、呼吸作用和物质转化运输等过程，从而间接影响花芽的分化。如水稻减数分裂期间，若遇上 17℃ 以下的低温就形成不育花粉。又如低于 10℃ 时，苹果的花芽分化就处于停滞状态。

不同植物的花芽分化对水分需求不同，稻、麦等作物孕穗期对缺水相当敏感，此时若水分不足会导致颖花退化。而夏季适度干旱可提高苹果树 C/N 比，有利于花芽分化。

氮肥过少不能形成花芽，氮肥过多枝叶旺长，花芽分化受阻；增施磷肥，可增加花数，缺磷则抑制花芽分化。因此，在施肥中应注意合理配施氮、磷、钾肥，并注意补充锰、钼等微量元素，以利于花芽分化。

10.3　植物的成熟与衰老

10.3.1　植物的成熟

　　植物经过花芽分化形成花芽，在适宜的条件下，花朵开放（闭花授粉的花不用开放），花粉落到柱头上进行识别、授粉，进而进行受精。被子植物通过双受精过程分别形成的合子和初生胚乳核，经过分化发育最终形成胚和胚乳，珠被发育成种皮，胚珠发育成种子，子房壁发育成果皮，子房及花的其他部分发育形成果实。种子与果实形成时，不只是发生形态上的变化，而且发生剧烈的生理生化变化。种子与果实的发育好坏，对植物下一代的发育极为重要，同时也决定作物产量的高低与品质的优劣。

10.3.2　种子成熟过程中的生理生化变化

1. 贮藏物质的变化

　　（1）糖类的变化。小麦、水稻、玉米等禾谷类种子和豌豆、蚕豆等豆类种子，其贮藏物质以淀粉为主，称为淀粉种子。在发育过程中，这类种子的可溶性糖含量逐渐降低，而不溶性的糖含量不断升高。禾谷类种子发育要经过乳熟、糊熟、蜡熟和完熟四个时期。淀粉的积累以乳熟和糊熟两个时期最快，因此干重迅速增加。某些豆科植物的淀粉种子在成熟过程中，糖类物质的变化与禾谷类种子基本相同（如图 10-9、图 10-10 所示）。

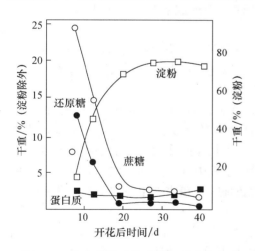

图 10-9　小麦种子成熟过程中胚乳内主要
碳水化合物的变化

（引自植物生理生化，王三根，2001）

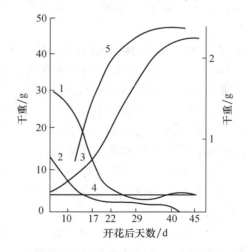

图 10-10　油菜种子在成熟过程中干物质的积累

1. 可溶性糖；2. 淀粉；3. 千粒重；4. 含氮物质；5. 粗脂肪

（引自植物生理生化，孟繁静等，1995）

　　（2）脂肪的变化。大豆、花生、油菜、蓖麻、向日葵的种子中脂肪含量很高，称为脂肪种子。这类种子成熟过程中脂肪代谢具有明显的特点：第一，脂肪是内糖类物质（果糖、葡萄糖和淀粉等）转化来的，因此伴随着种子重量的不断增加，脂肪含量不断升高，而糖类物质含量相应降低；第二，种子成熟初期形成大量的游离脂肪酸，以后随着种子成熟游离脂肪酸用于脂肪的合成，含量降低；第三，随种子发育，脂肪酸不饱和程度与含量升高。

（3）蛋白质的变化。豆科植物种子富含蛋白质，称为蛋白质种子。这类种子积累蛋白质的特点是：首先，叶片或其他器官中的氮素以氨基酸或酰胺的形式运至果荚，在果荚中氨基酸或酰胺转化为蛋白质，暂时贮藏；以后，随着种子发育暂存的蛋白质分解，以酰胺态运至种子，转变为氨基酸，再合成蛋白质。

玉米、小麦等淀粉种子也含有大量的蛋白质，玉米胚乳中含有玉米醇溶蛋白，贮存在蛋白体中。除玉米醇溶蛋白外，水稻醇溶蛋白、小麦的醇溶蛋白、大豆球蛋白等均为种子贮藏蛋白。贮藏蛋白没有明显的生理活性，其主要功能是提供种子萌发时所需的氮和氨基酸。一般认为，贮藏蛋白的氨基酸组成往往反映了幼苗发育时对氨基酸需要的比例。

（4）肌醇六磷酸钙镁的变化。在种子成熟过程中，由茎叶运来的有机物，大多数是与磷酸结合的，如磷酸蔗糖。磷酸蔗糖在种子中转变为淀粉时脱下磷酸，可是游离的磷酸却不利于淀粉的合成，因此需要使游离出来的无机磷酸与肌醇及钙、镁结合为肌醇六磷酸钙镁，即非丁（或称植酸钙镁）。水稻成熟时，有 80% 的磷酸以非丁的形式贮存于糊粉层。非丁是禾谷类等淀粉种子中磷酸的贮备库与供应源，当种子萌发时，非丁分解释放出 P、Ca、Mg，供胚生长之用。

2. 其他生理生化变化

（1）呼吸速率的变化。种子成熟过程是有机物质合成与积累的过程，需要呼吸作用提供大量能量。因此，种子内有机物质的积累与呼吸速率存在着平行的关系，即干物质积累迅速时，呼吸速率亦高；干物质积累缓慢（种子接近成熟）时，呼吸速率也逐渐降低。

（2）含水量的变化。随着种子的发育，含水量逐渐降低。有机物质的合成是个脱水过程。同时，种子成熟时幼胚中具有浓厚的原生质而无液泡，自由水含量极少。随着含水量的下降，种子的生命活动由活跃状态转入休眠状态。

（3）核酸含量和酶活性的变化。DNA 含量比较稳定，而 RNA 含量往往是变化的。在RNA 变化的同时，作为基因表达产物的酶类及其活性也随之变化，如在胚胎发育过程中磷酸酯酶、呼吸代谢酶类、过氧化物酶等活性均发生了相应的变化。酶活性的分布也随胚的发育阶段而变化。芥菜胚磷酸酯酶在球形胚阶段的组织中分布是均匀的，转变为心形胚时，酶活性主要出现在子叶和根中，以后又集中到胚轴中，在成熟中主要分布于根尖、子叶和芽尖。

（4）内源激素的变化。种子成熟过程中受多种内源激素的调节与控制，因此种子中内源激素的种类与含量在不断地发生变化。如小麦形成种子时，CTK 在胚珠受精前含量极低，受精末期达到最高，然后下降；GA 在受精后籽粒开始生长时浓度迅速升高，受精后第 3 周达到高峰，然后减少；IAA 在胚珠内含量极低，受精时略有增加，然后降低，籽粒膨大时再度升高，当籽粒鲜重最大时其含量最高，籽粒成熟时几乎测不出其活性；ABA 在籽粒成熟时含量剧烈升高。在种子发育过程中，内源激素的顺序出现及其有规律的变化可能与这些激素的功能有关。首先出现的是 CTK，可能调节籽粒形态建成的细胞分裂过程；其次是 GA 与 IAA，可能调节有机物质向籽粒运输与积累的过程；最后是 ABA，可能与控制籽粒的休眠过程有关（如图 10-11 所示）。

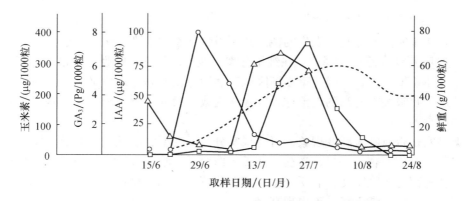

图 10-11　不同的小麦籽粒生育时期激素含量的变化

（虚线表示千粒重；○-○ 表示玉米素，△-△ 表示 GA，□-□ 表示 IAA）

（引自植物生物学，潘瑞炽、董愚得，1995）

10.3.3　果实的生长发育

根据果实包含组织的不同可分为真果和假果。单纯由子房发育成的果实称为真果，如番茄、桃等；由子房和花托、花萼或花序轴等部分共同发育成的果实称为假果，如苹果、梨等食用部分主要是由花托发育成的。果实发育包括果实生长和成熟两个阶段。

1. 果实生长曲线

果实生长曲线有两种类型，即单 S 形曲线和双 S 形曲线（如图 10-12 所示）。苹果、番茄、梨、豌豆、草莓和白兰瓜等果实生长曲线属单 S 形，桃、李、杏等果实生长曲线呈双 S 形。有关果实生长呈双 S 曲线的原因，有人认为中期生长的减慢是由于植株其他部分生长，如营养枝或花芽分化用去了营养物质，使果实得不到充足的有机营养供应的缘故。但也有人用环剥或疏果方法消除这些影响，却仍不能改变双 S 形生长曲线。看来，果实生长曲线可能与其内在的遗传因子有关。

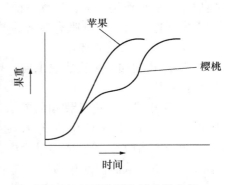

图 10-12　两种果实的生长曲线

在许多果实中，种子数目与果实的最终大小之间以及种子的分布与果实的形状之间有显著的相关关系。这是因为受精以后，种子是产生激素的中心，它使胚珠、子房与营养器官之间形成一个较高的代谢梯度，使营养物质从营养器官向生殖器官转移。草莓果实上的部分瘦果如果未经授粉，或在授粉后的早期人工摘除，则这部分的果肉不能生长，形成畸形的果实。苹果的发育瘦果数与花托重量呈正相关。苹果如果只有一侧有种子，则有种子的一侧充分发育，结果生成不对称的畸形果实。苹果果实的大小也和种子数量呈正相关。梨在无种子时常呈卵形，而有种子时为典型的梨形。

在呈双 S 形生长曲线的果实中，种子的发育与果实生长有一定的矛盾。果实生长停顿的时间，也就是种子迅速生长的时间，这可能与二者竞争养分供应有关。

2. 果实成熟时生理生化变化

成熟是指果实生长停止后发生的使之达到可食状态的生理生化变化过程。

（1）呼吸跃变和乙烯的释放。在细胞分裂迅速的幼果期；呼吸速率很高，当细胞分裂停止，果实体积增大时，呼吸速率逐渐降低，然后急剧升高，最后又下降。果实在成熟之前发生的这种呼吸突然升高的现象称为呼吸跃变或呼吸峰。呼吸跃变的出现，标志着果实成熟达到可食的程度。

根据果实是否有呼吸跃变现象，可将果实分为跃变型和非跃变型两类。跃变型果实有梨、桃、苹果、李、杏、芒果、番茄、西瓜、白兰瓜、哈密瓜等，这类果实在母株上或离体成熟过程中都有呼吸跃变；非跃变型果实有草莓、葡萄、柑橘、樱桃、黄瓜等，其果实在成熟期呼吸速率逐渐下降，不出现高峰。

跃变型果实和非跃变型果实除了在呼吸变化趋势方面有明显差别外，它们在乙烯生成的特性和对乙烯的反应方面也有重要的区别。跃变型果实中乙烯生成有两个调节系统。系统I负责呼吸跃变前果实中低速率的基础乙烯生成；系统II负责呼吸跃变时乙烯的自我催化释放，其乙烯释放效率很高。非跃变型果实成熟过程中只有系统I，缺乏系统II，乙烯生成速率低而平衡。两种类型果实对乙烯反应的区别在于：对于跃变型果实，外源乙烯只在跃变前起作用，诱导呼吸上升，同时启动系统II，形成乙烯自我催化，促进乙烯大量释放，但不改变呼吸跃变顶峰的高度，且与处理用乙烯浓度关系不大，其反应是不可逆的；对于非跃变型果实则不同，外源乙烯在整个成熟期间都能促进呼吸作用增强，且与处理乙烯的浓度密切相关，其反应是可逆的。同时，外源乙烯不能促进内源乙烯增加。

乙烯影响呼吸作用的机理可能是：乙烯通过受体与细胞膜结合，增强膜透性，气体交换加速，氧化作用加强；乙烯可诱导呼吸酶的 mRNA 的合成，提高呼吸酶含量，并可提高呼吸酶活性，对抗氧呼吸有显著的诱导作用，可明显加速果实成熟和衰老进程。

（2）有机物质的转化。

① 甜味增加：果实成熟末期，果实中贮存的淀粉转化为可溶性糖，积累在细胞液中，使果实变甜。

② 酸味减少：随着果实的成熟，果肉细胞的液泡中积累的有机酸一些转变为糖，有些则由呼吸作用氧化为 CO_2 和 H_2O，还有些被 K^+、Ca^{2+} 等离子中和成盐，因此酸味明显减少。

③ 涩味消失：果实成熟过程中，细胞内单宁被过氧化物酶氧化成过氧化物或凝结成不溶性物质，从而使涩味消失。

④ 香味产生：果实成熟时产生一些具香味的挥发性物质，这些物质主要是一些酯类或特殊的醛类物质。

⑤ 果实变软：果实成熟过程中，果实细胞的初生细胞壁中沉积的原果胶被水解为可溶性果胶、果胶酸和半乳糖醛酸，果肉细胞彼此分离，于是果肉变软。此外，细胞中淀粉的转变也是使果实变软的部分原因。

⑥ 色泽变艳：随着果实的成熟，果皮中的叶绿素逐渐分解，而类胡萝卜素含量仍较多且稳定，故呈现黄色，或由于形成花色素而呈红色。

⑦ 维生素含量增高：随着果实发育成熟，维生素特别是维生素 C 等含量显著增高。

（3）内源激素的变化。在果实成熟过程中，各种内源激素都有明显变化。一般生长素、赤霉素、细胞分裂素的含量在幼果生长时期增高，但到果实成熟时都下降至最低点，而乙烯、脱落酸含量则升高（如图 10-13 所示）。

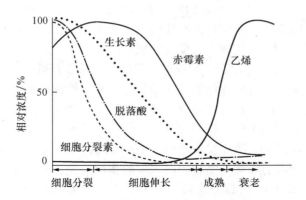

图 10-13　苹果果实各生育时期激素的动态变化

10.3.4　植物的衰老

植物的衰老是植物体生命周期的最后阶段，是成熟的细胞、组织、器官和整个植株自然地终止生命活动的一系列不可逆的衰败过程。衰老可在细胞、组织、器官和整体水平上表现出来。不同植物的器官衰老方式不同，有的以脱落方式衰老，如由于气象因子导致的叶片季节性衰老脱落；有的植物甚至整个地上部分同时衰老，如多年生草本植物。整株植物的衰老又有两种方式：一是整体同时衰老，例如季节性或一年生草本植物；二是渐近衰老，例如多年生的木本植物。

1. 植物衰老的生物学意义

对于季节性或一年生植物，在整体衰老过程中，其营养体的营养物质可转移至发育的种子或块根、块茎、球茎等延存器官，以备新个体形成时利用，这类植物可通过延存器官度过寒冬、干旱等不利条件，使物种得以延续；对于多年生植物，叶片脱落有利于植物度过不利的环境条件，而较老的器官和组织衰老退化，由新生的器官和组织取代则有利于植株维持较高的生活力，果实的衰老脱落有利于种子的传播。植物的衰老也与农业生产密切相关，衰老农作物受到某些不良因素影响时，适应能力降低，引起营养体生长不良，造成过早的衰老，籽粒不饱满，使粮食减产。例如，农作物的叶片和根系早衰将严重影响产量，据估算，在作物成熟期如能设法使功能叶片的寿命延长 1 d，则可增产 2%。

2. 衰老过程中的生理生化变化

植物衰老首先从器官的衰老开始，然后逐渐引起植株衰老。目前主要粮油作物（水稻、小麦、油菜等）的部分推广品种生育后期均出现不同程度的叶片早衰现象，已成为提高作物产量的限制因素。叶片衰老过程中的生理生化变化如下。

（1）光合速率下降。叶片的衰老表现在当叶片面积达到最大值不久光合速率就开始下降，光合速率下降使叶片的同化物质减少。目前认为光合速率的下降原因是：① 叶绿体的间质破坏，类囊体膨胀、裂解，叶绿素含量迅速下降；② RuBP 羧化酶/加氧酶（Rubisco）分解，光合电子传递与光合磷酸化受阻。

（2）呼吸速率变化。叶片衰老时，呼吸速率下降较光合速率慢。呼吸作用在衰老的前、中期平稳，而在后期发生跃变，然后迅速下降。例如离体燕麦置于暗中衰老，第二天或第三天时叶片变黄，呼吸速率比开始时增加 2.5 倍，然后迅速下降。在离体叶片衰老时，呼吸底物也发生改变，由利用糖类物质转变为利用衰老时产生的氨基酸。在衰老过程中氧化磷酸化解偶联，ATP 合成减少，促进衰老。

（3）叶绿素含量下降。叶片衰老过程最明显的一个特点是叶绿素含量不断下降，外观上叶片由绿变黄，这就是经常用叶绿素含量作为叶片衰老指标的原因。小麦等植物的离体叶片在暗中强迫衰老时，叶绿素含量持续下降。在活体叶片衰老过程中，叶绿素含量也不断下降，叶绿素含量下降晚于光合作用的下降。但当叶绿素含量降低时，光合速率剧烈下降，随着叶片衰老，叶绿素 a 降解快于叶绿素 b，因此，叶绿素 a/b 比值可作为衰老的指标。有试验表明，叶绿素的降解与细胞中的水解酶作用有关：从黑暗中衰老的燕麦离体叶片分离的叶绿体在 26℃ 下 7 d 叶绿素含量下降 5%～10%，而完整叶片在相同条件下叶绿素含量则下降 80%；丝氨酸是蛋白酶活性中心的组成部分，促进叶绿素降解；RNA 合成抑制剂放线菌素 D 抑制叶绿素降解。

（4）蛋白质含量降低。在离体叶片和活体叶片衰老过程中，蛋白质含量下降，并早于叶绿素降解。例如燕麦离体叶片在暗中第一天蛋白质即下降，但叶绿素分解则晚一些时间。当大麦、黄瓜等叶片充分展开后，Rubisco 活性和含量就开始下降。在离体叶片中，在蛋白质降解时，氨基酸积累。但活体叶片衰老时游离氨基酸并不积累，而是运到植物的其他部位。蛋白质分解是由蛋白酶引起的。然而有试验表明，在叶片衰老时，水解酶活性并不升高，但蛋白质的合成能力下降，例如旱金莲离体叶片中 14C-亮氨酸掺入蛋白质的能力下降，用延缓衰老的激素处理，其掺入量稳定在一定水平；而用促进衰老的 ABA 处理，则掺入量低于对照。因此，衰老叶片蛋白质含量下降是由于蛋白质代谢失调，分解速率大于合成速率所致。

（5）核酸含量降低。在叶片衰老时，RNA 总量下降，其中 rRNA 减少最明显；DNA 含量也下降，但下降速率小于 RNA。例如，烟草叶片衰老 3 d，RNA 下降 16%，DNA 只减少 3%；牵牛花在花瓣衰老时，DNA、RNA 的水平都下降，与此同时，DNA 酶、RNA 酶活性却有所增加。核酸含量的下降趋势与蛋白质一致。

（6）不饱和脂肪酸比例下降。随着叶片衰老，不饱和脂肪酸比例下降。

（7）生物膜结构变化。在衰老过程中，细胞的结构逐渐解体。首先是叶绿体完整性的丧失，可观察到叶绿体肿胀，膜脂相变，外被膜结构变化和逐渐脱落，基粒数减少，内囊体经囊泡化作用而解体，光合电子传递能力下降。而后核糖体和粗糙内质网急剧减少，失去蛋白质合成能力。随着组织的衰老，内质网膨胀，功能减退。线粒体是较为稳定的细胞器之一，到衰老后期，线粒体嵴扭曲至消失。最后，液泡膜溶解，其中的各种水解酶散布到整个细胞，同时，细胞质 pH 值降低，酸性介质的水解酶活跃，消化所有的细胞器，包括细胞核解体。在某些组织细胞中，可看到核物质穿壁现象。最后，膜完全破坏，细胞自溶解体。

3. 植物衰老的原因

（1）营养竞争。一生中只开一次花的一些植物在开花结实后，通常导致营养体衰老、死亡。早期对衰老机制的解释是营养学说，由于生殖器官是竞争力很强的库，使植物体内同化物再分配。大量养分从营养器官运入生殖器官被再利用，致使营养器官衰老。若摘除花果，可适当延迟叶片和整株植物的衰老。

但是，用营养缺乏的原因并不能解释衰老的所有现象。如一年生雌雄异株植物菠菜，雄株没有很明显的营养物质再分配，同样会衰老死亡。玉米去果穗也不能延迟衰老，有时甚至加速衰老。即使供给已开花结实的植株充分营养，也无法使植株免于衰老。对于二年生植物，更难于用营养竞争的理论来解释其叶片的衰老和脱落。

（2）自由基与衰老。生物体内存在并影响衰老的自由基，如羟自由基（HO^-）、烃氧基（RO^-）、超氧化物阴离子自由基（O_2^-）、超氧物自由基（$H_2O_2^-$ 和 ROO^-）、单线态氧（O_2^+）等，它们均含氧又比氧更活泼，统称活性氧。它们对生物大分子，如蛋白质、核酸、膜生物，以及叶绿素有破坏作用，使器官及植物体衰老、死亡。

叶片中有两种酶与衰老有密切关系：超氧化物歧化酶（SOD）和脂氧合酶（LOX）。SOD 参与自由基的清除和膜的保护，而脂氧合酶则催化膜脂中不饱和脂肪酸加氧而使膜损伤，衰老时往往伴随着 SOD 活性的降低和 LOX 活性的升高，从而导致自由基增加，并伴随着丙二醛含量的上升，即膜脂过氧化的加剧，衰老加速。

（3）激素和衰老因子。一般认为，衰老不仅受某一种内源激素的调节，而且激素之间的平衡也起重要的作用。如低浓度的 IAA 可延缓衰老，但浓度升高到一定程度时，可诱导乙烯合成，从而促进衰老；脱落酸对衰老的促进作用可为细胞分裂素所拮抗；细胞分裂素是最早被发现具有延缓衰老作用的内源激素，可通过影响 RNA 合成、提高蛋白质合成能力、影响代谢物的分配来推迟衰老进程；赤霉素和生长素对衰老的延缓作用有一定的局限性，其效应与物种有关；脱落酸和乙烯对衰老有明显的促进作用，脱落酸可抑制核酸和蛋白质的合成，加速叶片中 RNA 和蛋白质的降解，并能促使气孔关闭，脱落酸在植物体内含量的增加是引起叶片衰老的重要原因；乙烯不仅能促进果实呼吸跃变，提早果实成熟，而且还可以促进叶片衰老，这与乙烯能增加膜透性、形成活性氧、导致膜脂过氧化以及抗氰呼吸速率增加、物质消耗多有关；茉莉酸类可加快叶片中叶绿素的降解速率，促进乙烯合成，提高蛋白酶与核糖核酸酶等水解酶的活性，加速生物大分子的降解，因而促进植物衰老。

（4）衰老的遗传控制。衰老是遗传程序控制的主动发育进程。在衰老早期，植物发生一系列细胞学和生物化学变化。叶片中多数 mRNA 水平显著下降，这些降低表达的基因称衰老下调基因。如编码与光合作用有关的多数蛋白质的基因，随叶片衰老而其表达急剧下降。另一类基因是在衰老时被诱导表达的基因，称衰老相关基因，或者说其表达是上调的。所以，也有新蛋白质的合成，许多酶活性增加，其中包括蛋白酶、酸性磷酸酯酶、纤维素酶、多聚半乳糖醛酸酶等，这些酶的活跃使细胞从以合成代谢为主转向降解代谢为主；尤其是催化乙烯生物合成的 ACC 合成酶和 ACC 氧化酶的基因表达，产生大量乙烯；还有参与降解物转化与再分配的谷氨酰胺合成酶的基因等。对不衰老突变体的筛选和研究，更提供了特定基因表达控制衰老的证据。

细胞程序性死亡是植物体内存在的由特定基因控制的细胞衰老过程。它以 DNA 降解为特征，通过主动的生化过程使某些细胞衰亡，形成特殊的组织，如导管的形成等。

4. 环境条件对植物衰老的影响

（1）温度。低温和高温均能诱发自由基的产生，引起生物膜相变和膜脂过氧化，加速植物衰老。

（2）光照。光能延缓植物衰老，暗中加速衰老。光可抑制叶片中 RNA 的水解，在光下乙烯的前体 ACC 向 ETH 的转化受到阻碍。红光可阻止叶绿素和蛋白质含量下降，远红光则能消除红光的作用。蓝光可显著地延缓绿豆幼苗叶绿素和蛋白质的减少，延缓叶片衰老。但强光和紫外光可促进植物体内产生自由基，诱发植物衰老。长日照促进 GA 合成，利于生长；短日照促进 ABA 合成，利于脱落，加速衰老。

（3）气体。O_2 浓度过高将加速自由基的形成，引起衰老；O_3 污染环境可加速植物的衰老过程；高浓度的 CO_2 可抑制乙烯生成和呼吸速率，对衰老有一定的抑制作用。

（4）水分。在水分胁迫下促进 ETH 和 ABA 形成，加速蛋白质和叶绿素的降解，提高呼吸速率；自由基产生增多，加速植物的衰老。

（5）矿质营养。氮肥不足，叶片易衰老；增施氮肥，能延缓叶片衰老。Ca 处理果实有稳定膜的作用，减少乙烯的释放，能延迟果实成熟。Ag^+、Ni^{2+} 可延缓水稻叶片的衰老。

学习小结

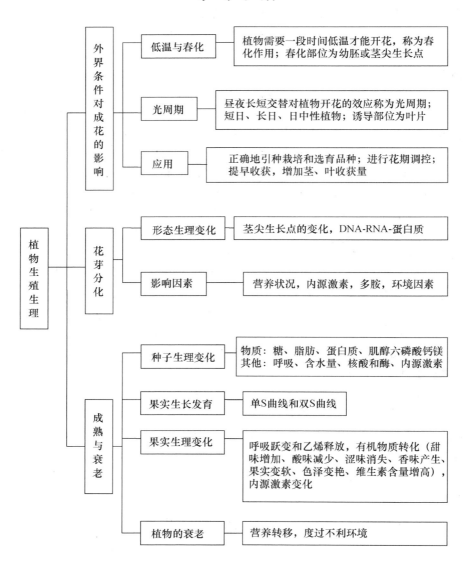

10.4　复习思考题

1. 什么是春化作用? 试述春化作用、光周期现象在成花诱导中的作用。

2. 春化作用、光周期现象在农业生产实践中有何应用价值?

3. 如果发现一种尚未确定光周期特性的新植物种,应怎样确定它是短日植物、长日植物还是日中性植物?

4. 南麻北种有何利弊? 为什么?

5. 在长日照条件下,有一种烟草即使在其他条件满足的情况下在生长季节也不能开花,在深秋短日的情况下,把它栽培在大田里仍不能开花,请分析原因。

6. 为什么说暗期长度对短日植物成花比日照长度更为重要?

7. 为什么说光敏色素参与了植物的成花诱导过程? 它与植物成花之间有何关系?

8. 影响植物花器官形成的条件有哪些?

9. 种子成熟过程中会发生哪些生理生化变化? 说明控制果实成熟的措施及其理论基础。

10. 环境条件对种子品质有什么影响?

11. 果实成熟期间在生理生化上有哪些变化?

12. 植物衰老时发生哪些生理生化变化? 衰老的原因是什么?

第11章 植物的抗逆生理

 知识目标

◆ 知道逆境对植物造成的伤害情况。

◆ 知道植物抵抗逆境的生理变化。

◆ 掌握植物逆境预防的措施。

◆ 了解植物在环境保护中的作用。

 能力目标

◆ 熟练掌握逆境条件下植物的组织变化情况。

◆ 能掌握逆境对植物造成的各种伤害。

◆ 熟练运用生活中的各项措施来减少逆境对植物造成的损失。

在农林生产中，真正风调雨顺的年头很少。植物生长过程中，常常会遇到或大或小的自然灾害，造成植物生长不良。通常将对植物生长不利的各种环境因素称为逆境。逆境的种类很多，包括物理的（温度、风、雨、雪、声、磁、电、辐射等）、化学的（盐类离子、有毒有害气体、除草剂等）、生物的（病原微生物、害虫、杂草等）。任何一种使植物内部产生有害变化的环境因子又可称为胁迫，如水分胁迫，温度胁迫、盐分胁迫等等。当植物受到胁迫之后而产生的相应变化称为胁变。胁变既可表现为物理变化（如原生质流动变慢或停止），又可表现为化学变化（代谢方向与强度）。胁变的程度有轻有重，程度轻而解除胁迫后又能复原的胁变叫弹性胁变；程度重而解除胁迫后不能复原的胁变叫塑性胁变。如果胁迫急剧或时间较久则会导致植物死亡。

植物对逆境的抵抗和忍耐能力叫植物的抗逆性，简称抗性。这种抗性随着植物的种类，生长发育的过程与环境条件的变化而变化。当作物生长旺盛时，其抗性弱；休眠期间其抗性强。在同样条件下，生长健壮的作物植株，有较强的抗逆性；而生长衰弱的植株，其抗性能力就较弱。以植物的不同生育时期来说，营养生长期的抗逆能力较强，而开花时期的抗逆能力较弱。植物的抗逆生理就是研究不良环境对植物生命活动的影响，以及植物对不良环境的抗御能力。

植物对不利于生存的环境的逐步适应过程，叫做锻炼。例如越冬树木或草本植物在严冬来临之前，如温度逐步降低，经过渐变的低温锻炼，植物就可忍受冬季严寒，否则如寒流突然降临，由于植物未经锻炼，则很易遭受冻害。一般来说，在可忍耐范围内，逆境所造成的损伤是可逆的，即植物可恢复其正常生长；如超出可忍耐范围，则损伤是不可逆的，植物完全丧失自身修复能力，植物将会受害死亡。培育出一些能适应暂时不利条件或者长期生活在严酷条件下的作物，这对于进一步提高农林生产具有很大潜力。

11.1　植物的抗寒性与抗热性

11.1.1　植物的抗寒性

低温对植物造成的伤害称寒害。按照低温的不同程度和植物受害情况，可分为冻害和冷害两大类。把植物对低温的适应和抵抗的能力称抗寒性，分为抗冷性和抗冻性。

1. 冷害与植物的抗冷性

（1）冷害。0℃以上的低温对植物造成的伤害叫做冷害。冷害是一种全球性的自然灾害，无论是北方的寒冷国家（如法国、加拿大、俄罗斯等）还是南方的热带国家（如印度、孟加拉、澳大利亚等）均有发生。日本是发生冷害次数较多的国家，每隔 3～5 年便发生一次，有时连年发生。我国北方地区冷害也较频繁，中华人民共和国成立以来东北地区就发生过 9 次冷害。在我国冷害经常发生于早春和晚秋。冷害严重地威胁着主要作物（水稻、玉米、大豆、高粱、果树等）的生长发育，常常造成严重减产，如水稻减产 10%～50%，高粱减产 10%～30%，玉米减产 10%～20%，大豆减产 20%。由此可见，冷害是某些地区限制作物产量提高的主要因素之一。

（2）冷害类型。根据植物不同生育期而遭受低温伤害的情况，把冷害分为两种类型。

① 延迟型冷害：植物在营养生长期遇到低温，使生育期延迟的一种冷害。其特点是，植物在生长时间内遭受低温危害，使生长、抽穗、开花延迟，虽能正常受精，但由于不能充分灌浆与成熟，使水稻青米粒高、高粱秕粒多、大豆青豆多、玉米含水量高，不但产量降低，而且品质明显下降。黑龙江省的水稻、大豆、玉米、高粱等作物都遭受过这种冷害。

② 障碍型冷害：植物在生殖生长期间（花芽分化到抽穗开花期），遭受短时间的异常低温，使生殖器官的生理功能受到破坏，造成完全不育或部分不育而减产的一种冷害。例如水稻在孕穗期，尤其是花粉母细胞减数分裂期（大约抽穗前 15 d）对低温极为敏感，如遇到持续 3 d 的日平均气温为 17℃的低温，便发生障碍型冷害。为避免冷害，可在寒潮来临之前深灌，加厚水层，当气温回升后再恢复适宜水层。水稻在抽穗开花期如遇 20℃以下低温，如阴雨连绵温度低的天气，会破坏授粉与受精过程，形成秕粒。

另外，根据植物对冷害反应的速度，又可将冷害分为两类。一种是直接伤害，即植物受低温影响几小时，至多在一天内即出现伤斑，说明这种影响已侵入胞间，直接破坏原生质活性。另一种是间接伤害，即植物受低温后，植株形态上表现正常，至少要在几天甚至几周才出现组织柔软、萎蔫。这是因低温引起代谢失常的缓慢变化而造成细胞的伤害，并不是低温直接造成的损伤，这种伤害现象极普遍。

（3）冷害症状。植物遭受冷害之后，最明显的症状是，生长速度变慢，叶片变色，有时出现色斑。例如，水稻遇低温后，幼苗叶片从尖端开始变黄，严重时全叶变为黄白色，幼苗生长极为缓慢或者不生长，被称为"僵苗"或"小老苗"。玉米遭受冷害后，幼苗呈紫红色，其原因是糖的运输受阻，花青素增多。木本植物受冷害出现芽枯、顶枯、破皮流胶及落叶等现象。作物遭受冷害后，籽粒灌浆不足，常常引起空壳秕粒，产量明显下降。

植物发生冷害后，体内生理代谢过程发生明显变化。如各种酶类的活性受到影响，导致酶促反应失调，幼苗处于低温条件下，蛋白质含量减少，淀粉含量降低，可溶性糖含量提高。冷害使作物的呼吸速率大起大落，即开始时上升而后下降。初期，呼吸速率上升是一种保护反应，因呼吸强放热多，对抵抗冷害有利；以后呼吸降低是一种伤害反应，有氧呼吸受到抑制，无氧呼吸加强，使物质消耗过多，产生乙醛、乙醇等有毒物质。冷害使叶绿素合成受阻，植株失绿，光合作用降低，如果低温伴有阴雨，会使灾情更加严重。低温使根系吸收能力降低，导致地上部积水，出现萎蔫、干枯。

（4）冷害机理。当温度下降到 $10 \sim 12 ℃$ 时，细胞膜就由易变形的液晶态变为凝胶态，膜的脂肪凝固，使膜的酶失去活性，代谢紊乱。冷害使细胞膜的透性破坏，原生质体破损，膜的选择透性丧失，细胞吸水困难，胞内溶质外流，使生理代谢过程失调。

（5）抗冷性及其提高途径。抗冷性是指植物对 $0 ℃$ 以上低温的抵抗和适应能力。低温下保持膜的液晶状态，则植物的抗冷性提高。而增加膜质中不饱和脂肪酸的比例即可维持膜的液晶状态，防止脂类固化，亦能提高抗冷性。除不饱和脂肪酸与抗冷性有关外，可溶性蛋白质（游离的不与膜结合的酶）对抗冷也有一定影响。可溶性蛋白质多，有利于提高植物的抗冷性。农业上提高抗冷性一般有以下几条途径。

① 低温锻炼。锻炼是个很有效的途径，因为植物对低温的抵抗完全是一个适应锻炼的过程。许多植物如预先给予适当的低温锻炼，以后即可经更低温度的影响不致受害。黄瓜、茄子等幼苗，由温室移至大田栽培之前，先经 $2 \sim 3 d$ $10 ℃$ 低温处理，栽后可抗 $3 \sim 5 ℃$ 低温。春播玉米、黄豆种子，播前浸种并转经适当温度处理，播后苗期抗寒力有明显提高。经过锻炼的幼苗，细胞膜内不饱和脂肪酸含量提高，膜的结构与功能稳定，膜上酶及 ATP 含量增加。可见低温锻炼对提高抗寒力具深刻影响。

② 化学药剂处理。使用化学药剂可提高植物的抗冷性，如水稻幼苗、玉米幼苗用矮壮素（CCC）处理，可提高抗冷性。植物生长物质如细胞分裂素、脱落酸、2，4-D 也能提高植物的抗冷性。

③ 培育抗寒早熟品种。培育抗寒性强的品种是一个根本的办法。通过遗传育种，选育出具有抗寒特性或开花期能避开冷害季节的作物品种，可减轻冷害对作物的伤害。

此外，营造防护林、增施牛羊粪、多施磷肥和钾肥、有色薄膜覆盖、铺草等，也有助于提高植物的抗冷性。

2. 冻害与植物的抗冻性

（1）冻害。$0 ℃$ 以下的低温使植物组织内结冰而引起的伤害称为冻害。有时冻害伴随着霜降，因此也称霜冻。冻害在我南方和北方均有发生，尤以东北、西北的晚秋与早春以及江淮地区的冬季与早春为害严重。

植物是否遭受冻害，主要取决于降温幅度，降温的持续时间，以及冰冻来临时与解冻是否突然。降温的幅度愈大，霜冻持续时间愈长，解冻愈突然，对植物的危害愈大，在缓慢的降温与缓慢的升温解冻情况下，植物受害较轻。

（2）冻害机理。冻害时植物的影响，主要是由于结冰而引起的。结冰伤害有细胞间结冰和细胞内结冰两种类型。

胞间结冰是当温度缓慢下降时，细胞间的水分首先形成冰晶，导致细胞间隙的蒸汽压下降，而细胞内的蒸汽压仍然较大，使细胞内水分向胞间外渗，胞间冰晶体积逐渐加大。细胞间结冰受害的原因是：第一，细胞质过度脱水破坏蛋白质和细胞质而凝固变性；第二，冰晶体积膨大对细胞产生机械损伤；第三，温度回升，冰晶体迅速融化，细胞壁易恢复原状，而细胞质却来不及吸水膨胀，有可能被撕破。胞间结冰并不一定使植物死亡。

胞内结冰是当温度迅速下降时，除了在细胞间隙结冰外，细胞内的水分也形成冰晶，包括细胞膜、细胞质和液泡内部都出现冰晶，这叫胞内结冰。胞内结冰破坏了细胞质的结构，常给植物带来致命的损伤，甚至死亡。

冰冻引起细胞的伤害，主要是膜系统被破坏。细胞在结冰以后又融化的过程中，膜透性增大，是膜结构受破坏比较典型的特征。膜上蛋白质变性，细胞内的溶质自由渗出，最终导致细胞死亡。

3. 提高植物抗冻性途径

植物对冻害的抵抗和适应能力，称为植物的抗冻性。植物在冬季来临之前，随着气温的逐渐降低，体内发生了一系列的适应低温的生理生化变化，抗冻力就逐渐加强，这种提高抗冻能力的过程，叫做"抗冻锻炼"。其生理生化变化主要表现在以下几点。① 呼吸作用减弱，当呼吸作用随温度下降而下降到能够维持生命最底限度时，其作物的抗冻性最强。② 体内脱落酸含量增加，多年生落叶树木（如桦树等）随着秋季来临日照变短，气温下降，叶内形成脱落酸并运往生长点，抑制茎的伸长，促进叶片脱落与休眠。使植株进入休眠状态，有利于提高抗冻能力。③ 植株含水量下降，秋末冬初，温度下降，植物生命活动减弱，根系吸水减少，含水量逐渐下降，细胞内亲水性胶体增加，束缚水含量相对增加，有利于抗冻性加强。④ 保护物质增多，秋季光照较强，作物还可进行较强的光合作用，合成大量的有机物质，同时秋季昼夜温差大，作物生长慢，呼吸消耗降低，体内有机物质积累增多。此外，当气温逐渐下降时，淀粉转为糖的速率加快，而体内可溶性糖（主要是葡萄糖和蔗糖）含量增多，使细胞的结冰点降低，细胞不易结冰，并可增强细胞的保水能力，因此糖是作物抗冻性的重要保护物质。

作物抗冻性的形成是对各种环境条件的综合反应，因此，在农业生产上应该从改善作物生育的条件入手，加强田间管理，防止冻害的发生。具体措施包括：一是及时播种、培土、控肥、通气，促进幼苗健壮生长；二是寒流霜冻来临前实行冬灌、熏烟、盖草，以抵御强寒流袭击；三是合理施肥，厩肥和绿肥能提高早春作物的抗寒能力，提高钾肥比例也有提高抗冻的效益。此外，早春育秧，采用薄膜苗床或地膜覆盖，对防止冻害有明显效果。另外，选育抗冻性强的优良品种，也是一个很好的农业措施。

11.1.2　植物的抗热性

1. 高温对植物的伤害

温度过高对植物产生的伤害称为热害。导致热害的温度界限，阴生植物与水生植物在35℃左右，陆生植物则高于35℃。植物热害症状是：叶片出现明显的死斑，叶绿素破坏严重，叶色变成褐黄；器官脱落；木本植物树干（尤其是向阳部分）干燥，裂开；鲜果（如葡萄、番茄等）灼伤，以后在受伤与健康部分之间形成木栓，有时甚至整个果实死亡；出现雄性不育，花序或子房脱落等异常现象。高温对植物的危害可分为直接伤害和间接伤害两类。

间接伤害是指高温导致代谢的异常，渐渐使植物受害，其过程是缓慢的。高温持续时间越长或温度越高，伤害程度也越严重。间接伤害对植物的影响主要有以下三点。

一是使植物产生饥饿。植物同化作用的最高温度一般比造成热害的温度低 3～12℃，而组成同化作用的光合作用最适温度又低于呼吸作用的温度。因此，实际上当温度未达到热害温度之前，由于呼吸作用的升高，使得净光合作用已有所下降。把呼吸速率与光合速率相等时的温度，称为温度补偿点。处于温度补偿点以下的植物已无光合产物的积累，已经开始消耗体内储存的营养；当温度继续升高超过补偿点时，破坏同化作用的现象也愈增强，制造的物质抵不上消耗，使植物处于饥饿状态，时间延长，将引起死亡。饥饿的产生不一定单纯是净同化物质的减少，有时也可能是运输受阻，或接纳同化物的能力降低。

二是氨毒害。氨毒害也是高温常见的现象，氨的积累是由于高温促使蛋白质分解和蛋白质合成受阻的结果。有人发现如果向植物输入有机酸（如柠檬酸、苹果酸），在高温条件下与对照对比，其氨含量减少，抵消了氨的毒害。这是因为有机酸可与氨结合成氨基酸或酰氨。肉质植物之所以耐热性强就是因为它们具有很强的有机酸代谢，完全可消除 NH_3 的毒害作用。对抗热植物如果有呼吸抑制剂氰化钾、氟化钠、亚砷酸盐等抑制，减少体内有机酸含量，可明显降低植物抗热性。凡是在高温下呼吸作用降低，有机酸含量增加，均有助于抗热能力的提高。

三是蛋白质破坏。在高温下，原生质中蛋白质的破坏是热害的主要特征。高温如果暂时终止，体内的生理机能就会迅速补偿，蛋白质的分解产物可以"重建"或"改建"原生质，形成更为稳定的抗热结构。

高温的直接伤害是植物在短期内接触高温引起的，在短期高温后很快出现。高温对植物的直接伤害有以下几种。

一是蛋白质变性。高温破坏蛋白质的空间结构，先是蛋白质二级与三级结构中起重要作用的氢键断裂；其次是有些疏水的键能减弱，蛋白质分子因而展开，失去原有的生物学特性。一般最初的变性是可逆的，高温的继续影响，就使它很快转变为了不可逆的凝聚状态。高温使蛋白质凝聚时，与冻害相同，蛋白质分子的双硫基含量增多，硫氢基含量下降。在小麦幼苗和大豆下胚轴中，都可以看到这种现象。

二是脂类液化。植物细胞原生质在高温条件下，拟脂被熔化，有拟脂物质游离出来。生物膜被破坏，许多代谢就不能进行，透性加大，细胞受伤甚至死亡。细胞脂肪酸的饱和程度与植物的耐热性有关，细胞内脂类饱和程度越高，越不易被高温断裂，不易液化，抗热性就强。

2. 植物抗热性机理

抗热性较强的植物，在高温下能维持正常代谢，对异常代谢也有较大的忍耐力。通常抗热性较强的植物均有以下几方面表现。

一是有较高的温度补偿点。植物对高温的适应能力首先决定于生态习性，不同生态环境下生长的植物耐热性不同。一般生长在干燥和炎热环境的植物，其耐热性高于生长在潮湿和阴凉环境的植物。C_3 和 C_4 植物比较，C_4 植物起源于热带或亚热带的环境，故耐热性一般高于 C_3 植物。这主要是由于二者光合作用的最适温度不同，C_3 植物光合作用的最适温度在 $20\sim25℃$；而 C_4 植物的光合作用最适温度可达 $40\sim45℃$。因此，抗热性较强的植物，温度补偿点较高，在 $45℃$ 或更高的温度下还有一定的净光合生产率。番茄与南瓜的光合作用最适温度相同，但是南瓜在高温中光合作用下降的速度较慢，因而比较耐热。所以，凡是温度补偿点高的，或者在高温下光合作用强度下降慢的植物，都比较耐高温。

二是形成较多的有机酸。有机酸是很好的抗毒物质，形成较多的有机酸，可以与高温影响下产生的氨结合而消除氨的毒害，也是抗高温的途径。RNA 与蛋白质的合成有密切的正相关，凡是 RNA 含量多的植物品种，其抗热性也必然较强。另外，蛋白质的热稳定性是抗热性的基础。提高抗热性的关键，在于蛋白质分子不至于因热而发生不可逆的变性与凝聚，同时加快蛋白质的合成速度，及时补偿蛋白质的损耗。蛋白质分子内键能最大的是二硫键，在防止可逆的变性中起重要作用。凡是分子内二硫键多的蛋白质，抗热性就强。

3. 提高植物抗热性的途径

（1）高温锻炼。高温锻炼能够提高植物的抗热性。高温锻炼要注意温度强度及作用时间。温度愈高，作用时间偏短。实地试验发现自 $1\sim26℃$，时间不超过 $18\,h$，细胞原生质对热的敏感性都没有变化；但自28℃开始，耐热性有所增长，并随着温度升高而更显著；至38℃左右，细胞原生质会死亡。这说明28～38℃是实现抗热锻炼的安全温度。

（2）培育和选用耐热作物和品种。培育、引用、选择耐热作物或品种是目前防止和减轻作物热害最有效、最经济的方法。例如，选育生育期短的作物或品种，避开后期不利的干热条件。

（3）改善栽培措施。采用灌溉改善小气候，促进蒸腾，有利于降温；采用间种套作，高杆与低杆，耐热作物与不耐热作物适当搭配；人工遮阴可用于经济作物（如人参）栽培；树干涂白可防止日灼等。这些都是行之有效的方法。

（4）化学药剂处理。例如，喷洒 $CaCl_2$、$ZnSO_4$、KH_2PO_4 等可增加生物膜的热稳定性；给植物引入维生素、核酸、激动素、酵母提取液等生理活性物质，能够防止高温造成的生化损伤，但作为制剂大面积应用尚不可能，主要是因为造价太高。

11.2　植物的抗旱性和抗涝性

11.2.1　植物的抗旱性

1. 旱害及其类型

土壤水分缺乏或大气相对湿度过低对植物造成的伤害，叫做旱害或干旱。旱害可分为土壤干旱和大气干旱两种。大气干旱的特点是土壤水分不缺，但由于温度高而相对湿度较低（10%～20%以下），叶蒸腾量超过吸水量，于是破坏体内水分平衡，植物体表现出暂时萎蔫，甚至叶枝干枯等危害。"干热风"就是大气干旱的典型例子。如果长期存在大气干旱，便会引起土壤干旱。土壤干旱是指土壤中缺乏植物能吸收的水分，植物根系吸水满足不了叶片蒸腾失水，植物组织处于缺水状态，不能维持生理活动而受到伤害，严重缺水将引起植物干枯死亡。

2. 干旱对植物的影响

（1）暂时萎蔫和永久萎蔫。植物在水分亏缺严重时，细胞失水紧张，叶片和茎的幼嫩部分即下垂，这种现象称为萎蔫。萎蔫可分为暂时萎蔫和永久萎蔫两种。在夏季炎热的中午，蒸腾强烈，水分暂时供应不上，叶片与嫩茎萎蔫，到了夜晚蒸腾减弱，根系又继续供水，萎蔫消失，植物恢复挺立状态，这叫暂时萎蔫。当土壤已无可供植物利用的水分，引起植物整体缺水，根毛死亡，即使经过夜晚萎蔫也不会恢复，这叫做永久萎蔫。永久萎蔫持续过久，会导致植物死亡。

（2）干旱时植物的生理变化。

① 水分重新分配。因干旱造成水分缺失时，植物水势低的部位会从水势高的部位夺水，加速器官的衰老进程，地上部分从根系夺水，造成根毛死亡。干旱时一般受害较大的部位是幼嫩的胚胎组织以及幼小器官，因它们将水分分配到成熟部位的细胞中去。所以，禾谷类作物幼穗分化时遇到干旱，小穗数和小花数减少，灌浆期缺水，子粒不饱满，更加影响产量。

② 光合作用下降。由于叶片干旱缺水，导致内源激素脱落酸含量增加，气孔关闭，CO_2 的供应减少，使叶绿体对 CO_2 的固定速度降低；同时，缺水抑制了叶绿素的合成和光合产物的运输，从而导致光合作用显著下降。

③ 体内蛋白质含量降低。由于干旱使 RNA 酶活性加强，导致多聚核糖体缺乏以及 RNA 合成被抑制，从而影响蛋白质合成。同时，干旱时根系合成细胞分裂素的量减少，也降低了核酸和蛋白质的合成而使分解加强，这样将引起叶片发黄。蛋白质分解形成的氨

基酸，主要是脯氨酸，其累积量的多少是植物缺水程度的一个标志。萎蔫时，游离脯氨酸增多，有利于贮存氨以减少毒害。

④ 呼吸作用增强。缺水使活细胞中酶的作用方向趋向水解，即水解酶活性加强，合成酶的活性降低甚至完全停止，从而增加了呼吸原料。但在严重干旱条件下，会引起氧化磷酸化解偶联，P/O 比下降，因此呼吸时产生的能量多半以热的形式散失，ATP 合成减少，从而影响多种代谢过程和生物合成的进行。

（3）干旱使植物致死的原因。

① 机械损伤。干旱对细胞的机械损伤是造成植株死亡的重要原因。干旱时细胞脱水，液泡收缩，对原生质产生一种向内的压力，使原生质与细胞壁同时向内收缩，在细胞壁上形成许多锐利的折叠，能够刺破原生质。如此时骤然吸水，可引起质壁不协调吸胀，使粘在细胞壁上的原生质被撕破，造成细胞死亡。

② 透性改变。水分亏缺时细胞脱水，这样导致膜质分子排列紊乱，使膜出现空隙和龟裂，透性提高，电解质氨基酸和可溶性糖等向外渗漏。例如，葡萄叶片干旱失水时细胞的相对透性比正常叶片提高 3～12 倍。

③ 氢基假说。干旱失水时蛋白质分子相互靠近，使得分子间的-SH 相互接触，导致氧化脱氢形成-S-S 键。此键键能高，不易断裂，吸水时引起蛋白质空间改变，其情形与冻害的双硫键形成是一样的。实验证明，甘蓝叶片脱水时，蛋白质分子间双硫键的增多是引起伤害的主要原因。

（4）植物的抗旱性。

植物对干旱的适应能力叫抗旱性。由于地理位置、气候条件、生态因子等原因，使植物形成了对水分需求的不同类型，包括水生植物（不能在水势为 $-5 \times 10^5 \sim -10 \times 10^5$ Pa 以下环境中生长的植物）、中生植物（不能在水势 -20×10^5 Pa 以下环境生长的植物）和旱生植物（不能在水势低于 -40×10^5 Pa 环境下生长的植物）。作物多属中生植物。一般抗旱性较强的作物，根系发达，根冠比较大，能有效地利用土壤水分，特别是土壤深处的水分。叶片的细胞体积小，可以减少细胞膨缩时产生的细胞损伤。叶片上的气孔多，蒸腾的加强有利于吸水，叶脉较密，即输导组织发达，茸毛多，角质化程度高或蜡质厚，这样的结构有利于对水分的贮藏和供应。根系较深的作物，抗旱力也较强。如高粱的根深入土层 1.4～1.7 m，玉米的根深入土层 1.4～1.5 m，因此高粱就比玉米抗旱。

从生理上来看，抗旱性强的作物原生质有较大的弹性与黏性。原生质的弹性与黏性表现在束缚水的含量上。凡是束缚水含量高，自由水含量低，原生质黏性就大，保水力也较强，遇干旱时失水少，能保持一定水分。

（5）提高植物抗旱性的生理措施。

① 干旱锻炼。播种前对萌动种子给予干旱锻炼，由于幼龄植物比较容易适应不良条件，故可以提高抗旱能力。例如，使吸水 24 h 的种子在 20℃ 萌动，然后让其风干，再进行吸胀，风干，如此反复进行 3 次，然后播种。经过干旱锻炼的植株，原生质的亲水性、黏性及弹性均有提高，在干旱时能保持较高的合成水平，抗旱性增强。

② 幼苗期减少水分供应，使之经受适当缺水的锻炼，也可以增加对干旱的抵抗能力。例如"蹲苗"就是使作物在一定时期内，处于比较干旱的条件下，适当减少水分供应，抑制作物生长。经过这样处理的作物，往往根系较发达，体内干物质积累较多，叶片保水力强，从而增加了抗旱能力。但是"蹲苗"要适度，不能过分缺水，以免营养器官生长受到

严重的限制，要能适时地进入生殖生长期，这样既提高抗旱能力，又可促进生长并得到较高产量。"蹲苗"过度，植株生长量不够，不利于产量的形成，甚至减产。

③ 矿质营养。如磷、钾肥均能提高其抗旱性。因为磷能直接加强有机磷化合物的合成，促进蛋白质的合成和提高原生质胶体的水合程度，从而增强抗旱能力；钾能改善糖类代谢和增加原生质的束缚水含量，钾还能增加气孔保卫细胞的紧张度，使气孔张开有利于光合作用。氮肥过多，枝叶徒长，蒸腾过强；氮肥少，植株生长瘦弱，根系吸水慢，故氮肥过多或不足对植物抗旱都不利。硼的作用与钾相似，也能提高植物的保水能力和增加糖类，此外还能提高有机物的运输能力，使蔗糖迅速地流向果实和种子。

除了上述提高抗旱性的途径以外，还有利用矮壮素（CCC）来适当抑制地上部的生长，增大根冠比，以减少蒸腾量的。矮壮素能降低蒸腾作用，有利于作物抗旱。近年来，还有人利用蒸腾抑制剂来减少蒸腾失水，从而增加作物的抗旱能力。此外，通过系统选育、杂交、诱导等方法，选育新的抗旱品种也是一项提高作物抗旱性的根本途径。

11.2.2　植物的抗涝性

土壤积水或土壤过湿对植物的伤害称为涝害。水分过多对植物之所以有害，并不在于水分本身，而是由于水分过多引起的缺氧，从而产生一系列的危害。如果排除了这些间接的原因，植物即使在水溶液中培养也能正常生长。

1. 水涝对植物的危害

（1）湿害。一般旱田作物在土壤水饱和的情况下，就会发生湿害。湿害常常使作物生长发育不良，根系生长受抑，甚至腐烂死亡；地上部分叶片萎蔫，严重时整个植株死亡。其原因主要有两点。一是土壤全部空隙充满水分，土壤缺乏氧气，根部呼吸困难，导致吸水和吸肥都受到阻碍。二是由于土壤缺乏氧气，使土壤中的好气性细菌（如氨化细菌、硝化细菌和硫细菌等）的正常活动受阻，影响矿质的供应；而嫌气性细菌（如丁酸细菌等）特别活跃，增大土壤溶液酸度，影响植物对矿质的吸收，与此同时，还产生一些有毒的还原产物，例如，硫化氢和氨等能直接毒害根部。

（2）涝害。陆地植物的地上部分如果全部或局部被水淹没，即发生涝害。涝害使作物生长发育不良，甚至导致死亡。其主要原因是：由于淹水而缺氧，抑制了氧呼吸，致使无氧呼吸代替有氧呼吸，使贮藏物质大量消耗，并同时积累酒精；无氧呼吸使根系缺乏能量，从而降低根系对水分和矿质的吸收，使正常代谢不能进行。此时，地上部分光合作用下降或停止，使分解大于合成，引起植物的生长受抑，发育不良，轻者导致产量下降，重者引起植株死亡，其结果颗粒无收。

生产上利用上述原理，创造了"淹水杀稗"的经验，这是因为稗籽的胚乳营养很少（约为稻的1/5），在幼苗二叶末期就消耗殆尽，此时不定根正处于始发期，抗涝能力最弱，故为淹死稗草的最好时期。而二叶期的水稻幼苗，胚乳养料仅只消耗一半左右，此时淹水，胚乳还可继续供给养分，不定根仍可继续发生，抗涝能力较强，所以淹水杀稗不伤稻秧。

2. 植物抗涝性及抗涝措施

植物对水分过多的适应能力或抵抗能力叫抗涝性。不同作物忍受涝害的程度不同，如油菜比番茄、马铃薯耐涝。作物在不同的发育时期抗涝能力也是不同的，如水稻在孕穗期受涝害严重，拔节抽穗期次之，分蘖期和乳熟期受害较轻。另外，涝害与环境条件有关，静水受害大，流动水受害小；污水受害大，清水受害小；高温受害大，低温受害小。

不同植物耐涝程度之所以不同，一方面在于各种植物忍受缺氧的能力不同，另一方面地上部对地下部输送氧气的能力大小与植物的耐涝性关系很大。例如，水稻耐涝性之所以较强，是由于地上部所吸收的氧气有相当大的一部分能输送到根系。如在二叶期和三叶期的幼苗，其叶鞘、茎和叶所吸收氧气有50%以上往下运输到处于淹在水中的根系，最多可达70%。而小麦在同样生育期向根运氧才约为30%。由此可见，水稻比小麦耐涝。

作物地上部向地下部运送氧气的通道，主要是皮层中的细胞间隙系统，而皮层的活细胞及维管束几乎不起作用。这种通气组织从叶片一直连贯到根。

水稻与小麦的根，在通气结构上差别很大。水稻幼根的皮层中，细胞呈柱形排列，孔隙大；小麦根中则为偏斜排列，孔隙小，二者相差2倍以上（如图11-1所示）。

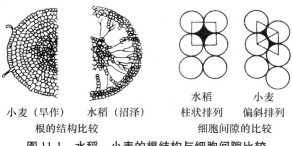

小麦（旱作）　水稻（沼泽）　　　水稻　　小麦
　　　　　　　　　　　　　　　　柱状排列　偏斜排列
根的结构比较　　　　　　　细胞间隙的比较

图11-1　水稻、小麦的根结构与细胞间隙比较
（引自植物生理生化，史芝文，1993）

另外，小麦的根在结构上没有什么变化，而水稻皮层内的细胞大多瓦解为空腔，于是形成特殊的通气组织。有些生长在非常潮湿土壤中的作物，能在体内逐渐出现通气组织，以保证根部得到充足的氧气供应。大豆就是这样一种作物。

从生理特点看，抗涝植物在淹水时，不发生酒精发酵，而是通过其他呼吸途径，如形成苹果酸、莽草酸，从而避免根细胞中毒。

防治涝害的根本措施，是搞好水利建设，防止涝害发生。一旦涝害发生后，应及时排涝。排涝结合洗苗，除去堵塞气孔粘贴在叶面上的泥沙，以加强呼吸作用和光合作用。此时，还应适时施用速效肥料，使作物迅速恢复。

11.3　植物的抗盐性

一般在气候干燥、地势低洼、地下水位高的地区，由于降雨量小，蒸发强烈，故促进地下水位上升。地下水含盐量高时，盐分残留在土壤表层，形成盐碱土。当土壤中盐类以碳酸钠（Na_2CO_3）和碳酸氢钠（$NaHCO_3$）等为主要成分时称碱土；若以氯化钠（$NaCl$）和硫酸钠（Na_2SO_4）等为主时称为盐土。但因盐土和碱土常混合在一起，盐土中常有一定的碱，所以习惯上称为盐碱土。这类土壤中盐分含量过高，引起土壤水势下降，严重地阻碍了作物正常的生长发育。

世界上盐碱土面积很大，达582亿亩，约占灌溉农田的1/3。我国盐碱土主要分布在西北、华北、东北和滨海地区，总面积约3亿～4亿亩。这些地区多为平原，土层深厚，如能改造开发，对发展农业有着巨大的潜力。

11.3.1　土壤盐分过多对作物的危害

土壤中盐分过多对植物生长发育产生的危害叫盐害。盐害主要表现在以下几个方面。

1. 盐分过多，使作物吸水困难

土壤中可溶性盐分过多使土壤溶液水势降低，导致植物吸水困难，甚至体内水分有外渗的危险，造成生理干旱。当土壤含盐量超过 $0.2\%\sim0.5\%$ 时，作物就不能生长；高于 0.4% 时，生长受到严重抑制，细胞就外渗脱水。所以，盐碱土中的种子萌发延迟或不能萌发，植株矮小，叶小呈暗绿色，表现出干旱的症状。

2. 盐分过高的毒害作用

作物正常的生长发育，需要一定的无机盐作为营养。但当某种离子存在量过剩时，会对作物发生单盐毒害作用。在土壤中虽然会有各种盐类，但在一定的盐碱土中，往往又以某种盐为主，形成生理不平衡的土壤溶液，使植物细胞原生质中过多地积累某一盐类离子，发生盐害，轻者抑制作物正常生长，重者造成死亡。

3. 生理代谢紊乱

盐分过多使作物呼吸作用不稳定。盐分过多对呼吸的影响与盐的浓度有关，低盐促进呼吸，高盐抑制呼吸。盐分过多会降低菜豆、豌豆、大豆和葡萄的蛋白质合成速度，相对加速贮藏蛋白质的水解，所以造成植物体内的氨积累过多。盐分过多促使蚕豆植株积累腐胺，腐胺在二氨氧化酶催化下脱氨，植株含氨量增加，从而产生氨害。盐分过多也抑制植物的光合作用，因而受盐害的植物叶绿体趋向分解，叶绿素被破坏；叶绿素和胡萝卜素的生物合成受干扰；同时还会关闭气孔。高浓度的盐分，使细胞原生质膜的透性加大，从而干扰代谢的调控系统，使整个代谢紊乱。

11.3.2　植物的抗盐性及其提高途径

1. 植物的抗盐性

植物对土壤盐分过多的适应能力或抵抗能力叫抗盐性。根据植物抗盐碱的能力，可分为以下四类。

（1）聚盐植物。这些植物细胞能将根吸收的盐排入液泡，并抑制外出。这样一方面可减轻毒害；另一方面由于细胞内积累大量盐分，提高了细胞浓度，降低水势，促进吸水。因此聚盐植物能在盐碱土上生长，如盐角草、碱蓬等。

（2）泌盐植物。这些植物的茎叶表面有盐腺，能将根吸收的盐，通过盐腺分泌到体外，可被风吹落或雨淋洗，因此不易受害，如柽柳、匙叶草等。

（3）稀盐植物。生长在盐渍土壤上的这类植物，代谢旺盛生长快，根系吸水也快。植物组织含水量高，能将根系吸收的盐分稀释，从而降低细胞内盐浓度以减轻危害。

（4）拒盐植物。这些植物的细胞原生质选择透性强，不让外界的盐分进入植物体内，能稳定保持对离子的吸收。

作物中没有真正的盐生植物，只有在抗盐能力上有所差别。如甜菜、高粱等抗盐能力较强，水稻、向日葵、谷子、小麦等抗盐能力较弱，荞麦、亚麻、豆类等抗盐能力最差。

作物不同生育时期，对土壤盐分敏感性不同，有时某一浓度对幼苗有害，而对成长植株危害较轻。一般作物对盐分逐渐升高易于忍耐，对盐分含量迅速升高不易忍耐。如番茄在生长初期抗盐性低，以后逐渐增加，在现蕾和开花期又下降，开花后期则稍有增加。而水稻在分蘖期和拔节期耐盐能力较弱，抽穗后较强。

2. 提高作物抗盐性的途径

（1）选育抗盐品种。采用组织培养等新技术选择抗盐突变体培育抗盐新品种，成效显著。

（2）抗盐锻炼。播前用一定浓度的盐溶液处理种子，其方法是：先让种子吸水膨胀，然后放在适宜浓度的盐溶液中浸泡一段时间。如玉米用 3% NaCl 浸种 1 小时，抗盐性明显提高。

（3）使用植物生长调节剂。利用生长调节剂促进作物生长，稀释其体内盐分。例如，在含 0.15% Na_2SO_4 的土壤中的小麦生长不良，但在播前用 IAA 浸种，则小麦生长良好。

（4）改造盐碱土。其措施包括合理灌溉、泡田洗盐、增施有机肥、盐土播种、种植耐盐绿肥（田菁）、种植耐盐树种（沙枣、紫穗槐）、种植耐盐碱植物（向日葵、甜菜等）等。

11.4 植物的抗病性

病害引起作物伤亡，对产量影响很大。病原微生物如细菌、真菌和病毒等寄生植物体内，对寄生物的危害叫病害。植物对病原微生物侵染的抵抗力，称为植物的抗病性。作物是否患病，决定于作物与病原微生物之间的斗争情况，作物取胜则不发病，作物失败则发病。了解植物的抗病生理，对防治植物病害有重要作用。

11.4.1 病原微生物对植物的危害

作物感染病害后，其代谢过程发生一系列的生理生化变化，最后出现病状。

1. 水分平衡失调

作物受病菌侵染后，首先表现出水分平衡失调，以萎蔫或猝倒状表现出来。造成水分失调原因很多，主要包括：第一，根被病菌损坏，不能正常吸水；第二，维管束被堵塞，水分向上运输中断，有些是细菌或真菌本身堵塞茎部，有些是微生物或作物产生胶质或黏液沉积在导管，有些是导管形成胼胝体而使导管不通；第三，病菌破坏了原生质结构，透性加大，蒸腾失水过多。上述三个原因中的任何一个，都可以引起植物萎蔫。

2. 呼吸作用增高

作物受病菌侵染后，其呼吸作用往往比健康植株高 10 倍。呼吸加强的原因，一方面是病原微生物本身具有强烈的呼吸作用；另一方面是寄主呼吸速度加快。因为健康组织的酶与底物在细胞里是被分区隔开的，病害侵染后间隔被打开，酶与底物直接接触，呼吸作用就加强；与此同时，染病部位附近的糖类都集中到染病部位，呼吸底物增多，也使呼吸作用加强。

3. 光合作用下降

作物感病后，光合作用即开始下降。染病组织的叶绿体被破坏，叶绿素含量减少，光合速率减慢。随着感染的加重，光合更弱，甚至完全失去同化二氧化碳的能力。

4. 同化物运输受干扰

作物感病后碳同化物比较多的运向病区，糖输入增加和病区组织呼吸提高是一致的。水稻、小麦的功能叶感病后，严重阻碍光合产物的输出，影响籽粒饱满。例如，对大麦黄矮病敏感的小麦品种感病后，其叶片光合作用降低 72%，呼吸提高 36%，但病叶内干物质反而增加 42%。

11.4.2 植物抗病机理

植物对病原菌侵染有多方面的抵抗能力，这种抗病机理主要表现在下列几点。

1. 加强氧化酶活性

当病原菌侵入作物体时，该部分组织的氧化酶活性加强，以抵抗病原微生物。凡是叶片呼吸旺盛、氧化酶活性高的马铃薯品种，对晚疫病的抗性较大；凡是过氧化酶、抗坏血酸氧化酶活性高的甘蓝品种，对真菌病害的抵抗能力也较强。这就是说，作物呼吸作用升高，其抗病能力也增强。呼吸能减轻病害的原因如下。

（1）分解毒素。病原菌侵入作物体后，会产生毒素，把细胞毒死。旺盛的呼吸作用能把这些毒素氧化分解为二氧化碳和水，或转化为无毒物质。

（2）促进伤口愈合。有的病菌侵入作物体后，植株表面可能出现伤口。呼吸有促进伤口附近形成木栓层的作用，伤口愈合快，把健康组织和受害部分隔开，不让伤口发展。

（3）抑制病原菌水解酶活性。病原菌靠本身水解酶的作用，把寄主的有机物分解，供其生活之需。寄主呼吸旺盛，就抑制病原菌的水解酶活性，因而防止寄主体内有机物分解，病原菌得不到充分养料，病情扩展就受到限制。

2. 促进组织坏死

有些病原真菌只能寄生在活的细胞里，在死细胞里不能生存。抗病品种细胞与这类病原菌接触时，受感染的细胞或组织就很迅速地坏死，使病原菌得不到合适的环境而死亡，从而使病害被局限于某个范围而不能发展。因此组织坏死是一个保护性反应。

3. 病菌抑制物的存在

植物本身含有的一些物质对病菌有抑制作用，使病菌无法在寄主中生长。如儿茶酚对洋葱鳞茎炭疽病菌具有抑制作用，绿原酸对马铃薯疮痂病、晚疫病和黄萎病具有抑制作用等。

4. 植保素

植保素是指寄主被病原菌侵染后才产生的一类对病原菌有毒的物质。最早发现的是从豌豆荚内果皮中分离出来的避杀酊，不久又在蚕豆中分离出非小灵，后来又在马铃薯中分离出逆杀酊。以后又在豆科、茄科及禾本科等多种植物中陆续分离出一些具有杀菌作用的物质。

11.4.3　植物的抗病性

1. 避病

避病指由于病原物的感发期和寄主的感病期相互错开，寄主避免受害。如雨季葡萄炭疽病孢子大量产生时，早熟葡萄已经采收或接近采收，因而避开危害。

2. 抗侵入

抗侵入指由于寄主具有形态、解剖及生理生化的某些特点，可阻止或削弱某些病原物的侵染。如植物叶表皮的茸毛、刺、蜡质和角质层等。

3. 抗扩展

抗扩展指由于寄主的某些组织结构或生理生化特征，使侵入寄主的病原物的进一步扩展受阻或被限制。如厚壁、木栓及角质组织均可限制扩展。

4. 过敏性反应

过敏性反应又称保护性坏死反应，即病原物侵染后，侵染点及附近的寄主细胞和组织很快死亡，使病原物不能进一步扩展的现象。

11.5 环境污染对植物的影响

现代工业迅速发展，厂矿、居民区、现代交通工具等所排放的废渣、废气和废水越来越多，扩散范围越来越大，再加上现代农业大量施用农药化肥所残留的有害物质，远远超过环境的自然净化能力，造成环境污染。

11.5.1 大气污染与农业

造成大气污染的因素很多，硫化物、氧化物、氯化物、氮氧化物、粉尘和有毒气体，都是大气污染的有害成分。据统计，每年排入空气的污染物总量达 6 亿 t 以上，而且有些污染物在空气里即使含量很低时，也会对农业生产造成严重危害，轻者减产，重则大片死亡。因此，近年来人们对大气污染给予了高度重视。

1. 有害气体对农作物的危害方式

农作物受空气污染的危害，可分为急性危害、慢性危害和隐性危害三种。急性危害是指在较高浓度有害气体短时间（几小时、几十分钟或更短）的作用下所发生的组织坏死。叶组织受害时最初呈灰绿色，然后质膜与细胞壁解体，细胞内含物进入细胞间隙，转变成绿色的油渍或水渍斑，叶片变软，坏死组织呈现白色至红色或暗棕色。慢性伤害是由于长期接触高浓度的污染空气，而逐步破坏叶绿素的合成，使叶片呈现缺绿，叶片变小，畸形或加速衰老，有时在芽、花、果上会有伤害症状。隐性伤害是从植物外部看不出明显症状，生长发育基本正常，只是由于有害物质积累使代谢受到影响，导致作物品质和产量下降。

植物与大气接触的主要部分是叶片，所以叶最易受大气污染物的伤害。靠近农药厂周围的树木（如榆树、杨树等）受到污染空气的影响，叶子变成卷曲的针形叶。花的各种组织如雌蕊的柱头也很易受污染物伤害，因而造成受精过程不良，空瘪率提高。植物的其他暴露部分，如芽、嫩梢等也可受到影响。

有毒气体进入植物的主要途径是气孔。在白天有利于 CO_2 同化过程，也有利于有毒物质进入植株。有的气体如 SO_2 可以直接控制气孔运动，促使气孔张开，增加叶片对 SO_2 的吸收，而 O_3 可促使气孔关闭。另外，角质层对氟化氢和氯化氢有相对高的透性，它是后二者进入叶肉的主要途径。

2. 有害气体危害植物的特点

有时气体危害的症状和病虫害、冻害、旱害、药害以及施肥不足等原因引起的表现有些相似，但可以根据有毒气体危害的特点加以区别判断。

（1）有明显的方向性。如工厂排放有害气体时正刮东南风，则工厂的西北方向的作物受害。受害的作物往往成扇状分布。树木受害时其面向污染的部分比背向部分严重。

（2）植物的受害程度与离工厂远近有密切关系。在工厂周围，空气中污染物浓度较大。一般距离越近，受害越重。但如果污染源的烟囱很高，则邻近地区反而没有稍远的地方严重。气体扩散时，如遇高大建筑物、乔木树丛、小山丘、田埂等障碍，则后面的农作物可以幸免气体的毒害。

3. 大气污染对农作物的危害

（1）二氧化硫。二氧化硫是一种无色、具有强烈窒息性臭味的气体。它的分布面积广，对农作物的影响和危害极大。其危害过程是：大气中的二氧化硫通过气孔进入叶片，随后再逐渐扩散到叶片的海绵组织和栅栏组织。所以，气孔附近的细胞首先遇到伤害。

小麦受二氧化硫危害后，典型症状是麦芒变成白色。一般在很低的浓度下就会出现这个症状，说明麦芒对二氧化硫非常敏感。因此白麦芒可以作为鉴定有少量二氧化硫存在的标志。水稻受二氧化硫危害时，叶片变成淡绿或黄绿色，上面有小白斑，随后全叶变白，叶尖卷缩萎蔫，茎杆、稻粒也变白，形成枯熟，甚至全株死亡。因此，在日本一些地区用法律规定在水稻开花盛期的 10 d 内，附近的冶炼厂等要停止生产，以保护稻田不受二氧化硫危害。

蔬菜受害叶片上呈现的颜色，因种类不同而有差异。叶片上出现白斑的有萝卜、白菜、菠菜、番茄、葱、辣椒和黄瓜；出现褐斑的有茄子、胡萝卜、马铃薯、南瓜和甘薯；出现黑斑的有蚕豆。果树叶片受害时多呈白色或褐色。另外，同一种作物，嫩叶最易受害，老叶次之，未充分展开的幼叶最不易受害。

（2）氯气。氯气是一种具有强烈臭味、令人窒息的黄绿色气体。化工厂、农药厂、冶炼厂等在偶然情况下会逸出大量氯气。据观测，氯气对植物的伤害比二氧化硫大。在同样浓度下，氯气对植物的伤害程度比二氧化硫重 3～5 倍。氯气进入叶片后，很快使叶绿素破坏，形成褐色伤斑，严重时全叶漂白、枯卷，甚至脱落。

在氯气污染附近的果树往往生长发育不良，结果少，产量底。距冶炼厂 300 m 左右的苹果树就可因受氯气危害而不结实。位于下风方向的农田成片受害，有时可达成百上千亩。

对氯气敏感的作物，有大白菜、向日葵、烟草、芝麻、洋葱等；抗性中等的作物有马铃薯、黄瓜、番茄、辣椒等；抗性比较强的作物有谷子、玉米、高粱、茄子、洋白菜、韭菜等。在容易发生氯气危害的地方，可以考虑种植抗性强的作物。

氯气在空气中和细小水滴结合在一起，形成盐酸雾，也对作物产生相当大的危害。

（3）氟化物。排放到大气中的氟化物有氟化氢、氟化硅、氟硅酸及氟化钙颗粒物等。氟化物主要来自电解铝、磷肥、陶瓷及铜铁等生产过程。大气中的氟化物污染以氟化氢为主，它是一种积累性中毒的大气污染物，可通过植物吸收积累进入食物链，在人和动物体内蓄积达到中毒浓度，从而使人畜受害。

氟化氢可随上升的气流扩散到很远的地方。在氟污染区里，常常见到果树不结果，粮食作物、蔬菜生长不良，耕牛生病甚至死亡。氟化氢进入叶片后，便使叶肉细胞发生质壁分离而死亡。氟化氢引起的危害，先在叶尖和叶边出现受害症状，然后逐渐向内发展。受害严重的也会使整个叶片枯焦脱落。

（4）臭氧。臭氧是光化学烟雾中的主要成分，所占比例最大，氧化能力较强。烟草、菜豆、洋葱等是对 O_3 敏感的植物。臭氧从叶片的气孔进入，通过周边细胞与海绵细胞间隙，到达栅栏组织后停止移动，并使栅栏细胞和上表皮细胞受害，然后再侵害海绵组织细胞，形成透过叶片的坏死斑点。

（5）过氧乙酰硝酸酯。过氧乙酰硝酸酯也是光化学烟雾的主要成分之一。它能使叶片的下表皮的细胞及叶肉细胞中的海绵组织发生质壁分离，并破坏叶绿素，致使叶片背面变成银白色、棕色、古铜色或玻璃状。受害严重时，叶片正面常常出现一道横贯全叶的坏死带。

（6）煤烟粉尘。污染空气的物质除气体外，还有大量的固体或液体的微细颗粒成分，统称为粉尘。粉尘约占整个空气污染物的 1/6。煤烟尘是空气中粉尘的主要成分。

当一层烟尘覆盖在各种作物的嫩叶、新梢、果实等柔嫩组织上，便引起斑点。果实在幼小时期受害以后，污染部分组织木栓化，果皮变的很粗糙，使商品价值下降；成熟期受害，容易引起腐烂，损失更大。另外叶片常因为粉尘积累过多或积聚时间太长而影响植物的吸收作用和光合作用，叶色失绿，生长不良，严重的甚至作物死亡。烟尘危害范围常以污染源为中心扩大到周围几百亩地区，或随风向发展。烟尘同时危害多种作物。

11.5.2　水体污染与农业

水体一般是指水的积聚体，通常指地表水体，如溪流、江河、池塘、湖泊、水库、海洋等，广义的水体也包括地下水体。水体污染是指由于人类的活动改变了水体的物理性质、化学性质和生物状况，使其丧失或减弱了对人类的使用价值的现象。

随着工农业生产的发展和城镇人口的集中，含有各种污染物质的工业废水和生产污水大量排入水系，再加上大气污染物质、矿山残渣、残留化肥农药等被雨水淋溶，以致各种水体受到不同程度的污染，使水质显著变劣。污染水体的物质主要有：重金属、洗涤剂、氰化物、有机酸、含氮化合物、漂白粉、酚类、油脂、染料等。水体污染不仅危害人类健康，而且危害水生生物资源，影响植物的生长发育。

（1）酚类化合物。酚类属于可分解有机物。水体中酚的来源主要是冶金、煤气、炼焦、石油化工和塑料等工业中排放。城市生活污水也含酚，这主要来自粪便和含氮有机物的分解。

经过回收处理后的废水含酚量一般不高。很多地区利用含酚量很低的废水进行农田灌溉，对农作物和蔬菜生长未见危害，甚至还会促进小麦、水稻、玉米植株健壮生长，叶色浓绿，产量高。但利用含酚浓度过高的废水灌溉时，对农作物的生长发育却是有害的。表现出植株矮小，根系发黑，叶片窄小，叶色灰暗，阻碍作物对水分和养分的吸收及光合作用的进行，使结实率下降，产量降低，严重时植株会干枯以致造成颗粒无收。水中酚类化合物含量超过 $50\mu g/L$ 时，就会使水稻等生长受抑制，叶色变黄。当含量再增高，叶片会失水，内卷，根系变褐，逐渐腐烂。

（2）氰化物。水体中的氰化物主要来自工业企业排放的含氰废水，如电镀废水，焦炉和高炉的煤气洗涤冷却水，化工厂的含氰废水，以及选矿废水等。电镀废水一般含氰在 $20\sim70$ mg/L，化肥厂煤气洗气废水含氰约 180 mg/L。

氰化物是剧毒物质，人口服在 0.1g 左右立刻死亡，水中含氰达 $0.3\sim0.5$ mg/L 时鱼便死亡。

用含氰的污水灌田却又因不同情况而定。经过研究发现，一定浓度的氰对农作物不仅无害，反而有明显的刺激生长作用。用每升含氰 30 mg 的灌溉水浇灌水稻、油菜时，都能使茎挺立，长势旺盛，生长健壮，且水稻籽粒饱满。当灌溉水每升含氰量达到 50 mg 时，水稻、油菜等生长就会明显受到抑制，致使稻麦低矮，分蘖少，根短稀疏，叶鞘和茎杆有褐色斑纹，水稻成熟期推迟，千粒重下降，秕粒多，产量降低 20% 左右。当灌溉水每升含氰量达到 100 mg 时，水稻就会完全停止生长，稻苗逐渐干枯死亡。

氰化物在作物不同生育期累积情况不同。如在水稻、小麦分蘖期灌溉，氰化物多集中于叶片中，在籽粒中积累的可能性小；若在灌浆期灌溉，则氰直接转移到生长最旺盛的部位或籽粒中的可能性较大，并在这些部位形成各种衍生物而被贮藏起来。因此，在生产上利用含氰污水灌溉水稻、小麦宜在生长前期进行。

反复实践证明，在灌溉水里只要每升含氰不超过 0.5 mg，就是绝对安全的，且能保证多数庄稼生长健壮，不致造成氰化物对环境和人畜的污染。

（3）三氯乙醛。三氯乙醛是对小麦生长危害最大的污染物。三氯乙醛又叫水合乙醛，在生产滴滴涕、敌百虫、敌敌畏的农药厂、化工厂的废水中常含有三氯乙醛。用这种污水灌田，常使作物发生急性中毒，造成严重减产。

单子叶植物对三氯乙醛的耐受能力较低，其中以小麦为最敏感，种子受害萌发时第一片叶不能伸长；苗期受害叶色深绿，植株丛生，新叶卷皱弯曲，不发新根，严重时全株枯死；孕穗期与抽穗期受害时旗叶不能展开，紧包麦穗，致使抽穗困难。三氯乙醛浓度愈高作物受害愈重。其他如甲醛、洗涤剂、石油等污染物对植物的生长发育都会造成严重伤害。

酸雨和酸雾也会对植物造成非常严重的伤害，因为酸雨、酸雾的 pH 值很低，当酸性雨水或雾、露附着于叶面，然后随雨点蒸发和浓缩后，pH 值下降，最初损坏叶表皮，进而进入栅栏组织和海绵组织，成为细小的坏死斑（直径约 0.25 mm 左右）。由于酸雨的侵蚀，在叶表面生成一个个凹陷的洼坑，后来的酸雨容易沉积于此，所以，随着降雨次数增加，进入叶肉的酸雨越多，引起原生质分离，被害部分扩大。酸雾的 pH 值有时可达 2.0，酸雾中的各种离子浓度比酸雨高 10～100 倍。雾对叶片作用的时间长，风力较小，不易短时间内散去，对叶的上、下两面都可同时产生影响，因此酸雾对植物的危害较大。

11.5.3　土壤污染与农业

人类活动产生的污染物进入土壤并积累到一定程度，超过土壤的自净能力，引起土壤恶化的现象，称之为土壤污染。

随着工业的发展、乡镇企业和农业集约化程度的增加，大量的工业"三废"和生活废弃物，以及农药残害等越来越多地污染土壤，使土质变坏，造成作物减产。更为严重的是土壤中的污染物质，通过食物链在人和畜禽体内积累，直接危害人体健康和畜、禽的生存与繁衍。

1. 土壤污染的主要来源

（1）工业"三废"对土壤的污染。工业的"三废"是指废气、废水、废渣，通过灌溉和使用进入土壤，对于土壤的结构、酸碱度都有很大影响，加上一些有毒物质（苯、苯酚、汞等）的积累，使土壤生产力下降或完全失去利用价值。

（2）农药、化肥对土壤的污染。农药中的有机氯一类化合物易在土壤中残留，大量或长期施用可污染土壤。化肥生产中，由于矿源不清洁，也可带来少量的矿质元素。如工业磷矿中砷、氟等，往往存在于磷肥生产中，磷肥的长期大量使用，可造成土壤中严重污染和残留。

施用石灰氮肥料（氰氨基化钙），可造成土壤中双氰胺、氰酸等有毒物质的暂时残留，有害于农作物的生长及土壤的硝化过程。

2. 土壤污染的毒害

（1）重金属污染的毒害。重金属化合物对土壤污染是半永久性的。土壤中所沉积的重金属离子，不论其来源如何，即使是植物生活所必需的微量元素（如铜、锰等），当浓度超过一定限度时，就能直接影响植物的生长，甚至杀死植物。

（2）土壤中农药的残留及危害。田间施用的农药能够渗透到作物的根、茎、叶和籽粒中，作物对农药的吸收与农药特性和土壤性质有关。

多数有机磷农药由于水溶性强，比较容易被作物吸收，如甲拌磷、乙拌磷、内吸磷等，都可以在几天或几个星期内通过作物根吸收。一般地说，农药的溶解度越大，越易被作物吸收。作物种类不同，其吸收率也不同。豆类吸收率较高，块根类比茎叶类作物吸收率高，油料作物对脂溶性农药吸收率高。

土壤性质不同对农药的吸收率也不同。沙土中农药最易被作物吸收，而有机质含量高的土壤，农药不易被作物吸收。

由于长期大量地施用同一种农药，使害虫对药剂的抵抗能力增强，产生新的抗药品种。另外，由于药剂杀死了害虫的天敌，使自然界害虫与天敌之间的平衡打破。如蚜虫与瓢虫，原来保持一种生态平衡，由于农药大量施用，使天敌大量死亡，结果害虫反而更加猸獭。田间施用农药经雨水或灌溉流冲进入养鱼池，造成对鱼类的污染。

11.5.4 植物在环境保护中的作用

为了减少环境污染，措施很多，其中一条就是利用植物防治环境污染，因为植物有净化环境的能力。种植抗性植物和指示植物也可绿化工厂环境和监测预报污染状况。

1. 净化环境

高等植物除了通过光合作用保证大气中氧气和二氧化碳的平衡以外，对各种污染物也有吸收、积累和代谢作用，以净化环境。

（1）吸收和分解有毒物质。环境污染对植物的正常生长带来危害，但植物也能改造环境。通过植物本身对各种污染物的吸收、积累和代谢作用，能减轻污染，达到分解有毒物质的目的。例如，地衣、垂柳、山楂、夹竹桃、丁香等吸收 SO_2 能力较强，可积累较多硫化物；垂柳、油菜具有较大的吸收氟化物的能力，体内含氟很高，但仍能正常生长。

大气污染除有毒气体以外，粉尘也是主要污染物之一。据统计，许多工业城市，每年每平方公里地面上降尘量约为 500 t，个别为 1 000 t，降尘中还包括烟尘、碳粒、铅、汞等的粉尘，所以尘埃也是大气的主要污染物质。植物具有过滤空气和吸附粉尘的能力，是天然吸尘器。那些叶片粗糙、密生茸毛、叶面有褶皱的植物，例如烟草、榆树、向日葵等，都具有巨大的吸尘、滞尘能力。自然界的每公顷山毛榉林阻滞粉尘的总量为 68 t，云杉林为 32 t，松林为 36 t。因此有森林和绿化的地方，空气的含尘量低 22%，降尘量减少 25%，飘尘量减少一半。

水生植物中的水葫芦、金鱼藻、黑藻等有吸收水中的酚和氰化物的作用，也可吸收汞、铅、镉、砷等。不过，对已积累金属物的水生植物，一定要慎重处理，不要再用作药用、禽畜饲料和田间绿肥，以免影响人畜健康。

（2）分解污染物。污染物被植物吸收后，有的分解为营养物质，有的形成络合物而降低毒性，所以，植物具有解毒作用。酚进入植物体后，大部分参加糖代谢，和糖结合成酚糖，对植物无毒，贮存于细胞内；另一部分呈游离酚，则会被多酚氧化酶和过氧化酶、过氧化物酶氧化分解，变成 CO_2、水和其他无毒化合物，解除其毒性。生产上也证明，植物吸收酚后，5～7 天即全部分解掉。二氧化氮进入植物体内后，可因硝酸还原酶等的作用，转为氨基酸和蛋白质。

2. 环境监测

低浓度的污染物用仪器测定时有困难，可利用某些植物对某一污染物特别敏感的特性，来监测当地的污染程度。植物检测简便易行，便于推广，值得重视。一般都是选用对某一污染物质极为敏感的植物作为指示植物。当环境污染物质稍有积累，植物便呈现明显的症状。利用指示植物不仅能监测环境污染情况，而且有一定观赏和经济价值，还可起到美化环境的作用（参见表 11-1）。

表 11-1 一些常见指示植物种类

污染物质	植物名称
SO_2	紫花苜蓿、向日葵、胡萝卜、莴苣、蓼、灰菜、落叶松、雪松、美洲五针松、马尾松、枫柏、加柏、檫树、杜仲、南瓜、芝麻、土荆介、艾紫苏
HF	唐菖蒲、郁金香、萱草、美洲五针松、欧洲赤松、雪松、蓝叶云杉、樱桃、葡萄、黄杉、落叶松、杏、李、金荞麦、玉簪
Cl_2、HCl	萝卜、复叶槭、落叶松、油松、桃、荞麦

续表

污染物质	植物名称
NO₂	悬铃木、向日葵、番茄、秋海棠、烟草
O₃	烟草、矮牵牛、马唐、雀麦、花生、马铃薯、燕麦、洋葱、萝卜、女贞、梓树、枳木、丁香、葡萄、牡丹、木笔
Hg	女贞、柳树
过氧乙酸、硝酸盐	萝卜、洋葱、高粱、玉米、黄瓜、甘蓝、秋海棠

本 章 小 结

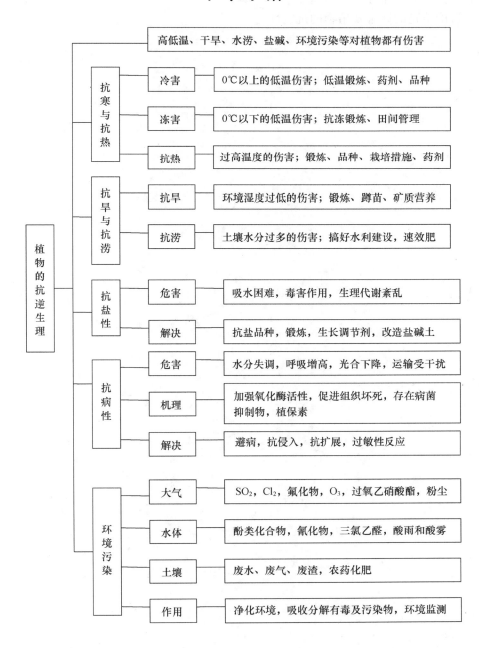

11.6　复习思考题

1. 名词解释：
逆境，抗逆性，冷害，冻害，萎蔫，大气干旱，土壤干旱
2. 说明涝害及对植物的影响。
3. 说明冻害机理的细胞外结冰和细胞内结冰。
4. 说明旱害对植物的影响及干旱锻炼的措施。
5. 简述植物的抗盐性及提高途径。
6. 试讨论植物的病害及植物的抗病性。

模块 3
植物系统与分类

　　植物界是庞大而又复杂的，主要包括藻类植物、菌类植物、地衣植物、苔藓植物、蕨类植物、裸子植物、被子植物等类群。通过本模块的学习，要求学生掌握植物界各类群的特征和代表植物，各植物类群之间的区别与联系，从专业实践的角度掌握植物分类的方法、依据、植物的科学命名，并在实践中掌握被子常见科的主要特征；能够运用植物分类工具书正确鉴别植物的种类。

第 12 章　植物界的基本类群

知识目标

◆ 知道植物界的基本类群。

◆ 知道低等植物各门的基本特征。

◆ 知道高等植物各门的基本特征。

◆ 掌握被子植物门植物的生长发育特性。

◆ 了解植物界的发生与演化规律。

能力目标

◆ 能认识低等植物的各种组织的特征及分布。

◆ 能认识高等植物组织的特征及分布。

植物界经过漫长的发展演化，至今形成了数目众多，彼此又千差万别的各种类群。根据它们之间形态结构和进化过程中的亲缘关系等，通常把植物界分为低等植物和高等植物两大类，共 15 门（如图 12-1 所示）。

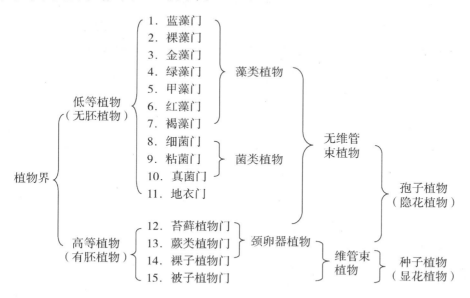

图 12-1　植物界的分类

藻类、菌类、地衣合称为低等植物。由于它们在生殖过程中不产生胚，故又称为无胚植物。苔藓、蕨类、裸子植物和被子植物合称为高等植物，它们在生殖过程中产生了胚，所以又称为有胚植物。藻类、菌类、地衣、苔藓、蕨类植物由于以孢子繁殖，故又称为孢子植物；此外，由于它们无花无果，故又称为隐花植物。而裸子植物和被子植物在生殖过程中开花并产生种子，以种子繁殖，所以称为种子植物或显花植物。在植物各类群中，蕨类植物和种子植物的植物体中具有维管束，所以把它们合称为维管束植物；藻类、菌类、地衣、苔藓植物的植物体中无维管束，所以称为非维管束植物。苔藓植物和蕨类植物的雌性生殖器官为颈卵器，裸子植物中也有退化的颈卵器，因此三者合称为颈卵器植物。

12.1　低 等 植 物

低等植物在进化上是一类比较原始的类群。它们的共同特征是：植物体构造简单，为单细胞、群体和多细胞个体，无根、茎、叶分化；生殖器官多是单细胞的，有性生殖时，合子不形成胚而直接发育成新的植物体。低等植物的生活环境多为水中或阴湿的地方。

低等植物根据植物体的结构和营养方式的不同，又可分为藻类植物、菌类植物和地衣。

12.1.1　藻类植物

藻类植物一般都含有光合色素，能够进行光合作用，把无机物合成为有机物，供自身生长发育的需要，营养方式为自养。藻类的植物体通常称为藻体，藻体有单细胞的（如衣藻）、群体的（如念珠藻）和多细胞的丝状体、枝状体、叶状体等。由于藻体所含有的色素种类不同而呈现出不同的颜色，如绿色、蓝绿色、黄绿色、红色、褐色等。藻类植物的繁殖方式多样，有营养繁殖、孢子繁殖或配子繁殖等。目前现有藻类约 3 万多种，包括蓝藻门、绿藻门等 7 门。大多数的藻类生活在淡水或海水中，少数生活在湿的土壤、岩石或树皮上（如图 12-2～图 12-5 所示）。

藻类植物具有重要经济价值。其中多数种类是鱼的饵料；有的种类可食用，如发菜、海带、紫菜等；少数可供药用或工业用，如褐藻含有大量的碘，可治疗和预防甲状腺肿大；有的藻类可危害栽培植物和鱼类、贝类，如水绵可危害水稻，绿球藻可附生在鱼和贝的鳃部，使其生病死亡。

图 12-2　地木耳（蓝藻门念珠藻属）
A. 光学显微镜下群体组成；B. 藻体形态

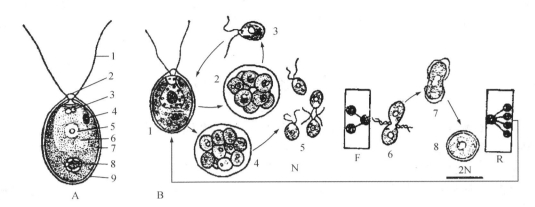

图 12-3　衣藻属

A. 营养细胞：1. 鞭毛；2. 乳突；3. 伸缩泡；4. 眼点；5. 细胞核；6. 细胞质；7. 载色体；
8. 蛋白核；9. 细胞壁；

B. 生活史：1. 植物体；2. 游动孢子囊；3. 游动孢子；4. 配子囊；5. 配子；6，7. 配子结
合；8. 合子；F. 受精；R. 减数分裂

（引自植物学，胡宝忠，1997）

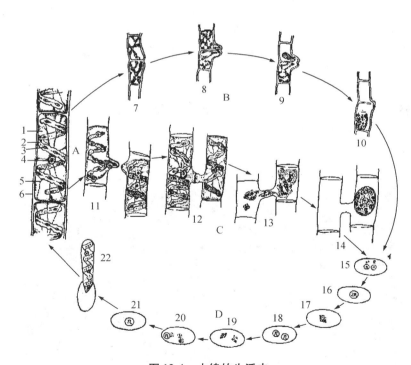

图 12-4　水绵的生活史

A. 水绵的细胞构造；B. 水绵的侧面接合；C. 水绵的梯形结合；D. 合子萌发；

1. 液泡；2. 载色体；3. 蛋白核；4. 细胞核；5. 原生质；6. 细胞壁；7～10. 侧面接合各时
期；11～14. 梯形接合各时期；15～22. 合子萌发各时期

（引自植物学，杨悦，1997）

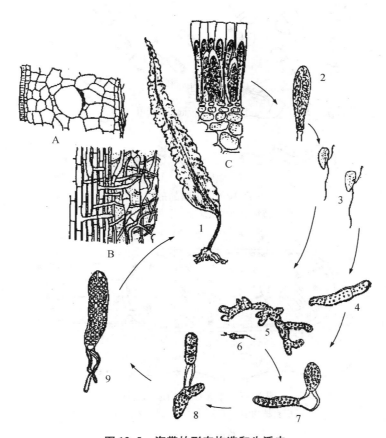

图 12-5　海带的形态构造和生活史

1. 孢子体（A. 孢子体切面，示表皮、皮层及胶质管；B. 示髓部喇叭丝；C. 示孢子囊层）；2. 孢子囊；

3. 游动孢子；4. 雌配子体；5. 雄配子体；6. 精子；7. 卵囊及卵；8~9. 幼孢子体

（引自植物学，杨悦，1997）

12.1.2　菌类植物

菌类是植物界中没有根、茎、叶的分化，不含有光合色素，只能依赖现成有机物行异养生活的一类植物。这种异养的营养方式又可分为寄生、腐生、专性寄生、专性腐生等几种。凡是从活的动植物体中吸取养分的称为寄生；从死的动植物体或无生命的有机物中吸取养分的称为腐生。有的菌类寄生性很强，只能寄生不能腐生，这些菌类叫专性寄生生物，如马铃薯癌肿病菌，这种营养方式称为专性寄生。有的菌类腐生性很强，只能腐生不能寄生，这些菌类叫专性腐生生物，如煤污菌，这种营养方式称为专性腐生。在专性寄生和专性腐生之间还有一些过渡类型，有的以寄生为主，兼行腐生，我们称之为兼性腐生，如稻瘟病菌；有的以腐生为主寄生为辅，称为兼性寄生，如大白菜软腐细菌。

菌类植物可分为细菌门、粘菌门和真菌门（如图 12-6~图 12-13 所示）。

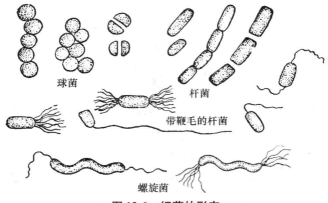

图 12-6　细菌的形态

（引自植物学，华东师大、东北师大，1983）

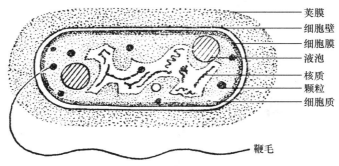

荚膜
细胞壁
细胞膜
液泡
核质
颗粒
细胞质

鞭毛

图 12-7　细菌细胞构造示意图

（引自植物学，华东师大、东北师大，1983）

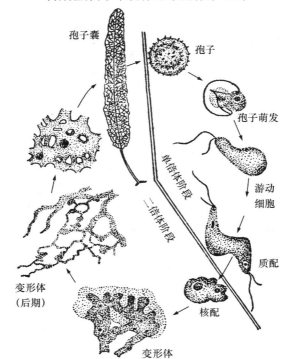

孢子囊

孢子

孢子萌发

游动细胞

质配

核配

变形体

变形体（后期）

单倍体阶段

二倍体阶段

图 12-8　粘菌门发网菌属的生活史

（引自植物学，郑湘如，2004）

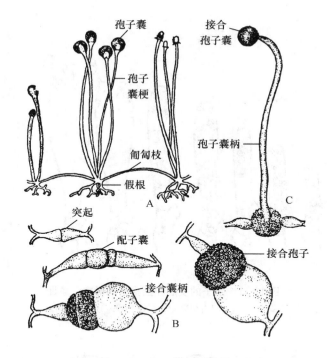

图 12-9　匍枝根霉（真菌门藻菌纲）的形态和繁殖

A. 菌丝体的一部分；B. 接合过程；C. 接合孢子的萌发和接合孢子囊的形成

（引自植物学，华东师大、东北师大，1983）

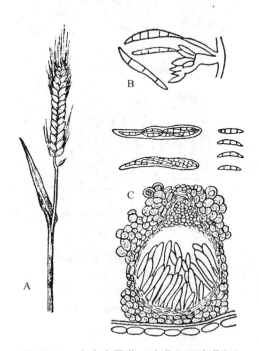

图 12-10　小麦赤霉菌（真菌门子囊菌纲）

A. 受害病穗；B. 分生孢子梗和分生孢子；C. 子囊壳、子囊和子囊孢子

（引自植物学，华东师大、东北师大，1983）

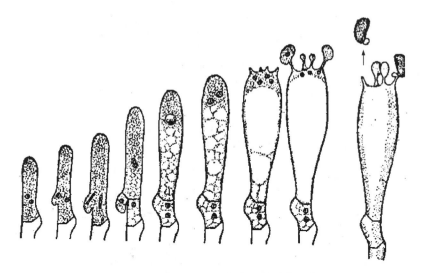

图 12-11　担子的发展和担孢子的形成示意图

（引自植物学，杨悦，1997）

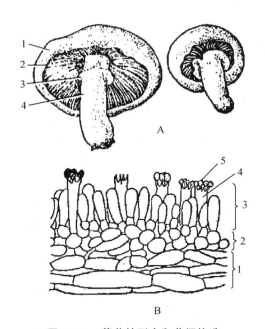

图 12-12　蘑菇的形态和菌褶构造

A. 蘑菇：1. 菌盖；2. 菌褶；3. 菌环；4. 菌柄；

B. 菌褶断面之一部：1. 菌肉；2. 子实层基；3. 子实层；4. 担子；5. 担孢子

（引自植物学，杨悦，1997）

图 12-13　真菌门中担子菌的多样性

A. 香菇；B. 美味牛肝菌；C. 银耳；D. 木耳；E. 猴头；F. 红鬼笔；G. 五棱散尾鬼笔；
H. 网纹马勃；I. 头状秃马勃；J. 尖顶地星

（引自植物学，郑湘如，2004）

12.1.3　地衣植物（*Lichenes*）

地衣是藻类和真菌共生的共生植物。地衣中的真菌部分叫真菌共生物，藻类部分叫藻共生体。当把地衣中的两个成员分别在培养基上培养，然后再把它们放在一起培养，只有在这种培养基上两个成员都不能单独生长时，它们才共生而发生地衣化；如果某一成员或两个成员都能单独生长时，则不发生地衣化。由于菌、藻长期紧密地结合在一起，无论在形态、结构、生理和遗传上都形成了一个单独的固定有机体，所以把地衣当作一个独立的门看待。本门植物约有 500 余属，25 000 余种。

地衣的共生关系中，真菌菌丝包裹藻类，吸收水分和无机盐，作为藻类光合作用的原料；藻细胞进行光合作用为整个植物体制造养分。真菌与藻类的共生不是对等的，受益多的是真菌，并在这种不对等的状态下达到平衡。这种平衡非常敏感，因此，不论干扰此平衡使其中任何一方受益再多一些，都可能使共生体解体，受益减少的一方灭亡。

多数地衣喜光，要求新鲜空气，不耐大气污染。因此，大城市及污染严重的地方很少有地衣生长。地衣耐寒、耐旱性很强，能在岩石、沙漠或树皮上生长，在高山、冻土带、南北极等其他植物难以生存的情况下，地衣能生长繁殖并形成大片的地衣群落。

地衣按其外部形态可分为三类。第一类是壳状地衣，植物体紧贴基质（树皮、石头或土地）上，难以分开，壳状地衣约占全部地衣的 80%。第二类是叶状地衣，植物体扁平叶状，有背腹之分，叶状体以假根或脐部较疏松地固着在基质上，易于剥落，如生于草地上的地卷属（*Peltigera*），脐衣属（*Umbilicaria*）和生长在岩石或树皮上的梅花衣属（*Parmelia*）等。第三类是枝状地衣，植物体直立呈枝状，或下垂如丝，如松萝属（*Usnea*）、石蕊属（*Clakonia*）（如图 12-14 所示）。

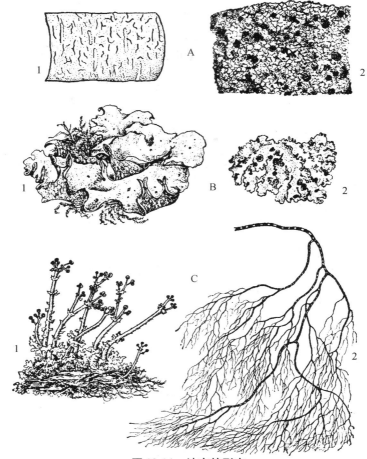

图 12-14　地衣的形态

A. 壳状地衣：1. 文字衣属；2. 茎渍衣属；B. 叶状地衣：1. 地卷属；2. 梅衣属；C. 枝状
地衣：1. 石蕊属；2. 松萝属

（引自植物学，杨悦，1997）

　　地衣为多年生植物，能在其他植物不能生长的环境下生存，是植物界拓荒的先锋植物
之一。地衣能分泌地衣酸，使岩石碎裂，与土壤的形成有密切关系。地衣具有一定的经济
价值，如庐山石耳可食用，松萝可药用，石蕊等可作石蕊试纸的原料，不少地衣是鹿及家
畜的饲料。此外，根据地衣的存在与否，可判断某地的空气新鲜程度，因此，地衣又是一
种环境监测的指示植物。

12.2　高等植物

　　高等植物是植物界的进化类群。植物体除苔藓植物外，都有根、茎、叶的分化，生殖
器官为多细胞，合子（受精卵）先发育成胚，由胚长成新植物体，所以高等植物又称为有
胚植物。绝大多数高等植物都是陆生。高等植物分为四个门，即苔藓植物门、蕨类植物
门、裸子植物门和被子植物门。

12.2.1　苔藓植物门（*Bryophyta*）

　　苔藓植物是一类结构比较简单的高等植物，约 23 000 余种，多生活在阴湿的环境中，

如林下、井旁、沟边、沼泽地等。

1. 苔藓植物的特征

（1）植物体结构简单。苔藓植物矮小，最大的也只有数十厘米，较低级的种类为扁平的叶状体，较高级的种类有似茎、叶的分化。苔藓植物没有真正的根，只有假根。假根是单细胞或单列细胞组成的丝状分枝结构，有吸收水分、无机盐和固着植物体的功能。

（2）世代交替明显，配子体发达，孢子体依赖配子体生活。苔藓植物的生活史具有两个明显的世代，一是配子体世代（有性世代），二是孢子体世代（无性世代）。孢子是配子体的第一细胞，它是经减数分裂而成的单倍体（n）。孢子的产生标志着配子体世代的开始，由孢子发育成单倍的植物体（配子体），由配子体产生雄配子（精子）和雌配子（卵），通过受精作用形成合子（受精卵）。合子是孢子体的第一个细胞，是经受精产生的二倍体（$2n$）。合子的产生标志着孢子体世代的开始。合子先发育成胚，由胚发育成二倍的植物体（孢子体）。孢子体上分化形成的孢子母细胞减数分裂产生孢子，孢子的形成标志着孢子体世代结束，配子体世代开始。在苔藓植物的生活中两个世代相互交替完成生活史，这种现象称为世代交替（如图 12-15、图 12-16 所示）。苔藓植物在世代交替中，配子体占优势，孢子体寄生在配子体上。但配子体构造简单，没有真正的根和输导组织，有性生殖借助于水，因而在陆地上难于进一步发展，这表明它是由水生向陆生过渡的类群。

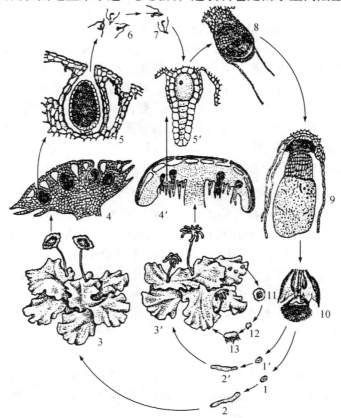

图 12-15　地钱（*Marchantia polymorpha*）

1，1'. 孢子；2，2'. 原丝体；3. 雄株；3'. 雌株；4. 雄生殖托纵切面；4'. 雌生殖托纵切面；5. 精子器；5'. 颈卵器；
6. 精子；7. 精子借水作用与卵结合；8. 受精卵发育为胚；9. 胚发育为孢子体；10. 孢子成熟后孢子及弹丝散布发；
11. 芽杯内胞芽成熟；12. 胞芽脱离母体；13. 胞芽发育为新植物体；1～10 为有性生殖；11～13 为无性生殖

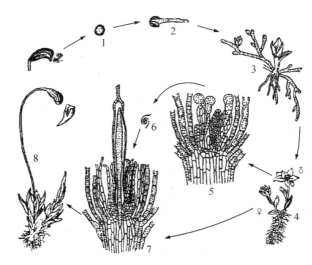

图 12-16　葫芦藓（*Frnaria hygrometica*）

1. 孢子；2. 孢子萌发；3. 具芽的原丝体；4. 成熟的植物体具有雌雄配子枝；5. 雄器苞的纵切面，示有许多精子器和隔丝，外有许多苞叶；6. 精子；7. 雌器苞的纵切面，示有许多颈卵器和正在发育的孢子体；8. 成熟的孢子体仍着生于配子体上，孢蒴中有大量的孢子，孢蒴的蒴盖脱落后，孢子散发出蒴外

（引自植物学，华东师范大学、东北师范大学，1983）

（3）有性生殖器官为颈卵器和精子器。雌性生殖器官为颈卵器，雄性生殖器官为精子器。颈卵器外形如瓶，细长部叫颈部，膨大部分叫腹部。腹部的壁由多层细胞组成，腹内有两个细胞，上方的叫腹沟细胞，下方的叫卵细胞。精子器外形多为棒状或球状，外壁有一层细胞构成，内有多数精子。精子长而卷曲，具两条等长的鞭毛。受精时精子借助水游到颈卵器与卵结合，形成合子，合子发育成胚，胚在颈卵器中发育成孢子体。孢子体通常分为孢蒴、蒴柄和基足三部分。孢蒴内的孢子母细胞经减数分裂形成孢子，孢子成熟后散出，在环境适宜时萌发成原丝体。原丝体生长一段时间后，在原丝体上形成配子体。有原丝体构造是苔藓植物的另一个重要特征。

2. 苔藓植物在自然界中的作用及经济意义

（1）苔藓植物能分泌一些酸性物质，对促进岩石的分解和土壤的形成起先锋作用。

（2）苔藓植物一般都有很强的吸水能力，尤其是当密集丛生成片时，其吸水量可达自重量的10～20倍。这对林地和山野的水土保持有重要的作用。

（3）苔藓植物遗体的沉积，能使湖泊、沼泽干涸，逐渐陆地化，相继出现陆生的草本、灌木和乔木，从而使湖泊、沼泽变为森林。

（4）一些苔藓植物可作为森林的指示植物，如泥炭藓落叶松林。

（5）苔藓植物对空气中的二氧化硫、氟化氢等有毒气体很敏感，可作为监测大气污染的指示植物。

（6）其他经济用途：如大金发藓有乌发、活血、止血等功效；大叶藓对治疗心血管病有较好疗效；泥炭藓常用于包装运输苗木，可作为苗床的覆盖物；藓类形成的泥炭可作燃料和肥料。

12.2.2　蕨类植物门（*Pteridophyta*）

蕨类植物约12 000多种，其中大多数为草本植物，广泛分布于世界各地。我国有2 600

余种蕨类植物，多分布于西南地区和长江流域以南各地。

（1）蕨类植物的特征。蕨类植物一般为陆生，植物体有根、茎、叶的分化，有维管束组织。维管束由木质部和韧皮部组成，木质部的主要成分是管胞，韧皮部的主要成分为筛胞。蕨类植物在生活史中具有明显的世代交替，无性世代的孢子体和有性世代的配子体均可独立生活，但配子体退化，而孢子体发达。其中无性生殖产生孢子囊和孢子；有性生殖产生精子器和颈卵器，受精过程离不开水（如图 12-17～图 12-20 所示）。

（2）蕨类植物的经济价值。蕨类植物和人类的关系非常密切，除形成了煤的古代蕨类植物为人类提供大量的能源外，现代蕨类植物的经济利用也是多方面的。许多蕨类植物可以药用，如海金沙治疗尿道感染和结石，卷柏外敷治刀伤出血，阴地蕨治小儿惊风等。有的可以食用，如东北的蕨菜、葳菜等。在农业上，有些蕨类植物是优质的饲料和肥料，如满江红既是良好的绿肥，又是猪鸭等家畜、家禽的好饲料。有些蕨类植物是营造各种林地的指示植物和气候的指示植物。有些蕨类可以做为观赏植物，如树蕨、铁线蕨、肾蕨、卷柏等。

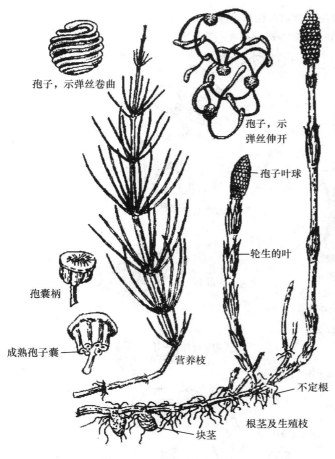

图 12-17　问荆（木贼纲）

（引自植物学，华东师大、东北师大，1983）

图 12-18　蕨（*Pteridium aguilinum*）

示地下根茎、不定根和地面上的羽状复叶

（引自植物系统学，张景钺、梁家骥，1978）

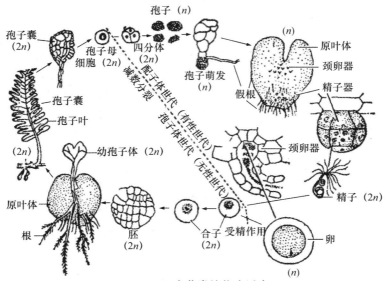

图 12-19　真蕨类植物生活史

（引自植物与植物生理，陈忠辉，2002）

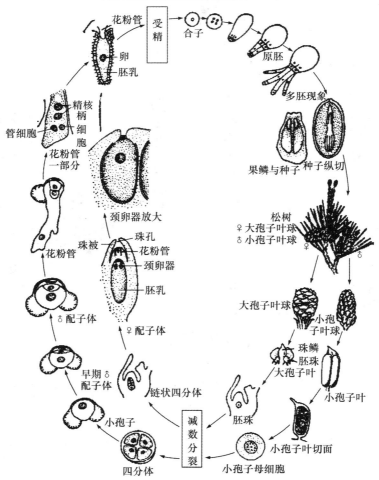

图 12-20　松属（*Pinus*）植物生活史示意图

（引自植物学，徐汉卿，2003）

12.2.3　裸子植物门（*Gymnospermae*）

1. 裸子植物的特征

（1）孢子体发达。裸子植物的孢子体发达，为多年生木本，没有草本；维管束中的木质部只有管胞而无导管，韧皮部中只有筛胞而无筛管和伴胞；叶多为针形、条形或鳞形；根有强大的主根。

（2）胚珠裸露。裸子植物的孢子叶大多聚生成球果状，称孢子叶球。孢子叶球单性，同株或异株。小孢子叶球由多枚小孢子叶组成，每枚小孢子叶背面着生小孢子囊（花粉囊），内生小孢子。大孢子叶球由多枚大孢子叶组成，大孢子叶的腹面（近轴面）生有胚珠，胚珠裸露，不为大孢子叶所包被，所以称为裸子植物。

（3）配子体微小而简单，并完全寄生在孢子体上。成熟的雄配子体（花粉管）在多数种类中仅由 4 个细胞组成。珠心内的雌配子体（胚囊）一般产生两个或多个颈卵器。颈卵器结构简单，比蕨类植物的颈卵器退化。雌、雄配子体完全寄生在孢子体上。

（4）受精作用完全摆脱了水的限制。裸子植物的花粉粒通过萌发形成花粉管，将所产生的精子直接送到颈卵器内和卵细胞结合，因此，受精作用完全摆脱了水的限制，更适于陆生生活。

（5）产生种子，用种子进行繁殖。完成受精作用后，胚珠发育成种子。种子由胚、胚乳和种皮组成。胚（$2n$）来自受精卵，是新的一代孢子体；胚乳（n）来自雌配子体；种皮（$2n$）来自珠被，是老一代孢子体。裸子植物的种子包含三个不同的世代。

裸子植物由于出现了花粉管，受精作用不再受水的限制，在生活史中产生了种子，用种子繁殖代替了孢子繁殖，因此，为植物的繁殖和分布创造了更为有利的条件，并且取代了蕨类植物在陆地上的优势地位。

2. 裸子植物的经济价值

裸子植物木材优良，为林业生产上的主要用材树种。此外，裸子植物还可造纸，提取单宁、松香等原料。有些植物，如草麻黄为著名中药，银杏的种仁可食，也可药用（中药名：白果）。大多数裸子植物为常绿树，树冠美丽，是极好的观赏植物，如南洋杉、雪松等。

12.2.4　被子植物门（*Angiospermae*）

被子植物约有 240 000 种，是植物界进化最高级的类群，也是与人类关系最密切的一个类群。生产上栽培的农作物、果树、蔬菜等都是被子植物，许多轻工业、建筑、医药等原料也取自被子植物。因此，被子植物就成了我们衣、食、住、行和发展国民经济不可缺少的资源（如图 12-21 所示）。被子植物门的特征如下。

（1）孢子体高度发达。被子植物的孢子体，在形态、结构、生活型等方面，比其他各类植物更加完善，多样化。植物组织分化精细，生理效率高，维管束中的输导组织和机械组织分化明显，木质部具有导管和木纤维，韧皮部具有筛管和伴胞，从而大大增强了物质运输和机械支持的能力。

（2）具有真正的花。被子植物具有适应于有性生殖最完善的花器官，即真正的花。大孢子叶（心皮）卷曲封闭形成雌蕊，胚珠包被在子房内。受精作用之后，胚珠发育成种子，子房壁发育成果皮，果皮包裹种子形成果实，果实对于保护种子的发育和帮助种子传播起着重要作用。

（3）传粉方式多种多样。被子植物的传粉方式有自花传粉和异花传粉，在异花传粉中，存在多种适应方式，如虫媒、鸟媒、风媒或水媒等。

（4）配子体进一步简化。雌、雄配子体的结构比裸子植物更加简化。雄配子体（花粉管）仅由 3 个细胞组成，雌配子体（胚囊）一般由 8 个细胞组成。

（5）具有双受精现象。被子植物在受精过程中，一个精子与卵细胞融合形成受精卵；另一精子与两个极核融合，形成三倍体的初生胚乳核，进一步发育为胚乳。胚在形成新植株过程中吸收三倍体胚乳，使下一代个体的生活力和适应性更强。

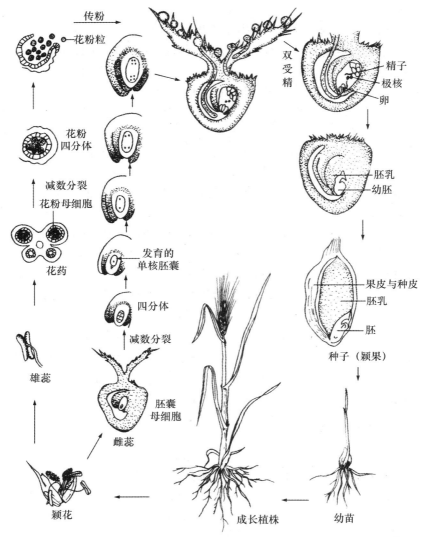

图 12-21　被子植物（小麦）生活史图解
（引自植物学，徐汉卿，2003）

被子植物的上述特征，使它具备了对陆生环境的高度适应能力。因此，被子植物是植物界中适应陆生生活发展到最高级、最完善的一群现代植物。

12.3　植物界的发生与演化

植物界经历了漫长的发生与演化过程，我们可从地质年代中，研究不同代、纪地层中存在的植物化石，以获得植物界发生与演化的可靠证据。由于人类现在发现的化石仍是很不完全的，断断续续的，所以植物界的发生与演化，仍是一个没有完全解决的问题。这就是为什么今天对植物界发生与演化中的一些问题产生许多不同看法的原因。但它毕竟给人们理解植物界的发生与演化提供了极为宝贵的依据。

12.3.1　植物界的发生阶段

植物界的发生与自然条件的改变紧密相关。从古代到现在，由于地质、气候的多次变迁和变化，植物界也相应地在变化着。每次环境的巨大变迁，必然导致植物的某些种类由于不适应变化了的自然条件而衰退、绝迹，有的形成了化石。但也必然会出现某些生命力强的植物，适应变化了的自然条件，从而发展和繁盛。

植物界的发生依据地质学上的年代和植物类型的发展，可以划分为 6 个时期。

1. 原始植物时期

这个时期地球表面为广阔的海洋，仅有构造简单的细菌、低等藻类出现，如蓝藻。这些植物是在太古代和元古代发展起来的。

2. 高等藻类植物时期

在古生代的寒武纪和奥陶纪，海生的高等藻类植物开始出现，如褐藻、红藻等。到了古生代的志留纪是海洋在地球上分布最广的时期，也是海藻最繁盛的时期。水生环境中生长的水生植物构造简单，未能进一步获得巨大发展。

3. 原始陆生植物时期

约在古生代的志留纪，植物由水向陆地发展，最早出现的陆生高等植物是具有维管束的裸蕨类植物，它们可能起源于藻类。蕨类的出现，实现了植物从水生到陆生的飞跃，这是植物界发生史上新的一页。

4. 蕨类植物时期

在古生代的泥盆纪，蕨类迅速发展为多种结构完善的蕨类植物，包括木贼纲、石松纲和真蕨纲。到了石炭纪，气候温暖潮湿，这种自然条件为蕨类植物创造了良好的发展环境，成为该类植物最昌盛的时期。有的木本蕨类高达几十米，几乎遍布全球的陆地，使广阔的大地上首次出现了高大茂密的原始森林。这些大型木本蕨类植物后来因地壳的变动，环境变迁，被埋在地下，成为今日煤层的主要组成部分。此后，继而繁茂生长的是较矮小的真蕨类植物。但是由于该类植物在形态结构和有性生殖过程中仍存在着不少原始性状，如输导组织不完善，产生有鞭毛的精子，受精作用仍脱离不开水，不能适应干燥气候等，因而发展受到了制约。

5. 裸子植物时期

地球上最早出现的种子植物是裸子植物的种子蕨类，它们在泥盆纪出现，白垩纪绝灭。这类植物树干不分枝，顶端生有类似蕨类植物的大型羽状复叶，但植物体上生有裸露的种子，这是一个巨大的飞跃。因而种子蕨是古代原始的裸子植物，是裸子植物的祖先，由它发展为苏铁、银杏、松柏类裸子植物。

裸子植物有了种子，并且多为针叶，具有高度的防止蒸腾和耐干旱的性能。当古生代末期二世纪时，大陆上气候由温暖、潮湿变为寒冷、干燥，大量的蕨类植物不能适应这一巨大变化而衰退死亡，这时裸子植物代替了蕨类植物而发展起来。裸子植物的昌盛时代是中生代，也沉积了不少煤层。但是裸子植物叶的可塑性小，适应太阳照射变化的能力较差；木质部中只有管胞，输水能力不及导管；种子裸露无果皮保护。这些较为保守的不利性状，阻碍了裸子植物本身的发展，因而使它们在植物界中原来占优势的地位，不得不被适应能力更强的被子植物所代替。

6. 被子植物时期

被子植物是现代地球上最占优势的植物类群，它们在侏罗纪开始出现。以后由于自然条件发生了巨大的变化，阳光直射代替了长久不变的云量，故不利于绝大多数的裸子植物以及蕨类植物的生长。但是被子植物的叶，由于可塑性大，具有各种变态的能力，很容易适应太阳的辐射；更为主要的是种子产生在子房内，以及具有输水能力强的导管等，这就更能适应陆地较干旱的生活环境；同时由于白垩纪气候寒冷的影响，落叶树和草本的被子植物逐渐发展。由此，到了新生代，具有高度适应能力的被子植物更加昌盛起来，并迅速地发展到地球的各个角落，共有二十余万种，占植物界的半数，成为植物界生命力最强、种类最多、分布最广的高等植物。人们称新生代为"被子植物时代"，它的大发展为人类的出现提供了丰富的物质基础。

在被子植物发展的过程中，也曾遇到不少的严重障碍，最主要的是第四纪的冰川时期。第三纪末，气候变得非常寒冷，以致欧洲、西伯利亚和北美洲的北部地区大量结冰，冰块从北向南流下，形成了冰川。在冰川降临后，许多适于温暖的种子植物被冻死了，但也产生了耐寒的植物群，现在生长于北极的植物就是它们的后代。当时，在我国的冰川比较分散，在南方的一些山岳和部分地区没有被冰川袭击，因而保留了不少古代植物，成为现今的活化石，如银杏、水杉、水松等。100万年前，人类诞生。人类在实践中，逐渐掌握了植物生长发育的规律，控制和改造植物，野生植物被大量引种、驯化和利用。而栽培植物的出现和推广，把植物界推进到一个崭新的阶段。人类在改造自然界的同时，对被子植物和整个植物界的发展，必将继续产生巨大的影响和作用。

12.3.2 植物界的演化

宇宙中任何事物都是处在不断变化和发展之中，永远不会停留在一个水平上，这是自然界的普遍规律。植物界同样也遵循这一规律。

1. 植物界的进化规律

植物界的进化规律可以概括为以下四方面。

（1）形态结构由简单到复杂。在形态结构方面，植物是由简单进化到复杂，由单细胞进化到群体，再进化为多细胞个体，逐渐出现细胞的分工和组织的分化。随着环境条件的复杂化，形态构造也就发展得更加完善，更加复杂。

（2）生态习性由水生进化到陆生。在生态习性方面，植物由水生进化到陆生。生命发生于水中，因此最原始的植物一般在水中生活。随着植物由水域向陆地发展，生态环境的变化越来越复杂，植物体也相应发生了更适宜于陆地生活的形态结构。例如真根的出现与输导组织的形成和完善，有利于陆生植物对水分的吸收和输导；保护组织、机械组织的分化和加强，对调控水分蒸腾、支持植物体直立于地面有重要作用；高等种子植物的精子失去鞭毛，使受精作用不受水分的羁束。

（3）繁殖方式由低级进化到高级。在繁殖方式方面，植物是由营养繁殖进化到无性繁殖，由无性繁殖进化到有性繁殖。在有性繁殖中，又由同配生殖发展到异配生殖以至于卵式生殖，由简单的卵囊到复杂的颈卵器，由无胚到有胚。

（4）孢子体逐渐发达和配子体逐渐退化。在生活史上方面，维管植物的孢子体逐渐发达，适应性逐渐增强，而配子体逐渐退化，最后完全寄生在孢子体上，不能独立生活。

以上是植物界进化的一般规律，但不能因此就认为所有水生植物都是低等的类型，因为在植物界的长期演化过程中，有些植物是由陆地返回到水中生活的。同样，也不能认为凡是结构简单的都属原始的性状，因为有些植物的演化是沿着某种次生结构简化的方向进行，例如浮萍生活在水中，茎内维管束极度退化，然而它却是比较高级的种子植物。又如颈卵器的结构，以苔藓植物的最为复杂，而在蕨类植物中就较为简单，到裸子植物中更加退化，演化至被子植物时已没有颈卵器的存在。因此，绝不能把植物界的发展理解成简单的、直线的进化过程，实际上它是在不断变化的，朝着各个方向发展的，因而才形成了今天种类繁多而又复杂的植物界。

2. 植物界的演化路线

植物界的形成与各大类群的演化，经历了长期发展的过程，现简要概括其演化路线。地球上首先从简单的无生命物质，演化到有生命的原始生命体出现。这些原始生命体与周围环境不断的相互影响，进一步发展到一些结构很简单的低等植物——鞭毛有机体、细菌和蓝藻。通过鞭毛有机体发展为高等藻类植物，进而演化为蕨类、裸子植物以至被子植物，这是植物界演化中的一条主干；而菌类和苔藓植物则是进化系统中的旁枝。

本 章 小 结

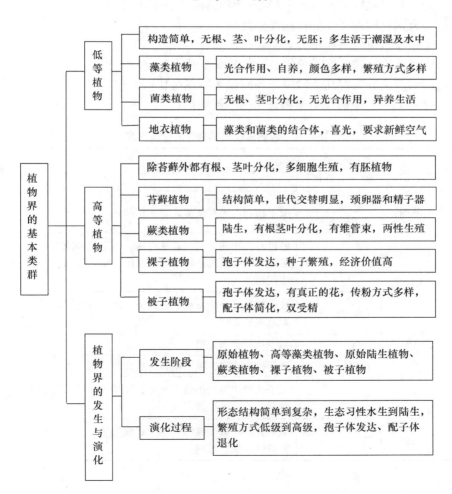

12.4 复习思考题

1. 名词解释：

孢子植物，隐花植物，种子植物，显花植物，维管束植物，颈卵器，世代交替，配子体，孢子体，自养，异养，同配生殖，异配生殖，卵式生殖，专性寄生，专性腐生，荚膜，菌索，子实体，菌核，假根，孢子叶球

2. 低等植物与高等植物的区别有哪些？

3. 说明藻类植物的特征及分类。

4. 叙述海带的生活史。

5. 说明菌类植物的特征及分类。

6. 说明地衣植物的特征、形态类型及经济价值。

7. 比较细菌、粘菌、真菌的特征。

8. 比较真菌的四个纲，它们之间的主要区别是什么？

9. 简述苔藓植物的一般特征，以及苔纲和藓纲的主要区别。

10. 以蕨为例说明孢子体的特征及生活史。

11. 蕨类植物有何经济作用？

12. 与蕨类植物比较，裸子植物进化的特征是什么？

13. 植物的演化分为哪几个阶段，各阶段的特点是什么？

14. 参见表 12-1，举例说明植物进化的一般规律。

表 12-1　地质年代与植物界进化情况表

宙	代	纪	距今大概数数（百万年）	进行情况	优势植物
显生宙	新生代	第四纪	现代 .	被子植物占绝对优势，草本植物进一步发展	被子植物
			更新世 2.5		
		第三纪	后期 25	经过几次冰期之后，森林衰落，由于气候原因造成地方植物隔离；草本植物发生，植物界面貌与现代相似	
			早期 65	被子植物进一步发展，占优势；世界各地出现了大范围的森林	
	中生代	白垩纪	上 90	被子植物得到发展	裸子植物
			下 136	裸子植物衰退，被子植物逐渐代替了裸子植物	
		侏罗纪	190	裸子植物中的松柏类占优势，原始的裸子植物逐渐消逝，被子植物出现	
		三迭纪	225	木本乔木状蕨类继续衰退，真蕨类繁茂；裸子植物继续发展、繁盛	

续表

宙	代	纪	距今大概数数（百万年）	进行情况	优势植物
显生宙	古生代	二迭纪	上 260	裸子植物中的苏铁类、银杏类、针叶类生长繁茂	蕨类植物
			下 280	木本乔木状蕨类开始衰退	
		石炭纪	345	气候温暖，巨大的乔木状蕨类植物，如鳞木类、芦木类、木贼类、石松类等，遍布各地，形成森林，演化成日后的大煤田；同时出现了许多矮小的真蕨植物；种子蕨类进一步发展	
		泥盆纪	上 360	裸蕨类逐渐消逝	
			中 370	裸蕨类植物繁盛，种子蕨出现，但为数较少；苔藓植物出现	
			下 390	为植物由水生向陆生演化的时期，在陆地上已出现了裸蕨类植物；有可能在此时期出现了原始维管束植物；藻类植物仍占优势	藻类植物
		志留纪	435		
		奥陶纪	500	海产藻类占优势	
		寒武纪	570	其他类型植物群继续发展初期出现了真核细胞藻类，后期出现了与现代藻类相似的藻类类群	
元古宙			590		
太古宙			3 800	生命开始，细菌、蓝藻出现	
冥古宙			4 600	地球形成与化学进化	

第13章 被子植物分类

 知识目标

◆ 知道植物分类的方法和依据，知道植物分类的各级单位。

◆ 知道植物命名的科学依据。

◆ 掌握植物分类检索表的使用方法。

◆ 掌握植物常见科的主要特征、识别要点及代表植物。

◆ 熟练运用植物学术语描述植物。

 能力目标

◆ 会对植物进行科学的命名。

◆ 能熟练使用植物检索表。

◆ 具备准确描述植物形态特征的能力。

◆ 能熟练识别常见植物。

13.1 植物分类基础知识

植物分类是在人类认识和利用植物的社会实践中发展起来的一门科学，它的任务是阐明植物之间的亲缘关系，建立科学分类系统，对植物进行分门分类，从而科学地研究、利用、改造和保护植物，挖掘植物资源的潜力。植物的起源相同，从进化的角度研究它们的亲缘关系，把它们分门别类，确定植物界的进化系统及各植物类群之间的关系，使人们明确利用和改造植物的方向，这就是植物分类的主要内容。

在生产中，我们可以应用分类知识和植物间的亲缘关系，进行植物的引种、驯化和培育以及寻找所需的植物资源等。因此，植物分类是服务于农、林、牧、副、渔及工、医等学科的基础科学，对于国民经济的发展有着很重要的意义。

13.1.1 植物分类的方法

植物分类的方法可分为人为分类法和自然分类法两种。

1. 人为分类法

人为分类法是人们为了自己工作上或生活上的方便，不考虑植物的亲缘关系，只就植物的形态、习性、生态或经济上的某些特征或特性来进行分类的方法。如将植物分为水生、陆生，木本植物、草本植物，栽培植物、野生植物等。而栽培的作物又可分成粮食作物、油料作物、纤维作物等。果树也可分为仁果类、核果类、坚果类、浆果类、柑果类等。我国明朝李时珍所著《本草纲目》（1578 年），将收集记载的植物按生态分为木、果、草、谷、菜五部三十类等，都属于人为分类。此种方法的优点是通俗易懂，便于识别，容易记忆，至今仍在应用科学中被沿用。但是这种分类方法却不能反映植物类群之间的进化规律与亲缘关系，缺乏科学性。

2. 自然分类法

自然分类法是依据植物在进化过程中亲缘关系的远近进行分类的方法。它不按人的主观意愿去分类，而是根据植物在形态、结构、生理和遗传上相似程度的大小，研究判别其亲缘关系的远近，再将它们分门别类，各自成为一个系统。这种分类法能够反映植物系统发育的规律，科学性强，在生产实践中具有重要的指导意义。判断亲缘关系的远近程度，是根据植物相同点的多少。例如，小麦和水稻有许多相同点，因此认为它们亲缘关系较近；小麦与油菜相同点较少，所以认为它们亲缘关系较远。

由于植物界经历了千百万年发展演化过程，古代的物种绝大部分已绝灭，偶然有化石留下的也很有限，还不能解决整个进化问题，因而，做这方面研究的人见解很难一致，常各抒己见，提出了不同的分类方法，比如恩格勒系统、哈钦松系统等。虽然经过中外许多人的研究，但目前还没有完全把植物真正的亲缘关系阐述清楚。我们相信随着科学的发展，国内外研究人员的努力，调查采集工作的深入开展，植物化石的不断发掘等，将来对植物真实历史的研究，一定会不断取得新的进展，创立反映植物界客观进化的分类系统会更加完善。

13.1.2　植物分类的各级单位

植物分类的各级单位是界、门、纲、目、科、属、种。在分类各级单位中，种是分类的基本单位，也是各级单位的起点。所谓种，是指起源于共同的祖先，具有相似的形态特征，且能进行自然交配，产生正常后代（少数例外）并具有一定自然分布区的生物类群。种内个体由于受环境影响而产生显著差异时，可视差异大小分为亚种、变种等。其中变种是最常用的。亲缘关系相近的种集合在一起形成属，亲缘关系相近的属集成科，亲缘关系相近的科集成目，由此类推组成纲、门、界。在各级单位中，根据需要可再分成亚级，现以水稻为例说明分类上所用单位。

界　植物界　*Vegetabile*
　门　被子植物门 *Angiospermae*
　　纲　单子叶植物纲 *Monocotyledoneae*
　　　目　禾本目 *Graminales*
　　　　科　禾本科 *Gramineae*
　　　　　属　稻属 *Oryza*
　　　　　　种　稻　*Oryza sativa L.*

种以下还可以设立亚种、变种、变型。

（1）亚种。某种植物分布在不同地区的种群，由于受所在地区生活环境的影响，它们在形态构造或生理机能上发生某些变化，这个种群就称为某种植物的一个亚种。

（2）变种。在同一个生态环境的同一个种群内，如果某个个体或由某些个体组成的小种群，在形态、分布、生态或季节上发生了一些细微的变异，并有了稳定的遗传特性时，那么这个个体或小种群，即称为原来种（又称模式种）的变种。

（3）变型。有形态变异，但看不出有一定的分布区，仅是零星分布的个体称变型。

在农作物和园艺植物中，通常把经过人工选择而形成的有经济价值的变异（色、香、味、形状、大小等）列为品种。如我省大豆中的合丰 25、绥农 14、黑农 35、黑农 37、黑农 44 等都是品种。但品种不是分类学上的单位，它只用于栽培植物，属于栽培学上的变异类型。作为一个品种，必须具备一定的经济价值。随着生产的发展，作为变异类型的品种也是不断发展的。旧品种在栽培上的地位，常由优良的新品种取而代之，最终被淘汰而不称其为品种了。所以品种的发展取决于生产的发展。

13.1.3　植物命名的方法

每种植物在不同的国度、民族和地区常有不同的名称，往往发生"同物异名"或"异物同名"的混乱现象，造成识别植物、利用植物、交流经验等方面的障碍。例如马铃薯，英、美俗称 Potato，我国俗称洋山芋（南京）、土豆（东北、山东）、山药蛋（内蒙古）等。这在科学研究上引起了混乱和许多不便。为此，国际植物学会统一规定，采用瑞典植物学家林奈（C. Linnaeus）所创立的"双名法"作为植物命名的方法。用双名法定出的名称叫做学名。它是世界范围内通用的唯一正式名称。

双名法规定，植物的学名是由"属名 + 种加词（种区别词）+ 命名人姓氏缩写"组成。如水稻：*Oryza sativa L.* 玉米：*Zea mays L.* 小麦：*Triticum aeativum L.* 属名都是名词，如 *Oryza* 是稻属，属名第一个字母要大写。种加词一般是形容词，起着标志这一植物种的作用，第一个字母要小写。如水稻的学名种加词 *sativa* 是"水中的"的意思。命名人姓氏，除单音节外，均应缩写，缩写时要加省略号"."，且第一个字母要大写，如 Linnaeus（林奈）缩写为 L. 。如果是亚种或变种，则在种名的后边加上一个亚种的缩写 ssp 或加一个变种的缩写 var 然后再加上亚种名或变种名，最后再写命名人的姓名或姓名的缩写。如糯稻（*Oryza sativa var. glutinosa Matsum.*），就是稻的变种。

13.1.4　植物检索表的编制及其应用

1. 植物检索表的编制

检索表的编制是根据法国人拉马克（Lamrck，1974—1829）的二歧分类原则编成。按照二歧分类原则，把各植物类群形态特征的异同分成相对的两个分支，相同的植物群为一个分支，不同的植物为另一分支，每一分支下面，再以形态特征的异同分为两个相对的分支，依次分下去，直编到科、属或种检索表的终点为止。为了使用上的方便，各分支按其出现的先后顺序，在前面加上一定的顺序数字，相对应两个分支的数字应相同。检索表的类型可分为两种，现以植物界主要类群分类检索表为例加以说明。

（1）定距检索表（等距检索表）。定距检索表中的每一对应的分支不平行排列，中间被上一分支中的各级分支所间隔，二者之间存在一定的距离。下一级分支比上一级分支向右空一格。

```
1. 植物体无根、茎、叶的分化，雌性生殖器官由单细胞构成 ……………………………… 低等植物
   2. 植物体不为藻类和菌类所组成的共生体
      3. 植物体内含有叶绿素或其他光合色素，生活方式为自养 ……………………… 藻类植物
      3. 植物体不含有叶绿素或其他光合色素，生活方式为异养 ……………………… 菌类植物
   2. 植物体为藻类和菌类所组成为共生体 ………………………………………………… 地衣植物
1. 植物体有根、茎、叶的分化（苔藓植物除外），雌性生殖器官由多细胞构成 ………… 高等植物
      4. 植物体无维管束 …………………………………………………………………………… 苔藓植物
      4. 植物体有维管束
         5. 不产生种子 …………………………………………………………………………… 藻类植物
```

5. 产生种子 ·· 种子植物
　　6. 种子裸露无果皮包被 ··· 裸子植物
　　6. 种子由果皮包被，形成果实 ··· 被子植物
　　　7. 具网状叶脉，胚有子叶 2 枚 ··· 双子叶植物
　　　7. 具平行或弧形脉，胚有子叶 1 枚 ··· 单子叶植物

（2）平行检索表。在这种检索表中，每一对应的分支紧紧相接，便于比较，在每一行之末，或为一学名，或为一数字。如为数字，则另起一行重新写，与另一相对性状平行排列。如此直至终了为止。左边数字均平头写，为平行检索表特点。

1. 植物体无根、茎、叶的分化，雌性生殖器官由单细胞构成 ························· 低等植物 2
1. 植物体有根、茎、叶的分化（苔藓植物除外），雌性生殖器官由多细胞构成 ········· 高等植物 4
2. 植物体不为藻类和菌类所组成的共生体 ·· 3
2. 植物体为藻类和菌类所组成为共生体 ·· 地衣植物
3. 植物体内含有叶绿素或其他光合色素，生活方式为自养 ························ 藻类植物
3. 植物体不含有叶绿素或其他光合色素，生活方式为异养 ························ 菌类植物
4. 植物体无维管束 ·· 苔藓植物
4. 植物体有维管束 ·· 5
5. 不产生种子 ·· 藻类植物
5. 产生种子 ·· 种子植物 6
6. 种子裸露无果皮包被 ·· 裸子植物
6. 种子由果皮包被，形成果实 ·· 被子植物 7
7. 具网状叶脉，胚有子叶 2 枚 ·· 双子叶植物
7. 具平行或弧形脉，胚有子叶 1 枚 ·· 单子叶植物

2. 检索表的使用

检索表的使用又称为检索。检索是识别植物的关键。不认识的植物，可以根据观察的结果，利用检索表，逐项进行检索，最后就会确定该种植物的名称和分类地位。检索的方法包括以下步骤。

（1）检索。先用分科检索表检索出所属的科，再用该科的分属检索表检索到属，最后则用该属的分种检索表检索到种。前面曾提到，检索表是根据二歧分类的原理编制的，也就是说，是将植物一对彼此相对的特征，按照一定次序编制起来。因此，检索时，要根据"非此即彼"的道理，从一对相对的特征中，选择其中一个与被检索的植物相符合的特征，放弃另一个不符合的特征；然后，在选中的特征项下，再从下一对相对特征中，继续选择。如此继续进行下去，直到检索到种为止。

检索时注意事项如下。

① 在核对两项相对的特征时，即使第一项已符合于被检索的植物，也应该继续读完第二项特征，以免查错。

② 如果查到某一项，而该项特征没有观察，应补充观察后，再进行检索，不要跳过去检索下项，否则容易错查下去。

（2）核对。核对是防止检索有误的保证。为了避免检索有误，应该在检索后进行核对。核对就是将检索出的植物与植物志或植物图鉴中的相应植物进行核对。在核对时，不仅要与文字描述进行核对，还要与插图进行核对。如果发现有出入，说明检索可能有误，

这就需要反复检索，找出问题所在。

世界上没有两个植物在外形上完全相同，同一种的两个个体，虽然大体上很相似，但仔细进行观察，它们无论在大小、数量以及色泽等方面总存在或多或少的差异，而这种差异往往因不同的生境，或因植物体的不同部位而有所加强。所以在核对形态描述时，应该正确看待植物标本与形态描述之间的关系。当我们在核对描述的每个细节时，主观上往往希望一切都能吻合，但事实上很少能如愿以偿。即使我们把种鉴定对了，还常常会发现有不少不相符合的地方。因此，在核对时必须重视"质"的变化，而轻视"量"的变化。如被毛的不同类型是质的区别，而被毛的多少却是量的差异；花瓣的大小、色彩甚至数目不能与其形态、位置和在花芽中的排列方式相提并论。如何区分"质"和"量"的变化呢？这就要靠反复实践。分类鉴定绝不是简单的和机械的形态比较，必须要经过无数次的反复实践，才能逐步掌握分类鉴定的重要关键——区别主要的性质和次要的性质的能力。

13.2 被子植物分类

13.2.1 被子植物的分类原则

被子植物是植物界的进化类群。要对被子植物进行分类，并在分类系统中反映它们之间的亲缘关系，就必须探索被子植物形态结构的演化规律。这些演化规律，是判别各种被子植物演化的准则，同样也是被子植物的分类原则。

1. 被子植物分类原则的主要内容

目前，被子植物形态结构的演化规律虽然还存在着一定的分歧，但大多数公认的被子植物分类原则参见表 13-1。

表 13-1　被子植物分类原则

器　官	初生的、原始的性状	次生的、进化的性状
茎	木本	草本
	直立	缠绕
	无导管，只有管胞	有导管
叶	常绿	落叶
	单叶全缘	叶形复杂化
	互生	对生或轮生
花	花单生	花形成花序
	无限花序	有限花序
	两性花	单性花
	雌雄同株	雌雄异株
	花部螺旋排列	花部呈轮状排列
	花的各部多而不固定	花各部数目不多，有定数
	花被同形，不分化为萼片和花瓣	花被分化为萼片和花瓣或退化为单被花、无被花
	花部离生（离瓣花、离生雄蕊、离生心皮）	花部合生（合瓣花、具各种形式结合的雄蕊、合生心皮）

续表

器　官	初生的、原始的性状	次生的、进化的性状
花	整齐花	不整齐花
	子房上位	子房下位
	花粉粒具单沟	花粉粒具 3 沟或多孔
	胚珠多数	胚珠少数
	边缘胎座、中轴胎座	侧膜胎座、特立中央胎座和基底胎座
果实	单果、聚合果	聚花果
	真果	假果
种子	有胚乳	无胚乳
	胚小、子叶 2	胚较大，子叶 1
生活型	多年生	一年生

2. 被子植物的分纲

被子植物分为两个纲，即双子叶植物纲（木兰纲）和单子叶植物纲（百合纲）。两纲的主要区别参见表 13-2。

表 13-2　被子植物两纲的区别

纲别 区别项目	双子叶植物纲	单子叶植物纲
1. 子叶数目	胚具两片子叶	胚具一片子叶
2. 根系	直根系	须根系
3. 茎内维管束	作环状排列，有形成层	散生，无形成层
4. 叶脉	网状脉	平行脉或弧形脉
5. 花各部分数目	5 或 4 基数	3 基数
6. 花粉	具 3 个萌发孔	具 1 个萌发孔

以上两纲的特征区别只是相对的，实际上有交错的现象。例如，有些双子叶植物科中只有一片子叶，如睡莲科、毛茛科、伞形科等；有些双子叶植物具有须根系，如毛茛科、车前科、茜草科、菊科等；有些双子叶植物具有星散维管束，如毛茛科、睡莲科等；有些单子叶植物具有网状叶脉，如百合科、天南星科等。至于花的基数也不是绝对的，如双子叶植物的樟科、木兰科、毛茛科中就具有 3 基数的花，而单子叶植物的眼子菜科、百合科中也具有 4 基数的花，等等。因此，对两纲的区别特征，应该综合对待。

13.2.2　双子叶植物纲

1. 木兰科（*Magnoliaceae*）

本科共有 13 属，200 余种，主要分布于亚洲的热带、亚热带地区，少数分布于北美洲南部和中美洲；我国有 11 属，130 余种，主要分布于西南部和南部。

主要科特征：木本；单叶互生，全缘，托叶早落，枝具环状托叶痕；花单生，常两性，辐射对称，常同被，花被呈花瓣状；雌雄蕊多数，离生螺旋状排列于柱状花托的上下部，子房上位；聚合蓇葖果穗状，稀为翅果。种子有胚乳。

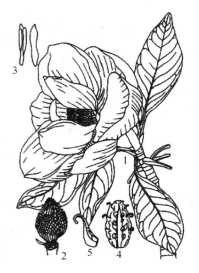

图 13-1　广玉兰

1. 花枝；2. 除去花被的花；3. 1 枚雄蕊的背面与侧面；4. 雌蕊的纵切面；5. 1 枚离生心皮

识别要点：木本；单叶互生，具环状托叶痕；花单生，常两性，辐射对称，常同被；雌雄蕊多数；子房上位；聚合蓇葖果。

本科是现代被子植物中最原始的类群。常见的植物有玉兰、紫玉兰（辛夷）、广玉兰（荷花玉兰，如图 13-1 所示）、含笑、鹅掌楸（马褂木）、白兰花等，均可作庭园观赏树种；厚朴、五味子均可药用，八角的果为调味品。

2. 毛茛科（*Ranunculaceae*）

本科 50 属，2 000 种，主产温带和寒带；我国有 39 属，约 750 种，分布全国。

主要特征：多为草本；叶片分裂或复叶；花两性，整齐，5 基数，花萼和花瓣均离生；雌雄蕊多数，离生螺旋状排列于膨大突起的花托上；子房上位；聚合瘦果或聚合蓇葖果（如图 13-2、图 13-3 所示）。

图 13-2　毛茛

图 13-3　乌头（*Aconitum carmichaeli Debx*）

识别要点：草本；叶分裂或复叶；两性花，5 基数，花萼、花冠均离生，雄蕊雌蕊多数，离生螺旋状排列；聚合瘦果。

本科植物含有各种生物碱，所以多为药用和有毒植物。如乌头、黄连、白头翁、白芍、丹皮、升麻等均为著名中药，牡丹、芍药、飞燕草均为著名花卉，毛茛、回回蒜则为田间常见杂草。

3. 十字花科（*Cruciferae*）

本科 350 属，3 200 种，广布世界各地，主产北温带；我国 102 属，410～424 多种，全国自南往北，逐渐增多。

主要科特征：草本稀灌木；基生叶旋叠，茎生叶互生，多为单叶，常羽状分裂，无托叶；花两性，辐射对称，多排成总状花序，萼片 4，两轮，花瓣 4，十字排列，常具爪，有时退化；雄蕊 6，为 4 强雄蕊，偶 4 或 2；子房上位，由 2 心皮合成，常有假隔膜分成 2

室，稀1室，侧膜胎座，每室胚珠1至多枚。果为长角果或短角果（如图13-4所示）。

识别要点：草本；总状花序，十字形花冠，4强雄蕊；角果，侧膜胎座，有假隔膜。

本科植物有很高的经济价值，如油菜是南方主要的油料作物；花椰菜、大白菜、小白菜、小油菜（青菜）、圆白菜、萝卜、榨菜、甘蓝等均为栽培蔬菜；芥菜、白芥及黑芥的种子，称为"芥子"，可制芥末，作香辛料；荠菜为全国广布的山野菜；板蓝根、葶可药用；桂竹香、紫罗兰、羽叶甘蓝、二月兰（诸葛菜）是较常用的观赏植物；薄菜、独行菜、碎米荠等均是田间常见杂草。

4. 石竹科 （Caryophyllaceae）

本科70属，2 000种，广布全球；我国32属，近400种，全国均有。

主要科特征：草本；节膨大；单叶对生；花两性，整齐，二歧聚伞花序或单生，五基数；萼片4～5，分离或结合成筒状，具膜质边缘，宿存；花瓣4～5，常有爪，雄蕊2轮8～10枚或1轮3～5枚；子房上位，1室，特立中央胎座或基底胎座，偶不完全2～5室，下半部为中轴胎座，花柱2～6，胚珠多数至1；蒴果，顶端齿裂或瓣裂，很少为浆果；胚弯曲包围外胚乳（如图13-5所示）。

图 13-4　油菜

1. 花果枝；2. 茎生叶；3. 花；4. 裂开的长角果
（引自植物与植物生理，陈忠辉，2001）

图 13-5　石竹

1. 植物上部；2. 花瓣；3. 带有萼下苞及萼的果实；
4. 种子

识别要点：草本；节膨大；单叶对生；雄蕊为花被片2倍；特立中央胎座，蒴果。

本科观赏植物有石竹、美国石竹、十样锦、瞿麦、剪夏罗、高雪轮、矮雪轮等。常见的杂草有米瓦罐、王不留行、粘毛卷耳、牛繁缕、漆姑草等。

5. 葫芦科（*Cucurbitaceae*）

本科约 100 属，800 种，主产热带和亚热带；我国有 22 属，100 多种，南北均产。

识别要点：具卷须的草质藤本；叶掌状分裂，花单性，雌雄同株或异株，下位子房，侧膜胎座，瓠果（如图 13-6 所示）。

本科植物不少为重要蔬菜，如南瓜、黄瓜、苦瓜、丝瓜、菜瓜、瓠瓜、西葫芦（美洲南瓜）、冬瓜等。用作水果的有西瓜、甜瓜，哈密瓜（新疆）和白兰瓜（甘肃）为甜瓜中不同变种或品系。绞股蓝全草含 50 多种皂甙，其中绞股蓝甙对肝癌、肺癌、子宫癌等细胞的增殖抑制效果在 20%～80%，临床可适于 20 多种癌症，有南方人参之称，开发价值高。

6. 山茶科（*Theaceae*）

本科 28 属，700 余种，主产东南亚；我国 15 属，400 余种，广布长江流域及南部各省的常绿林中。

识别要点：常绿木本，单叶互生，革质，无托叶，萼片、花瓣各 5；雄蕊多数，子房上位，蒴果（如图 13-7 所示）。

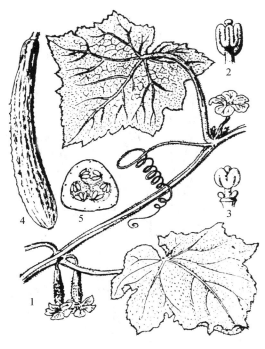

图 13-6　黄瓜

1. 花枝；2. 雄蕊；3. 雌蕊；4. 瓠果；5. 果实横切面

（引自植物与植物生理，陈忠辉，2001）

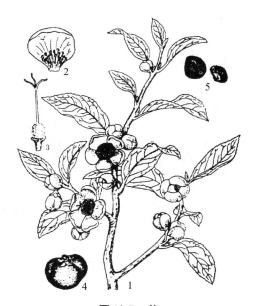

图 13-7　茶

1. 花枝；2. 雄蕊；3. 雌蕊；4. 蒴果；5. 种子

（引自植物与植物生理，陈忠辉，2001）

本科主要经济植物有茶、油茶和山茶等。茶是著名的饮料，是我国对外贸易主要产物之一，种子还可榨油。油茶种子可榨油，供食用，亦作药用，可治癣疥，或作润滑及涂料。山茶为有名的庭园观赏植物，为我国十大名花之一。金花茶的花为金黄色，国家一级保护植物，观赏价值极高。

7. 锦葵科（*Malvaceae*）

本科 75 属，约 1 000 余种，主产热带和温带；我国 16 属 81 种，各地均有。

识别要点：单叶，常有副萼；花 5 基数，单体雄蕊，花药 1 室，蒴果或分果（如图 13-8 所示）。

本科中有著名的纤维植物，如棉花、苘麻、红麻等，种子表皮细胞延伸成纤维，即棉织品的原料。锦葵、蜀葵、秋葵、扶桑均为观赏植物。木芙蓉、木槿既可观赏，其根茎的韧皮纤维也可供纺织、造纸或作人造棉用。

8. 大戟科（*Euphorbiaceae*）

本科 280 属，8 000 余种，主产热带；我国 61 属，360 种，主要分布在长江以南。

识别要点：单叶，常具乳汁，花单性，子房上位，3 心皮 3 室，中轴胎座，多为蒴果。

本科中很多为油料植物，如蓖麻种子，含油量高达 55.70%，可作飞机及高级器械的润滑油及印泥等原料。油桐种子含油量达 40%，著名的桐油是我国特产。乌桕种子可榨油，可作油漆原料。巴豆、泽漆、铁苋菜、地锦、大戟等可药用。木薯可食用或提取淀粉。橡胶树是最好的橡胶植物。重阳木、霸王鞭可作行道树及观赏树。观赏植物有一品红、猩猩草、山麻杆等（如图 13-9、图 13-10 所示）。

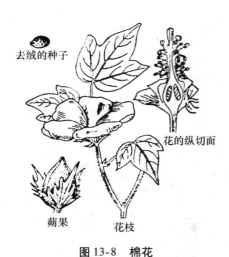

图 13-8 棉花

（引自植物与植物生理，陈忠辉，2001）

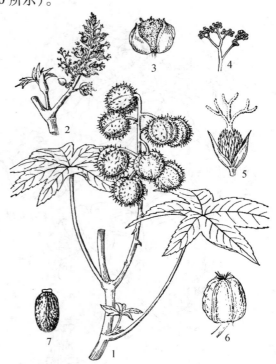

图 13-9 蓖麻

1. 果期植株上部；2. 圆锥花序；3. 雄花；4. 雄花的花丝分枝；5. 雌花；6. 无刺的蒴果；7. 种子

（引自植物学，华东、东北师范大学，1982）

9. 蔷薇科（*Rosaceae*）

本科 124 属，约 3 300 种，世界性分布，主产温带；我国 55 属，1 100 种，各地均产。

主要科特征：草本、灌木或乔木。落叶或常绿。单叶或复叶，互生，稀对生，具托叶，托叶常附生于叶柄上而成对，稀无托叶。花两性，辐射对称，花托凸起或凹陷，花被与雄蕊常愈合成一碟状、钟状、杯状、坛状或圆筒状的花筒（或称萼筒、花托筒）。萼片5，花瓣5，稀无花瓣，萼片、花瓣均为覆瓦状排列；雄蕊通常多数，稀5～10枚，花丝分离；雌蕊心皮多数至1个，分离或结合。子房上位或下位，每心皮具1至数个倒生胚珠。果实为蓇葖果、瘦果、梨果或核果，稀为蒴果。种子多无胚乳。

识别要点：木本或草本。叶互生，常有托叶。花5基数，也有重瓣。心皮离生或合生，子房上位或下位，周位花，果为蓇葖果，核果、梨果、瘦果等（如图13-11～图13-14所示）。

根据花托、花筒、雌蕊群和果实的特征，蔷薇科又分为四个亚科，亚科检索表如下。

1. 蓇葖果，心皮5，离生；常无托叶 ·· 绣线菊亚科

1. 梨果、核果、聚合果、蔷薇果，具托叶

2. 子房上位，心皮单生或2至多个心皮，分离

3. 心皮2至多数，离生；聚合瘦果或蔷薇果，多为复叶 ·················· 蔷薇亚科

3. 心皮1个，核果，单叶 ·· 李亚科

2. 子房下位，心皮2～5，合生，梨果 ·· 苹果亚科

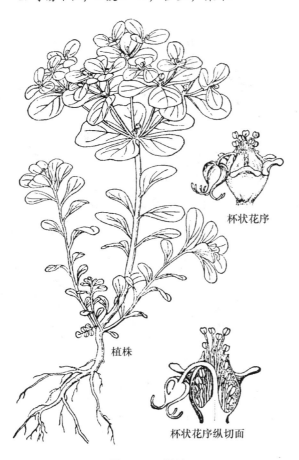

杯状花序

植株

杯状花序纵切面

图13-10　泽漆

（引自植物学，华东、华北师范大学，1982）

图13-11　珍珠梅

图 13-12　草莓

图 13-13　白梨

图 13-14　桃

本科为重要经济大科，盛产各种果树和观赏植物。栽培众多的果树如桃、李、杏、樱桃、梨、苹果、梅、山楂、草莓、枇杷、海棠、沙果、木瓜等。观赏植物有紫叶桃、红叶李、梅、日本樱花、贴梗海棠、月季、玫瑰、麻叶绣球等。药用植物如金樱子、地榆、翻白草、委陵菜等。蛇莓、龙芽草、蛇含委陵菜等均为田间杂草。

10. 豆科（*Leguminosae*）

本科 600 属，15 000 种左右。我国 151 属，1 200 种以上，全国各地均有。本科为双子叶植物第二大科，被子植物中第三大科。由于种类多，常分为含羞草亚科、云实亚科（苏木亚科）和蝶形花亚科。

亚科检索表如下。

1. 花辐射对称；花瓣镊合状排列；雄蕊多数，稀与花瓣同数 ⋯⋯⋯⋯⋯ 含羞草亚科
1. 花两侧对称；花瓣复瓦状排列；雄蕊 10 枚或较少。
2. 花冠假蝶形，花瓣彼此多少不相似，上方 1 片（旗瓣）位于最内面 ⋯⋯ 云实亚科
2. 花冠蝶形，花瓣彼此显著不相似，上方 1 片（旗瓣）位于最外面 ⋯⋯ 蝶形花亚科

识别要点：羽状或三出复叶，稀单叶，蝶形或假蝶形花冠，二体雄蕊，荚果（如图 13-15 所示）。

本科植物具有重大经济价值。如花生、大豆为主要油料作物；蚕豆、绿豆、赤豆均为杂粮作物；菜豆、豇豆、扁豆、豆薯等均为蔬菜作物；三叶草、草木樨、紫穗槐、紫云英、苜蓿、田菁等均为绿肥及饲料作物；甘草、黄芪可药用，合欢、含羞草、龙爪槐、羽扇豆等均可作观赏植物；羊蹄甲、凤凰木、槐树为常见行道树；而大小巢菜、鸡眼草等则为田间杂草。

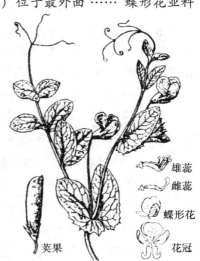

图 13-15　豌豆

11. 杨柳科（*Salicaceae*）

本科 3 属，约 620 种，主产北温带。我国 3 属均有，约 320 种，全国性分布。

识别要点：木本。单叶互生。雌雄异株，茱黄花序，无被花，蒴果，种子小且具柔毛。

本科植物许多是林木树种或行道树，常用扦插繁殖，易生根，适应性强，如毛白杨、河柳、垂柳等是护堤、固沙、防风的良好树种（如图13-16所示）。加拿大杨为重要的用材树种。

12. 芸香科（*Rutaceae*）

本科约150属，1 000余种，主产热带和亚热带。我国约28属，150种，多产于南方。

识别要点：茎常有刺；叶多为羽状复叶或单身复叶，具透明腺点，具芳香气味；花盘明显，位于雄蕊内侧；多为柑果（如图13-17所示）。

图 13-16 垂柳
1. 枝；2. 雄花枝；3. 果枝；4. 雄花；
5. 雌花；6. 蒴果

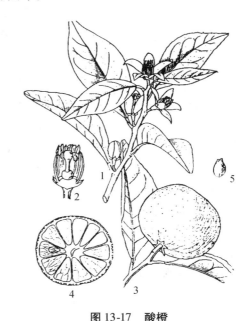

图 13-17 酸橙
1. 花枝；2. 花纵剖面；3. 果枝；4. 果实横剖面；5. 种子
（引自植物学，杨悦，1995）

本科中有多种重要的果树，如柑、橘、橙、柚、柠檬、金柑等，其中以广东的潮州柑、蕉柑、新会甜橙、广西容县沙田柚、湖南衡山湘橙、湖北秭归脐橙等最有名。黄皮、花椒、黄蘗、芸香、金橘等均为药用。

13. 伞形科（*Umbelliferae*）

本科275属，2 900种，主产北温带。我国90属，600种，南北都有。

识别要点：草本，叶基成鞘，伞形或复伞形花序，子房下位，双悬果（如图13-18所示）。

本科经济植物很多，如当归、防风、川芎、柴胡、前胡、茴香等均为有名的药用植物；而芹菜、水芹、胡萝卜、芫荽、茴香等为蔬菜；破子草、蛇床、破铜钱、积雪草、野胡萝卜等均为田间杂草。

14. 茄科（*Solanaceae*）

本科约58属，2 500种，主产温带和热带。我国26属，约100余种，分布全国。

识别要点：茎直立；单叶互生；花萼合生、宿存，花冠轮状，雄蕊5个，着生在花冠基部，并与之互生；浆果或蒴果（如图 13-19 所示）。

本科包括许多经济作物，如马铃薯块茎兼有粮食和蔬菜双重作用，茄、番茄、辣椒为重要蔬菜。枸杞、曼陀罗是重要的药材。烟草叶为制烟原料，因含有尼古丁，是麻醉性毒剂。龙葵、白英为田间杂草。夜来香、五色茉莉、朝天椒、珊瑚樱则为观赏植物。

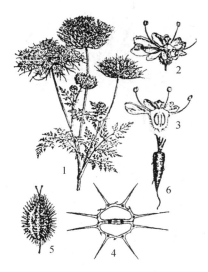

图 13-18　胡萝卜

1. 花序枝；2. 花；3. 花纵切面；4. 双悬果横切面；5. 果实；6. 圆锥根

图 13-19　茄子

1. 花枝；2. 花；3. 花冠及雄蕊；4. 花萼及雌蕊；5. 果实

15. 唇形科（*Labiatae*）

本科 22 属，3 500 种。我国 99 属，800 余种，全国均有分布。

识别要点：植物体含芳香油具香气；四棱方茎，单叶对生；花冠唇形，2 强雄蕊，子房 4 深裂，4 个小坚果（如图 13-20 所示）。

本科栽培作蔬菜的有草石蚕，其块茎可凉拌食用，味美。地瓜儿苗的根茎也可作凉菜用，其叶为妇科用药。荆芥叶芳香，味鲜美，不招蝇，为夏季调味凉菜佳品。本科作药用有 160 余种，如薄荷、益母草、丹参、黄芩、夏枯草、藿香、活血丹、紫苏等。藿香也是芳香油植物，鱼汤中加入其茎、叶共煮，味鲜。一串红、芝麻花、薰衣草是常见的观赏植物。水苏、宝盖草、夏至草等均为田间杂草。

16. 菊科（*Compositae*）

本科约 1 000 属，25 000 余种，广布全球，是被子植物第一大科。我国约有 200 余属，2 000 多种，占我国被子植物的 80% 左右。分为管状花亚科与舌状花亚科。

识别要点：常为草本，叶多互生；头状花序，有总苞，合瓣花冠，聚药雄蕊；瘦果顶端常有冠毛或鳞片（如图 13-21 所示）。

本科中有很多经济作物，如橡胶草与山橡胶草含胶量高，是重要的工业原料。向日葵是重要油料作物。红花、艾蒿、蒲公英、苍耳、茵陈蒿、一枝黄花、除虫菊等均是药用植物。菊花、万寿菊、大丽菊、百日菊、波斯菊、矢车菊、金盏菊、金光菊、翠菊、瓜叶菊、雏菊等是常见的观赏植物。莴苣是主要蔬菜之一。刺儿菜、飞蓬、黄鹌菜、鬼针草、狼巴草、鼠麹草等则是田间杂草。

图 13-20　益母草

1. 植株上部；2. 基生叶；3. 茎生叶；4. 花；5. 雌蕊

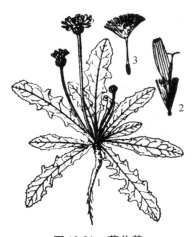

图 13-21　蒲公英

1. 植株；2. 舌状花；3. 果实及冠毛

13.2.3　单子叶植物纲

1. 百合科（*Liliaceae*）

本科约 240 属，4 000 种，全球分布。我国 60 属，约 600 种，全国均有，以西南最盛。

识别要点：草本，具根茎、鳞茎或块茎；单叶；花被片 6，排成 2 轮，是典型的 2 轮 3 数花，雄蕊 6 枚与之对生，子房上位，由 3 心皮构成；蒴果或浆果（如图 13-22 所示）。

本科植物中的葱、金针菜（黄花菜）、韭、洋葱、石刁柏、大蒜等均为蔬菜用，百合、卷丹既可食用又可药用。贝母、川贝母、玉竹、天门冬、麦冬、芦荟、黄精、知母等均为药用。百合、萱草、麦冬、丝兰、天门冬、郁金香、风信子、万年青、玉簪等均可作观赏植物。

2. 莎草科（*Cyperaceae*）

本科约 80 属，4 000 多种，广布全球，多生潮湿沼泽环境。我国约 28 属，500 余种。

识别要点：秆实心，常三棱，无节；叶常 3 列互生，叶鞘闭合；小穗组成各种花穗，小坚果（如图 13-23 所示）。

图 13-22　百合

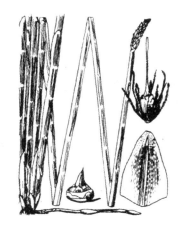

图 13-23　荸荠

本科中栽培供食用的有荸荠，其球茎可生食、熟食或药用。莎草（香附子）生活力强，为田间恶性杂草之一，其块茎亦可入药。牛毛毡、扁穗莎草、异形莎草、水葱、水蜈蚣、荆三棱等也为田间常见杂草。伞草（风车草）可供观赏。蒲草（席草）可供作编席和蒲包。油莎豆其根状茎含油率高，各地栽培，是极有栽培前途的油脂植物。

3. 禾本科（*Gramineae*）

本科约有 620 多属，10 000 余种，广布全球。我国约有 190 属，1 200 多种。通常分为 2 个亚科，即竹亚科和禾亚科。

识别要点：茎圆形，秆常中空；叶 2 列互生，叶具叶片、叶鞘，叶片狭长，具平行脉，叶鞘开口；每个小穗由穗轴、颖片和小花组成。由小穗组成各种花序；颖果（如图 13-24 所示）。

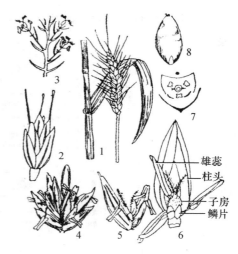

图 13-24 小麦

1. 植株一部分及花序；2. 小穗；3. 小穗模式图；4. 开花小穗；5. 小花；6. 花的组成；7. 花图式；8. 颖果

本科中的许多植物具有较高经济价值，如水稻、小麦、大麦、燕麦、玉米、粟、高粱等是人类的主要粮食作物。甘蔗为重要的产糖作物。竹可供造纸、编制器具、造房等用。芦苇是造纸的原料，也是优良固堤材料。本科有许多牧草和杂草，如早熟禾、看麦娘、白茅、稗、马唐、狗牙根、千金子、狗尾草、菵草等，还有苇状羊茅、结缕草、草地早熟禾等常见草坪草种。佛肚竹、孝顺竹、凤尾竹等可作观赏竹类。

4. 兰科（*Orchidaceae*）

本科约 700 属，20 000 余种，为被子植物第二大科。我国 150 属，1 000 余种，主要分布于长江流域及以南地区。

识别要点：陆生，附生或腐生草本；叶互生或退化为鳞片；花两性，两侧对称，花被 6 片，2 轮，雄蕊 2 或 1，与花柱、柱头连合称蕊柱，下位子房，1 室，侧膜胎座；蒴果（如图 13-25、图 13-26 所示）。

图 13-25 建兰

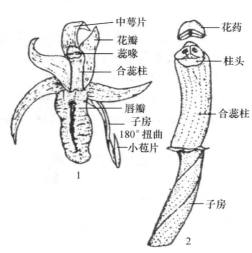

图 13-26 兰科植物花的结构

A. 花；B. 合蕊柱和子房

本科的植物有寒兰、建兰、春兰、墨兰、独蒜兰、蝴蝶兰、文心兰等，其药用植物有白芨、石斛、天麻等。

学习小结

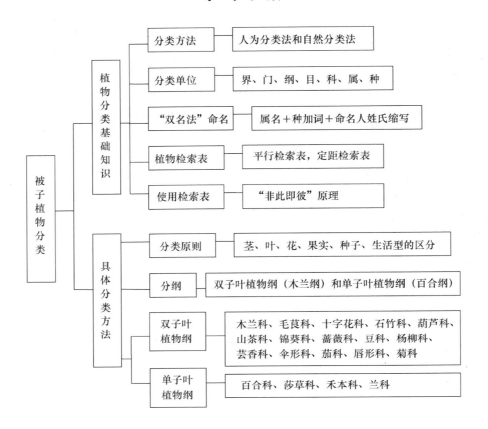

被子植物分类
- 植物分类基础知识
  - 分类方法 —— 人为分类法和自然分类法
  - 分类单位 —— 界、门、纲、目、科、属、种
  - "双名法"命名 —— 属名＋种加词＋命名人姓氏缩写
  - 植物检索表 —— 平行检索表，定距检索表
  - 使用检索表 —— "非此即彼"原理
- 具体分类方法
  - 分类原则 —— 茎、叶、花、果实、种子、生活型的区分
  - 分纲 —— 双子叶植物纲（木兰纲）和单子叶植物纲（百合纲）
  - 双子叶植物纲 —— 木兰科、毛茛科、十字花科、石竹科、葫芦科、山茶科、锦葵科、蔷薇科、豆科、杨柳科、芸香科、伞形科、茄科、唇形科、菊科
  - 单子叶植物纲 —— 百合科、莎草科、禾本科、兰科

13.3　复习思考题

1. 名词解释：

人为分类法，自然分类法，种、世代交替，维管植物，种子植物

2. 植物的分类单位有哪些？哪个是基本单位？

3. 植物的学名由哪几个部分组成？书写中应注意什么？

4. 低等植物和高等植物的主要区别有哪些？

5. 被子植物和裸子植物的主要区别有哪些？为什么被子植物是地球上最进化、最发达的类群？

6. 举例说明植物进化的一般规律。

7. 列表写出藻类、细菌门、真菌门、地衣门、苔藓植物门、蕨类植物门、裸子植物门、被子植物的生态分布、形态构造、营养类型、生殖方式等方面的主要特征，并指出其代表植物。

模块 4
植物与植物生理实训

　　实训是进一步掌握植物与植物生理相关知识和熟练操作技能的重要环节，其主要任务是培养和提高学生的实践能力，适应就业岗位的需要。因此，本模块结合就业岗位能力的要求，编排了 23 个项目的实训，包括基本技能、植物的形态解剖、单项技术等。通过不同角度开展实践教学，为专业课学习、专业综合技能培养和更好地从事专业实践工作奠定良好的基础。

第14章 实 训

实训 1 光学显微镜的构造及使用规范

一、实训目的

了解显微镜的基本构造及其维护，掌握显微镜的使用方法。

二、实训内容

1. 显微镜的构造及成像原理

生物显微镜的构造包括机械装置和光学系统两大部分（如图 14-1 所示）。

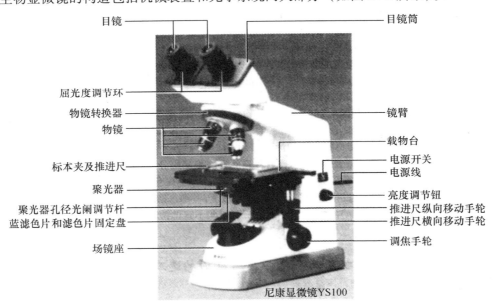

尼康显微镜YS100

图 14-1 显微镜的构造

（1）机械部分。

① 镜座。镜座位于镜臂的下方，是显微镜的底部，用以稳固和支持镜身。

② 镜柱。镜柱是从镜座向上起立的短柱，通过倾斜关节与镜臂相连，支持镜臂和载物台。

③ 镜臂。镜臂弯曲如臂，下连镜柱，上连镜筒，是取放显微镜时手握的部位。

④ 倾斜关节。镜柱和镜臂交界处有一个能活动的关节，它可以使显微镜在一定的范围内后倾（一般倾斜角度不得超过 45°），便于观察。但是在使用临时装片观察时，禁止使用倾斜关节，尤其是装片内含酸性试剂时，以免污损镜体。

⑤ 镜筒。镜筒是显微镜上部圆形中空的长筒，筒口上端安装目镜，下端与物镜转换

器相连，作用是保护成像的光路与亮度。

⑥ 物镜转换器。物镜转换器固着在镜筒下端，分两层，上层固着不动，下层可自由转动。转换器上有 3~4 个圆孔，用于安装接物镜。

⑦ 载物台。载物台是接物镜下方放置装片的平台。其中央具有通光孔，在通光孔的附近有一个弹性的金属压片夹，用来压住载玻片。较高级的显微镜，在载物台上常具有推进尺，它包括夹片夹和推进螺旋，除夹住切片外，还可使切片在载物台上移动。

⑧ 调焦螺旋。镜臂两侧有粗、细调焦轮各一对，旋转时可使镜筒上升或下降。大的一对是粗调螺旋，每旋转一周，可使镜筒升降 10 mm，用于低倍物镜观察切片时使用；小的一对是细调螺旋，每旋转一周，可使镜筒升降 1 mm，用于高倍物镜观察切片时使用，转动细调螺旋不可超过 180°。

⑨ 聚光器调节螺旋。聚光器调节螺旋安装在聚光器左侧或右侧，旋转时可使聚光器上下移动，借以调节光强度。

（2）光学部分。

光学部分由成像系统与照明系统组成。成像系统有目镜和物镜，而照明系统中有聚光器（也称聚光镜）。在利用自然光照明的显微镜中装有反光镜，在内光源的显微镜中装有光源和聚光镜。

① 物镜。物镜是决定显微镜质量的关键部件，安装在转换器上，是由一组透镜组成的，能够把物体清晰地放大。一般有三个放大倍数不同的物镜，即低倍物镜（4×、8×或10×）、高倍物镜（40×或65×）和油浸物镜（90×或100×），根据需要可选择一个使用。

在物镜上刻有如"40/0.65"和"160/0.17"等字样。40 表示物镜放大倍数；0.65 表示数字孔径（N.A），即镜口率；160 表示镜筒长度 160 mm；0.17 表示要求盖玻片的厚度为 0.17 mm。

② 目镜。目镜安装在镜筒上端，由一组透镜组成，其作用是使物镜所成的像进一步放大。其上刻有放大倍数，如 5×、10×、15×或20×等。

显微镜放大倍数 = 目镜放大倍数×物镜放大倍数

③ 反光镜。反光镜在聚光器的下方，为一面平、另一面凹的双面圆镜，可作各种方向的翻转。光线较强时使用平面镜，反之使用凹面镜。

④ 聚光器（聚光镜）。聚光器装在载物台下方的聚光器架上，由聚光镜和虹彩光圈（可变光阑）组成。它可使散射光汇聚成束，集中一点，以增强被检物体的亮度，可通过聚光器调节螺旋进行调节。

⑤ 虹彩光圈。虹彩光圈由多数金属片组成，在较高级的显微镜上具有此装置。使用时移动其把柄，可控制聚光器透镜的通光范围，用以调节光的强度。虹彩光圈下常附有金属圈，其上装有滤光片，可调节光源的色调。

⑥ 照明器。照明器也称内置光源，通常采用高亮度、高效率的卤素灯和非球面聚光镜。

⑦ 遮光器。简单的显微镜无聚光器和虹彩光圈，而装有遮光器。遮光器呈圆盘状，上面有大小不等的圆孔（光圈）。光圈对准通光孔，可以调节光线的强弱。

（3）显微镜的成像原理（放大原理）。

光线→反光镜→遮光器→通光孔→切片中的标本→物镜（第一次放大成倒立实像）→镜筒→目镜（再放大成虚像）→眼

2. 显微镜规范使用方法

（1）取镜。右手握住镜臂，左手平托镜座，保持镜体直立。如发现显微镜损坏或没按规定放置时，报告指导教师，并填写显微镜使用登记卡。禁止单手提着显微镜，防止目镜从镜筒中滑脱。

（2）安放。显微镜放置桌上时动作要轻。一般应在身体的前面，略偏左，距桌边 7～10 cm 处，以便观察和防止掉落。

（3）对光。把一个较大的光圈对准通光孔。转动转换器，使低倍物镜向通光孔移动，当低倍物镜移至正对通光孔并听到一个很脆的声音时，表明低倍物镜对中。然后左眼注视目镜内，右眼同时睁开，用手转动反光镜，面向光源。在目镜里看见一个圆形、明亮而均匀的视野时，对光结束。

（4）低倍镜的使用。观察任何标本切片都必须先用低倍镜。

① 放置切片。升高镜筒，把玻片标本放在载物台中央，标本材料正对通光孔的中心，用压片夹压住玻片的两端。如果显微镜安装有推进尺，则把玻片标本用夹片夹夹住，然后转动推进螺旋，将标本材料移至通光孔的中心。

② 调焦。眼睛从侧面注视物镜，转动粗准焦螺旋，让镜筒徐徐下降，或使载物台缓慢上升，至物镜距切片 2～5 mm 处。使用单目显微镜时，用左眼注视目镜，右眼必须睁开（以便绘图），同时用手反方向（逆时针方向）转动粗准焦螺旋，使镜筒缓慢上升，直到看清物像为止。如果不够清楚，可调节细准焦螺旋。注意，不可以在调焦时边观察边使镜筒下降，或使载物台上升，以免压碎装片和镜头。

③ 观察。如果物像不在视野中央，要慢慢移动到视野中央，再进行适当调节。目镜中备有"指针"，可转动目镜，使指针指对所需观察的特定部位，以利再观察和绘图等。

（5）高倍镜的使用。

① 选好目标。先用低倍物镜确定要观察的目标，将其移至视野中央。转动转换器，把低倍物镜轻轻移开，在原位置小心换上高倍物镜。

② 调焦。在正常情况下，当高倍物镜对中之后，在视野中央即可见到模糊的物像，只要向逆时针方向略微转动细准焦螺旋，即可获得清晰的物像。

使用高倍物镜观察时，视野变小变暗，要重新调节视野亮度，可升高聚光器或利用凹面反光镜。

高倍镜使用注意事项：

① 使用显微镜观察切片时，必须先用低倍镜，后用高倍镜，不能直接使用高倍镜；

② 用高倍物镜观察时，如需更换玻片，应先升高镜筒（或下降载物台），取下玻片，换上新切片后，再按从低倍到高倍的过程重新进行；

③ 使用细准焦螺旋时，不能一直朝一个方向旋转（即不超过180°），否则会损坏显微镜。

（6）被放大倍数的计算。计算公式为：

$$原物被放大的倍数 = 所用的目镜放大倍数 \times 所用的物镜放大倍数$$

如目镜为 10×，物镜为 40×，则原物被放大 400 倍。

（7）还镜。观察结束，有照明器（即内置光源）的显微镜，需切断电源，并认真填写显微镜使用卡（包括使用者姓名、专业、班级、使用日期和显微镜正常与否等内容，若有故障则要写明具体情况并报告教师）；再转动粗准焦螺旋，使镜筒升高，聚光器下降，取下切片，推进尺移动到初始位置；然后转动转换器，使物镜与通光孔错开，使两个物镜位于载物台上通光孔的两侧，呈"八"字形，上升载物台，使之贴近物镜（没有照明器的显微镜还需将反光镜转至与载物台垂直），罩上防尘罩，按号放回镜箱中。

3. 显微镜的维护

（1）使用显微镜时必须严格按操作规程进行。

（2）显微镜的零部件不得随意拆卸，也不能在显微镜之间随意调换镜头或其他零部件。

（3）不能随便把目镜从镜筒中取出，以免落入灰尘。

（4）防止震动。

（5）镜头上沾有不易擦去的污物，可先用擦镜纸蘸少许二甲苯擦拭，再换用干净的擦镜纸擦净。

实训 2　简易装片的制作及观察植物细胞结构

一、实训目的

了解植物细胞的显微结构，掌握简易装片的制作方法和生物绘图技能。

二、实训材料与用品

材料：洋葱鳞茎。

试剂：碘液，蒸馏水。

设备与用品：显微镜，载玻片，盖玻片，剪刀，镊子，培养皿，吸水纸。

三、实训内容

1. 简易装片的制作

取洋葱肉质鳞叶，用镊子撕取上表皮，放入培养皿的清水水面，依靠水的表面张力使表皮展平，然后用剪刀将水面上的表皮剪成长宽约 5 mm 大小。取洁净的载玻片和盖玻片，在载玻片的中央滴一滴清水（如观察细胞的结构，可滴一滴碘液），用镊子将剪好的表皮挑入载玻片的水滴或碘液中，盖上盖玻片。盖盖玻片的步骤如图 14-2 所示。要求盖玻片位于载玻片的中央，载玻片与盖玻片之间无气泡，整个装片清洁，无溢出的液体。

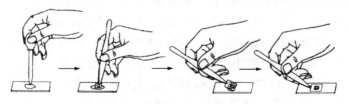

图 14-2　制作简易装片中盖盖玻片的步骤

（引自植物与植物生理实训，王衍安，2004）

2. 观察洋葱表皮细胞的显微结构

制作洋葱表皮简易装片，可用碘液代替蒸馏水。用低倍镜观察表皮细胞的排列方式，然后用高倍镜仔细观察某一细胞的结构（如图 14-3 所示）。

（1）细胞壁。细胞壁包被在细胞的原生质体外面，被碘液染成黄色。在视野中看到的洋

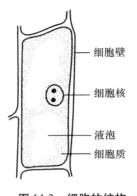

图 14-3　细胞的结构

（引自植物与植物生理实训，王衍安，2004）

葱表皮细胞近似长方形，所观察到的细胞壁由 3 层组成，即 2 层初生壁和夹在中间的胞间层。

（2）细胞质。细胞质是细胞核以外的原生质，其外表有质膜，和细胞壁紧密相接。由于分辨能力有限，在光学显微镜下不能看到细胞质里面有结构的细胞器，只能看到无色透明而带黏稠性的胶状物质。

（3）液泡。在已成熟的表皮细胞中，可以看到细胞中体积最大的是液泡，它把细胞质和细胞核等挤到外围与细胞壁紧贴在一起。液泡中的细胞液为溶解各种物质的水溶液，在光学显微镜下液泡一般难以看到，可将光线调暗一些，细胞内较亮的部分即为液泡。

（4）细胞核。细胞核近似圆球形，存在于细胞质里。在成熟的细胞中，它总是位于细胞的边缘，但有时也会位于细胞中央。在细胞核中还可以看到 1～2 个或更多个颜色较深的圆球形颗粒，为核仁。

3. 生物绘图技术

生物绘图是形象描述植物外部形态和内部结构的一种重要的科学记录方法。绘图有助于植物结构及其特征的认识和理解，是学习植物与植物生理必须掌握的技能。生物绘图要求所绘的图既要有科学性和真实性，又要形象、生动、美观。因此，必须在了解植物基本知识的基础上，通过认真细致地观察和多绘多练才能熟练掌握生物绘图的技术和方法。

（1）生物绘图的要求。

① 科学、准确，如实反映观察对象的结构特点，突出其主要特征。

② 生物绘图不是素描和画图，图由点和线组成。点、线分布均匀，清晰流畅，同一线条要粗细平滑、均匀。

③ 绘图的大小比例适当，布局合理。

④ 一律用铅笔绘图，画面整洁清晰，除绘图线条外，不留多余痕迹。

⑤ 标注准确、整齐。

（2）绘图技术要点。

① 观察。绘图前要对被画的对象（植物细胞、组织、器官以及外形等）做细心观察，对其各部分的位置、比例、特征等有完整的感性认识，将正常的结构与偶然的、人为的假象区分开。

② 定位。绘图前要根据绘图纸的大小和绘图的数目，确定某个图在绘图纸上的位置和大小比例，图的位置在绘图纸中部略偏左一侧，给引出线和名称标注留出位置。绘图时，将绘图纸放在显微镜的右方，左眼观察显微镜图像，右眼看绘图纸绘图。

③ 先勾出轮廓，后实描。绘图起稿时先将所观察对象的整体和主要部分由上向下、由左向右轻轻描绘在绘图纸上，落笔要轻，线条不要太明显，尽量少改不擦；然后对照所观察的实物，全面检查起稿的草图，进行修正和补充，再将草图描画出来。

④ 微小结构用点表示。对微小结构无法给出形状时，必须用铅笔尖点点表示。"点点衬阴"法可显示图像的立体感，更富有形象性和生动性。粗密点用来表示背光、凹陷或色彩浓重的部位，细疏点用来表示受光面或色彩淡的部位。植物绘图对点的要求是：点点要圆，大小一致，分布均匀。用笔尖垂直向下打点，根据明暗需要掌握点的疏密变化，切忌乱点或用铅笔涂抹，这是植物绘图区别于美术绘图的要点之一。

⑤ 文字标注。图画好后要对图各部分的名称进行标注。图注一般在图的右侧，即引出线的右端，所有引线右端要在同一垂直线上，注字应用宋体字横写。每一幅图要有一个图题，说明所绘的植物、器官、组织的某个部位或切面。图题一般写在图的下方中央。注字和引线一律用黑色铅笔。

四、实训报告

绘制几个连续的洋葱表皮细胞，并注明各部分的结构名称。

实训 3 徒手切片技术及观察质体和淀粉粒

一、实训目的

认识和了解白色体、叶绿体、有色体的形态特征及贮藏营养物质淀粉的贮藏形式，淀粉粒的形态，类型，掌握徒手切片技术。

二、实训材料与用品

材料：白萝卜肉质根，紫鸭跖草叶，景天树叶，胡萝卜肉质根，红辣椒或红番茄。

设备与用品：刀片，乳胶管皮套，培养皿，毛笔，显微镜，载玻片，盖玻片，剪刀，镊子，吸水纸。

三、实训内容

1. 徒手切片

徒手切片是直接用手拿刀片（双面刀片、单面刀片或剃刀）将新鲜植物材料切成薄片，然后染色，做成简易装片的方法。徒手切片法是观察植物体内部构造时最简单和最常用的切片制作技术。

（1）材料修整。将要切片的新鲜材料或已固定过的材料切成 2～3 cm 长的小块（以能用手捏紧为原则），切面要平整，直径不超过 5 mm 为宜。

（2）切片。用乳胶皮套套在左手拇指上端（起保护作用），左手食指和拇指的指端夹住待切材料。然后右手拿刀片，刀面与材料顶端平行，轻轻压在材料上并与材料垂直，然后沿自右外方向左内方向的斜角轻轻而均匀地用刀切取。每一薄片必须一次切下，中途不要停顿，也不要来回割锯，但可以连续切片。切下数片后用湿毛笔轻轻将薄片移入盛有清水的培养皿中。切片时应注意以下事项。

① 切片时两手不要紧靠身体或压在桌上，必须使手完全自由而用臂力（不要用腕力及握刀指关节的力量）使刀片自右向左切取材料。

② 坚硬的材料要经软化处理后再切。软化方法：一种是对于比较硬的材料，先切成小块，后进行煮沸，经 3～4 h 煮沸后，再浸入软化剂（50% 酒精 : 甘油 = 1 : 1）中数天或更长时间，而后再切；另一种是对于已干或含有矿物质、比较坚硬的材料，要先在 15% 的氢氟酸水溶液中浸渍数周，充分浸洗后，再置入甘油里软化后再切。

③ 材料切面不平时要及时修平。

④ 切片完毕，切片刀应擦干，涂上凡士林防锈保存。

徒手切片方法简单，不需药品处理，也不需要机械设备。用徒手切片法切成的标本片，可以看到组织的天然颜色，细胞中的原生质体也未发生太大的变化，可以看到原生质体的原来面目，是教学和科研中常用的方法。但徒手切片法需要熟练操作技巧才能切出比较理想的切片，要在实践中反复练习，领会操作要领。

（3）制片。选取最薄而均匀、透明而完整的薄片，用镊子从培养皿中挑出，制成简易装片观察。

2. 观察质体及淀粉粒

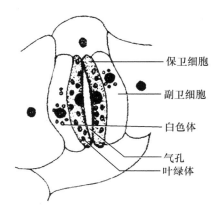

图 14-4　紫鸭跖草气孔（示白色处）
（引自植物与植物生理实训，王衍安，2004）

（1）观察叶绿体。取景天树叶，做徒手切片（横切）和简易装片，显微镜观察。观察时先用低倍镜观察，可见叶肉细胞内有很多绿色的颗粒，这就是叶绿体；再换用高倍镜观察，注意叶绿体的形状。

（2）观察有色体。取红辣椒（或胡萝卜）用徒手切片法切取红辣椒果肉（或胡萝卜肉质根）的薄片。制作装片后用显微镜观察，可见细胞内含有橙红色的颗粒，这就是有色体。

（3）观察白色体。撕取紫鸭跖草叶的下表皮制作简易装片，在显微镜下观察气孔的副卫细胞，在细胞核周围可观察到一些无色透明、圆球状的颗粒，即为白色体（如图 14-4 所示）。

（4）观察淀粉粒。取马铃薯块茎小长条做徒手切片，然后用显微镜观察。可见细胞内有许多卵形发亮的颗粒，这就是淀粉粒。把光线调暗些，还可看见淀粉粒上的轮纹。此时如在盖玻片一侧滴入少许碘液，淀粉粒被染成淡蓝色，轮纹可以看得更清楚。

四、实训报告

（1）绘几个含叶绿体的景天树叶肉细胞。
（2）绘 2～3 个马铃薯的淀粉粒结构图。

实训 4　压片的制作及观察细胞有丝分裂

一、实训目的

了解植物细胞有丝分裂各个时期的特征及分裂过程中染色体、细胞核核膜、核仁的变化特点，掌握根尖细胞压片的制作技术。

二、实训材料与用品

材料：洋葱根尖纵切标本片，洋葱根尖。
设备与用品：显微镜，载玻片，盖玻片，剪刀，镊子，吸水纸；浓盐酸，95% 乙醇，醋酸洋红染色剂；带橡皮头的铅笔。

三、实训内容

1. 根尖细胞压片的制作

（1）根尖培养。实验前 3～5 d，将洋葱或大蒜鳞茎放置于盛有水的烧杯中，基部浸入水中，在 25℃ 左右的条件下培养，每天换水，待根尖长到 2 cm 左右时备用。

（2）材料的固定和离析。剪取根端 0.5 cm，放入醋酸—酒精（1:3）固定液的小瓶中固定 3～12 h，然后用 95% 酒精洗去醋酸，移入 70% 酒精在阴凉处保存。由于洋葱根尖细胞分裂活动在每天中具有明显的周期性，分裂旺盛的时间是在半夜 12 时至 1 时，故此时取材方能观察到更多的分裂相。

（3）解离与浸洗。将根尖放在载玻片上，加一滴浓盐酸—95% 酒精（1:1）解离液，约 10 min；然后用清水浸洗材料 3 次，每次 5 min。在水洗前最好用 50% 酒精洗一遍。

（4）染色压片。取浸洗净的根尖，用刀片切取尖端（生长点部分）1～2 mm，置于载玻片上，滴 2 滴醋酸洋红，染色 5～10 min，盖上盖玻片。左手按住载玻片，右手用铅笔或吸管的橡皮头轻轻敲击盖玻片，使细胞彼此离散，用吸水纸吸去多余染色液。

醋酸洋红的配制：冰醋酸原液 50 mL，加 50 mL 蒸馏水加热煮沸；将 1 g 洋红慢慢加入，见沉淀后即可将铁钉悬放于内 1 分钟；冷却后过滤，装入棕色瓶中备用。

2. 镜检与观察

将制好的压片置于低倍镜下观察，先找到具分裂相的细胞，然后选择有丝分裂各时期典型细胞，分别移至视野中央；换高倍镜仔细观察各时期的主要特征，可参见图 1-19。

（1）分裂间期。细胞核大，结构均一，可以清楚地看到核膜和核仁。这是细胞积累物质、贮备能量准备分裂的时期。

（2）前期。有丝分裂的最早阶段，先是细胞核明显胀大，核内染色质丝显现。随后，染色质丝螺旋盘曲，逐渐缩短变粗成为明显的染色体，接着核仁逐渐消失，最后核膜消失。

（3）中期。纺锤丝明显可见，染色体聚集到细胞中央，着丝点排列在赤道板上，此时是观察染色体形态结构和计数的最好时期。由于细胞分裂的方向不同，在制片中可以观察到两种形态不同的中期细胞：一种是极面观，这时的染色体呈放射状，成圈排列在赤道板上；另一种是侧面观，染色体在细胞中央，着丝点呈线状排列，染色体与牵引丝相连，纺锤体非常明显。

（4）后期。每条染色体的两条染色单体随着丝点的分裂而分离，成为独立的子染色体；在纺锤丝牵引下，分别向细胞两极移动。因此，移向每一极的一组子染色体的数目与母细胞相等。

（5）末期。移到两极后的染色体成为密集的一团，并逐渐解螺旋伸长变细而分散，呈均一状态，核膜、核仁重新出现，因而形成两个新细胞核。与此同时，在纺锤体中部形成成膜体，进而形成细胞板，将一个母细胞分成了两个子细胞，至此有丝分裂完成了全过程。

四、实训报告

绘洋葱根尖细胞有丝分裂各时期的细胞图。

实训 5   观察植物组织

一、实训目的

了解植物组织的类型，在植物体中的分布及其形态特征。

二、实训材料与用品

材料：洋葱根尖纵切片，南瓜茎的横切片，南瓜茎维管束纵切片，天竺葵叶，芹菜叶柄，梨果实，柑橘。

设备与用品：显微镜，载玻片，盖玻片，剪刀、镊子，吸水纸；1% 番红溶液，蒸馏水。

三、实训内容

（1）观察分生组织。取洋葱根尖纵切永久切片，在低倍镜下观察，可见根冠的上方存在着细胞形状规则、等径、细胞壁薄、细胞质浓、细胞核大、排列紧密的细胞，即为分生组织（如图 14-5 所示）。

（2）观察保护组织。取天竺葵叶，撕取下表皮，用稀释后的番红溶液染色，制成简易装片。在低倍镜下观察，可见许多形状不规则、凹凸相嵌、排列紧密的细胞，内含细胞核，即为表皮细胞。在表皮细胞之间还分布着一些由两个肾形的保卫细胞所组成的气孔器，保卫细胞内含叶绿体（可参见图 1-25）。

（3）观察薄壁组织。取玉米茎横切片观察，可看到茎中存在大量薄壁组织，其细胞壁薄，液泡大，细胞排列疏松，细胞间隙较大（如图 14-6 所示）。

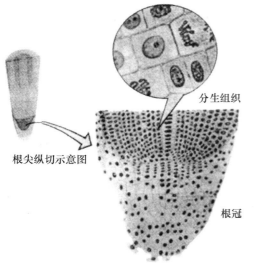

图 14-5   根端纵切（示顶端分生组织的部位）
（引自植物与植物生理，王衍安，2004）

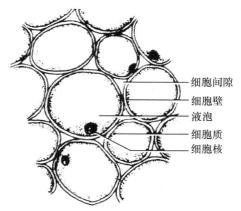

图 14-6   茎的基本组织

（4）观察机械组织。取芹菜叶柄做横切面徒手切片，用番红染色，做简易装片。在显微镜下观察棱角处表皮内侧，可看到表皮内侧的一些细胞其角隅处细胞壁加厚，即为厚角组织。

取梨果肉中淡黄色硬粒（石细胞群）一小粒，置于载玻片上，轻轻碾碎，用番红染色，做简易装片。在显微镜下观察，可看到矩形厚壁细胞，即为石细胞。其细胞腔极小，在增厚的细胞壁上存在纹孔。

（5）观察输导组织。取南瓜茎维管束，做纵切面徒手切片，把切下的材料用番红染色，做简易装片。在显微镜下观察，可看到螺纹导管、环纹导管、孔纹导管。

（6）观察分泌组织。取天竺葵叶表皮简易装片，在显微镜下观察表皮上的附属物，可看到由具有头部和柄部的毛状物，即为分泌组织（腺毛）。头部由多个产生分泌物的细胞组成。

取柑橘外果皮，做徒手切片，在显微镜下观察，可见有许多由薄壁细胞围成的圆形腔状结构（如图 14-7 所示），是由分泌细胞溶解后开成的囊腔，称为溶生分泌腔，其中存在挥发油。

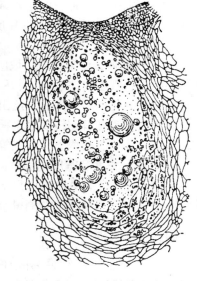

图 14-7　橘果皮内的溶生分泌腔
（引自植物学，杨悦，1997）

（7）维管束。取南瓜茎横切片和玉米茎横切片在显微镜下观察，可看到南瓜茎维管束排列成波状的环，玉米茎维管束分散在薄壁组织之间。每个维管束都分成下列几部分。

① 韧皮部：在维管束外侧，由筛管、伴胞、韧皮纤维、韧皮薄壁细胞组成，在个别筛管内可看到筛板。注意，南瓜茎维管束为双韧维管束。

② 本质部：在韧皮部内部，由导管、管胞、木纤维、木薄壁细胞组成。

③ 形成层：在韧皮部和木质部之间的几层细胞，细胞比较小，排列较整齐。玉米茎维管束没有形成层。

四、实训报告

（1）绘制筛管及导管的纵切面图。
（2）绘制厚角组织和厚壁组织的细胞横切面图。

实训 6　观察种子的形态和构造

一、实训目的

认识主要农作物、蔬菜和牧草种子的外部形态特征及内部构造特点，了解主要农作物、蔬菜种子的类型。

二、实训材料与用品

材料：农作物种子，包括水稻、小麦、大麦、玉米、大豆、菜豆、蓖麻、向日葵等；蔬菜种子，包括洋葱、番茄、黄瓜、西瓜、辣椒、芹菜、胡萝卜、菠菜等。

设备与用品：放大镜，解剖镜，解剖针，镊子，刀片，种子长宽度测量器。

三、实训内容

（1）观察种子外部形态。取主要作物的干种子，利用放大镜或解剖镜，详细观察其外部形态，特别是各类种子的主要特征，并绘简图，各部分用文字标明。如大麦种子应标明内外稃、腹沟、小基刺以及浆片所在部位，大豆、菜豆种子应标明种皮、种脐、种孔的位置。

（2）观察种子内部构造。取吸胀软化的大豆、蓖麻、玉米种子，分别进行解剖，观察种子的结构。观察时注意果皮、种皮的层次，胚乳是否存在，胚与胚乳的形状、位置和比例，种胚所分化的各个部分，绘出简图说明。

利用放大镜和解剖镜观察水稻、小麦、大麦、菜豆、向日葵、洋葱、番茄、黄瓜、西瓜、辣椒、芹菜、胡萝卜、菠菜等植物种子，并按照子叶的数目、胚乳的有无进行分类。

（3）种子长度和宽度的测量。各种作物种子随机取 10 粒，依其长度或宽度方向将种子逐粒排列在种子长宽度测量尺上（排列的方向一致，如小麦籽粒腹沟朝下），测量种子的长度和宽度。每种种子的测量重复 4 次，求其平均数，以毫米表示。

四、实训报告

（1）绘大豆、玉米种子外部形态和内部构造图，注明各部分名称。
（2）对实训中解剖观察的种子进行分类。

实训 7 种子生活力的快速测定技术

一、实训目的

学习和掌握用染色法快速测定种子生活力的方法与技术。

二、实训材料与用品

材料：小麦，玉米等作物种子。

设备与用品：培养皿，水浴锅，烧杯，恒温箱，滤纸，带盖瓷盘，纱布；稀释 20 倍的红墨水溶液，0.1% TTC（氯化三苯基四氮唑）溶液。

三、实训内容

1. 红墨水染色法

（1）原理。

根据生活细胞原生质膜具有选择透性、不能透过某些染料的原理，用红墨水作染料，具有生命力的胚是不能被染色的，因而根据胚染色情况可测定种子的生活力。

（2）技术要点。

① 浸种。将待测种子在 30～50℃温水中浸泡（大麦、小麦、籼谷 6～8 h，玉米 5 h 左右，粳谷 2 h），以增强种胚的呼吸强度。

② 染色。取充分吸涨的 100 粒种子，沿种胚的中线切为两半，将其平均分置于两只培养皿中，其中一只培养皿中加入稀释后的红墨水，以浸没种子为度，染色 10～20 min。倒去红墨水溶液，用水冲洗多次，至冲洗液无色为止。对比观察冲洗后的种子胚部着色情况，凡胚部不着色或略带浅红色者，即为具有生活力的种子，若胚部染成与胚乳相同的红色，则为死种子。把测定结果记入表 14-1 中。

③ 计算。统计种胚不着色或着色浅的种子数,计算活种子的比例。

2. TTC 染色法

(1) 原理。

凡生活种胚在呼吸作用过程中都有氧化还原反应,而无生命活力的种胚则无此反应。当 TTC 溶液渗入种胚的活细胞内,并作为氢受体被脱氢辅酶(NADH$_2$ 或 NADPH$_2$)上的氢还原时,便由无色的 TTC 变为红色的三苯基甲朁(TTF),从而使种胚染成红色。当种胚生活力下降时,呼吸作用明显减弱,脱氢酶的活性亦大大下降,胚的颜色变化不明显,故可由染色的程度推知种子生活力强弱。TTC 还原反应如下:

(2) TTC 溶液配制。

取 1 g TTC 溶于 1 L 蒸馏水中,配制成 0.1% 的 TTC 溶液。药液 pH 值应为 6.5～7.5,以 pH 试纸试之。

(3) 技术要点。

① 浸种。同红墨水染色法。

② 显色。取吸涨的种子 200 粒,用刀片沿种胚中央纵切为两半,取其中的一半置于两只培养皿中,每皿 100 个半粒,其中一只培养皿加适量 TTC 溶液,以浸没种子为度,然后放入 30～50℃ 的恒温箱中保温 0.5～1 h。倾出药液,用自来水冲洗多次,至冲洗液无色为止。立即观察记录种胚着色情况。

将另一只培养皿中的 100 个半粒在沸水中煮 5 min,作同样染色处理,作为对照观察。

③ 计算。将种胚着色或不着色的种子数统计到表 14-2 中,计算活种子的比例。

④ 注意事项:

● TTC 溶液最好现配现用,如需贮藏则应贮于棕色瓶中,放在阴凉黑暗处,如溶液变红则不可再用;

● 染色温度一般以 25～35℃ 为宜;

● 判断种子生活力的标准:有生活力的种子整个胚染成鲜红色,无生活力的种子全部或大部分不染色或胚染成很淡的紫红色或淡灰红色;

● 小粒种子经染色后,可加几滴乳酸苯酚溶液(乳酸:苯酚:甘油:水 = 1:1:2:1),经 10～30 min 后,再进行鉴定,这样易于看清胚的染色情况。

表 14-1 种子生活力测定记录表

方　法	种子名称	供试种子数	有生活力种子粒数	无生活力种子粒数	有生活力种子占供试种子比率(%)

表 14-2 TTC 法测定几种作物种子生活力技术要领

作 物	种子处理	TTC 溶液浓度（%）	在 35℃下染色时间（h）
水稻	去壳纵切	0.1	2～3
高粱、玉米及麦类作物	纵切	0.1	0.5～1
棉花、荞麦、蓖麻	剥去种皮	1.0	2～3
花生、甜菜、大麻、向日葵	剥去种皮	0.1	3～4
大豆、菜豆、亚麻、三叶草	剥去种皮	1.0	3～4

实训 8 观察芽的结构与识别芽的类型

一、实训目的

了解芽的结构，能正确识别芽的各种类型。

二、实训材料与用品

材料：杨或忍冬的叶芽，桃的花芽，丁香或苹果的混合芽。
设备与用品：放大镜，解剖镜，解剖刀，解剖针。

三、实训内容

1. 观察芽的结构

取杨或忍冬的叶芽，用刀片纵切后，在放大镜或解剖镜下观察，可看到芽轴顶端圆锥状突起为生长锥；其基部的侧生突起为叶原基，在叶原基的叶腋处又有小突起，称为腋芽原基；中央有一个轴称为芽轴，是未发育的茎，其上有幼叶，最外面是芽鳞（如图 14-8 所示）。

取桃的花芽，用刀片纵切置于放大镜或解剖镜下观察，可明显看到花冠和雄蕊原基（雌蕊等还小可能看不清）。

取苹果或丁香混合芽，用刀片纵切，将芽的鳞片剥去，里面是毛茸茸的幼叶，用镊子将幼叶去掉，用解剖镜观察，可见到大小不等的突起，即小花突起。

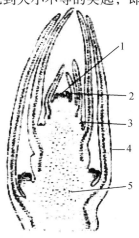

图 14-8 忍冬叶芽纵切面

1. 顶端分生组织；2. 叶原基；3. 枝原基；4. 幼叶；5. 芽轴

（引自植物与植物生理，陈忠辉，2001）

2. 观察芽的类型

取桃、忍冬、悬铃木、苹果等植物的枝条，按照下面给出的依据进行观察记录，分析判断各类植物芽的类型。

（1）定芽和不定芽。在茎、枝条上有固定着生位置的芽，称为定芽。定芽可分为顶芽和腋芽，着生在枝条顶端的芽称为顶芽，着生在叶腋处的芽称为腋芽（侧芽）。大多数植物每个叶腋只有一个腋芽，但有些植物生长多个叠生或并列的芽，其中位于并列芽中间或叠生芽最下方的一个芽称为主芽，其他的芽称为副芽，如桃的并列芽、忍冬的叠生芽等。悬铃木的腋芽生长位置较低，并为叶柄所覆盖，称为柄下芽，这种芽直到叶子脱落后才显露出来（如图 14-9 所示）。

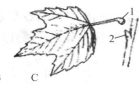

图 14-9　几种着生位置不同的芽

A. 忍冬的叠生芽；B. 桃的并列芽；C. 悬铃木的柄下芽；1. 叶柄基部；2. 芽

（引自植物与植物生理，陈忠辉，2001；植物学，徐汉卿，1996）

除顶芽和腋芽外，在植物体其他部位发生的芽称为不定芽。如苹果、枣、榆的根，甘薯的块根，桑、柳等的老茎以及秋海棠、落地生根的叶上，均可生出不定芽。由于不定芽可以发育成新植株，生产上常利用不定芽进行营养繁殖，所以不定芽在农林生产上有重要意义。

（2）叶芽、花芽、混合芽。芽发育后形成茎和叶，亦称枝条，这种芽叫叶芽。芽发育后形成花或花序的芽为花芽，花芽是花或花序的原始体。如果芽展开后既生茎叶又有花或花序，这样的芽称为混合芽，混合芽是枝和花的原始体。丁香、苹果在春天既开花又长叶，几乎同时进行，就是混合芽活动的结果（如图 14-10 所示）。

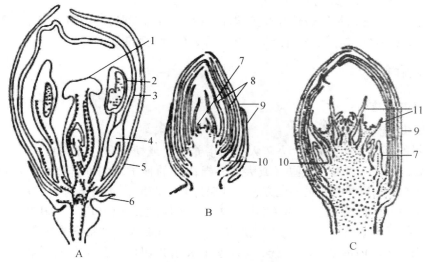

图 14-10　几种不同性质的芽

A. 小檗的花芽；B. 榆的叶芽；C. 苹果的混合芽；1. 雌蕊；2. 雄蕊；3. 花瓣；4. 蜜腺；5. 萼片；
6. 苞片；7. 叶原基；8. 幼叶；9. 芽鳞；10. 叶芽原基；11. 花原基

（引自植物与植物生理，陈忠辉，2001）

（3）活动芽和休眠芽。芽形成后在当年或第二年春季就可以发育形成新枝、新叶、花和花序，这种芽称为活动芽。一般一年生草本植物的芽都是活动芽；而多年生木本植物通常只有顶芽和近顶端的腋芽为活动芽，而下部的腋芽平时不活动，始终以芽的形式存在，称为休眠芽。休眠芽可以在顶芽受到损害而生长受阻后开始发育，亦可能在植物一生中都保持休眠状态。

（4）鳞芽和裸芽。大多数生长在寒带的木本植物，芽外部形成鳞片或芽鳞，包被在芽的外面保护幼芽越冬，称鳞芽。但有的草本植物和一些木本植物的芽没有芽鳞包被，这种芽叫裸芽，如油菜、枫杨、棉花、蓖麻和核桃的雄花芽。

四、实训报告

（1）绘叶芽的纵切面图，注明各部分结构的名称。

（2）以当地主要果树为对象，调查记录它们之间在芽的结构和类型等方面的区别。

实训9　观察植物营养器官解剖结构

一、实训目的

掌握解剖植物营养器官的方法和区别不同器官的结构特征。

二、实训材料与用品

材料：玉米（或小麦、水稻）籽粒，蚕豆（或大豆、棉花）的种子，小麦或洋葱根尖制片，大豆（或毛茛、蚕豆、棉花）、小麦（或水稻）幼根和老根制片，向日葵（或棉花）幼茎及幼茎横切制片，水稻（或小麦、玉米）幼茎及幼茎横切制片，双子叶植物茎的次生构造横切制片，大豆（棉花）、小麦（水稻、玉米）叶片，大豆、水稻、小麦、玉米叶片横切面制片。

设备与用品：显微镜、载玻片、盖玻片、镜头纸、解剖刀、剪刀、镊子、培养皿、蒸馏水、1%番红溶液、盐酸、5%间苯三酚（用95%酒精配制）。

三、实训内容

1. 根解剖构造的观察

（1）根尖及其分区。

① 材料的培养。在实验前5～7天，用培养皿（或搪瓷盘），内铺滤纸，将吸胀的玉米（或小麦、水稻）籽粒、蚕豆（或大豆、棉花）的种子均匀地排在潮湿滤纸上，并加盖。然后放入恒温箱中或温暖的地方，温度保持15～25℃，使根长到1～2 cm，即可观察。

② 根尖及其分区的观察。选择生长良好而直的幼根，用刀片从有根毛处切下，放在载玻片上（载玻片下垫一黑纸），不要加水，用肉眼或放大镜观察它的外形和分区。

③ 根尖分区的内部结构。取小麦或洋葱根尖永久切片，在显微镜下观察。由根尖向上辨认各区，比较各区的细胞特征。

（2）根的初生结构。

① 双子叶植物根的初生结构。取大豆（或毛茛、蚕豆、棉花）幼根永久切片；或在

实验前 10 天左右，将蚕豆（或大豆、向日葵、棉花）种子按照上面玉米发芽的方法进行催芽处理，待幼根长到 5～10 cm 时，在根毛区做横切面徒手切片。加一滴 1% 番红溶液染色，并制成简易装片，在显微镜下观察初生结构特征，注意区分表皮、皮层与维管柱（初生木质部与初生韧皮部）。

② 单子叶植物根的初生结构。取小麦（或水稻）幼根永久切片，或用玉米根毛区的上部做横切面徒手切片，加一滴 1% 番红溶液染色，并制成简易装片。先在低倍镜下区分出表皮、皮层和维管柱三大部分，再用高倍镜由外向内观察。注意识别表皮、皮层、中柱的结构特征，并与双子叶植物根的初生构造比较。

（3）根的次生结构。

取向日葵、小麦老根横切片，先在低倍镜下观察向日葵，然后转换高倍镜详细观察其各部分结构，如周皮、韧皮部、形成层、木质部等。观察小麦老根切片时注意内皮层的结构，并比较向日葵、小麦老根的区别。

2. 茎解剖构造的观察

（1）实验实训材料的制备。

取一小面积地块，进行整地、作畦，在畦面上条播或撒播向日葵或玉米。播种时要加大播种量，使幼苗形成密集的群体，以获得粗度适宜的茎材料。待玉米拔节后或向日葵生长到 1～2 片叶时，切取玉米茎和向日葵幼茎、老茎，分别放入 50%～60% 乙醇溶液中保存。为防止实训材料变脆，可加入少量的甘油。浸泡材料的标本缸或广口瓶要盖紧瓶盖，防止保存液挥发，并及时贴好标签，以备实验实训时使用。

（2）双子叶植物茎的初生结构。

取向日葵（或大豆、棉花、蚕豆）幼茎做横切面徒手切片，用 1% 番红溶液染色（在培养皿中滴入一滴蒸馏水，放入切好的材料后滴入 1 滴 1% 番红溶液染色），在载玻片中央滴 1 滴蒸馏水，放入染色的材料，盖上盖玻片制成简易装片；或用红墨水染色（在载玻片中央滴 1 滴红墨水，放入切好的材料，盖上盖玻片）。在显微镜低倍镜下可观察到茎的初生构造。

① 表皮：茎的最外一层细胞，细胞外壁可见有角质层，有的表皮细胞转化成表皮毛（有单细胞或多细胞）。

② 皮层：皮层由厚角组织及薄壁组织组成，若用新鲜的向日葵幼茎做徒手切片，可观察到厚角组织细胞内有叶绿体。滴染 0.1‰ 钌红溶液，可见各厚角组织细胞之间的胞间层被染成红色。厚角组织内侧是数层薄壁细胞，其中还可看到分泌腔（属分泌组织）。

③ 维管柱：包括维管束、髓射线和髓三部分。

（3）单子叶植物茎的结构。

① 玉米茎的结构。取玉米幼茎，在节间做横切徒手切片；将切片材料置于载玻片上，加 1 滴盐酸，2～3 min 后，吸去多余盐酸；再加 1 滴 5% 间苯三酚，几秒钟后，可见材料中有红色出现；盖上盖玻片，在显微镜低倍镜下观察。由于用间苯三酚染色分色清楚，木质化细胞被染成红色，其余部分均不着色。玉米茎的横切面可分为表皮、厚壁组织、薄壁组织、维管束（散生）等部分。

② 小麦（或水稻）茎的结构。取小麦（或水稻）茎横切片，置于镜下观察。也可选择拔节后的小麦茎，取正在伸长节间以下的一个节间，自它的上部（最先分化成熟部分）做横切，方法同上，用 5% 间苯三酚染色并制作简易装片。小麦（或水稻）茎的横切面在显微镜可观察到表皮、厚壁组织和薄壁组织、维管束、髓腔等部分。

注意观察以下现象：

- 表皮：玉米表皮有明显的角质层；
- 基本组织：表皮以内为数层厚壁组织，厚壁组织以内为薄壁组织；
- 维管束：小麦（水稻）维管束排列成近似的两环，外环维管束较小，分布于厚壁组织中；内环维管束较大，分布于薄壁组织中；每个维管束中，可见到靠近维管束的外方是韧皮部，内方是木质部；木质部呈"V"字形，可见到两个大型的孔纹导管，基部是 1～2 个较小的环纹和螺纹导管及气腔。玉米的维管束则散生在薄壁组织中。

（4）双子叶植物茎的次生结构。

取向日葵（或大豆、棉花）老茎和椴树三年生茎横切永久制片，置于显微镜下观察，由外向内可观察到下列各部分。

① 周皮：可分为木栓层、木栓形成层、栓内层。栓内层在有些切片中不易区分。

② 皮层：为薄壁组织，其外面数层常为厚角组织。

③ 韧皮部：略呈梯形排列在形成层的外面，包括初生韧皮部、次生韧皮部、韧皮射线。

④ 形成层：位于韧皮部与木质部之间，成一圆环，细胞较小而扁平，排列较整齐。

⑤ 木质部：形成层以内，包括次生木质部、初生木质部、木射线。椴树三年生茎的次生木质部可看到年轮，注意区别早材与晚材的差别。

⑥ 髓及髓射线：贯穿在维管束之间，沟通皮层与髓。髓大部分是由薄壁细胞组成。

3. 叶解剖构造的观察

（1）观察表皮和气孔。

撕取大豆或棉花叶下表皮一部分，做成简易装片，置于显微镜下观察。可看到表皮细胞不规则，细胞之间凸凹镶嵌，互相交错，紧密结合，其中有许多由两个半月形的保卫细胞围合成的气孔。取小麦或水稻叶片，在载玻片上用解剖刀轻轻刮掉叶片的上表皮及叶肉，保留叶的下表皮并做成简易装片，置于显微镜下观察。可观察到表皮细胞分为长细胞和短细胞两种类型，表皮上的气孔是由两个哑铃形的保卫细胞围合成的，存在副卫细胞。

（2）双子叶植物叶片的结构。

取大豆或棉花的叶片，沿主脉做横切面徒手切片，用 1% 番红稀释液（蒸馏水与 1% 番红溶液 1：5 混合）染色，做成简易装片；或取双子叶植物叶片横切面永久切片，置于显微镜下观察，可依次观察到表皮、叶肉、叶脉三部分。

（3）单子叶植物叶片的结构。

取小麦或水稻叶做徒手切片，方法同上；或取水稻叶片横切面永久切片，在显微镜下观察，并与双子叶植物叶的结构比较。

四、实训报告

（1）绘根尖纵切面和双子植物幼根横切面构造图，注明各部分名称。

（2）绘叶芽的纵切面图及双子叶植物幼茎横切面图，并注明各部分结构名称。

（3）绘玉米茎横切面简图及一个维管束图，注明各部分结构名称。

（4）绘大豆（棉花）叶片横切面结构图，注明各部分结构的名称。

（5）绘小麦（水稻）叶片横切面结构图，注明各部分结构的名称。

（6）在图 14-11 引出线和括弧后填上结构名称，并说明该图是哪类植物什么器官的解剖构造。

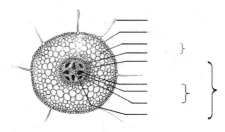

图 14-11　实训报告 6 题图

实训 10　观察与识别器官变态的类型

一、实训目的

认识各种变态器官的形态特征和结构特点，掌握根、茎、叶等营养器官的变态类型。

二、实训材料与用品

材料：萝卜、胡萝卜、甜菜、甘薯（或大丽花、木薯）的贮藏根，玉米（或常春藤、榕树）的气生根，菟丝子的寄生根，莴苣的肉质茎，葡萄茎及卷须，山楂、皂荚的刺，芦苇根状茎，马铃薯、菊芋的块茎，洋葱、荸荠、慈姑的球茎，豌豆叶及卷须，小檗、洋槐的刺，猪笼草、茅膏菜的食虫叶。

设备与用品：解剖镜、放大镜、解剖刀、镊子。

三、实训内容

（1）根的变态。取萝卜、胡萝卜、甜菜、甘薯（或大丽花、木薯）的贮藏根，玉米（或常春藤、榕树）的气生根，菟丝子的寄生根。观察比较它们的来源、形态和结构特点。

（2）茎的变态。取莴苣的肉质茎，葡萄茎及卷须，山楂、皂荚的刺，芦苇根状茎，马铃薯、菊芋的块茎，洋葱、荸荠、慈姑的球茎。观察比较茎变态的类型，各类型的形态特征和结构特点。

（3）叶的变态。取芦苇的根状茎，洋葱、荸荠、慈姑的球茎，豌豆叶及卷须，小檗、洋槐的刺，猪笼草、茅膏菜的食虫叶等进行观察比较。找出叶的变态，并指出变态的类型及特点。

四、实训报告

（1）绘马铃薯、洋葱的解剖构造图，注明各部分结构的名称。

（2）根据观察的结果，填写表 14-3。

表 14-3　实训 10 观察结果

植　物	变态类型	观察依据	植　物	变态类型	观察依据
萝卜			马铃薯		
胡萝卜			皂荚		
甜菜			洋葱		
甘薯			慈姑		

续表

植　物	变态类型	观察依据	植　物	变态类型	观察依据
大丽花			荸荠		
玉米			葡萄		
常春藤			洋槐		
菟丝子			小檗		
莴苣			猪笼草		

实训 11　观察花药、花粉粒

一、实训目的

认识花药的结构和花粉粒的形态，掌握花粉粒的萌发及花粉管的形成过程。

二、实训材料与用品

材料：百合花药（幼龄和成熟）横切标本切片，常见植物的花粉粒。

设备与用品：放大镜或解剖镜、显微镜、解剖针、刀片、镊子、载玻片、盖玻片、滤纸、凹面载玻片、10%蔗糖水溶液（加数滴0.1%的硼酸）。

三、实训内容

1. 观察花药的结构

观察百合幼龄期（造孢组织时期）花药结构。取百合幼龄花药制片，于低倍镜下观察，可以看到花药横切面似蝶形，有2对花粉囊，中间部分为药隔，药隔主要由薄壁细胞组成，中部有一维管束。然后用高倍镜观察一个花粉囊。花粉囊的壁可分为如下几层。

（1）表皮：为最外一层细胞，细胞较小，其上有角质层和气孔，具保护功能。

（2）药室内壁（纤维层）：紧挨表皮的内方，常为一层近方形较大的细胞。注意，在每一对花粉囊之间的表皮下无纤维层。

（3）中层：为紧挨纤维层内方的1～3层较小的扁平细胞，包围着花粉囊，在花药发育过程中常解体消失，而百合花药中往往还留存。

（4）绒毡层：为药壁最内一层细胞，由纵向伸长的柱状细胞构成，其体积大，细胞质浓，常具多核，有大液泡，为花粉粒的发育提供营养物质。花粉囊内有许多花粉母细胞。

2. 观察花粉粒的结构

用镊子夹取常见植物的花粉粒，分别制成简易装片，在高倍镜下观察，注意不同植物花粉粒的形状、大小、外壁上的花纹和萌发孔。或在观察百合成熟花药制片时，转用高倍镜观察百合花粉囊中的花粉粒。可见花粉粒具有外壁和内壁，外壁上有花纹和萌发孔。其内有细胞核和液泡，并在某些花粉粒内可见到一个圆形的营养核和一个椭圆形的生殖细胞，即为2-细胞型花粉粒。

3. 观察花粉粒的萌发

取一片凹载玻片，滴10%蔗糖水溶液1滴于洁净的盖片上。取当天开放的黄瓜或豌豆、蚕豆花一朵，用解剖针挑取少许花粉粒于糖水中，把盖玻片覆于载玻片的凹陷处，液滴朝下，置于显微镜下观察。注意花粉粒的形状、大小和萌发孔的数目等特点，此时的花粉粒尚未萌发。待静置 15～30 min 后，再用显微镜观察，可见有的花粉粒已萌发长出花粉管，注意花粉管从何处伸出。

四、实训报告

绘百合幼龄（成熟）花药的细胞图，注明各部名称。

实训 12　观察果实的结构与识别果实类型

一、实训目的

认识和了解果实的结构组成，掌握识别果实的依据，能正确识别果实的类型。

二、实训材料与用品

材料：桃或杏、李，苹果或梨，悬钩子，草莓，八角茴香，桑葚，菠萝，无花果，番茄、茄、柿、葡萄、黄瓜、南瓜、冬瓜、西瓜，柑橘、柚，大豆、豌豆、花生、山槐，油菜或白菜，丁香，百合，罂粟，曼陀罗，向日葵，万寿菊，小麦、玉米、水稻，榆，槭树，水曲柳，板栗，蒙古栎，栓皮栎，榛，胡萝卜，芹菜，芍药等植物果实（新鲜的、浸制或干燥标本）。

设备与用品：解剖镜、放大镜、刀片、解剖针、镊子、剪刀等。

三、实训内容

本实训若处于冬季，实训前必须将所需要的代表性植物果实在成熟时及时采摘保存，肉果可浸泡于 75% 乙醇溶液中备用。

1. 观察果实的结构

（1）真果。取桃（杏）的果实，将其纵剖，观察桃的果实的纵剖面，最外一层膜质部分为外果皮；其内肉质多汁的部分为中果皮，是食用部分；中果皮以内是坚硬的果核，核的硬壳即为内果皮。这三层果皮是由子房壁发育而来。敲开内果皮，可见一颗种子，种子外面被有一层膜质的种皮。

（2）假果。取苹果（梨）的果实，观察苹果果柄相反的一端有宿存的花萼，说明苹果是由下位子房发育形成，子房壁和花筒合生。用解剖刀将苹果横剖，可见横剖面中央有5 个心皮，心皮内为子房室，含有种子。子房壁分为 3 层，其中内果皮由木质的厚壁细胞组成，纸质或革质；中果皮和外果皮之间界限不明显，均肉质。子房外侧为很厚的肉质花筒部分，是食用部分。通常肉质花筒中存在萼片及花瓣维管束 10 枚，作环状排列。注意苹果与桃结构有何不同。

2. 识别果实的类型

（1）识别依据。

① 单果：指一朵花只有一枚雌蕊（单雌蕊或复雌蕊），由这枚雌蕊形成的果实。单果又可分为肉果和干果。肉果（果实成熟时，果皮肉质多汁）常见的有核果、浆果、柑果、梨果、瓠果等类型。干果（果实成熟后，果皮干燥）又可分为裂果和闭果两种类型，其中

裂果（果实成熟后，果皮开裂）常见的有蓇葖果、荚果、角果、蒴果等类型，闭果（果实成熟后，果皮不开裂）常见的有瘦果、颖果、坚果、翅果、分果（伞形科植物的果实又称为双悬果）等类型。

② 聚合果：指一朵花中有许多离生雌蕊，每一个雌蕊形成一个小单果，这些单果聚合在同一个花托上，如悬钩子、草莓、八角茴香等。悬钩子为聚合核果，草莓为聚合瘦果，八角茴香为聚合蓇葖果。

③ 聚花果：聚花果是由整个花序发育形成的果实，如桑葚、菠萝、无花果等。桑葚来源于一个雌花序，各花子房形成一个小坚果，包在肥厚多汁的花萼中，食用部分为花萼；菠萝整个花序形成果实，花着生在花轴上，花不孕，食用部分除肉质化的花被和子房外，还有花序轴；无花果的果实是由许多小坚果包藏在肉质凹陷的花序轴内，食用部分为肉质的花序轴。

（2）观察识别。

取番茄（或茄、柿、葡萄），黄瓜（或冬瓜、南瓜、西瓜），柑橘（或柚），杏（或李、桃），梨（或苹果），大豆（或豌豆、花生、山槐），八角茴香，油菜（或白菜），百合（或罂粟、曼陀罗），向日葵，小麦（或玉米、水稻），榆，水曲柳，糖槭，板栗，蒙古栎，栓皮栎，榛，胡萝卜（或芹菜），草莓，芍药，无花果，菠萝等植物果实，分别进行解剖、观察和比较。根据观察的结果，对照果实识别依据填写表14-4。

表 14-4　果实识别记录表

果 实 类 型			植 物 名 称	主 要 特 征	食 用 部 分*
单果	肉果	浆果			
		瓠果			
		柑果			
		核果			
		梨果			
	干果	裂果 荚果			
		裂果 蓇葖果			
		裂果 蒴果			
		裂果 角果			
		闭果 瘦果			
		闭果 坚果			
		闭果 颖果			
		闭果 翅果			
		闭果 分果			
聚合果					
聚花果					

* 指出果实食用部分属于果实哪一部分。

四、实训报告

（1）绘桃果实纵剖面图，并注明各部分结构名称。

（2）绘苹果横剖面图，并注明各部分结构名称。

（3）如何区别单果、聚合果和聚花果。

实训 13 植物细胞的质壁分离及死活鉴定技术

一、实训目的

了解质壁分离现象鉴定细胞死活的原理，并学会利用质壁分离现象鉴定细胞死活的操作技术。

二、实训原理

生长的植物细胞是一个渗透系统，活细胞的原生质及其表层具有选择透性。原生质层内部含有大液泡，具有一定的渗透势。当细胞处于高渗溶液中时，细胞失水，体积缩小。当细胞缩小到一定程度时，体积不再缩小。此时，原生质体与液泡继续收缩，便发生质壁分离。其后，将其与清水或低渗溶液接触，或当外面的溶质进入细胞时，具有液泡的原生质体就会重新吸水而发生质壁分离复原。死细胞由于其原生质失去了选择透性而不能发生质壁分离及质壁分离复原现象，因此，可用此法鉴定细胞的死活。

三、实训材料与用品

材料：洋葱鳞茎。

设备与用品：显微镜，载玻片与盖玻片各若干，尖头镊子，剪刀，解剖针及吸水纸，$1 \, mol \cdot L^{-1}$ 蔗糖溶液等。

四、实训内容

（1）基本形态观察。取带有色素的洋葱鳞茎表皮，放在滴有蒸馏水的载玻片上，制成装片进行观察，绘图。

（2）质壁分离。另取与上述表皮相邻的一块，放在滴有 $1 \, mol \cdot L^{-1} H_2O$ 蔗糖溶液的载片上，制成装片观察，可见原生质体缩成一团，完全与细胞壁发生了分离。

（3）质壁分离复原。在上述已发生分离的盖玻片的一侧滴加蒸馏水，另一侧用吸水纸吸引，放置数分钟，再用显微镜观察，可见到原生质体重新紧贴细胞壁。

（4）死细胞观察。另取带色的洋葱鳞茎表皮一块，用酒精浸泡或加热处理杀死细胞，重复上述操作，用显微镜观察是否有质壁分离现象发生，为什么？

五、思考与分析

质壁分离与质壁分离复原现象发生的原因是什么？该现象可用于证明哪些生理问题？

实训 14 植物组织水势测定技术

一、实训目的

学会用小液流法测定植物组织水势的技术，了解水势高低是水分移动的决定因素。

二、实训原理

水势梯度是植物组织中水分移动的动力，水分总是顺水势梯度移动。当植物组织与外液接触时，如果植物组织的水势低于外液的渗透势（溶质势），组织吸水，重量增大而使外液浓度变大；反之，则组织失水，重量减小而使外液浓度变小；若二者相等，则水分交换保持动态平衡，组织重量及外液浓度保持不变（如图 14-12 所示）。根据组织重量或外液浓度的变化情况即可确定与植物组织相同水势的溶液浓度，然后根据公式计算出溶液的渗透势，即为植物组织的水势。溶液渗透势的计算公式为：

$$\psi_{\text{s}} = -iRTC$$

式中：ψ_{s}——溶液的渗透势（MPa）

   R——普氏气体常量（$0.008\ 314\ \text{L} \cdot \text{MPa} \cdot \text{mol}^{-1} \cdot \text{K}^{-1}$）

   T——热力学温度（K）（即 273 + 实验摄氏温度℃）

   C——溶液的浓度（$\text{mol} \cdot \text{L}^{-1}$）

   i——溶液的等渗系数

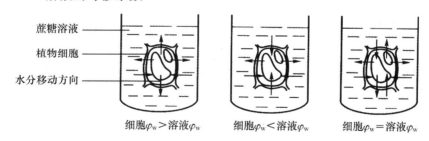

蔗糖溶液

植物细胞

水分移动方向

细胞φ_{w}>溶液φ_{w} 细胞φ_{w}<溶液φ_{w} 细胞φ_{w}=溶液φ_{w}

图 14-12 植物组织水分移动示意图
（引自植物与植物生理实训，王衍安，2004）

三、实训材料与用品

材料：新鲜植物叶片。

设备与用品：试管架，试管，移液管，毛细移液管，解剖针，镊子，打孔器（或剪刀），$1\ \text{mol} \cdot \text{L}^{-1}$蔗糖溶液。

四、实训内容

（1）浓度梯度液的配制。取 8 支干燥洁净的试管，编号（为甲组）。按表 14-5 配 $0.05\sim$ $0.40\ \text{mol} \cdot \text{L}^{-1}$等差浓度的蔗糖溶液。

表 14-5　蔗糖浓度梯度液的配制表

试 管 号	1	2	3	4	5	6	7	8
溶液浓度/（mol·L^{-1}）	0.05	0.10	0.15	0.20	0.25	0.30	0.35	0.40
1 mol·L^{-1}蔗糖溶液体积/mL	0.5	1.0	1.5	2.0	2.5	3.0	3.5	4.0
蒸馏水体积/mL	9.5	9.0	8.5	8.0	7.5	7.0	6.5	6.0

　　另取 8 支干燥洁净的指形试管，编号（为乙组），与甲组各试管对应排列，分别从甲组试管中准确用相应序号的移液管吸取 1 mL 溶液放入相应的乙组指形试管中。

　　（2）样品水分平衡。选取数片叶子，洗净，擦干，用同一打孔器切取叶圆片若干，混匀，每个指形管中放 8～10 片，浸入 $CaCl_2$ 溶液内，塞紧软木塞，平衡 20～30 min。期间多次摇动试管，以加速水分平衡。到预定时间后，取出叶圆片，用解剖针蘸取少许甲烯蓝粉末，加入各指形管中，摇匀，溶液变为浅蓝色。

　　（3）检测。取干洁的毛细管 8 支，编号，分别吸取少量蓝色溶液，插入相应序号的甲组试管中。将滴管先端插至溶液中间，轻轻压出一滴蓝色乙液，然后小心抽出滴管，观察蓝色液滴移动方向（如图 14-13 所示），记录结果于表 14-6 中。找出等渗浓度（如果相邻两浓度小液流方向相反，则取平均值），并计算被测组织水势。

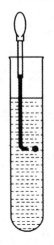

图 14-13　小液流操作示意图

表 14-6　植物组织水势测定记录表

试管号	小液流动态							
	1	2	3	4	5	6	7	8
被测植物								
原　因								

　　（4）计算。计算被测植物组织水势。

五、实训报告

记录实验结果，分析各现象发生的原因，计算植物组织的水势。

实训 15　快速称重法测定植物蒸腾强度技术

一、实训目的

学会用快速称重法测定植物蒸腾强度的操作技术。

二、实训原理

蒸腾速率是指单位时间、单位面积（单位鲜重）所散失的水量。离体的植物叶片，由于蒸腾失水而减轻质量，快速称重法可准确地测出单位时间内单位叶片的质量变化，根据公式算出该植物叶片的蒸腾速率。

三、实训材料与用品

材料：不同植物（或同一植物不同部位）的新鲜叶片。
设备与用品：分析天平，剪刀，秒表，白纸及扭力天平等。

四、实训内容

（1）在测定植株上选一枝条（重约 20 g 左右），剪下后立即放在扭力天平上称重，记录质量及起始时间，并把枝条放回到原来环境中。

（2）过 3～5 min 后，取枝条进行第二次称重，准确记录 3 min 或 5 min 内的蒸腾失水量和蒸腾时间。

注意，称重速度要快，要求两次称的质量变化不超过 1 g，失水量不超过 10%。想一想为什么。

（3）用叶面积仪（或透明方格纸、质量法）测定枝条上的总叶面积（cm^2），按下式计算蒸腾速率。

$$蒸腾速率（g \cdot m^{-2} \cdot h^{-1}）= \frac{蒸腾失水量（g）}{叶面积（m^2）\times 测定时间（h）}$$

质量法测定叶片面积：选择一张各部分都分布均匀的白纸（纸的质量与纸的面积成正比），测定其单位面积的质量（m_1/S_1），将枝条上的叶片的实际大小描在白纸上，并沿线剪下来，然后称其总质量（m），则叶的总面积为 $S =（S_1/m_1）\times m$。

（4）不便计算叶面积的针叶树类等植物，可以鲜重为基础计算蒸腾速率。即于第二次称重后摘下针叶，再称枝条重，用第一次称得的重量减去摘叶后的枝条重，即为针叶（蒸腾组织）的原始鲜重，可用下式计算蒸腾速率（每克叶片每小时蒸腾水分的质量）。

$$蒸腾速率（g \cdot m^{-2} \cdot h^{-1}）= \frac{蒸腾失水量（g）}{组织鲜重（g）\times 测定时间（h）}$$

五、实训报告

记录实验结果，计算植物的蒸腾速率。

实训 16 植物溶液培养技术及缺素症的观察

一、实训目的

学会溶液培养操作技术，观察氮、磷、钾、钙、镁、铁等元素对植物生长发育的重要性和缺素症状。

二、实训原理

植物只有在必需的矿物元素供应下才能正常生长，如缺少某一元素，便会产生相应的缺乏症。将植物放在用适当的无机盐制成的营养液中培养，就能使植物正常生长，这种培养方法称为无土栽培（溶液培养）。如果用缺乏某种元素的缺素液培养植物，植物就会呈现缺素症状而不能正常生长发育；将所缺元素加入培养液中，该缺素症状又可逐渐消失。

三、实训材料与用品

材料：玉米、番茄、油菜等种子。

设备与用品：不透明培养缸（瓷质、玻璃、塑料均可），试剂瓶，移液管，量筒，塑料纱网，精密 pH 值试纸（pH 值 5～6），天平，玻璃管，棉花（海绵），通气装置；硝酸钙，硝酸钾，硫酸钾，磷酸二氢钾，硫酸镁，氯化钙，磷酸二氢钠，硝酸钠，硫酸钠，乙二胺四乙酸二钠，硫酸亚铁，硼酸，硫酸锌，氯化锰，钼酸，硫酸铜。

四、实训内容

（1）育苗。选取大小一致、饱满成熟的植物种子，放在培养皿中萌发。

（2）配制培养液（贮备液）。

① 取药配液：取分析纯的试剂，按表 14-7、表 14-8 用量配制贮备液。

表 14-7 大量元素与微量元素贮备液配制表

大量元素贮备液/（g/L）		微量元素贮备液/（g/L）	
$Ca(NO_3)_2$	236	H_3BO_3	2.86
KNO_3	102	$ZnSO_4 \cdot 7H_2O$	0.22
$MgSO_4 \cdot 7H_2O$	98	$MnCl_2 \cdot 4H_2O$	1.81
KH_2PO_4	27	$MnSO_4$	1.015
K_2SO_4	88	Na_2MoO_4	0.09
$CaCl_2$	111	$CuSO_4 \cdot 5H_2O$	0.08
NaH_2PO_4	24		
$NaNO_3$	170		
Na_2SO_4	21		
EDTA-Na	7.45		
$FeSO_4 \cdot 7H_2O$	5.57		

表 14-8　完全液和缺素液配制表（每 1 000 mL 蒸馏水中贮备液用量/mL）

贮备液	完　全	缺　氮	缺　磷	缺　钾	缺　钙	缺　镁	缺　铁
$Ca(NO_3)_2$	5	–	5	5	–	5	5
KNO_3	5	–	5	–	5	5	5
$MgSO_4 \cdot 7H_2O$	5	5	5	5	5	–	5
KH_2PO_4	5	5	–	5	5	5	5
K_2SO_4	–	5	1				
$CaCl_2$	–	5					
KH_2PO_4				5			
$NaNO_3$				5	5		
Na_2SO_4						5	
EDTA-Fe	5	5	5	5	5	5	–
微量元素	1	1	1	1	1	1	1

② 调 pH 值：用精密 pH 值试纸测定培养液的 pH 值，用 1% HCl 或 1% NaOH 调节所需 pH 值。pH 值一般控制在 5～6 为宜。

（3）准备装置。取 1～3 L 的不透明培养缸，使根系处在黑暗环境中，缸盖上打出一些小孔；一侧用海绵或棉花，或软木固定植物幼苗，再通过橡皮管，使管的另一端与通气泵连接，为根系生长提供氧气。

（4）加液培养。向已配制的培养液中各加 1 200 mL 蒸馏水，将幼苗根系洗干净，小心穿入小孔，用棉花或海绵固定，使根系完全浸入培养液中，放在阳光充沛、温度适宜（20～25℃）的地方培养。

（5）管理与观察记录。用精密 pH 值试纸检测培养液的 pH 值，用 1% 盐酸调整至 pH 5～6。每 3 d 加一次蒸馏水以补充瓶内蒸腾失去的水分。每天通气 2～3 次或进行连续微量通气，以保证根系有充足的氧气。培养液 7～10 天更换一次。从实验开始起，应随时观察植物生长情况，并作记录。当出现明显的缺素症状时，用完全培养液更换缺素液，观察缺素症是否消失，并作记录。

（6）分析结果。将幼苗生长情况做记录，然后根据症状判断缺少何种元素。

五、实训报告

记录实验结果，描述植物缺少矿质元素所表现出的主要症状。

实训 17　叶绿体色素提取分离技术及光学活性的观察

一、实训目的

学会叶绿体色素的提取分离操作技术，了解叶绿体色素的吸收光谱及叶绿素的荧光现象。

二、实训原理

叶绿体所含的四种色素均不溶于水，而溶于有机溶剂，故常用酒精或丙酮提取色素。提取液中的不同光合色素可用纸层析法加以分离。当溶剂不断地从层析滤纸上流过时，由于滤纸对不同物质的吸附力不同，其移动速度也不同，因而可将色素分离。

叶绿素是一种二羧酸的酯，可与碱发生皂化反应，产生的盐溶于水。以此可将叶绿素和类胡萝卜素分开。叶绿素和类胡萝卜素都具有共轭双键，能吸收一定波长的可见光，产生吸收光谱，可用分光镜检查。叶绿素吸收光量子而转变为激发态的叶绿素分子很不稳定，当它回到基态时，可以发射出红光，即荧光。叶绿素分子中的镁被 H^+ 取代而成为去镁叶绿素，再被 Cu^{2+} 取代后产生铜代叶绿素，在光下不易被破坏而保持绿色。

三、实训材料与用品

材料：植物烘干叶片或新鲜叶片。

设备与用品：离心机，分光镜，天平，剪刀，离心试管（10 mL），试管，刻度吸管，三角瓶，培养皿，毛细吸管，分液漏斗；95% 酒精，20% 甲醇溶液，50% 醋酸，醋酸铜粉，蒸馏水，苯，无色汽油。

四、实训内容

1. 叶绿体色素提取分离技术

（1）色素提取。称取干叶片（选用叶绿素含量高的菠菜）1 g，放入研钵内，研磨成细粉末，加入少量95% 酒精，继续研磨至叶片组织变白，酒精呈深绿色。转入干净的离心试管，用95% 酒精冲洗研钵后倒入离心试管，定容到10 mL。将离心试管放入离心机，设定4 000 转/分钟，离心3 min 后，取出待用。若用新鲜叶片提取，可称取新鲜叶片10～15 g，剪碎，放研钵内，加95% 酒精约20 mL，研磨成匀浆，过滤到干净三角瓶内。

（2）光合色素的分离。取直径略大于培养皿的色层分析滤纸一张，也可用圆形定性滤纸或定量滤纸取代。在滤纸中央穿一圆形小孔。另取同样滤纸剪成长6 cm、宽1.5 cm 的滤纸条，用毛细吸管沿纸条长轴方向卷成一紧实的纸芯。将纸芯带有色素的一端插入圆形滤纸的小孔中，并与滤纸齐平。在培养皿内放一小烧杯（高度低于培养皿），小烧杯内加入适量无色汽油，并加1～2 滴苯。把插有纸芯的圆形滤纸平放在培养皿上，使纸芯下端进入汽油中，圆形滤纸应恰好平放在培养皿上，上面盖上培养皿，进行层析。不久就会看到四个不同颜色的同心圆环：最内圈是叶绿素 b（黄绿色），第二圈是叶绿素 a（蓝绿色），第三圈是叶黄素（黄色），第四圈是胡萝卜素（橙黄色）。当外层色素圈接近圆形滤纸边缘时，及时从汽油中取出滤纸，用铅笔标出各种色素的位置和名称。

2. 叶绿体色素的光学活性

（1）皂化反应。用刻度吸管吸取色素提取液2.5 mL 放入试管内，用95% 酒精稀释一倍，摇匀。加入1.5 mL 20% KOH 甲醇溶液，充分摇匀。再加5 mL 苯（或石油醚），摇匀。沿试管壁慢慢加入1～1.5 mL 蒸馏水，轻轻摇匀，静置在试管架上。随即可看到溶液逐渐分为两层，下层是溶有皂化叶绿素的酒精溶液（以及少量叶黄素）；上层是溶有胡萝卜素和叶黄素的苯溶液。

（2）光合色素的吸收光谱。用分液漏斗将两层溶液分别装入两个试管，再分别装入两只比色杯或指形管内。分别将它们放在分光镜的光缝前，观察其吸收光谱。

（3）叶绿素的荧光现象。取叶绿体色素提取液 2.5 mL 于试管内，用95％酒精稀释一倍，摇匀后，在直射光下观察溶液在透射光和反射光下的颜色有何不同，并解释原因。

（4）H^+ 和 Cu^{2+} 对叶绿素分子中镁的取代作用。取叶绿素提取液 2.5 mL 放入试管内，加入50％醋酸铜数滴，摇匀，观察溶液的颜色有何变化。当溶液颜色变成褐色后，倒出一半于另一试管中，放入少许硝酸铜粉末，微微加热，与未加入醋酸铜的试管比较，观察颜色有何变化。

五、实训报告

（1）记录实验结果。

（2）分析为什么用95％酒精提取叶绿体色素。

（3）叶绿素 a 和叶绿素 b 在蓝紫光区也有一定的吸收高峰，能否用这一吸收峰波长进行叶绿素的定量测定？解释荧光现象。

实训 18 叶绿素的定量测定技术

一、实训目的

学会分光光度计法测定叶绿素含量的技术。

二、实训原理

分光光度计法是根据叶绿素对可见光的吸收光谱，利用分光光度计在某一特定波长下测定其吸光度，然后利用公式计算叶绿素含量的方法。此法能在未经分离的情况下分别测出叶绿素 a 和叶绿素 b 的含量，具有精确度高的优点。

根据比耳定律，最大吸收光谱峰不同的两个组分的混合溶液，在不同的波长下，它们的浓度 C 与吸光度 A 之间有如下联系：

$$A_1 = C_a k_{a1} + C_b k_{b1} \tag{14-1}$$

$$A_2 = C_a k_{a2} + C_b k_{b2} \tag{14-2}$$

式（14-1）和式（14-2）中：

C_a、C_b 分别为组分 a 和组分 b 的浓度，g/L；

k_{a1}、k_{b1} 分别为组分 a 和组分 b 在波长为 λ_1 下的比吸收系数（即组分浓度为 1 g/L 时，在波长 λ_1 下的吸光度值）；

k_{a2}、k_{b2} 分别为组分 a 和组分 b 在波长为 λ_2 下的比吸收系数；

A_1、A_2 分别为组分 a 和组分 b 在波长 λ_1、λ_2 下混合液的吸光度。

从文献中查得叶绿素 a 和叶绿素 b 的80％丙酮溶液，当浓度为 1 g/L 时，在波长663 nm、645 nm 下的比吸收系数分别为：$k_{a663} = 82.04$，$k_{b663} = 9.27$，$k_{a645} = 16.75$，$k_{b645} = 45.60$。

将比吸收系数代入式（14-1）、（14-2），得：

$$C_a = 0.0127A_{663} - 0.00269A_{645}$$

$$C_b = 0.0229A_{645} - 0.00468A_{663}$$

如果把 C_a、C_b 的浓度单位从原来的 g/L 改为 mg/L，则上式可改写成：

$$C_a = 12.7A_{663} - 2.69A_{645} \tag{14-3}$$

$$C_b = 22.9A_{645} - 0.00468A_{663} \tag{14-4}$$

$$C_T = C_a + C_b = 8.02\,A_{663} + 20.2A_{645}$$

另外，由于叶绿素 a、叶绿素 b 在 652 nm 波长有相同的比吸收系数（均为 34.5），也可在此波长下测定一次吸光度（A_{652}）而求出叶绿素 a 和叶绿素 b 的总浓度，单位为 mg/L，即：

$$C_T = \frac{A_{652} \times 1000}{34.5} \tag{14-5}$$

三、实训材料与用品

材料：植物新鲜叶片。

设备与用品：分光光度计，天平，研钵，50 mL 容量瓶，漏斗，玻璃棒，剪刀，移液管，试管，滤纸，纱布；80% 丙酮，石英砂，碳酸钙粉。

四、实训内容

（1）提取叶绿素。从植株上选取有代表性的叶片，用干净纱布擦干净。称取鲜样两份，每份 0.5 g。一份置于烘干箱烘至恒重，称得干重（精确到毫克）；另一份置于研钵中剪碎，加入少量石英砂和碳酸钙粉，并加入 10 mL80% 丙酮，先研成匀浆，直至组织变白色。用 80% 丙酮湿润过的滤纸将提取液过滤至 50 mL 容量瓶中。研钵用少量 80% 丙酮冲洗，洗液倒入漏斗，使色素全部转入 50 mL 的容量瓶，最后定容并摇匀。

（2）测定吸光度。取厚度为 1 cm 的比色杯，用 80% 丙酮作对照。在 663 nm 和 645 nm 波长下测定色素提取液的吸光度吸光度 A_{663} 和 A_{645}，或在 652 nm 下测定吸光度吸光度 A_{652}。

（3）计算结果。将测得的吸光度 A_{663}、A_{645}、A_{652} 代入式（14-3）、式（14-4）、式（14-5），计算出叶绿素 a 和叶绿素 b 的总浓度，用下式计算样品中叶绿素的含量。

$$\text{叶绿素含量（mg/dm}^2\text{）} = \frac{C\text{（mg/L）} \times \text{提取液总量（mL）} \times \text{稀释倍数}}{\text{叶片面积（dm}^2\text{）} \times 1000}$$

$$\text{叶绿素含量（干重\%）} = \frac{C\text{（mg/L）} \times \text{提取液总量（mL）} \times \text{稀释倍数}}{\text{样品干重（mg）} \times 1000} \times 100$$

五、实训报告

记录实验结果，计算植物叶绿素含量。

实训 19 大田作物光合速率
测定技术（改良半叶法）

一、实训目的

学习和掌握改良半叶法测定大田作物光合速率的原理与操作技术。

二、实训原理

改良半叶法是将植物对称叶片的一部分遮光或取下置于暗处，另一部分则留在光下进行光合作用。过一定时间后，在这两部分叶片的对应部位取同等面积，分别烘干称重。对称叶片的两对应部位的等面积的干重，开始时被视为相等，照光的叶重超过暗中的叶重，超过部分即为光合作用产物的产量。通过一定的计算即可得到光合作用强度。

三、实训材料与用品

材料：田间有代表性的植物叶片。

设备与用品：分析天平，烘箱，剪刀，称量皿，刀片，金属模板，纱布及锡纸，三氯乙酸等。

四、实训内容

（1）选择测定样品。在田间选定有代表性植株叶片（如叶片在植株上的部位、叶龄、受光条件等应尽量一致）20片，用小纸牌编号（注明班级、组别、叶样序号）。

（2）叶片基部处理。根据材料形态解剖特点的不同，可任选下列方法之一进行处理。

① 环割处理：对于叶柄木质化较好且韧皮部和木质部容易分开的双子叶植物，可用刀片将叶片基部叶柄的外皮环割约0.5 cm宽。

② 开水烫伤：对于韧皮部和木质部难以分开处理的小麦、水稻等单子叶植物，可用在开水（水温一般在90℃以上）中浸过的纱布或棉花包裹试管夹，夹住叶鞘和其中的茎秆烫20 min左右，以伤害韧皮部。

③ 化学处理：对叶柄较细且维管束散生，叶柄易被折断，用环剥法或开水烫伤不易掌握适宜程度的植物叶片，如棉花，可改用化学方法来处理。即用毛笔蘸三氯乙酸点涂叶柄，以阻止光合产物的输出。三氯乙酸是一种强烈的蛋白质沉淀剂，渗入叶柄后可将筛管生活细胞杀死，从而起到阻止有机养料运输的作用。三氯乙酸的浓度视叶柄的幼嫩程度而异，以能明显灼伤叶柄，而又不影响水分供应、不改变叶片角度为宜。一般使用5%的三氯乙酸。

为了使经过以上处理的叶片不致下垂，可用锡纸、橡皮管或塑料布缠绕，使叶片保持原来的着生角度。

（3）剪取样品。叶基部处理完毕后即可剪取样品，一般按编号次序分别剪下对称叶片的一半（中脉不剪下），剪取第一片叶片时开始记时，按编号顺序将叶片夹于湿润的纱布中，贮于室内暗处，另一半在植株上继续进行光合作用。过4~5 h后，再依次剪下另外半叶，剪取第一片叶片时计时终止，同样按编号夹于湿润纱布中带回。两次剪叶的速率应尽量保持一致，使各叶片经历相等的照光时间。

（4）称重计算。将各同号叶片之两半按对应部位叠在一起，在无粗叶脉处放上已知面积（如棉花可用1.5 cm×2 cm）的金属模板或打孔器，在对应部位切（打）等面积的叶块或叶圆片，分别置于照光及暗中的两个称量皿中。先在105℃下杀青10 min，然后在80~90℃下烘至恒重（约5 h），在分析天平上称重比较。将测定的数据填入记录表14-9中，计算结果。

表14-9　改良半叶法测定光合速率记录表

测定日期：年月日	地点：
植物名称：	生育期：
平均光强/klx：	平均气温：
第一次取样时间：	第二次取样时间：

取样面积/cm² ：	光合作用时间/h：
暗处理叶的干重/mg：	光处理叶的干重/mg：
（光-暗）干重增量/mg：	
光合速率/（干物质）mg·dm⁻²·h⁻¹：	

（5）计算。光合作用速率以干物质表示，计算公式如下：

$$光合作用速率（mg·dm^{-2}·h^{-1}）= \frac{干重增加总量（mg）}{切取叶面积总和（dm^2）×光照时数（h）}$$

由于叶内贮藏的光合产物一般为蔗糖和淀粉等，故可将干物质质量乘系数 1.5，得 CO_2 同化量，单位为（mg CO_2·dm⁻²·h⁻¹）。

五、实训报告

记录实验结果，计算大田所测作物的光合速率。

实训 20　小篮子法测定植物呼吸速率技术

一、实训目的

学会用小篮子法和干燥器法测定植物呼吸速率，了解在不同条件下植物呼吸速率的差异。

二、小篮子法测定植物呼吸速率技术

1. 实训原理

在密闭容器中加入一定量碱液（一般用 $Ba(OH)_2$），并悬挂植物材料，则植物材料呼吸放出的 CO_2 可为容器中的 $Ba(OH)_2$ 吸收；然后用草酸滴定剩余的碱，从空白和样品二者消耗草酸溶液之差，计算出呼吸释放出的 CO_2 量。其反应如下：

$$Ba(OH)_2 + CO_2 \longrightarrow BaCO_3 \downarrow + H_2O$$
$$Ba(OH)_2（剩余）+ H_2C_2O_4 \longrightarrow BaC_2O_4 \downarrow + 2H_2O$$

2. 实训材料与用品

材料：发芽的植物种子或其他植物材料。

设备与用品：广口瓶测呼吸装置，酒精灯，三角架，铁丝网，电子天平，塑料纱布小袋，量筒，酸式滴定管，碱式滴定管，滴定管架；0.7% 氢氧化钡溶液，N/22 草酸溶液（准确称取结晶草酸 $H_2C_2O_4·2H_2O$ 共 2.8636 g 溶于蒸馏水中，定容至 1 000 mL，每 mL 相当于 1 mg CO_2），1% 酚酞酒精指示液，钠石灰。

3. 实训内容

（1）呼吸装置的制备。取 500 mL 广口瓶 1 个，加一个三孔橡皮塞。一孔插入装有碱石灰的干燥管，使其吸收空气中的 CO_2，保证在测定呼吸时进入呼吸瓶的空气中无 CO_2；一孔插入温度计；另一孔直径约 1 cm，供滴定用，平时用一小橡皮塞塞紧。在瓶下面装 1

个小钩，以便悬挂用尼龙窗纱制作的小篮，供装植物材料用（如图 14-14 所示）。

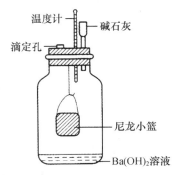

图 14-14　呼吸速率测定装置

温度计

碱石灰

滴定孔

尼龙小篮

Ba(OH)₂溶液

（2）取 4 个呼吸瓶，分别加入 20 mL 0.7% 的 $Ba(OH)_2$ 溶液，立即加塞。

（3）称取 3 g 小麦干种子并数其粒数，再取同样粒数的发芽种子 2 份，各装入塑料纱布小袋内，分别挂在三个瓶塞下的小钩上。用橡皮塞塞上瓶口，并用融化的石蜡密封瓶口，防止漏气。注意，塑料纱布小袋要悬在瓶中，不可接触瓶中溶液。另一瓶作空白对照。

（4）将一个装有发芽种子的呼吸瓶置于 35～40℃ 环境中（水浴锅），另 3 瓶置室温下，立即记时；每隔 5 min 轻轻摇动一次，破坏 $Ba(OH)_2$ 溶液上的薄膜，使 CO_2 充分被吸收，不可将溶液溅到袋上。

（5）30 min 后进行滴定。先小心将小篮子取出，再迅速把瓶塞好，充分摇动 2 min，使 CO_2 被 $Ba(OH)_2$ 充分吸收；每瓶加 2 滴酚酞酒精指示液，摇匀后用草酸溶液经滴定孔缓缓滴定，至红色刚消失为止。记下各瓶所用的草酸液毫升数。

计算各瓶的呼吸强度，要分别计算，数据记入表 14-10。计算公式如下：

$$呼吸速率（CO_2\ mg·干重\ 100\ g^{-1}·h^{-1}）= \frac{空白滴定值 - 正式滴定值}{种子干重（g）×测定时间（min）} × 60 × 100$$

表 14-10　小篮子法测定作物呼吸速率记录表

材料处理	数值	草酸用量/mL	呼吸速率 /（CO_2·干重 $100\ g^{-1}·h^{-1}$）	呼吸速率 差异原因
空白				
干种子				
发芽种子	室温			
	30～40℃			

附注：实训时务必做好准备工作，实训操作中动作要敏捷，瓶塞要塞紧并用石蜡密封，以尽量减少空气中的 CO_2 进入瓶中，从而获得正确数据。

三、干燥器法测定植物呼吸速率技术

1. 实训原理

对一些大型材料如马铃薯、苹果、梨等其他大型果实的呼吸作用需要进行长时间的连续测定，以研究它们的呼吸动态，此时可以采用有通气装置的干燥器法。此时可用经过改制的真空干燥器作为呼吸室，装入完整的大型材料，顶塞上装有与外界相通的钠石灰管，可供给新鲜空气，在长时间测定时不致发生 O_2 缺乏。由于在呼吸过程中不能摇动容器，因此改用 NaOH 作为 CO_2 的吸收剂，二者作用生成 Na_2CO_3；然后加饱和的 $BaCl_2$ 溶液，使生成 $BaCO_3$ 沉淀；剩余的 NaOH 用草酸滴定，以空白滴定为对照，根据二者之差即可算出 CO_2 的量。

2. 设备与用品

（1）仪器：用干燥器改装的呼吸室［将市售真空干燥器的底部钻一个直径 3 cm 圆孔，并与顶盖一起装上有孔橡皮塞，并套上玻璃漏斗，漏斗柄上再接上橡皮管及玻管，在盖塞

上插上 CO_2 的吸收管（内盛碱石灰），把整个测定器放在木制脚架上，如图 14-15 所示］；酸式滴定管 50 mL，1 只；滴定管架，1 具；三角瓶 250 mL，3 只；移液管 25 mL、5 mL，各 1 只；洗瓶，1 个；凡士林；分析天平感量万分之一克；托盘天平等。

（2）药品：1 mol·L^{-1} NaOH 溶液；0.5 mol·L^{-1} 草酸标准溶液［用分析天平准确称取分析纯草酸（$H_2C_2O_4$·$2H_2O$）63.034 g，溶于水中，定容到 1 000 mL］；1% 酚酞指示剂；$BaCl_2$ 饱和溶液。

（3）材料：马铃薯、苹果、甘薯等块根块茎或大型果实。

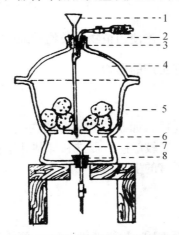

图 14-15　干燥器法连续测定呼吸速率装置

1. 进液漏斗；2. 碱石灰管；3. 橡皮顶塞；4. 呼吸室（用真空干燥器改制）；5. 植物材料；

6. 磁板载物台；7. 盛液漏斗；8. 橡皮塞

3. 实训内容

（1）将实验材料称重，放入干燥器呼吸室中，干燥器磨口涂以凡士林，盖好，勿使漏气。

（2）用 25 mL 移液管从进液漏斗注入 1 mol·L^{-1} NaOH 溶液 25 mL，注意应尽量将移液管尖端对准漏斗颈，使漏斗不沾或少沾 NaOH。用洗瓶以少量蒸馏水冲洗颈上的 NaOH 溶液使其全部注入底部放置的盛液漏斗中，关闭注射漏斗。此时算作测定开始时间。

（3）同样吸取 1 mol·L^{-1} NaOH 溶液 25 mL，注入 250 mL 三角瓶中，立即加入饱和 $BaCl_2$ 溶液 5 mL 及酚酞 2 滴用草酸进行空白滴定，至粉红色消失为止，记下草酸的用量。

（4）测定开始后 2 小时，打开盛液漏斗，使 NaOH 溶液流入 250 mL 三角瓶中，从进液漏斗中再用蒸馏水冲洗 NaOH，使洗液全部流入三角瓶中，立即按步骤 3 进行滴定。

（5）如需连续测定，则再次从进液漏斗中注入 NaOH 25 mL，重复以上操作。

（6）结果计算：

$$呼吸速率（mgCO_2·100 g^{-1} FW·h^{-1}）= \frac{(A-B)\times22\times100}{W\times T}$$

式中，A 为空白滴定值（mL）；B 为样品滴定值（mL）；"22" 为每毫升草酸相当的 CO_2 毫克数；W 为组织鲜重（g）；t 为测定时间（h）。计算每 100 g 鲜重每小时释放 CO_2 毫克数。

注意，本法适于对大量材料进行连续测定。本法不适于小样本材料。测定绿色材料时，应在黑暗中进行。干燥器体积大，不宜保温，如需在恒温条件下测定，最好放在恒温暗室中。

四、实训报告

记录实验结果，计算并分析不同状态植物种子的呼吸速率的差异。

实训 21　植物激素对生长发育的调控技术

一、实训目的

掌握植物激素的生理作用，正确使用植物生长物质来调节植物的生长发育。

二、生长素类物质对根、芽生产的影响

1. 实训原理

生长素及人工合成的类似物质，如萘乙酸等一般在低浓度下对植物生长有促进作用，高浓度则起抑制作用。根对生长素较敏感，促进和抑制其生长的浓度均比芽低。根据此原理可在生产实践调节植物不同器官的生长速率。

2. 实训材料与用品

材料：小麦种子。

设备与用品：培养皿，量筒，10 mL 移液管，1 mL 移液管，直尺，恒温箱；100 mg/L 萘乙酸溶液（称取萘乙酸 10 mg，先溶于少量乙醇中，再用蒸馏水定容至 100 mL，配成 100 mg·L^{-1}萘乙酸溶液，将此液贮于冰箱中，用时稀释 10 倍），滤纸，蒸馏水。

3. 实训内容

（1）NAA 浓度梯度液的配制。将培养皿洗净烘干，取干净培养皿 7 套，依次编号，分别在 1 号至 7 号培养皿内加入 9 mL 蒸馏水，然后在 1 号培养皿加入 1 mL 100 mg·L^{-1} NNA 溶液，混合均匀；再用移液管从 1 号培养皿中吸取 1 mL 加入 2 号培养皿中，依次类推，将 1～6 号培养皿配制成含有 10 mg/L、1 mg/L、0.1 mg/L、0.01 mg/L、0.001 mg/L、0.0001 mg/L 六种浓度的梯度液，第 7 号培养皿作为对照。

（2）在培养皿中放入一张滤纸，上面放 20 粒籽粒饱满、大小一致的小麦，盖好培养皿，放入 27℃恒温箱中培养。

（3）10 d 后检查培养皿内小麦生长的情况，测定不同处理已发芽的种苗的平均根数、平均根长和平均芽长。

三、番茄果实的催熟技术

1. 实训原理

乙烯利是人工合成的植物激素，在植物细胞液的作用下，缓慢释放出乙烯，能促进果实成熟。

2. 实训材料与用品

材料：青熟番茄果实。

设备与用品：量筒，移液管，容量瓶，塑料袋，蒸馏水，乙烯利溶液。

3. 实训内容

（1）摘取成熟度一致、果皮由绿转白的番茄 20 个，10 个一组，第一组放在浓度 1 000 mg/L乙烯利溶液中浸 1 min，第二组放在蒸馏水中 1 min。

（2）将处理过的番茄放入塑料袋中，扎紧袋口，放于阴暗处。逐日观察番茄变色和成熟过程，记下成熟的个数，直至全部成熟为止。

四、生长调节剂调节菊花的株高技术

1. 实训原理

促进茎的生长是赤霉素生理作用之一，而丁酰肼（又称比久、B$_9$）能够抑制植物体内赤霉素的生物合成。合理地利用这两种生长调节剂，就能够有效地控制株高，满足需要。

2. 实训材料与用品

材料：菊花苗或将要现蕾的盆栽菊花。

设备与用品：花盆，喷壶，烧杯，容量瓶；6 mg · L^{-1} 或 150 mg · L^{-1} 的赤霉素溶液，150 mg · L^{-1} 的 B$_9$ 溶液及洗洁精等。

3. 实训内容

（1）材料处理。上盆后的菊花苗，分成三组。第一组在上盆后的 1～3 天及 3 周后各喷施 6 mg · L^{-1} 的赤霉素溶液一次；第二组于上盆后第 10 天起，每 10 天喷一次 150 mg · L^{-1} 的 B$_9$，一共喷 4 次；第三组喷清水作对照。

（2）观测记录。在菊花开花后，测量株高，记录数据于表 14-11。

表 14-11　植物生长调节剂调节菊花株高记录表

组　别	处　理		株高（cm）			观测时间	观测人
	方　法	时　间	单株高度		平　均		
一							
二							
三							

五、实训报告

记录实验结果，分析不同浓度 NAA 对根与芽生长的影响，乙烯利对果实的催熟效应及作用机理，赤霉素与 B$_9$ 对菊花植株高度的影响。

实训 22　植物抗寒性鉴定（电导仪法）

一、实训目的

学会电导仪法鉴定植物抗寒性的原理与操作技术，进一步加强对植物逆境伤害机制的理解和认识。

二、实训原理

当植物受到寒害，生活细胞原生质膜受到低温伤害时，由于膜的功能受损或结构破坏，从而使其透性增大，细胞内各种不溶性物质包括电解质将有不同程度的外渗。将植物组织浸入蒸馏水或无离子水中，水的电导将因电解质的外渗而加大，伤害越重，电解质外渗越多（与未受寒害的同等材料相比），电导率增加也越大，故可通过电导仪测定外液的电导率来鉴定植物的抗寒性。

三、实训材料与用品

材料：柳树枝条（或其他植物组织）。

设备与用品：冰箱，烧杯，天平，剪刀，电导率仪，真空泵，蒸馏水（或无离子水），量筒，镊子，干燥器，塑料小袋，打孔器等。

四、实训内容

1. 材料的处理（课前准备好）

（1）取材。称取事先洗净的植物材料2份。枝条3克，并剪成1cm左右长的小段；若叶片则为2克，并用打孔器打成等面积的小片，与打孔下来的残片一并放在一起，备用。

（2）漂洗。将（1）的两份材料各放入烧杯内，先用自来水冲洗3～4次，然后再用蒸馏水或无离子水冲洗3～4次。备用。

（3）处理材料。将（2）的两份材料各放入塑料小袋内，封口；其中一袋放入冰箱内2～24小时，另一袋放入温室下的干燥器内2～24小时。备用。

（4）测前准备。取200 mL的烧杯两个，编号，用量筒各注入100 mL蒸馏水或无离子水；将（3）的冰箱内的材料放入1号烧杯内，将（3）的温室下干燥器内的材料放入2号烧杯内；将1号、2号烧杯一并放入干燥器内并用真空泵减压，直至材料全部浸入溶液内为止。抽气完毕后将以上小烧杯盖上玻璃片置室温下浸泡1小时，其间要多次摇动烧杯或者将烧杯放在振荡器上振荡。

2. 电导率的测定

（1）电导率仪的调试。调试电导率仪，使其单位为 $\mu S. CM^{-2}$。

（2）电导率值的测定。将（4）的1号、2号烧杯内的浸泡液各取出50 mL作为测定液，置于电导仪上测定电导率值，受冻的为A，未受冻的为B；将测定液倒回原烧杯内并置于同温度下，煮沸同一个时间（1～2 min），静置1 h后再测定其电导率值。此时，受冻的为C，未受冻的为D。

3. 计算结果

在一般情况下（当两份材料非常均匀时），C与D大致相同，单位为 $\mu S. cm^{-2}$。比较受冻材料与未受冻材料的相对电导率的大小，相对电导率越大，受害程度越大，看看与植物受伤的百分率结果是否一致。

（1）受冻材料的相对电导率（%）＝A/C×100

（2）受冻材料的相对电导率（%）＝B/D×100

（3）植物受害的百分率（%）＝（A－B）／（C－B）×100

五、实训报告

记录实验结果。思考当测定出的电导率 C 与 D 的值相差较大时，说明了什么问题？

实训 23 植物检索表的编制与蜡叶标本的采集与制作技术

一、实训目的

学习植物检索表的编制方法；掌握蜡叶标本的采集与制作技术。

二、实训材料与用品

材料：未上标本的台纸，数张。

设备与用品：剪枝剪，采集锹，采集筒或塑料袋，标本夹，标签，野外采集记录本，吸水纸，台纸，针，线，浆糊，植物分类检索表等。

三、实训内容

1. 植物分类检索表的编制

植物分类检索表是根据法国著名的生物学家拉马克二歧分类的原理（1778），以对比的方式而编制成区分植物种类的表格。具体说，就是把各种植物的关键性特征进行比较，抓住区别点，相同的归在一项下，不同的归在另一项下；在相同的项下，又以不同点分成相对应的两项，依次下去；最后得出不同种的区别。各分类等级，如门、纲、目、科、属、种均可编制成检索表，其中科、属、种的检索表最为重要，最为常用。

检索表的格式通常有"定距式"（等距式）与"平行式"两种。我们常用的是"定距式"检索表，下面以莎草科常见属为例说明之。

1. 花单性，雌花具果囊 ·················· 苔草属（*Carex L.*）
1. 花两性，无果囊
  2. 小穗单 1，生于杆的顶端 ·················· 荸荠属（*Eleocharis R. Br.*）
  2. 小穗多数
    3. 鳞片两行排列在穗轴上 ·················· 苔草属（*Cyperus L.*）
    3. 鳞片螺旋状排列在穗轴上 ·················· 镳草属（*Scirpus L.*）

本实训列举以下几种植物，特征已列出，请按其主要特征（花与果）及次要特征（营养器官）任选 5 种植物编制一个植物检索表，做为实训报告。

① 马铃薯（*Soolanum tuberosum L.*），具地下块茎，聚伞花序，花两性，花冠折扇状，冠生雄蕊 5 个，子房上位，浆果，叶羽状全裂。

② 向日葵（*Helianthus annuus L.*），头状花序，花两性和无性，聚药雄蕊，单叶互生，大型草本，瘦果，子房下位，一年生。

③ 苹果（*Malus pumila Mill.*），伞房花序，花两性，白色，蔷薇花冠，雄蕊多数，子房下位，梨果，木本，单叶互生。

④ 葡萄（*Vitis vinifera L.*），木质藤本，具卷须，圆锥花序，花两性，花瓣5，在顶端黏合成帽状，雄蕊5，于房上位，浆果，单叶分裂。

⑤ 大豆（*Glycine max*（*L.*）*Merr.*），草本，具根瘤，三出复叶，总状花序，两性花，蝶形花冠，二体雄蕊，荚果。

⑥ 玉米（*Zea mays L.*），草本，节与节间明显，花单性，雄花为圆锥花序，雌花为肉穗花序，无花被，雄蕊3个，颖果。

⑦ 白菜（*Brassica pekinensis Ripr.*），二年生草本，单叶，总状花序，花黄色，两性，十字花冠，四强雄蕊，角果，具假隔膜。

⑧ 甜菜（*Brta vulgaris L.*），二年生草本，主根肥大，肉质，单被花，花被5，雄蕊5，胞果。

⑨ 葱（*Alliumfistulosum L.*），草本，叶圆管状，聚伞状伞形花序，有总苞，花被6，雄蕊6，蒴果。

⑩ 胡萝卜（*Daucus carota var. sattva DC.*），二年生草本，主根肥大肉质，叶2～3回羽状全裂，复伞形花序，花瓣5，雄蕊5，双悬果。

2. 蜡叶标本的采集与制作过程

（1）植物标本的采集。

野外采集标本时要求具有代表性和典型性。草本植物一般要求具根、茎、叶、花（或果实）完全，因此，需用小锹将植物连根挖出；木本植物需选用无病虫害、具花或果的枝条剪下，其长度在25～30 cm 左右。采集同时要在标本上挂上标签，并同时做好记录。

（2）特征的记录。

拴上号牌后，应认真进行观察，将特征记录在采集记录卡上。记录时要注意下列事项：

① 填写的采集号数必须与号牌同号；

② 性状填写灌木、乔木、草本或藤本等；

③ 胸高直径，一般草本或小灌木不填；

④ 叶应记载叶两面的颜色，有无粉质、毛、刺等；

⑤ 花应记载颜色和形状，花被和雌雄蕊的数目；

⑥ 果实应记载颜色和形状；

⑦ 备注栏可记用途及其他。

（3）整理、压制。

将采集的标本进行初步整理，如剪去多余的枝、叶、花、果，放在吸水纸上，使其枝叶舒展，保持自然状态，叶要有反有正，植株超过用 30 cm 时，可将其弯成 V、N 或 W 形。

压制是蜡叶标本的关键环节。通常在标本夹上每铺放几层吸水纸，放一份标本，整理时要在阴凉的地方进行，动作要快，以免萎缩变形。当标本压到一定高度后，再盖上另外一块标本夹。然后将标本用绳子捆紧，放置通风处。为加速标本干燥，每天应及时换纸，使其彻底干燥。整理压好的标本，头几天每天要更换一次吸水纸，以后可视标本的干燥情况，隔1 d 或2 d 换纸一次。每次换下的吸水纸，必须及时晒干或烘干，以备再用。一般植物标本约经 10～20 d 便能压干。如果是水生或肉质多浆植物，更要勤换纸，压干时间更要长些。在换纸过程中，如有叶、花、果脱落时，应随时将脱落部分装入小纸袋中，并记上采集号，附于该份标本上。

目前，利用微波加热方法可快速烘干植物标本。

（4）装订标本。

蜡叶标本：一株植物或植物的一部分，经过压制、整形、干燥以后，就叫蜡叶标本。把植物蜡叶标本固定在台纸上的方法很多，可用小纸条、胶带、细线或粘贴。目前多用黄线或绿线装订，以求颜色与标本相近似。装订时要注意标本的位置要适当，任何部分不能外露，根尽量向下，叶要有反正面。一个标本可订 3～8 道线，随订随在台纸边打结。上完台纸后，在台纸的左上角贴上标本野外记录签，在右下角贴上标本鉴定签，上签只上边两个角贴牢，下签可四个角贴牢。上完台纸的标本，用四开纸包好，装入标本柜内。

四、实训报告

（1）每人交 1 份自编 5 种植物的检索表。

（2）每人交 2 份上好台纸的标本。

实训 24　植物识别技术

一、实训目的

学会植物识别的方法和依据，学会用科学的术语描述植物的形态特征；正确识别各类常见的经济植物、园林植物、农田杂草的科、属、种名称。

二、实训材料与用品

材料：玉兰，广玉兰，毛茛，水杨梅，油菜，荠菜，苹果，枇杷，海棠，黄瓜，苦瓜，棉花，扶桑，苘麻，蜀葵，藜，叉分蓼，花生，大豆，地锦，铁苋菜，田旋花，圆叶牵牛，薄荷，益母草，紫苏，龙葵，茄，蒲公英，向日葵，百合，玉竹，早熟禾，狗尾草，荆三棱，翼果苔草等。（由于南、北方植物种类的差异，实训时可结合当地的植物种类进行选择。）

设备与用品：放大镜，解剖镜，解剖针，分类工具书。

三、实训内容

（1）观察、解剖、记录。利用实验工具观察植物标本，详细描述和记录每种植物根、茎、叶、花、果实、种子的形态特征和类型。

（2）分析、鉴别。根据每种植物的形态、特征，正确使用分类工具书查出每种植物的科、属、名称。

（3）常见科主要特征顺口溜。

① 毛茛科：草本具多木本稀，两性花离心皮；雌蕊雄蕊常多数，螺旋排列是特征。

② 蔷薇科：乔木灌木和草本，两性花雄蕊多；花托凸起或凹下，核果梨果聚合果。

③ 十字花科：十字形花冠，四强雄蕊；侧膜胎座，果实属角果。

④ 藜科：草本单叶无托叶，体表布满泡状粉；花小单被常绿色，果为胞果胚弯形。

⑤ 葫芦科：茎具卷须花单性，多为瓠果均大型；种子多数无胚乳，聚药雄蕊折成"S"形。

⑥ 豆科：草本木本藤本均有，根部共生固氮根瘤；蝶形花冠二体蕊，上位子房结荚果。

⑦ 蓼科：单叶互生节膨大，托叶成鞘单被花；子房一室一胚珠，瘦果圆形三棱或两面凸。

⑧ 菊科：草本具多灌木稀，头状花序小花密；舌状管状两亚科，瘦果常具冠毛。

⑨ 茄科：叶互生无托叶，整齐花宿存萼；多为浆果少为蒴，果实内的种子多。

⑩ 禾本科：茎圆中空节明显，互生叶序呈二列；叶鞘包茎有开口，颖花颖果种类多。

⑪ 百合科：葱蒜玉竹与百合，鳞茎块茎根茎是特色；花被 6 片 3 基数，果为蒴果或浆果。

四、实训报告

（1）利用植物分类工具书识别 100 种植物，说出各种植物的科、属、种名称。

（2）比较毛茛科与蔷薇科、藜科与蓼科、禾本科与莎草科的异同。

参 考 文 献

［1］ 郑湘如，等. 植物学 ［M］. 北京：中国农业大学出版社，2001.

［2］ 徐汉卿. 植物学 ［M］. 北京：中国农业出版社，1996.

［3］ 杨悦. 植物学 ［M］. 北京：中央广播电视大学出版社，1995.

［4］ 华东师范大学，东北师范大学. 植物学 ［M］. 北京：人民教育出版社，1982.

［5］ 陈忠辉. 植物与植物生理 ［M］. 北京：中国农业出版社 2003.

［6］ 王三根. 植物生理生化 ［M］. 北京：中国农业出版社，2001.

［7］ 孟繁静，等. 植物生理生化 ［M］. 北京：中国农业出版社，2003.

［8］ 史芝文. 植物生理生化 ［M］. 黑龙江：黑龙江科学技术出版社，1993.

［9］ 白宝璋，等. 植物生理学 ［M］. 北京：中国农业科技出版，2000.

［10］ 陆景陵，等. 植物营养学 ［M］. 北京：中国农业大学出版社，2004.

［11］ 秦静远. 植物及植物生理 ［M］. 北京：化学工业出版社. 2006.

［12］ 李合生. 现代植物生理学 ［M］. 北京：高等教育出版社. 2002.

［13］ 王衍安. 植物与植物生理 ［M］. 北京：高等教育出版社. 2004.

［14］ 张志良. 植物生理学实验指导 ［M］. 第三版. 北京：高等教育出版社. 2003.

［15］ 武维华. 植物生理学 ［M］. 北京：科学出版社. 2005.

［16］ 杨文钰，等. 植物生长调节剂在粮食作物上的应用 ［M］. 北京：化学工业出版社. 2002.

［17］ 王小菁，等. 植物生长调节剂在组织培养中的应用 ［M］. 北京：化学工业出版社. 2002.

［18］ 王衍安. 植物与植物生理实训 ［M］. 北京：高等教育出版社，2004.

［19］ 张宪政，等. 植物生理学实验技术 ［M］. 沈阳：辽宁科学技术出版社，1994 .

［20］ 邹琦. 植物生理生化实验指导 ［M］. 北京：中国农业出版社，1998.

［21］ F. B. Salisbury and C. Ross. ［PLANT PHYSIOLOGY］. Wadsworth Publishing Company，1969.

［22］ 沈齐英，吕久琢，潘九堂，等. 植物激素和植物生长调节剂发展现状 ［J］. 北京石油化工学院学报，2001，01.

［23］ 孟庆杰，王光全，等. 植物激素及其在农业生产中的应用 ［J］. 河南农业科学，2006，04.

［24］ 许智宏，李家洋，等. 中国植物激素研究：过去、现在和未来 ［J］. 植物学通报，2006，05.

［25］ 李生秀，郑险峰，翟丙年，杨岩荣，等. 植物生长调节物质的研究进展 ［J］. 西北植物学报，2003，06.

［26］ 吕云生，白云河，等. 植物激素与蔬菜农生产 ［J］. 吉林农业，2005，12.

［27］ 阿加拉铁，薛大伟，李仕贵，等. 植物激素与水稻产量的关系 ［J］. 中国稻米，2006，05.

［28］ 汪良驹，姜卫兵，刘晖，等. 植物生长物质的使用与绿色果品生产 ［J］. 园艺学报，2004，02.

［29］ 张以顺. 植物生理学实验教程 ［M］. 北京：高等教育出版社，2009.

［30］ 赵桂仿. 植物学 ［M］. 北京：科学出版社，2009.

［31］ 金根根. 植物学 ［M］. 第二版. 北京：科学出版社，2010.

［32］ 王忠. 植物生理学 ［M］. 第二版. 北京：中国农业出版社，2010.

［33］ 杨玉珍，朱雅安. 植物生理学 ［M］. 北京：化学工业出版社，2010.

［34］ 贺晓. 植物学实验 ［M］. 北京：中国林业出版社，2011.

［35］ 肖娅萍，田先华. 植物学野外实习手册 ［M］. 北京：科学出版社，2011.

［36］ 陈会勤，薛金国. 观赏植物学. 北京 ［M］：中国农业大学出版社，2011.

［37］ 胡宝忠，张友民. 植物学［M］. 第二版. 北京：中国农业出版社，2011.

［38］ 路文静. 植物生理学［M］. 北京：中国林业出版社，2011.

［39］ 史树德，等. 植物生理学实验指导［M］. 北京：中国林业出版社，2011.

［40］ 孟庆伟，高辉远. 植物生理学［M］. 北京：中国农业出版社，2011.

［41］ 李春奇，罗丽娟. 植物学［M］. 北京：化学工业出版社，2012.